高职高专计算机教学改革新体系规划教材

计算机网络基础与网络工程实践

杨海艳　王月梅　杜珺　编著

清华大学出版社
北京

内 容 简 介

本书内容涵盖了计算机网络和网络工程实践的基础知识、原理和技术。全书分为9个项目，分别是计算机网络概述、计算机网络通信技术、网络模型与网络标准、网络传输介质与硬件设备、局域网技术、广域网技术、IPv4编址与子网划分技术、IPv6技术、信息安全技术。本书编写遵循"宽、新、浅、用"的原则，通俗易懂地阐述计算机网络相关的基本概念与原理，内容条理清晰，图文并茂，容易理解。

本书不仅可以作为高等院校、高职高专院校计算机及相关专业计算机网络基础课程的教材，也适用于中职学校、继续教育网络课程的教学，还可作为计算机网络培训和自学的参考书。

图书在版编目（CIP）数据

计算机网络基础与网络工程实践/杨海艳，王月梅，杜珺编著. —北京：清华大学出版社，2018
（高职高专计算机教学改革新体系规划教材）
ISBN 978-7-302-49054-8

Ⅰ. ①计… Ⅱ. ①杨… ②王… ③杜… Ⅲ. ①计算机网络－高等职业教育－教材 Ⅳ. ①TP393

中国版本图书馆CIP数据核字(2017)第295501号

责任编辑：张龙卿
封面设计：常雪影
责任校对：李 梅
责任印制：沈 露

出版发行：清华大学出版社
网 址：http://www.tup.com.cn，http://www.wqbook.com
地 址：北京清华大学学研大厦A座 **邮 编**：100084
社 总 机：010-62770175 **邮 购**：010-62786544
投稿与读者服务：010-62776969，c-service@tup.tsinghua.edu.cn
质量反馈：010-62772015，zhiliang@tup.tsinghua.edu.cn
课件下载：http://www.tup.com.cn，010-62770175-4278
印 装 者：北京鑫海金澳胶印有限公司
经 销：全国新华书店
开 本：185mm×260mm **印 张**：18.5 **字 数**：443千字
版 次：2018年1月第1版 **印 次**：2018年1月第1次印刷
印 数：1～2000
定 价：49.90元

产品编号：077495-01

前　言

随着计算机网络技术的快速发展，人类社会已经进入信息化时代。计算机网络是信息化社会的重要支撑。计算机网络的应用已经延伸到各行各业，给人们的生活、工作方式带来了巨大的变革。因此，学习计算机网络知识，掌握现代化信息技术是21世纪高等职业院校学生应具有的基本素质。

本书是根据最新高等职业教育思想编写，采用项目导向、理论实用、突出实践技能的方式组织教学内容，体现了“教、学、做”一体化的教学模式，是一本彰显职教特色的应用型教材。

本书的主要特点是面向应用，内容先进。本书内容反映了网络应用者应该具备的素质与能力，强调了技术的针对性和可操作性。项目举例和实训内容来自企业工程实践，具有典型性和实用性。同时，本书还着力于当前主流技术和新技术的讲解，并与行业联系密切，以使教学内容紧跟行业技术的发展。

本书将网络知识与网络工程技术相结合，适度地介绍了网络工程的主要内容、流程和管理方法，力图帮助读者具备基本的网络设计、分析、应用与工程管理的能力，以建立对网络工程的整体认知和理解，培养读者分析问题和解决问题的能力，适应当前社会对网络复合型人才的需要。

为了方便教师教学，本书配有丰富的教学资源，欢迎联系出版社或作者（QQ:165393451）索取。

本书由杨海艳、王月梅、杜珺编写。在编写过程中得到了惠州城市职业学院各位教师的大力支持，在此一并表示感谢。

由于计算机技术的更新速度很快，书中难免存在一些疏漏，恳请广大读者朋友批评指正。

编　者

2017年12月

前言

[illegible]

[illegible]

[illegible]

[illegible]

[illegible]

[illegible]

[illegible]

目　录

项目1　计算机网络概述 …… 1

任务1.1　计算机网络 …… 1
1.1.1　计算机网络的定义 …… 1
1.1.2　计算机网络的产生与发展 …… 2
1.1.3　计算机网络的发展方向 …… 7
任务1.2　计算机网络的组成、功能及分类 …… 7
1.2.1　计算机网络子网系统 …… 7
1.2.2　计算机网络软硬件系统 …… 9
1.2.3　计算机网络的功能 …… 9
1.2.4　计算机网络的分类 …… 10
任务1.3　计算机网络的拓扑结构 …… 12
1.3.1　总线拓扑结构 …… 12
1.3.2　环形拓扑结构 …… 13
1.3.3　星形拓扑结构 …… 14
1.3.4　树形拓扑结构 …… 14
1.3.5　网状拓扑结构 …… 15
任务1.4　计算机网络领域的新技术 …… 16
1.4.1　虚拟化技术 …… 16
1.4.2　云计算技术 …… 17
1.4.3　物联网技术 …… 18
1.4.4　大数据技术 …… 18
任务1.5　工程实践——网络的日常应用 …… 19
1.5.1　浏览器与搜索引擎的使用 …… 19
1.5.2　客户端收发电子邮件(Foxmail的使用) …… 22
1.5.3　组建SOHO网络 …… 24
课后练习 …… 31

项目2　计算机网络通信技术 …… 32

任务2.1　计算机中的数据表示方法 …… 32
2.1.1　进制的概念 …… 32
2.1.2　十进制数转换为非十进制数 …… 34
2.1.3　二进制数与八进制数、十六进制数间的相互转换 …… 36

2.1.4 计算机中数的表示 …… 37
2.1.5 数据信息的单位与编码 …… 39
2.1.6 数据的通信 …… 41
任务 2.2 数据的通信技术 …… 43
2.2.1 数据通信方式 …… 43
2.2.2 基带、频带与宽带传输 …… 44
2.2.3 模拟传输与数字传输 …… 45
2.2.4 同步传输与异步传输 …… 45
2.2.5 数据通信主要指标 …… 46
2.2.6 线路交换、报文交换和分组交换 …… 49
任务 2.3 复用技术 …… 50
2.3.1 频分多路复用 …… 51
2.3.2 时分多路复用 …… 51
2.3.3 波分多路复用 …… 54
任务 2.4 差错控制与校验 …… 54
2.4.1 差错的产生与控制 …… 55
2.4.2 差错控制的方法 …… 55
2.4.3 差错控制编码 …… 56
任务 2.5 工程实践——网络操作系统 …… 58
2.5.1 网络操作系统的种类 …… 58
2.5.2 网络操作系统的安装(Windows Server 2008) …… 59
2.5.3 批量安装操作系统 …… 65
课后练习 …… 68

项目 3 网络模型与网络标准 …… 70

任务 3.1 标准化组织与机构 …… 70
3.1.1 国际电信联盟 …… 70
3.1.2 国际标准化组织 …… 70
3.1.3 美国国家标准协会 …… 71
3.1.4 欧洲计算机制造联合会 …… 71
3.1.5 电子电气工程师协会 …… 71
3.1.6 请求评议 …… 71
任务 3.2 ISO/OSI 参考模型 …… 72
3.2.1 OSI 参考模型概述 …… 72
3.2.2 OSI 参考模型的层次功能 …… 73
3.2.3 OSI 参考模型的数据传输过程 …… 75
任务 3.3 TCP/IP 参考模型 …… 77
3.3.1 TCP/IP 参考模型的层次与功能 …… 77
3.3.2 TCP/IP 参考模型的协议集 …… 79

3.3.3 OSI 与 TCP/IP 参考模型的比较 …… 80
任务 3.4 工程实践——Windows Server 2008 …… 80
3.4.1 配置 Windows Server 2008 的 NAT 功能共享上网 …… 81
3.4.2 NAT 端口映射实现内网 Web 服务器向外网发布 …… 85
课后练习 …… 88

项目 4 网络传输介质与硬件设备 …… 90

任务 4.1 有线传输介质 …… 90
4.1.1 双绞线 …… 90
4.1.2 同轴电缆 …… 92
4.1.3 光纤与光缆 …… 93
4.1.4 信号和电缆的频率特性 …… 96
任务 4.2 无线传输介质 …… 98
4.2.1 无线传输介质概述 …… 98
4.2.2 无线局域网的构成和设备 …… 100
任务 4.3 网络硬件设备 …… 101
4.3.1 网卡 …… 101
4.3.2 中继器与集线器 …… 102
4.3.3 交换机 …… 103
4.3.4 路由器 …… 106
4.3.5 网关 …… 109
4.3.6 三层交换机 …… 110
4.3.7 光纤收发器 …… 111
4.3.8 调制解调器 …… 112
任务 4.4 工程实践——双绞线的制作与端接 …… 113
4.4.1 双绞线的制作 …… 113
4.4.2 双绞线的端接 …… 116
课后练习 …… 117

项目 5 局域网技术 …… 119

任务 5.1 局域网技术概述 …… 119
5.1.1 局域网的特点 …… 119
5.1.2 局域网的关键技术 …… 120
5.1.3 局域网的体系结构 …… 120
5.1.4 局域网的拓扑结构 …… 121
5.1.5 常见局域网技术 …… 122
任务 5.2 局域网的模型与标准 …… 123
5.2.1 IEEE 802 参考模型 …… 123
5.2.2 IEEE 802 标准 …… 123

任务 5.3　介质访问控制方法 …… 124
5.3.1　CSMA/CD …… 124
5.3.2　令牌环 …… 127
5.3.3　令牌总线 …… 127
任务 5.4　以太网技术 …… 129
5.4.1　传统以太网技术 …… 129
5.4.2　快速以太网技术 …… 131
5.4.3　吉比特以太网技术 …… 132
5.4.4　交换式以太网技术 …… 134
任务 5.5　虚拟局域网 …… 138
5.5.1　VLAN 的特征与特点 …… 139
5.5.2　VLAN 的划分方法 …… 139
5.5.3　VLAN 的干道传输 …… 140
任务 5.6　工程实践——DHCP 服务与局域网文件共享 …… 142
5.6.1　DHCP 服务器工作原理 …… 142
5.6.2　配置 DHCP 服务器 …… 144
5.6.3　局域网文件共享及访问 …… 151
课后练习 …… 155

项目 6　广域网技术 …… 157

任务 6.1　认识广域网 …… 157
6.1.1　广域网基本概念 …… 157
6.1.2　广域网设备 …… 158
6.1.3　广域网接入技术 …… 158
任务 6.2　常用广域网接入形式 …… 159
6.2.1　电话网 …… 159
6.2.2　综合业务数字网 …… 160
6.2.3　数字数据网 …… 161
6.2.4　xDSL …… 163
任务 6.3　Internet 接入技术 …… 165
6.3.1　Internet 服务 …… 166
6.3.2　Internet 地址和域名 …… 169
6.3.3　Internet 接入技术 …… 170
任务 6.4　TCP 与 UDP …… 172
6.4.1　协议端口 …… 172
6.4.2　UDP …… 173
6.4.3　TCP …… 174
6.4.4　TCP 连接的建立和释放 …… 175
6.4.5　TCP 可靠传输技术 …… 176

6.4.6 TCP 流量控制 …… 177
6.4.7 TCP 的拥塞控制 …… 177
任务 6.5 工程实践——搭建 Web 与 DNS 服务器 …… 178
6.5.1 搭建 Web 服务器发布企业网站 …… 178
6.5.2 搭建 DNS 服务实现域名访问 …… 182
课后练习 …… 190

项目 7 IPv4 编址与子网划分技术 …… 193

任务 7.1 IPv4 编址 …… 193
7.1.1 IP 地址的管理 …… 194
7.1.2 IPv4 的层次型编址方案 …… 194
7.1.3 私有地址与公有地址 …… 198
7.1.4 IPv4 地址类型 …… 199
7.1.5 IP 数据报 …… 200
任务 7.2 子网划分与子网掩码 …… 202
7.2.1 子网划分 …… 202
7.2.2 子网掩码 …… 203
7.2.3 CIDR …… 203
7.2.4 C 类网络的子网划分 …… 204
7.2.5 B 类网络的子网划分 …… 211
7.2.6 A 类网络的子网划分 …… 216
7.2.7 IPv4 的局限性 …… 218
任务 7.3 工程实践——搭建 FTP 服务器 …… 219
7.3.1 通过 FTP 服务器实现文件的匿名上传和下载 …… 219
7.3.2 实现用户专属文件夹的 FTP 文件服务器 …… 224
课后练习 …… 234

项目 8 IPv6 技术 …… 237

任务 8.1 IPv6 地址概述 …… 237
8.1.1 IPv6 的发展 …… 237
8.1.2 IPv6 的必要性 …… 238
8.1.3 相关组织 …… 238
8.1.4 IPv6 的新特性 …… 238
任务 8.2 IPv6 地址表示、类型以及数据报 …… 239
8.2.1 IPv6 地址的表示 …… 240
8.2.2 IPv6 地址类型 …… 241
8.2.3 IPv6 报文结构 …… 246
8.2.4 IPv6 扩展报头 …… 247
任务 8.3 IPv6 在互联网中的运行方式 …… 248

8.3.1 自动配置 …… 248
8.3.2 DHCPv6 …… 249
8.3.3 ICMPv6 …… 250
任务 8.4 IPv6 路由选择协议 …… 252
8.4.1 IPv6 路由概述 …… 252
8.4.2 RIPng 协议 …… 253
8.4.3 OSPFv3 协议 …… 254
任务 8.5 IPv6 的过渡技术 …… 255
8.5.1 IPv6 孤岛跨过 IPv4 网络实现互联 …… 255
8.5.2 IPv6 网络与 IPv4 网络之间的互通 …… 257
课后练习 …… 260

项目 9 信息安全技术 …… 262

任务 9.1 计算机信息系统安全范畴 …… 262
9.1.1 实体安全 …… 262
9.1.2 运行安全 …… 264
9.1.3 信息安全 …… 265
9.1.4 网络安全 …… 266
任务 9.2 计算机信息系统安全保护 …… 266
9.2.1 计算机信息系统安全保护的一般原则 …… 267
9.2.2 计算机信息系统安全保护技术 …… 267
9.2.3 内部网的安全技术 …… 269
9.2.4 Internet 的安全技术 …… 270
9.2.5 计算机信息系统的安全管理 …… 271
9.2.6 计算机信息系统的安全教育 …… 272
任务 9.3 计算机病毒 …… 272
9.3.1 计算机病毒的定义及其特点 …… 272
9.3.2 计算机病毒的传播途径和危害 …… 272
9.3.3 计算机病毒的防治 …… 273
任务 9.4 网络安全技术 …… 274
9.4.1 黑客入侵攻击的一般过程 …… 274
9.4.2 网络安全所涉及的技术 …… 274
9.4.3 木马检测 …… 277
9.4.4 木马的防御与清除 …… 278
任务 9.5 计算机软件的知识产权及保护 …… 278
9.5.1 计算机软件保护条例概述 …… 278
9.5.2 计算机软件知识产权侵权案例分析 …… 279
课后练习 …… 280

参考文献 …… 283

项目 1

计算机网络概述

计算机网络是计算机技术和通信技术紧密结合的产物。它的诞生使计算机的体系结构发生了巨大变化,并在当今社会经济发展中发挥非常重要的作用。本项目介绍计算机网络的基础知识,包括计算机网络的定义、产生与发展,计算机网络的组成、功能与分类,计算机网络的拓扑结构,计算机网络领域的新技术以及工程实践等。

任务 1.1　计算机网络

计算机网络是指将地理位置不同的具有独立功能的多台计算机及其外部设备,通过通信线路连接起来,在网络操作系统、网络管理软件及网络通信协议的管理和协调下,实现资源共享和信息传递的计算机系统。在本任务中,主要介绍计算机网络的定义、计算机网络的产生与发展以及发展方向。

1.1.1　计算机网络的定义

计算机在 20 世纪 40 年代研制成功,但是到了 40 年后的 80 年代初期,计算机网络仍然被认为是一项昂贵而奢侈的技术。近 30 年来,计算机网络技术取得了长足的发展。在今天,计算机网络技术已经和计算机技术本身一样精彩纷呈,普及人们的生活和商业活动,对社会各个领域产生了广泛而深远的影响。

学术界对于计算机网络的精确定义目前尚未统一,最简单直接的定义是:计算机网络是一些互相连接的、自治的计算机的集合。它透露计算机网络的三个基本特征:多台计算机;通过某种方式连接在一起;能独立工作。

计算机网络的专业定义:该网络是利用通信设备和通信介质将地理位置不同、具有独立工作能力的多个计算机系统互联,并按照一定通信协议进行数据通信,以实现资源共享和信息交换为目的的系统。如图 1-1 所示是一个典型的计算机网络。

一个完整的计算机网络包括四部分:计算机系统、网络设备、通信介质和通信协议。

(1) 计算机系统:由计算机硬件系统和软件系统构成,如 PC、工作站和服务器等。

(2) 网络设备:具有转发数据等基本功能的设备,如中继器、交换机、路由器等。

(3) 通信介质:通信线路,如同轴电缆、双绞线、光纤等。

(4) 通信协议:计算机之间通信所必须遵守的规则,如以太网协议、令牌环协议等。

用一条连线将两台计算机连接,这种网络没有中间网络设备的数据转发环节,也不存在数据交换等复杂问题,可以认为是最简单的计算机网络。而 Internet 是由数以万计的计算机网络通过数以万计的网络设备互联而成,堪称“国际互联网”,是世界上最大的计算机网络系统。

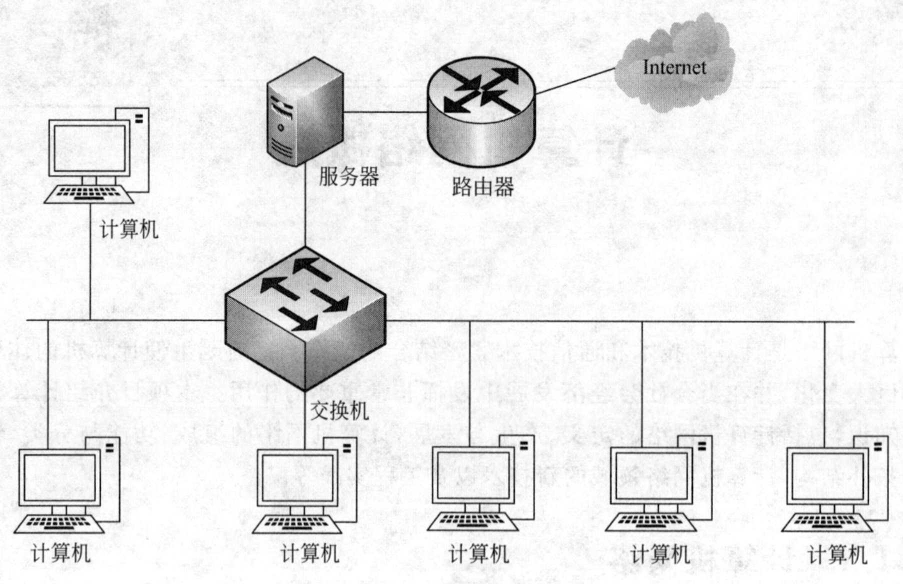

图 1-1　一个典型的计算机网络

1.1.2　计算机网络的产生与发展

1. Internet 的起源与基础

Internet 的发展经历了三个阶段，现在逐渐走向成熟。从 1969 年 Internet 的前身 ARPANET 诞生到 1983 年是研究试验阶段，主要是进行网络技术的研究和试验；1983—1994 年是 Internet 的实用阶段，主要用于教学、科研和通信的学术网络；1994 年以后，Internet 开始进入商业化阶段，政府部门、商业企业以及个人开始广泛使用 Internet。

从某种意义上讲，Internet 可以说是美苏"冷战"的产物。1962 年，美国国防部在军事上为了对抗苏联，提出设计一种分散的指挥系统构想。1969 年，为了对上述构想进行验证，美国国防部高级研究计划署(Defense Advanced Research Projects Agency，DARPA)资助建立了一个名为 ARPANET(阿帕网)的实验网络，当时主要是由位于美国不同地理位置的四台主机构成，所以 ARPANET 就是 Internet 的雏形了。

20 世纪 80 年代中期，美国国家科学基金会(NSF)为了使各大学和研究机构能共享他们非常昂贵的四台主机，鼓励各大学、研究所的计算机与其连接。1986—1991 年，NSFNET 的子网从 100 个迅速增加到 3000 多个。1986 年 NSFNET 建成并正式运营，实现了与其他网络的互联和通信，成为今天 Internet 的基础。

1990 年 6 月，NSFNET 全面取代 ARPANET 成为 Internet 的主干网。可以这样描述，NSFNET 的出现，给予 Internet 的最大贡献就是向全社会开放。它准许各大学和私人科研机构网络接入，促使 Internet 迅速地商业化，并有了第二次飞跃发展。

随着 Internet 的发展，美国早期的四大骨干网互联对外提供接入服务，形成 Internet 初期的基本结构，其示意图如图 1-2 所示。

2. 计算机网络的发展

回顾计算机网络的发展历程，计算机网络经历了从简单到复杂，从单一主机到多台主

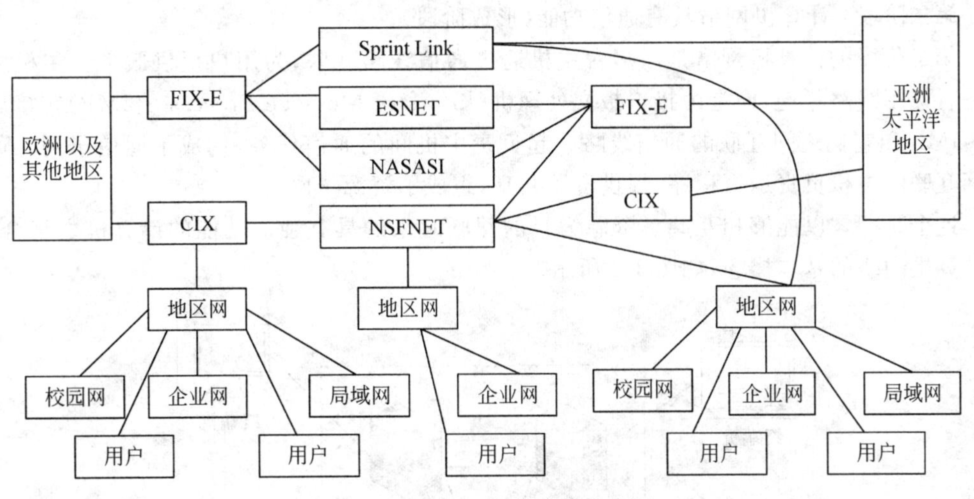

图 1-2 Internet 初期结构示意图

机,从终端与主机之间的通信到计算机与计算机之间的直接通信等阶段。其发展历程大致可划分为四个阶段。

第一阶段:计算机技术与通信技术结合(诞生阶段)。

20 世纪 60 年代末是计算机网络发展的萌芽阶段。此时,计算机是只具有通信功能的单机系统,一台计算机经通信线路与若干终端直接相连,该系统被称为终端计算机网络,是早期计算机网络的主要形式。如图 1-3 所示。

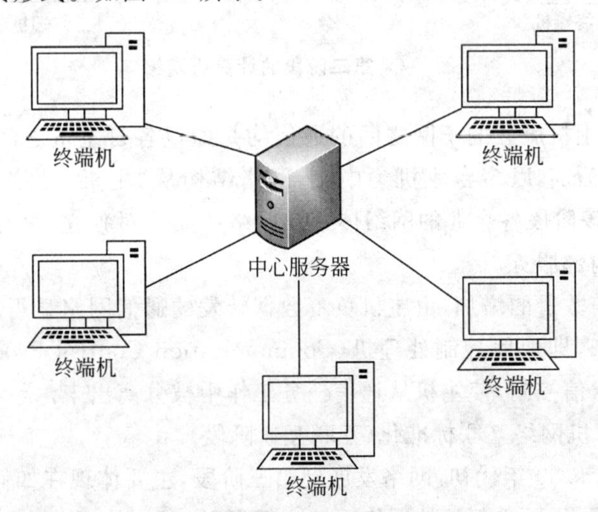

图 1-3 第一阶段的计算机网络

第一个远程分组交换网 ARPANET,首次实现了由通信网络和资源网络复合构成计算机网络系统,标志计算机网络的真正产生。ARPANET 是这一阶段的典型代表。

这一阶段的网络特征是共享主机资源。存在的问题是主机负荷较重,主机既要承担通信任务又要负责数据处理;通信线路利用率低;网络可靠性差。

注意:终端是一台计算机的外部设备(包括显示器和键盘),无 CPU 和内存,不具备自主处理数据的能力,仅能完成输入/输出等功能,所有数据处理和通信任务均由中央主机完成。

第二阶段：计算机网络具有通信功能(形成阶段)。

第二阶段的计算机网络是以多台主机通过通信线路互联，为用户提供服务。主机之间不是直接用线路相连，而是由接口报文处理机(Interface Message Processor，IMP)转接后互联。IMP 和它们之间互联的通信线路一起负责主机间的通信任务，构成了通信子网。通信子网互联的主机负责运行程序，提供资源共享，组成了资源子网。

这个时期，"以能够相互共享资源为目的互联起来的具有独立功能的计算机之集合体"是计算机网络的基本概念，如图 1-4 所示。

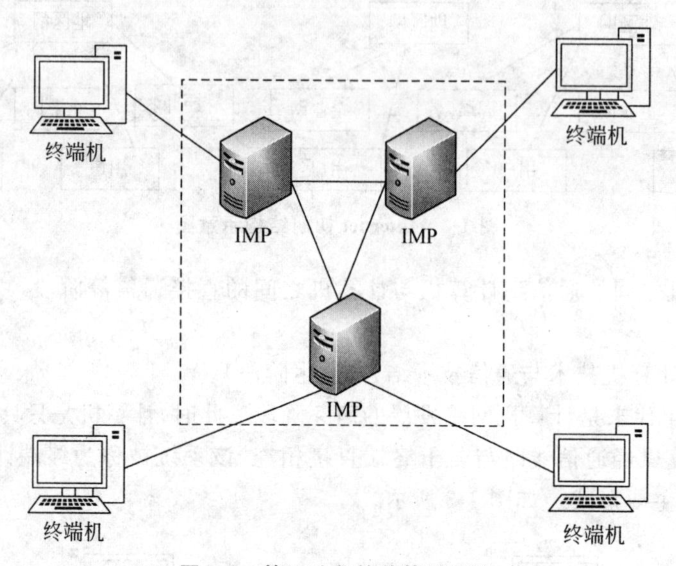

图 1-4　第二阶段的计算机网络

这个阶段，每台主机服务的子网之间的通信均是通过各自主机之间的直接连线实现数据的转发。其网络特征：以多台主机为中心，网络结构从"主机—终端"转向为"主机—主机"。存在的问题：该阶段各企业的网络体系及网络产品相对独立，没有统一标准。此时的网络只能面向企业内部服务。

随着子网间通信数量的增加，由主机负责数据转发的通信网络显得力不从心，于是新的网络设备被研制出来，即通信控制处理机(Communication Control Processor，CCP)。该设备负责主机之间的通信控制，使主机从通信任务工作中被分离出来。

第三阶段：计算机网络互联标准化(互联互通阶段)。

20 世纪 70 年代末 80 年代初，网络发展到第三阶段，主要体现在如何构建一个标准化的网络体系结构，使不同公司或部门的网络系统之间可以互联，相互兼容，增加互操作性，以实现各公司或部门间计算机网络资源的最大共享。

1977 年，国际标准化组织成立了"计算机与信息处理标准化委员会"下属的"开放系统互联分技术委员会"，专门着手制定开放系统互联的一系列国际标准。1983 年，ISO 推出"开放系统互联参考模型"(Open System Interconnection/Recommended Model，OSI/RM)的国际标准框架。自此，各网络公司的网络产品有了统一标准的依据，各种不同网络的互联有了可参考的网络体系结构框架。

目前，有两种国际通用的体系结构：OSI 和 TCP/IP。这两种结构使网络产品有了统一的标准，同时也促进了企业竞争，尤其为计算机网络向国际标准化方向发展提供了重要依据。

20 世纪 80 年代，随着个人计算机(PC)的广泛使用，局域网迅速发展。美国电气与电子工程师协会(IEEE)为了适应计算机、个人计算机以及局域网发展的需要，于 1980 年 2 月在旧金山成立 IEEE 802 局域网标准委员会，并制定了一系列局域网标准。为此，新一代光纤局域网——光纤分布式数据接口(FDDI)网络标准及产品相继问世，为推动计算机局域网技术进步及应用奠定了良好的基础。这一阶段典型的标准化网络结构如图 1-5 所示，通信子网的交换设备主要是路由器和交换机。

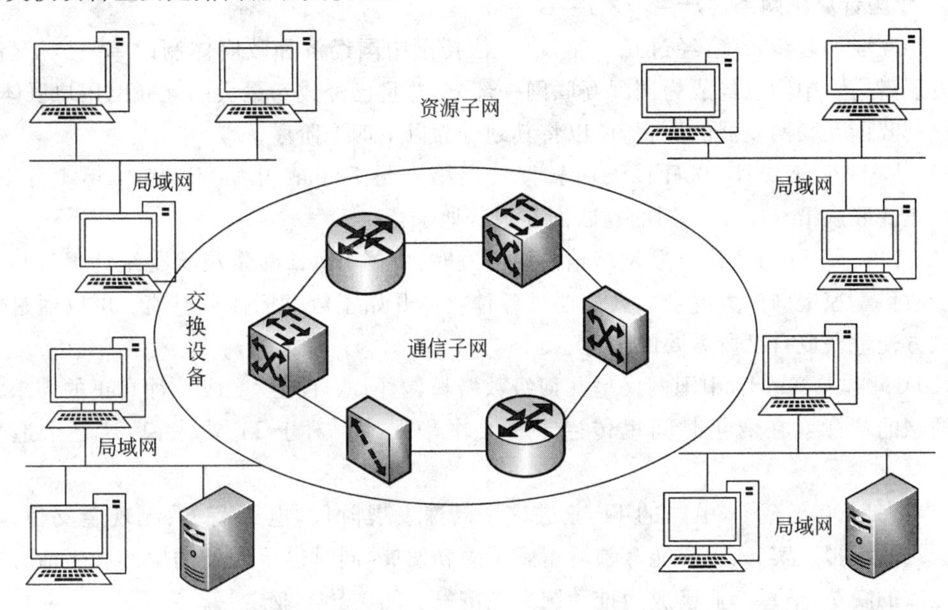

图 1-5　第三阶段的计算机网络

第四阶段：计算机网络高速和智能化发展(高速网络技术阶段)。

进入 20 世纪 90 年代，随着计算机网络技术的迅猛发展，特别是 1993 年美国宣布建立国家信息基础设施(National Information Infrastructure，NII)后，全世界许多国家都纷纷制定和建立本国的 NII，极大地推动了计算机网络技术的发展，使网络发展进入世界各个国家的骨干网络建设、骨干网络互联与信息高速公路的发展阶段，也使计算机网络的发展进入一个崭新的阶段，即计算机网络高速和智能化阶段，如图 1-6 所示。

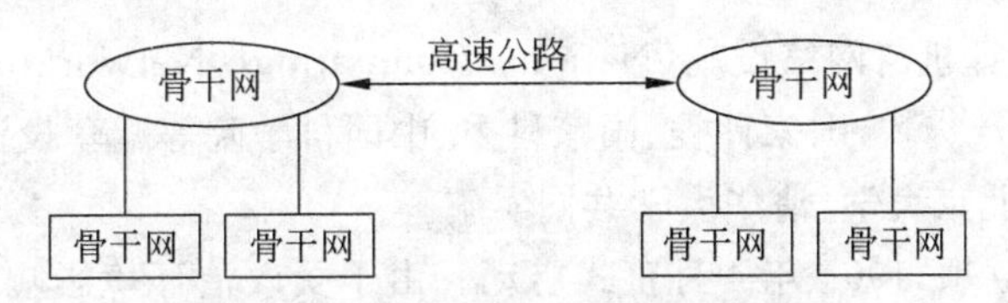

图 1-6　网络互联与信息高速公路

这一阶段的主要特征：计算机网络化，随着计算能力发展以及全球互联网(Internet)的盛行，计算机的发展已经完全与网络融为一体，体现了“网络就是计算机”的口号。目前，计算机网络已经真正进入社会各行各业。此外，虚拟网络、FDDI 及 ATM 等技术的应用，使网络技术蓬勃发展并迅速走向市场,走进平民百姓的生活。

注意:"信息高速公路"是一个高速度、大容量、多媒体的信息传输网络系统。建设信息高速公路就是利用数字化大容量的光纤通信网络,使政府机构、信息媒体、各大学、研究所、医院、企业……甚至办公室、家庭等的所有网络设备全部联网。人们的吃、穿、住、行以及工作、看病等生活需求,都可以通过网络实施远程控制,并得到优质的服务。同时,网络还将给用户提供比电视和电话更加丰富的信息资源与娱乐节目,使信息资源实现极大共享,用户可以拥有更加自由的选择。

3. 我国计算机网络的产生与发展

中国互联网起步较晚,经过几十年发展,依托于中国经济和政府体制改革,已经显露巨大的发展潜力。中国已经成为国际互联网一部分,并且已经成为最大的互联网用户群体。

纵观我国互联网发展的历程,可以将其划分为以下四个阶段。

(1) 从 1987 年 9 月 20 日钱天白教授发出第一封 E-mail 开始,到 1994 年 4 月 20 日 NCFG 正式联入 Internet,中国的互联网在艰苦地孕育。

(2) 1997 年 11 月中国互联网络信息中心发布《中国 Internet 发展状况统计报告》,互联网从少数科学家走向广大群众。人们通过各种媒体开始了解互联网的神奇:可以通过廉价的方式方便地获取自己所需要的信息。

(3) 1998—1999 年,中国网民呈几何级数增长,上网从"前卫"变成一种真正的需求。一场互联网的革命就在两年时间里传遍了整个中华大地。对于 IT 业来说,这是个追梦的年代。

(4) 从 2000 年至今,中国的 IT 业进入了高速发展阶段,电子商务、无现金支付、云计算、大数据、虚拟现实、人工智能等领域得到了蓬勃发展,同时也给人类的生产和生活方式带来了巨大的变革,信息产业已成为推动国家经济发展的主导产业之一。

4. 我国四大互联网络成长过程

(1) 中国公用计算机互联网(ChinaNET)。1994 年 2 月,原邮电部与美国 Sprint 公司签约,为全社会提供 Internet 各种服务。1994 年 9 月,中国电信与美国商务部布朗部长签订中美双方关于国际互联网的协议。协议中规定,中国电信将通过美国 Sprint 公司开通两条 64kbps 专线(一条在北京,另一条在上海)。中国公用计算机互联网的建设开始启动。1995 年年初与 Internet 连通,同年 5 月正式对外服务。目前,全国大多数用户是通过该网进入互联网。

(2) 中国国家计算机与网络设施(National Computing&Networking Facility of China, NCFC),是由世界银行贷款,国家计委、国家科委、中国科学院等配套投资和扶持。项目由中国科学院主持,联合北京大学、清华大学共同实施。

1989 年 NCFC 立项,1994 年 4 月正式启动。由于受政治环境影响,网络在建设初期遇到许多困难。1992 年,NCFC 工程的院校网,即中科院院网,清华大学校园网和北京大学校园网全部完成建设。1993 年 12 月,NCFC 主干网工程完工,采用高速光缆和路由器将三个院校网互联。直到 1994 年 4 月 20 日,NCFC 工程连入 Internet 的国际专线开通,实现了与 Internet 的全功能连接,整个网络正式运营。从此国际上正式承认我国为有 Internet 的国家,此事被我国新闻界评为 1994 年中国十大科技新闻之一,被《国家统计公报》列为中国年度重大科技成就之一。

(3) 国家教育和科研网(CERET)。该网络是为了配合我国各院校更好地进行教育与科研工作,由国家教委主持兴建的一个全国范围的教育科研互联网。网络于1994年兴建,同年10月开始工作。该项目的目标是建设一个全国性的教育科研基础设施,利用先进实用的计算机技术和网络通信技术,把全国大部分高等院校和中学连接起来,推动这些学校校园网的建设和各处资源的交流共享。目前,它已经连接了全国1000多所院校,共3万多用户。该网络并非商业网,以公益性经营为主,免费服务或低收费。

(4) 中国金桥信息网(ChinaGBN)。中国金桥信息网是由原电子部志通通信有限公司承建的互联网。1993年8月27日,李鹏总理批准使用300万美元总理预备金支持启动金桥前期工程建设。1994年6月8日,金桥前期工程建设全面展开。1994年年底,金桥信息网全面开通。目前,已在全国各个省、市、地区开通了服务。ChinaGBN是国家授权的四大互联网络之一,也是在全国范围内进行Internet商业服务的两大互联网络之一(另一个是ChinaNET)。1996年8月,国家计委正式批准金桥一期工程立项,并将金桥一期工程列为"九五"期间国家重大续建工程项目。1996年9月6日,中国金桥信息网联入美国的专线正式开通。中国金桥信息网宣布开始提供Internet服务。

1.1.3 计算机网络的发展方向

随着网络技术的发展,解决带宽不足和提高网络传输率成为首要问题。目前,各国都非常重视网络基础设施的建设。美国在1993年提出了信息高速公路的概念,并建设了Internet。

网络发展的另一个方向是实现三网合一。所谓"三网合一",即将目前存在的电话通信网、有线电视网和计算机通信网三大网络合并成一个网络。目前,在三网合一方面有许多问题有待解决,这方面的研究工作也一直在进行。

为什么要三网合一?因为目前三网并存的现象不仅浪费资源、管理困难,而且存在下列问题:电话通信网虽然已经接入千家万户,但是电话通信网存在带宽不足的先天缺陷;有线电视网虽然具有很高的带宽,但有线电视信号是单向传递的;虽然计算机光纤通信骨干网已经架设完成,但用户接入网的投资也非常巨大。如果能把三种网络统一,上述困难就可迎刃而解。

任务1.2 计算机网络的组成、功能及分类

计算机网络是由负责传输数据的网络传输介质、网络设备、使用网络的计算机终端设备、服务器以及网络操作系统所组成。在此任务中,主要介绍组成计算机网络的子网系统、软硬件系统、计算机网络的功能,同时从不同的角度对计算机网络进行分类。学习并理解计算机网络的功能以及计算机网络的分类有助于读者更好地理解计算机网络。

1.2.1 计算机网络子网系统

计算机网络的基本功能可分为数据处理与数据通信两大部分,因此它所对应的结构也分成两个部分:负责数据处理的计算机与终端设备;负责数据通信的通信控制处理机(CCP)

与通信线路。所以，从计算机网络的通信角度看，典型的计算机网络按其逻辑功能可以分为“资源子网”和“通信子网”，如图1-7所示。

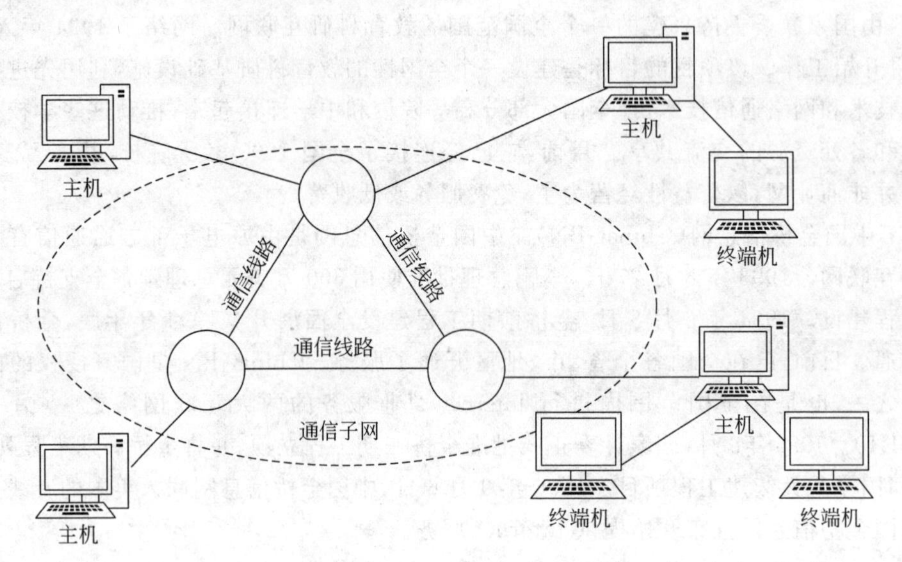

图1-7 计算机网络组成示意图

1. 资源子网

资源子网的基本功能是负责全网的数据处理业务，并向网络用户提供各种网络资源和网络服务。资源子网由拥有资源的主计算机、请求资源的用户终端、联网的外设、各种软件资源及信息资源等组成。

资源子网的组成如下所示。

(1) 主计算机。主计算机系统简称为主机(Host)，可以是大型机、中型机、小型机、工作站或微型机。主计算机是资源子网的主要组成单元，通过高速通信线路与通信子网的通信控制处理机相连接。主计算机主要为本地用户访问网络中其他主机设备与资源提供服务，同时要为网络中远程用户共享本地资源提供服务。

(2) 终端。终端(Terminal)是用户访问网络的界面。终端一般指没有存储与处理信息能力的简单输入、输出设备，也可以是带有微处理机的智能终端。智能终端除具有输入、输出信息的功能外，本身还具有存储与处理信息的能力。各类终端既可以通过主机联入网络，也可以通过终端控制器、报文分组组装/拆卸装置或通信控制处理机连入网络。

(3) 网络共享设备。网络共享设备一般是指计算机的外部设备，例如，高速网络打印机、高档扫描仪等。

2. 通信子网

通信子网的基本功能是提供网络通信功能，完成全网主机之间的数据传输、变换、控制和变换等通信任务，负责全网的数据传输、转发及通信处理等工作。

通信子网由通信控制处理机、通信线路及信号变换设备等其他通信设备组成。

(1) 通信控制处理机(CCP)在网络拓扑结构中称为网络节点，是一种在数据通信系统中专门负责网络中数据通信、传输和控制的计算机或具有同等功能的计算机部件。通信控制处理机一般由配置了通信控制功能的软件和硬件的小型机、微型机承担。一方面，它作为与资源子网的主机、终端的连接接口，将主机和终端连入网内；另一方面，它又作为通信子网中的分组存储转发节点，完成分组的接收、校验、存储、转发等功能，实现将源主机报文准确发送到目的主机的功能。

(2) 通信线路即通信介质，指为通信控制处理机与主机之间提供数据通信的通道。计算机网络中采用了多种通信线路，如电话线、双绞线、同轴电缆、光纤等由有线通信线路组成的通信信道，也可以使用由红外线、微波及卫星通信等无线通信线路组成的通信信道。

(3) 信号变换设备功能是根据不同传输系统的要求对信号进行变换。例如，调制解调器、无线通信的发送和接收设备、网卡以及光电信号之间的变换和收发设备等。在网络中可以将信号变换设备称为网络的节点。通过通信介质将通信节点连在一起就构成通信子网。当数据到达某个规定的节点时，通信节点进行相应的处理后就可以传送到计算机进行处理。

广域网可以明确地划分资源子网与通信子网，而局域网由于采用的工作原理和结构的限制，不能明确地划分子网系统的结构。

1.2.2 计算机网络软硬件系统

1. 计算机网络硬件部分

计算机网络硬件系统包括计算机、通信控制设备和网络连接设备。计算机是信息处理设备，属于资源子网范畴。如在互联网中，有些计算机作为信息的提供者，称为服务器。服务器是互联网上具有网络上唯一标识(IP 地址)的主机。有些计算机是作为信息的使用者，被称为客户机。

通信控制设备(或称通信设备)是信息传递的设备。通信设备构成网络的通信子网，专门用来完成通信任务。网络连接设备属于通信子网，负责网络的连接，主要包括路由器，局域网中的交换机、网桥、集线器以及网络连线等。网络连接设备是网络中的重要设备，局域网若没有网络连接设备就很难构成网络。如在互联网中，正是由于路由器的强大功能才使得不同的网络得以无缝连接。

2. 计算机网络软件部分

计算机网络软件主要包括网络操作系统、网络通信协议以及网络应用软件等。网络操作系统负责计算机及网络的管理，网络应用软件完成网络的具体应用，它们都属于资源子网范畴；网络通信协议完成网络的通信控制功能，属于通信子网范畴。

1.2.3 计算机网络的功能

计算机网络主要的功能归纳如下。

(1) 资源共享。资源共享是构建计算机网络的基本功能之一。其可共享的资源包括软件资源、硬件资源和数据资源，如计算机的处理能力、大容量磁盘、高速打印机、大型绘图仪以及计算机特有的专业工具、特殊软件、数据库数据、文档等。这些资源并非所有用户都能独立拥有。因此，将这些资源放在网络上共享，供网络用户有条件地使用，既提供了便捷的应用服务，又可节约巨额的设备投资。此外，网络中各地区的资源互通、分工协作，也极大地提高了系统资源的利用率。

(2) 数据通信。数据通信是计算机网络的另一基本功能。它以实现网络中任意两台计算机间的数据传输为目的，如在网上接收与发送电子邮件、阅读与发布新闻消息、网上购物、电子贸易、远程教育等网络通信活动。数据传输提高了计算机系统的整体性能，也极大地方便了人们的工作和生活。

(3) 高可靠性。计算机系统中，某个部件发生故障或系统运行中各种未知的中断都是有可能发生的，问题一旦发生，在单台工作机中，应用系统只能被迫中断或关机。而在计算机网络中，一台计算机出现故障，可立刻启用备份机替代。通过计算机网络提供的多机系统环境，实现两台或多台计算机互为备份，使计算机系统的冗余备份功能成为可能，不仅有效避免因单个部件或某个系统的故障影响用户的使用，同时还使应用系统的可靠性大大提高，最大限度地保障了应用系统的正常运行。

此外，计算机网络还具有均衡负载的功能，当网络上某台主机的负载过重时，通过网络和一些应用程序的控制和管理，可以将任务交给网上其他计算机处理，由多台计算机共同完成，起到均衡负荷的作用，以减少延迟、提高效率，充分发挥网络系统上各主机的作用。

(4) 信息管理。计算机应用从数值计算到数据处理，从单机数据管理到网络信息管理，发展至今，计算机网络的信息管理应用已经非常广泛。例如，管理信息系统(Management Information System，MIS)、决策支持系统(Decision Support System，DSS)、办公自动化(Office Automation，OA)等都是在计算机网络的支持下发展起来的。

(5) 分布式处理。由多个单位或部门位于不同地理位置的多台计算机，通过网络连接起来，协同完成大型的数据计算或数据处理问题的一项复杂工程，称为分布式处理。

分布式处理解决了单机无法胜任的复杂问题，增强了计算机系统的处理能力和应用系统的可靠性能，不仅使计算机网络可以共享文件、数据和设备，还能共享计算能力和处理能力。

如 Internet 上众多提供域名解析的域名服务器(Domain Name Service，DNS)，所有域名服务器通过网络连接构成一个大的域名系统，其中每台域名服务器负责各自域的域名解析任务。这种由网络上众多台域名服务器协同完成一项域名解析任务的工作方式就是一个典型的分布式处理。

1.2.4 计算机网络的分类

计算机网络可以按照不同的方式进行分类，最常用的有四种分类方法：按网络传输技术分类、按网络分布距离范围分类、按传输介质分类、按协议分类。

1. 按网络传输技术分类

在通信技术中，通信信道的类型有广播通信信道与点对点通信信道两类。网络要通过通信信道完成数据传输任务，所采用的传输技术也只可能是广播方式与点对点方式。因此，相应的计算机网络可以分为广播式网络与点对点式网络。

(1) 广播式网络。在广播式网络中，所有联网的计算机都共享一个公共通信信道。当一台计算机利用共享通信信道发送报文分组时，所有其他的计算机都会"收听"这个分组。由于发送的分组中带有目的地址与源地址，接收到该分组的计算机将检查目的地址是否与本地节点地址相同，如果被接收报文分组的目的地址与本节点地址相同，则接收该分组，否则丢弃该分组。广播式网络中，发送的报文分组的目的地址有三类：单一节点地址、多节点地址和广播地址。

(2) 点对点式网络。与广播式网络相反,点对点式网络中,每条物理线路只能连接两台计算机。两台计算机之间的分组传输通过中间节点进行接收、存储与转发,且从源节点到目的节点的路由需要有路由选择算法。采用分组存储转发与路由选择机制是点对点式网络与广播式网络的重要区别之一。

2. 按网络分布距离范围分类

(1) 局域网。局域网(Local Area Network,LAN)用于将有限范围内(如一个实验室、一幢大楼、一个校园)的各种计算机、终端与外部设备互联成网。局域网按采用的技术可分为共享局域网和交换式局域网;按传输介质可分为有线网和无线网;按拓扑结构可分为总线、星形和环形。此外,还可分为以太网、令牌环网和 FDDI 环网等。近年来,以太网发展速度非常快,目前所见到的局域网几乎都是以太网。

局域网组网方便、价格低廉,技术实现比广域网容易,一般应用于企业、学校、机关及部门机构等内部网络。局域网技术发展非常迅速,应用也日益广泛,是计算机网络中最活跃的领域之一。局域网的主要特点如下:

① 网络覆盖的地理范围较小,一般在几十米到几千米;

② 数据传输速率高;

③ 信息误码率低;

④ 拓扑结构简单,常用的拓扑结构有总线型、星形和环形等;

⑤ 局域网通常归属于一个单一的组织管理。

(2) 城域网。城域网(Metropolitan Area Network,MAN)是一种大型的 LAN。它的覆盖范围介于局域网和广域网之间,一般是在一个城市范围内组建的网络。城域网设计的目标是要满足几十千米范围内大量企业、机关、公司的多个局域网互联的需求,以实现大量用户之间的数据、语音、图像与视频等多种信息的传输功能。目前,城域网的发展越来越接近局域网,通常采用局域网和广域网技术构成宽带城域网。

(3) 广域网。广域网(Wide Area Network,WAN)是在一个广阔的地理区域内进行数据、语音、图像信息传送的通信网,地理范围比较大,一般在几十千米以上。广域网通常能覆盖一个城市、一个地区、一个国家、一个洲,甚至全球。

地理范围上,广域网与城域网的概念存在交叉,多大范围以外属于广域网没有严格规定,主要看采用什么技术。广域网一般由中间设备(路由器)和通信线路组成,其通信线路大多借助于一些公用通信网,如 PSTN、DDN、ISDN 等。广域网的主要特点如下:

① 覆盖的地理区域大;

② 广域网通过公用通信网进行连接;

③ 数据传输速率早期一般在 512kbps～16Mbps,现今得到了很大的提高。

LAN、MAN 和 WAN 的比较,如表 1-1 所示。

表 1-1　LAN、MAN 和 WAN 的比较

内　　容	LAN	MAN	WAN
范围描述	较小范围计算机通信网	较大范围计算机通信网	远程网或公用通信网
网络覆盖的范围	几千米	几十千米	几千米到几万千米
数据传输速率	800Mbps～80Gbps	800Mbps～80Gbps	76.8kbps～360Mbps

续表

内　容	LAN	MAN	WAN
传输介质	有线介质：同轴电缆、双绞线、光缆	无线介质：微波、卫星 有线介质：光缆	有线或无线传输介质，公用数据网，PSTN、DDN、ISDN、光缆、卫星、微波
信息误码率	低	较高	高
拓扑结构	总线、星形、环形、网状	环形	网状

由于80Gbps以太网技术和IP网络技术的出现，以太网技术已经可以应用到广域网。这样，广域网、城域网与局域网的界限也就越来越模糊了。

3. 按传输介质分类

根据网络的传输介质，可以将网络分为有线网和无线网。根据有线网线路的不同又分为同轴电缆网、双绞线网和光纤网，还有最新的全光网络；无线网则是卫星无线网和使用其他无线通信设备的网络。

4. 按协议分类

按照协议对网络进行分类是一种常用的方法，多用在局域网中。分类所依照的协议一般是指网络所使用的底层协议。例如，在局域网中主要有两种协议，一种是以太网；另一种是令牌环网。以太网用的网络接口层（底层）协议为IEEE 802.1标准，这个标准在制定时就参考了以太网协议，所以人们把这种网络称为以太网。令牌环网的协议是IEEE 802.5标准，这个标准在制定时参考了IBM公司著名的环网协议，所以这种网络又称为令牌环网。广域网也有类似的例子。分组交换网遵循X.25协议的标准，所以这种广域网经常称为X.25网。除此之外，还有帧中继FRN网和ATM网等。

除了上述几种主要分类方法外，还经常使用其他分类方法。例如，按照传输的带宽，可将网络分为窄带网和宽带网；按照网络信道的介质，可将网络分为铜线网、光纤网和卫星通信网等；按照网络所使用的操作系统，可将网络分为Novell网和NT网等。

按照网络的规模及组网方式，可将网络分为工作组级、部门级和企业级网络等。

任务1.3　计算机网络的拓扑结构

计算机网络的拓扑结构是指计算机网络节点和通信链路所组成的几何形状，也可以描述为网络设备及它们之间的互联布局或关系。拓扑结构与网络设备类型、设备能力、网络容量及管理模式等有关。

拓扑结构基本上可以分成两大类：一类是无规则的拓扑，这种拓扑结构只有网状图形，一般广域网采用这种拓扑结构，称为网状网；另一类是有规则的拓扑，这种拓扑结构的图形一般是有规则的、对称的，局域网多采用这种拓扑结构。计算机网络的拓扑结构有很多种，下面介绍最常见的几种。

1.3.1　总线拓扑结构

总线拓扑结构采用单一的通信线路（总线）作为公共的传输通道，所有的节点都通过相应的接口直接连接到总线，并通过总线进行数据传输。对总线拓扑结构而言，其通信网络中只有传输媒体，没有交换机等网络设备，所有网络站点都通过介质直接与传输媒体相连，如图 1-8 所示。

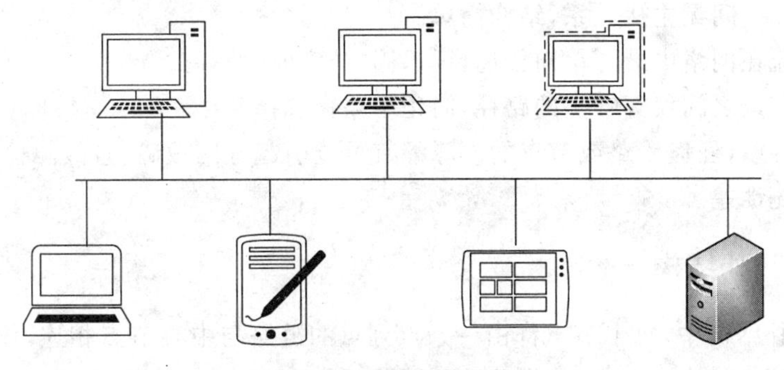

图 1-8 总线拓扑结构

总线拓扑结构的网络简单、便宜，容易安装、拆卸和扩充，适于构造宽带局域网，如教学网一般都采用总线拓扑结构。总线拓扑结构网络的主要缺点是对总线的故障敏感，总线一旦发生故障将导致网络瘫痪。总线拓扑结构的主要特点如下。

(1) 结构简单、易于扩展、易于安装、费用低。

(2) 共享能力强，便于广播式传输。

(3) 网络响应速度快，但负荷重时则性能迅速下降。

(4) 网络效率和带宽利用率低。

(5) 采用分布控制方式，各节点通过总线直接通信。

(6) 各工作节点平等，都有权争用总线，不受某节点仲裁。

1.3.2 环形拓扑结构

在环形拓扑结构中，各个网络节点通过环节点连在一条首尾相接的闭合环状通信线路中。环节点通过点到点链路连接成一个封闭的环，每个环节点都有两条链路与其他环节点相连，如图 1-9 所示。

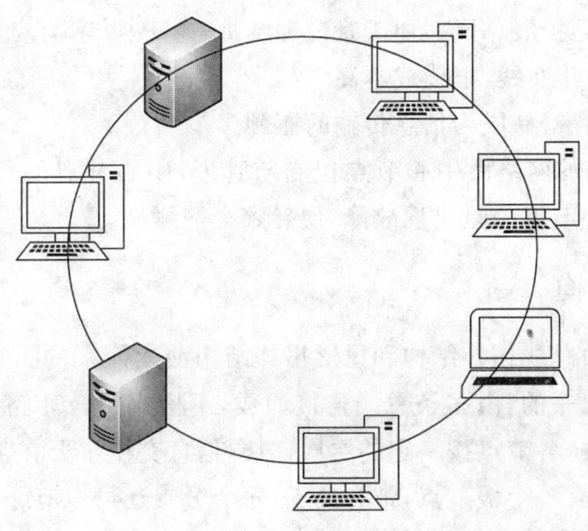

图 1-9 环形拓扑结构

环形拓扑结构有两种类型，即单环结构和双环结构。令牌环(Token Ring)网采用单环结构，而光纤分布式数据接口(FDDI)是双环结构的典型代表。环形拓扑结构的主要特点如下。

(1) 各工作站间无主从关系，结构简单。

(2) 信息流在网络中沿环单向传递，延迟固定，实时性较好。

(3) 两个节点之间仅有唯一的路径，简化了路径选择。

(4) 可靠性差，任何线路或节点的故障都有可能引起全网故障，且故障检测困难。

(5) 可扩充性差。

1.3.3 星形拓扑结构

在星形拓扑结构中，每个节点都由一条点到点的链路与中心节点相连，任意两个节点之间的通信都必须通过中心节点，如图 1-10 所示。

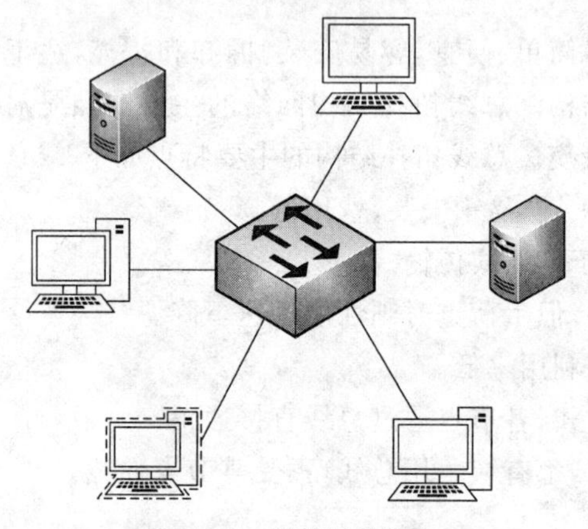

图 1-10 星形拓扑结构

中心节点通过存储转发技术实现两个节点之间的数据帧的传送。中心节点的设备可以是集线器(Hub)、中继器，也可以是交换机。目前，在局域网系统中，星形拓扑结构几乎取代了总线拓扑结构。星形拓扑结构的主要特点如下。

(1) 结构简单，容易扩展、升级，便于管理和维护。

(2) 容易实现结构化布线，电缆成本高。

(3) 中心节点负担重，易成为信息传输的瓶颈。

(4) 星形拓扑结构的网络由中心节点控制与管理，中心节点的可靠性基本上决定了整个网络的可靠性。中心节点一旦出现故障，便导致全网瘫痪。

1.3.4 树形拓扑结构

树形拓扑结构是由总线拓扑结构和星形拓扑结构演变而来的。它有两种类型：一种是由总线拓扑结构派生出来的，由多条总线连接而成，不构成闭合环路而是分支电缆；另一种是星形拓扑结构的扩展，各节点按一定的层次连接，信息交换主要在上下节点之间进行。在树形拓扑结构中，顶端有一个根节点，带有分支，每个分支还可以有子分支，其几何形状像一棵倒置的树或横置的树，故得名树形拓扑结构，如图 1-11 所示。

树形拓扑结构的主要特点如下。

(1) 天然的分级结构,各节点按一定的层次连接。

(2) 易于扩展、易进行故障隔离、可靠性高。

(3) 对根节点的依赖性大,一旦根节点出现故障,将导致全网瘫痪,电缆成本高。

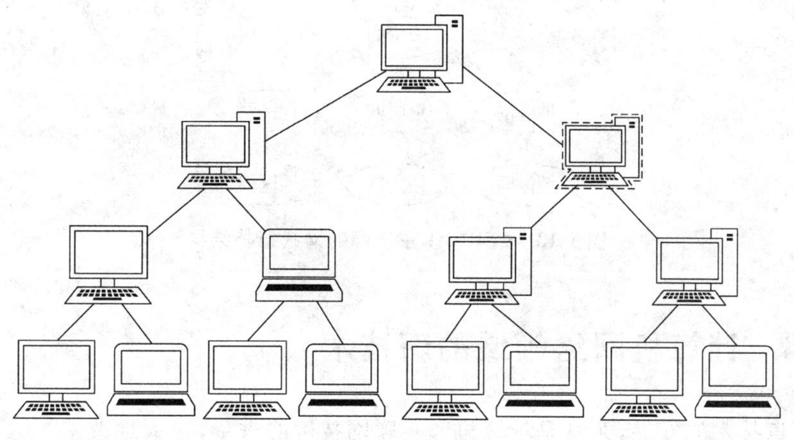

图 1-11　树形拓扑结构

1.3.5　网状拓扑结构

网状拓扑结构又称完整拓扑结构。在网状拓扑结构中,网络节点与通信线路互联成不规则的形状,节点之间没有固定的连接形式,一般每个节点至少与其他两个节点相连,即每个节点至少有两条链路连到其他节点。数据在传输时可以选择多条路由,如图 1-12 所示。

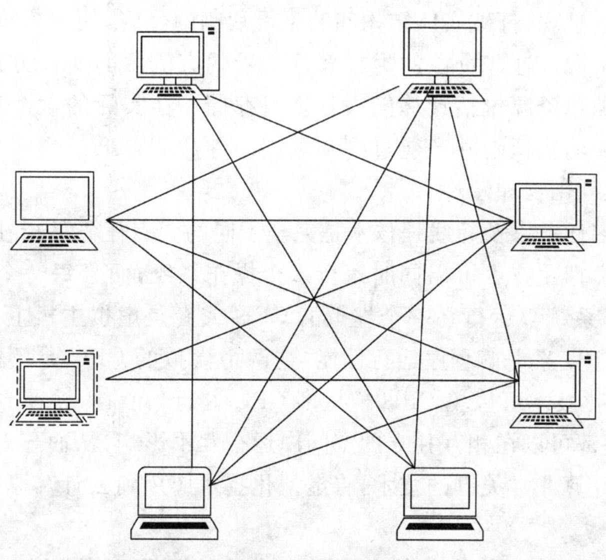

图 1-12　网状拓扑结构

网状拓扑结构的主要特点是节点间的通路比较多。当某一条线路出现故障时,数据分组可以寻找其他线路迂回,最终到达目的地,所以网络具有很高的可靠性。但该网络控制结构复杂,建网费用较高,管理也复杂。因此,一般只在大型网络中采用这种结构。有时,园区网的主干网也会采用节点较少的网状拓扑结构。我国教育科研示范网(CERNET)的主干网和国际互联网(Internet)的主干网都采用网状拓扑结构。其中,CERNET 主干网的网状拓扑结构如图 1-13 所示。在网状网中,两个节点间传输数据与其他节点无关,所以又称为点对点的网络。

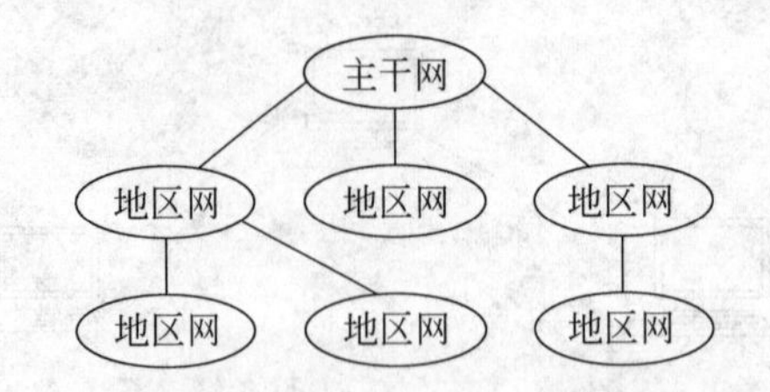

图 1-13　CERNET 主干网的网状拓扑结构

任务 1.4　计算机网络领域的新技术

随着信息技术的发展,尤其是计算机和互联网技术的进步,极大地改变了人们的工作和生活方式。随着生活水平的提高、思想的变化,人们对计算机网络技术提出了更高的要求。信息产业本身需要更加彻底的技术变革和商业模式转型,虚拟化、云计算、物联网、大数据等技术在这样的背景下应运而生。

1.4.1　虚拟化技术

虚拟化是一种资源管理技术,是将计算机的各种实体资源,如服务器、网络、内存及存储等,予以抽象、转换后呈现,打破实体结构间的不可切割的障碍,使用户可以比原本的组态更好的方式应用这些资源。这些资源的虚拟部分不受现有资源的架设方式、地域或物理组态限制。一般指的虚拟化资源包括计算能力和资料存储。在实际的生产环境中,虚拟化技术主要用来解决高性能的物理硬件产能过剩和老旧硬件产能过低的重组重用,透明化底层物理硬件,从而最大化利用物理硬件。

虚拟化技术与多任务以及超线程技术是完全不同的。多任务是指在一个操作系统中多个程序一起运行。虚拟化技术可以同时运行多个操作系统,而且每一个操作系统有多个程序运行,每一个操作系统都运行在一个虚拟的 CPU 或者是虚拟主机上;而超线程技术只是单 CPU 模拟成双 CPU 来平衡程序运行性能,这两个模拟的 CPU 是不能分离的,只能协同工作。CPU 的虚拟化技术可以单 CPU 模拟多 CPU 并行,允许一个平台同时运行多个操作系统,并且应用程序都可以在相互独立的空间内运行互不影响,从而显著提高计算机的工作效率。虚拟化是云计算非常关键的技术,将虚拟化技术应用到云计算平台,可以获得更良好的性能。

虚拟化技术可以分为平台虚拟化、资源虚拟化和应用程序虚拟化三类。通常所说的虚拟化主要是指平台虚拟化技术,是针对计算机和操作系统的虚拟化,如图 1-14 所示。通过使用控制程序,隐藏特定计算机平台的实际物理特性,为用户提供抽象的、统一的、模拟的计算机环境。虚拟机中运行的操作系统被称为客户机操作系统,运行虚拟机的真实系统称为主机系统。资源虚拟化主要针对特定资源,如内存、存储、网络资源等。应用程序虚拟化包括仿真、模拟、解释技术等。

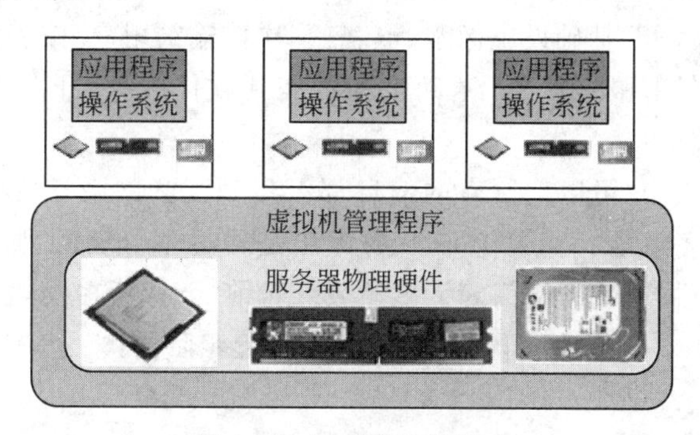

图 1-14 平台虚拟化技术

未来虚拟化的发展将是多元化的，包括服务器、存储、网络等更多的元素，用户将无法分辨哪些是虚，哪些是实。虚拟化将改变目前的传统IT架构，而且将互联网中的所有资源全部连在一起，形成一个大的计算中心。

1.4.2 云计算技术

从20世纪80年代起，IT产业经历了四个时代：大(小)型机时代、个人计算机时代、互联网时代、云计算时代，如图1-15所示。大型机时代是在20世纪80年代之前，个人计算机时代是从20世纪80年代到90年代，互联网时代发生在20世纪90年代到21世纪，最近10年，云计算时代正在到来。

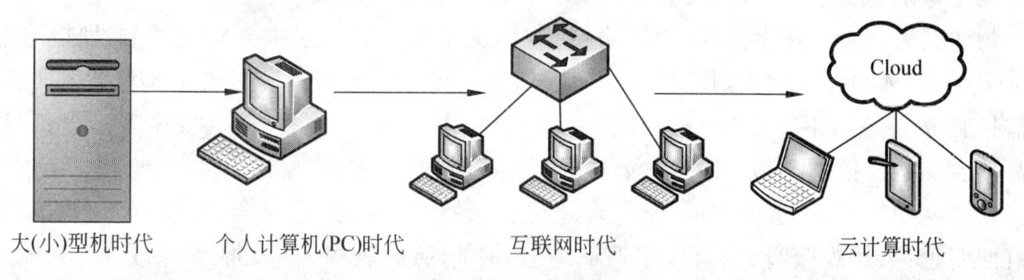

图 1-15 IT产业发展的四个时代

云计算是对分布式计算、并行计算、网格计算及分布式数据库的改进处理及发展，或者说是这些计算机科学概念的商业实现。这里先不说云计算的定义，而是从日常生活说起。现在人们每天都在使用自来水、电和天然气，有没有想过这些资源使用起来为什么这么方便呢？不需要自己去挖井、发电，也不用自己搬蜂窝煤烧炉子。这些资源都是按需收费的，用多少，付多少费用。有专门的企业负责生产、输送和维护这资源，用户只需使用就可以了。

如果把计算机、存储、网络这些IT基础设施与水、电、气等资源作比较，IT基础设施还远没有达到水、电、气那样的高效利用。就目前情况来说，无论是企业还是个人，都是自己购置这些IT基础设施，使用率相当低，大部分IT基础资源没有得到高效利用。产生这种情况的原因在于IT基础设施的可流通性不像水、电、气那样成熟。

科学技术的飞速发展使得网络带宽、硬件性能不断提升，为IT基础设施的流通创造了条件。假如有一个公司，其业务是提供和维护企业与个人所需要的计算、存储、网络等IT基础资源，而这些IT基础资源可以通过互联网传送给最终用户。这样，用户不需要采购昂贵的 IT 基础设施，而是租用计算、存储和网络资源，这些资源可以通过手机、平板电脑和客户端等设备访问。这种将 IT 基础设施像水、电、气一样传输给用户、按需付费的服务是狭义的云计算。如果将所提供的服务从 IT 基础设施扩展到软件服务、开发服务，甚至所有 IT 服务，就是广义的云计算。

云计算这门先进技术，可以把所有的信息都汇集到互联网服务器，然后通过手机、平板电脑等互联网移动设备获取信息。它最大的优势是通过整合资源，降低成本，加快运行速度，广泛运用于经济、科技、政府部门等诸多领域。目前，云计算在发达国家的使用已经相当成熟，使用率超过 80%。但是在中国，云技术还处在起步阶段，人才缺口超过 100 万人。

1.4.3 物联网技术

物联网的理念最早出现于比尔·盖茨 1995 年所写的《未来之路》一书。1999 年，美国 Auto-ID 实验室首先提出了“物联网”的概念，即把所有物品通过射频识别等信息传感设备与互联网连接，实现智能化识别和管理。2005 年，国际电信联盟对物联网的概念进行了拓展，提出任何时间、任何地点、任何物体之间的互联，无所不在的网络和无所不在的计算的发展蓝图。例如，当司机操作失误时，汽车会自动报警；公文包会提醒主人忘带了什么东西等。物联网的基础和核心依然是互联网，是在互联网基础上延伸的网络，强调的是物与物、人与物之间的信息交互和共享。

物联网就是“物物相连的互联网”，是将物品的信息(各类型编码)通过射频识别、传感器等信息采集设备，按约定的通信协议和互联网连接，进行信息交换和通信，使物品的信息实现智能化识别、定位、跟踪、监控和管理的一种网络。

物联网的体系结构由感知层、网络层、应用层组成。感知层主要实现感知功能，包括信息采集、捕获和物体识别。网络层主要实现信息的传送和通信。应用层主要包括各类应用，如监控服务、智能电网、工业监控、绿色农业、智能家居、环境监控、公共安全等。全面感知、可靠传递和智能控制是物联网的核心能力。

物联网用途广泛，遍及智能交通、环境保护、政府工作、公共安全、智能消防、工业监测、路灯照明管控、景观照明管控、楼宇照明管控、广场照明管控、老人护理、花卉栽培、水系监测、食品溯源、敌情侦察和情报搜集等多个领域。

1.4.4 大数据技术

最早提出“大数据”时代到来的是全球知名咨询公司麦肯锡，麦肯锡称：“数据，已经渗透到当今每一个行业和业务职能领域，成为重要的生产因素。人们对于海量数据的挖掘和运用，预示着新一波生产率增长和消费者盈余浪潮的到来。”大数据在物理学、生物学、环境生态学等领域以及军事、金融、通信等行业存在已有时日，却因为近年来互联网和信息行业的发展而引起人们关注。

进入 2012 年，“大数据”一词越来越多地被提及，人们用它描述和定义信息爆炸时代产生的海量数据，并命名与之相关的技术发展与创新。数据正在迅速膨胀并变大，它决定企业的未来发展。虽然很多企业没有意识到数据爆炸性增长带来问题的隐患，但是随着时间的推移，人们将越来越多地意识到数据对企业的重要性。

对大数据的定义已越来越明确，从技术的角度看，大数据是指无法在一定时间范围内用常规软件工具进行捕捉、管理和处理的数据集合，是需要新处理模式才能具有更强的决策力、洞察发现力和流程优化能力的海量、高增长率和多样化的信息资产。

任务1.5 工程实践——网络的日常应用

在对计算机网络技术有了基本概念之后，本任务主要介绍计算机网络一些带有普遍和典型意义的应用领域，介绍浏览器的使用和信息搜索方法、电子邮件客户端的设置以及动手组建一个家庭办公网络。

1.5.1 浏览器与搜索引擎的使用

浏览器与搜索引擎已是当前使用计算机所必备的工具软件。本篇将简单介绍浏览器与搜索引擎的使用，以便利用互联网收集与获取信息。

(1) 浏览百度的网站“http://www.baidu.com”，把该网页设置为默认主页。

方法1：在地址栏直接输入网址 www.baidu.com 并按 Enter 键，如图1-16所示。

方法2：通过搜索引擎搜索该网站。

方法3：通过链接进入网站。

图1-16 百度主界面

单击“把百度设为主页”链接，即可按照相应的操作步骤实现把百度设为主页。设置完成以后，每次打开浏览器都会打开主页的网址，即百度的主页面。

(2) 把百度网址 www.baidu.com 保存在“收藏夹”。

方法1：单击“收藏”按钮，打开“添加到收藏夹”对话框，如图1-17所示。

填写网页标题，然后单击“添加”按钮，即可把打开的网页添加到“收藏夹”，以后需要访

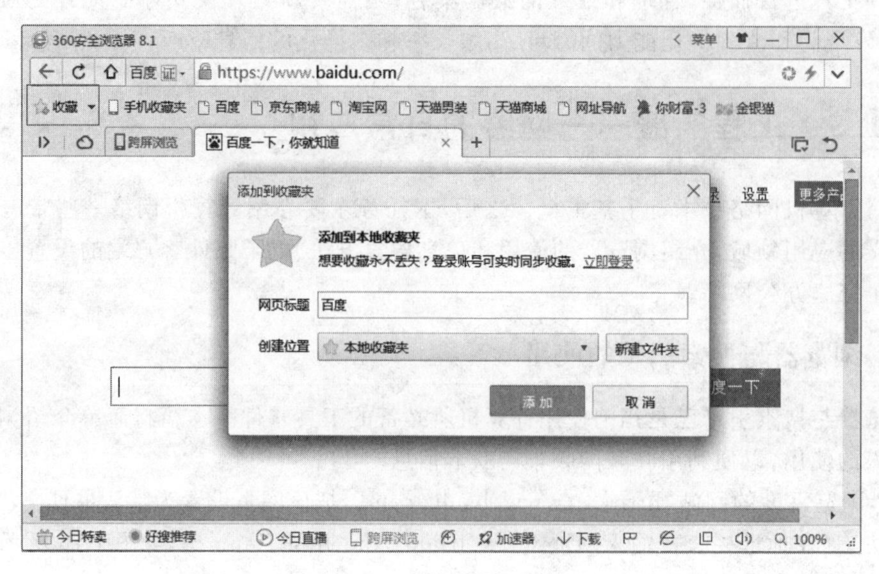

图 1-17　收藏夹界面

问该网站，只需单击网页上面的名称即可。

方法 2：单击百度标题栏右边的空白处，右键选择“添加到收藏夹”命令，打开“添加到收藏夹”对话框，亦可收藏当前页面，如图 1-18 所示。

图 1-18　添加到收藏夹界面

(3) 重新浏览曾经访问过的网站。

方法 1：利用地址栏列表。

方法 2：使用工具栏“后退”“前进”按钮。

方法 3：使用工具栏“历史”按钮，如图 1-19 所示。

在浏览器的右边展开“历史记录”菜单，可以按日期打开最近 1 个月左右曾经访问过的网页。

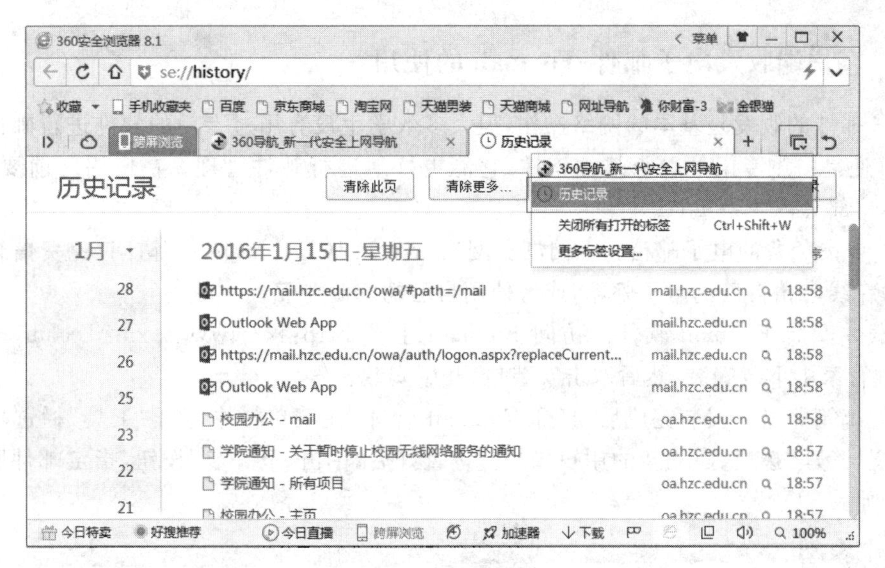

图 1-19 历史记录界面

(4) 利用网络收集信息。将百度 www. baidu. com 的首页保存在“我的文档”中,文件名为“百度首页. html”。如图 1-20 所示。

图 1-20 保存网页界面

单击文件菜单下的“另存为”按钮,在保存位置中选择“我的文档”,在文件名中设置“百度首页”,保存类型中选择“网页”。

(5) 利用百度 www. baidu. com 的搜索引擎,搜索关于“中国足球”的新闻,并将其中一条新闻的内容以记事本的格式(. txt)保存在“我的文档”中。

首先在百度搜索页面输入“中国足球”,打开其中某条新闻,然后选择文件菜单下的“另存为”命令,最后在弹出的对话框中设置保存类型为. txt。需要注意的是,另存文件的时候要注意文件的保存类型;保存网页内容可用“另存为”或利用“复制”“粘贴”等方法;网页存储的特点是网页中图片文件与网页文件分开存储。

1.5.2 客户端收发电子邮件(Foxmail 的使用)

电子邮件的收发是基本的网络操作,但大多数学生没有用过专门的软件进行邮件收发。Foxmail 便是一款专门的电子邮件软件,它能更好地进行邮件管理。在使用之前要进行相关设置,这部分内容是重点。

(1) 申请免费的电子邮箱。上网浏览网易(www.163.com)网站,访问“免费信箱”的相关频道,在线申请自己的电子邮箱,或者使用自己的 QQ 邮箱。

下载并安装 Foxmail 软件。访问 Foxmail 主页 http://www.foxmail.com.cn/或在 360 软件管家中下载安装,然后双击安装包,开始安装。

设置邮箱账号。安装完成后,打开 Foxmail 软件,在菜单栏中打开“工具”栏选项,然后选中“账号管理”选项,建立新的用户账户。设置好后,单击“下一步”按钮,指定邮件服务,如图 1-21 所示。

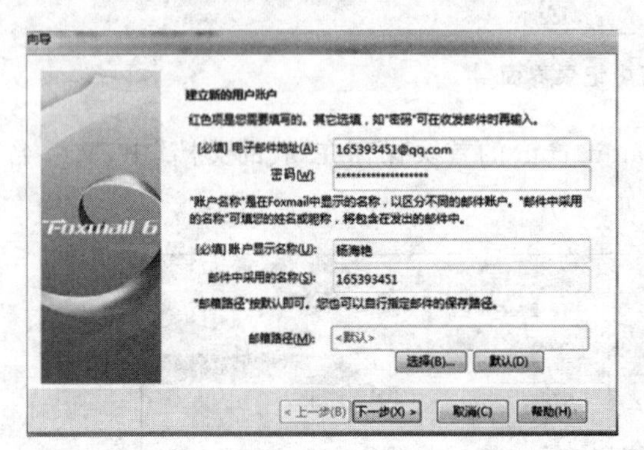

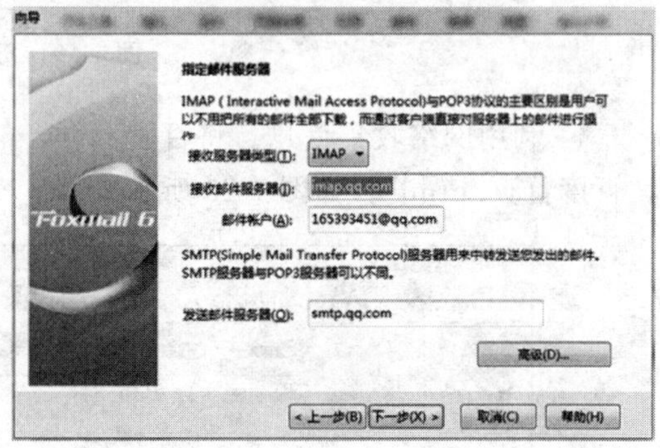

图 1-21 设置新账户界面

单击“下一步”按钮,出现建立用户完成界面,单击“测试账户设置”按钮,弹出“测试账户设置”界面,等待几秒钟,显示测试完成界面,如图 1-22 所示。

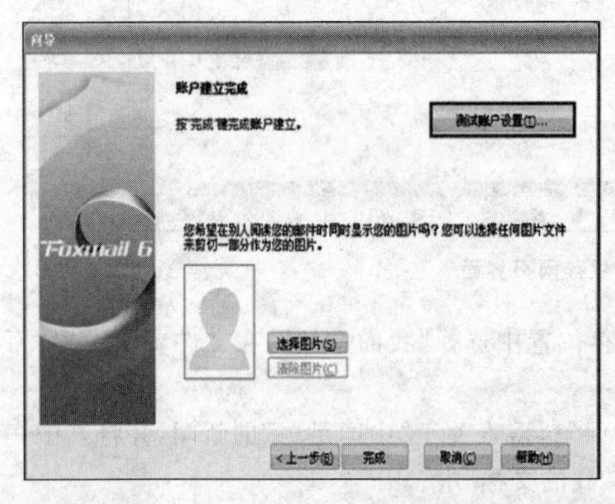

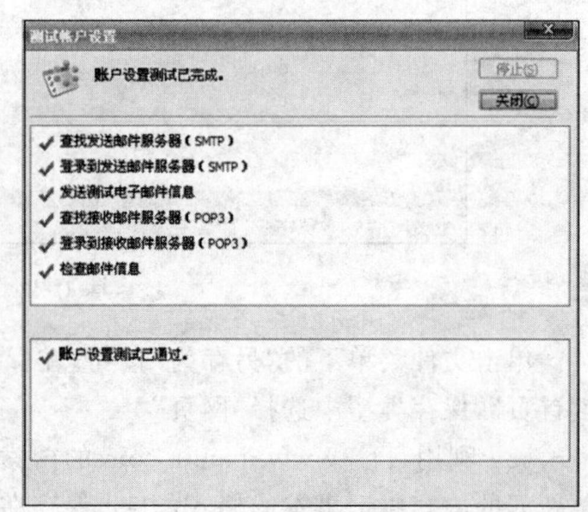

图 1-22 账户测试完成界面

(2) Foxmail 签名(包括新建、回复、转发)。打开 Foxmail 后选择账号,然后右击,选择“属性”命令,打开如图 1-23 所示的对话框。

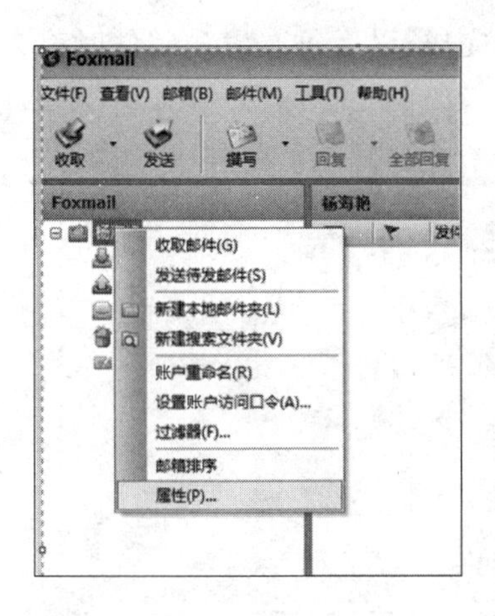

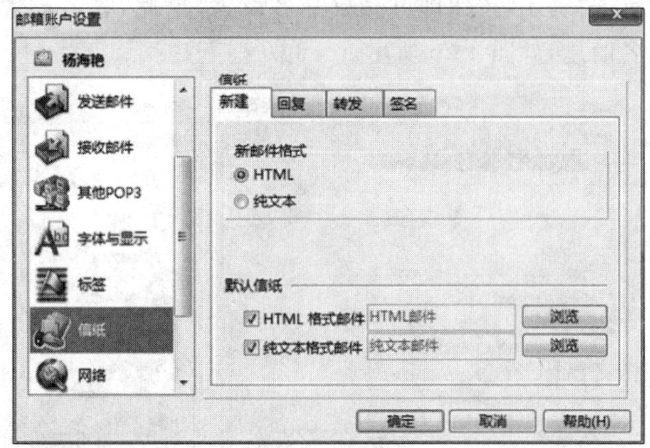

图 1-23　邮箱设置界面

注意：先确认“新建”“回复”“转发”三个选项的“新邮件格式”为 HTML。

单击“签名”按钮，再单击“选择签名”按钮，打开如图 1-24 所示的界面。

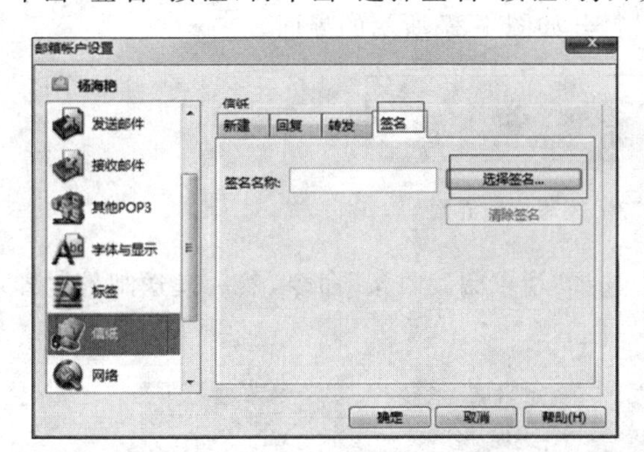

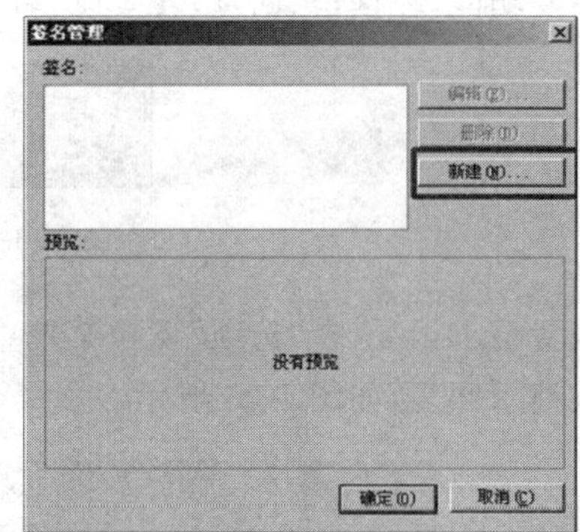

图 1-24　签名管理界面

选择“新建”按钮，打开“创建签名”界面，单击“下一步”按钮，打开“签名编辑器”页面。输入如图 1-25 所示的内容。

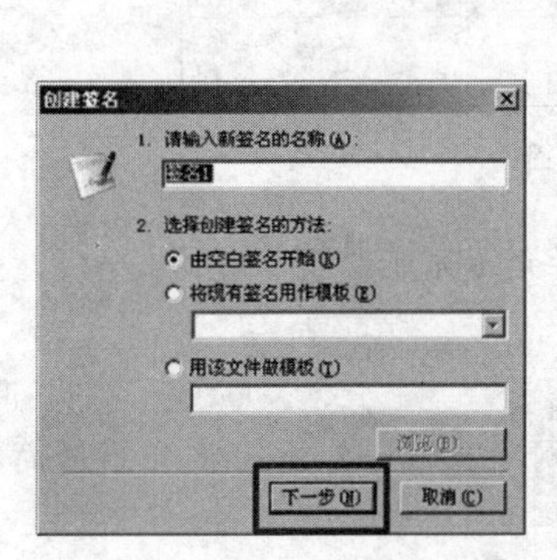

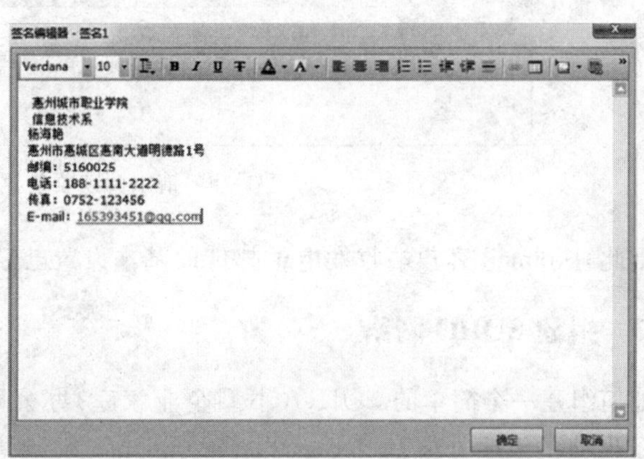

图 1-25　签名编辑器

单击“确定”按钮即可完成签名设置，至此，签名设置完成，以后每次发送邮件时都会自带签名信息，如图 1-26 所示。

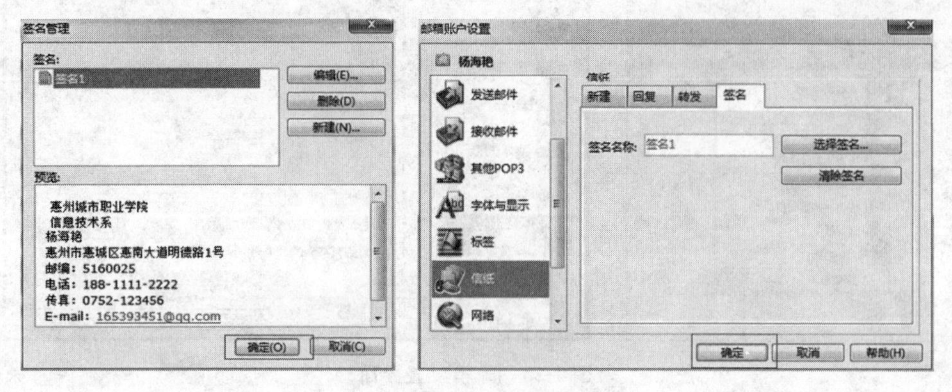

图 1-26　完成签名设置界面

(3) 设置 Foxmail 请求回复。当收件人收到邮件后，请求回复已收到的信息，需要设置请求回复功能，在撰写、回复、转发邮件时打开如图 1-27 所示的界面。

图 1-27　撰写按钮界面

设置请求回复，在“选项”下拉菜单中选择“请求阅读收条”命令，然后发送邮件时即可向收件人请求回复，如图 1-28 所示。

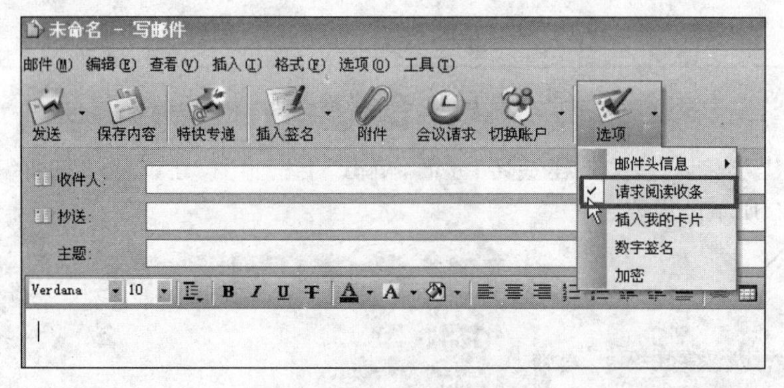

图 1-28　请求阅读收条界面

至此，Foxmail 客户端收发电子邮件的基本设置已经介绍完成。

1.5.3　组建 SOHO 网络

如何组建一个简单的 SOHO(小型企业家庭)办公网络环境呢？本篇将介绍最简单的 SOHO 网络的组建方法。

1. 绘制网络拓扑、准备硬件

结合实际情况，画出一个简单的 SOHO 网络图，需要采购的网络硬件有网线、水晶头、测试仪、压线钳、调制解调器、路由器、交换机等。具体的连接拓扑图如图 1-29 所示。

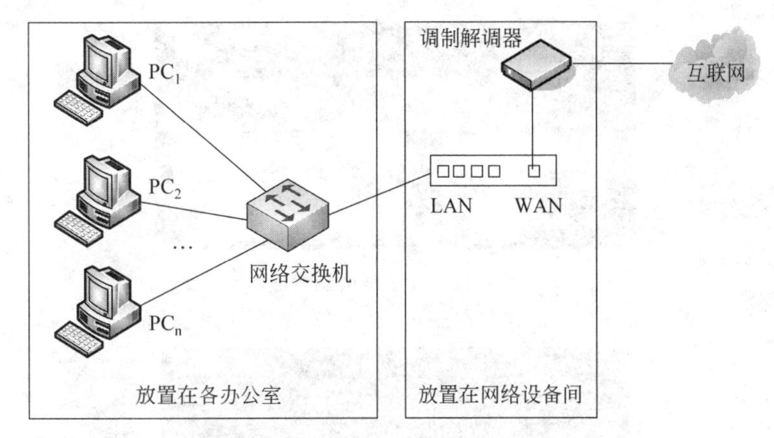

图 1-29 网络的拓扑连接规划图

2. 准备网线连接

准备好网线后按照图 1-30 所示接好网线。

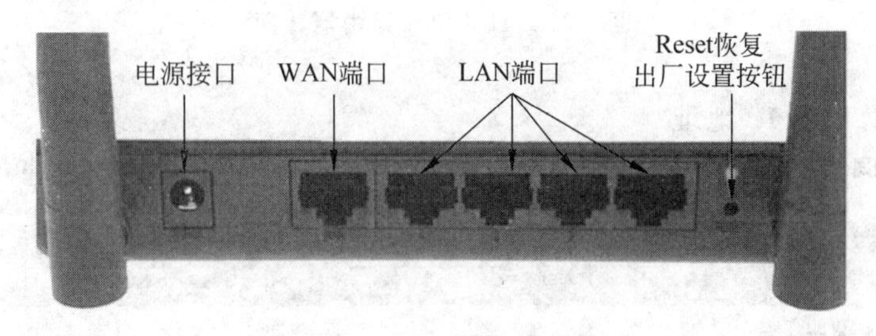

图 1-30 路由器接口功能图

3. 规划路由器以及计算机的 IP

规划路由器以及计算机的 IP 如表 1-2 所示。

表 1-2 规划路由器以及计算机的 IP

设备名称	接口名称	IP 地 址
路由器	WAN 端口	拨号获取
	LAN 端口	192.168.1.1
计算机	IP	192.168.1.100～192.168.1.200
	子网掩码	255.255.255.0
	网关	192.168.1.1
	首选 DNS	路由器自动分配
	备用 DNS	路由器自动分配

4. 查看路由器的用户名和密码

不知道用户名和密码就不能进入路由器的设置界面进行操作，其实只需记住的是：大部分路由器的用户名和密码都是 admin，还有小部分是 guest，如果这些都不行，可参考路由器说明书或者路由器背面的标签。以腾达以及 TP-LINK 路由器为例（见图 1-31 和

图 1-32)，背面标签显示的有 IP 地址和路由器密码。

图 1-31　腾达路由器背面

图 1-32　TP-LINK 路由器背面

5. 配置计算机的 IP 地址

右击桌面"网络"图标，选择"属性"命令，打开如图 1-33 所示的网络共享中心页面。

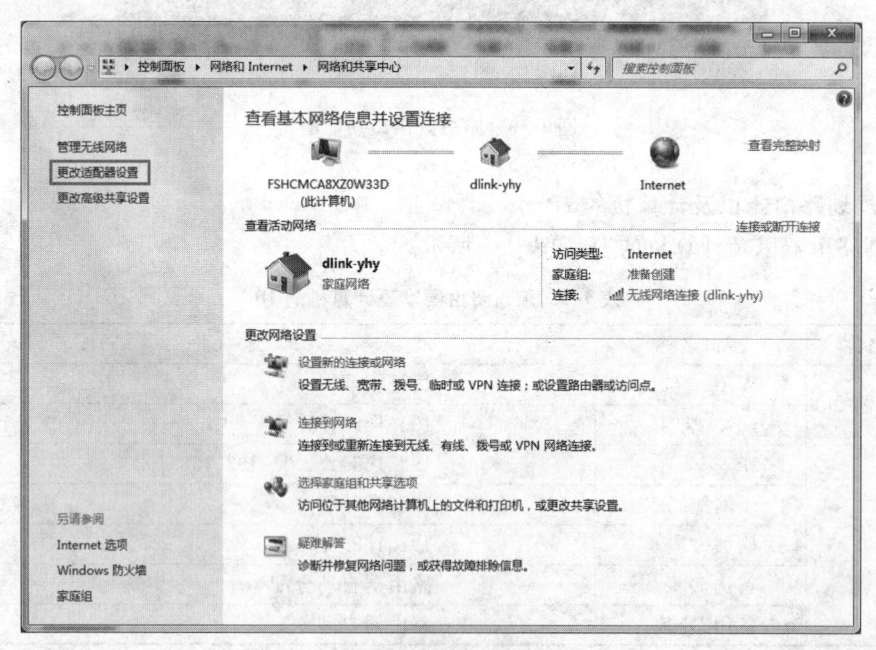

图 1-33　网络共享中心

单击"更改适配器设置"按钮，打开"网络连接"面板，双击"本地连接"，打开"本地连接状态"对话框，单击"属性"按钮，在"此连接使用下列项目："处选择"Internet 协议版本 4(TCP/IPv4)"，然后双击，出现如图 1-34 所示的对话框。

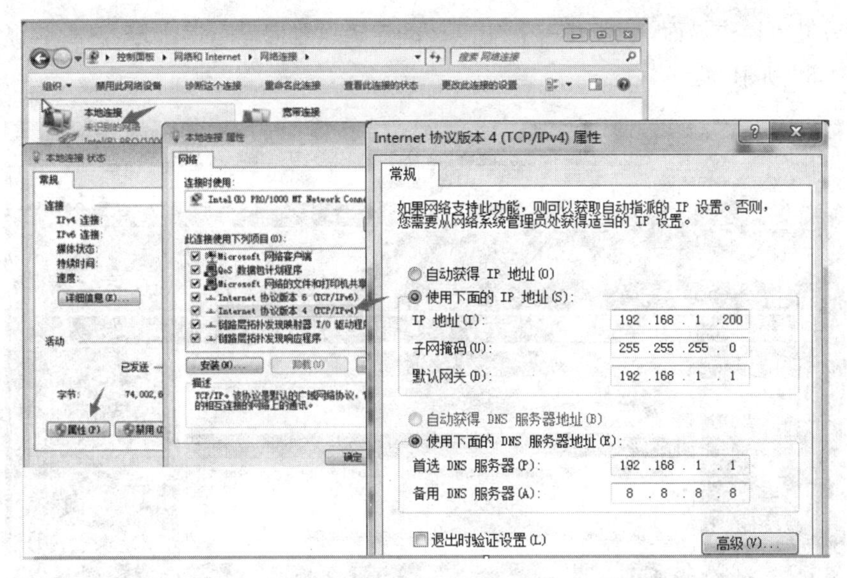

图 1-34 Internet 协议版本 4(TCP/IPv4)配置界面

需要分别选中“使用下面的 IP 地址”和“使用下面的 DNS 服务器地址”选项，并在其上填写正确的信息。

此处“网关”选项是局域网去往另一个网络(这里是去往 Internet)的关口设备局域网接口的地址。DNS 服务器是中国电信广东分公司的 DNS 服务器的地址(DNS 服务器地址可向 ISP 查询)。DNS 服务器是负责域名和 IP 地址间的转换的一种服务器。

按同样的方法配置其他计算机，这样局域网内的计算机就可以相互访问了。

注意：IP 地址最后一位每台计算机都不一样。

6. 配置路由器

配置好计算机 IP，连接好网线后，在浏览器输入在路由器背面看到的 IP 地址，一般是 192.168.1.1 或 192.168.0.1。然后按 Enter 键打开路由器的管理主页面，输入相应的账号和密码，如图 1-35 所示。

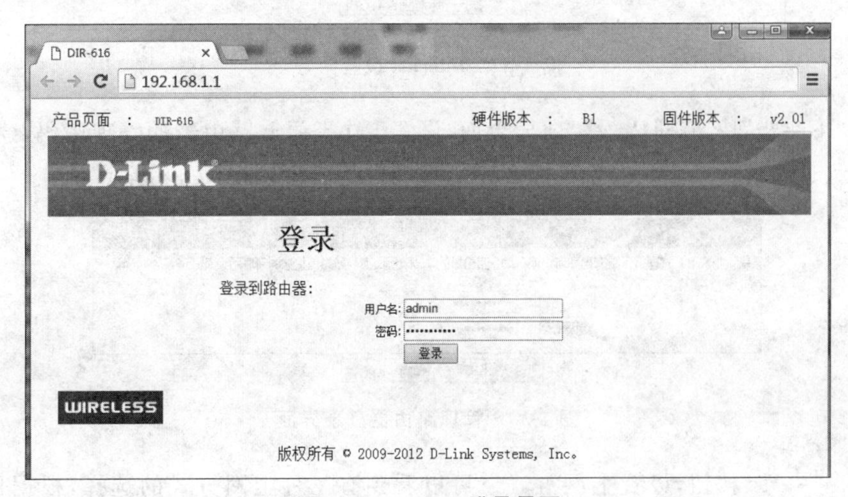

图 1-35 D-Link 登录界面

确定后进入操作界面，中间有一个“Internet 连接设置向导”，单击进入(一般都是自动弹出)，如图 1-36 所示。

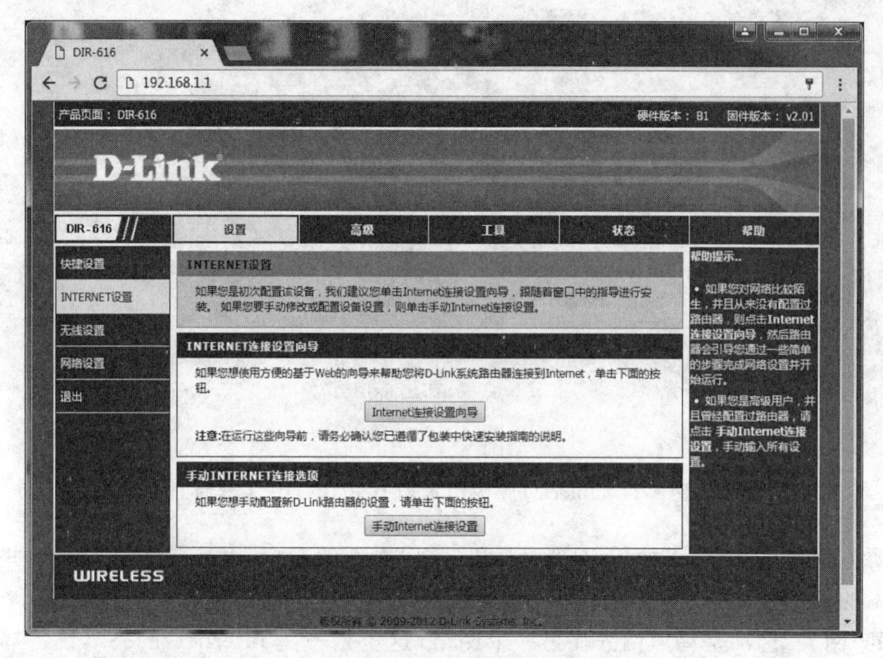

图 1-36　D-Link 配置界面

单击进入“设置向导”，如图 1-37 所示。

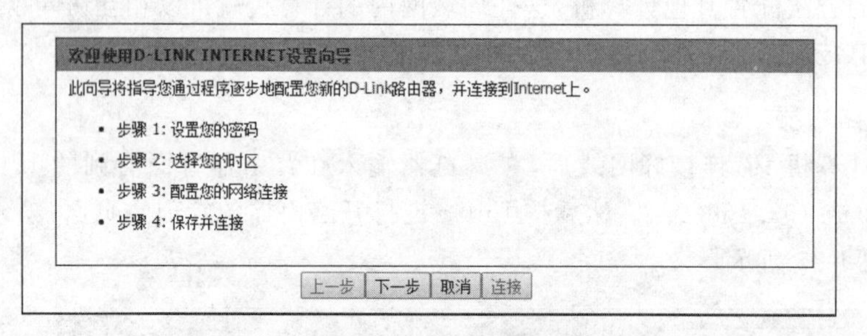

图 1-37　Internet 设置向导

单击“下一步”按钮，进入设置向导界面，设置下次登录此路由器的管理密码，建议修改，不然任何人连接后输入默认的账号以及密码都能进行修改，如图 1-38 所示。

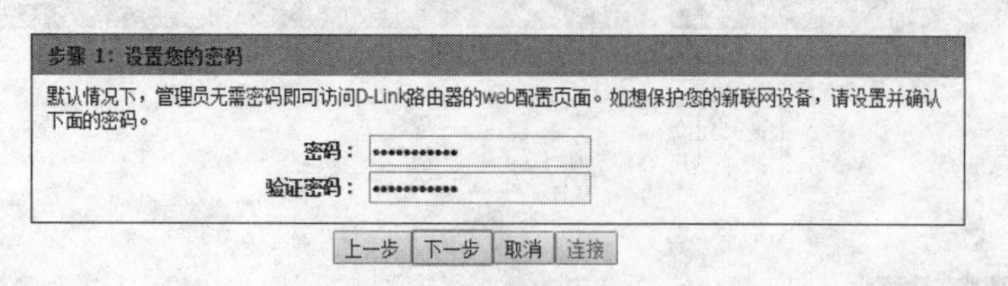

图 1-38　管理路由器登录界面

单击“下一步”按钮，设置上网方式。可以看到有三种上网方式的选择，根据目前的环境，是拨号就用 PPPoE；动态 IP 一般直接插上就可以用，上层有 DHCP 服务器；静态 IP 一般是专线，也可能是小区带宽，上层没有 DHCP 服务器。因为现在环境是拨号，所以选择 PPPoE，如图 1-39 所示。

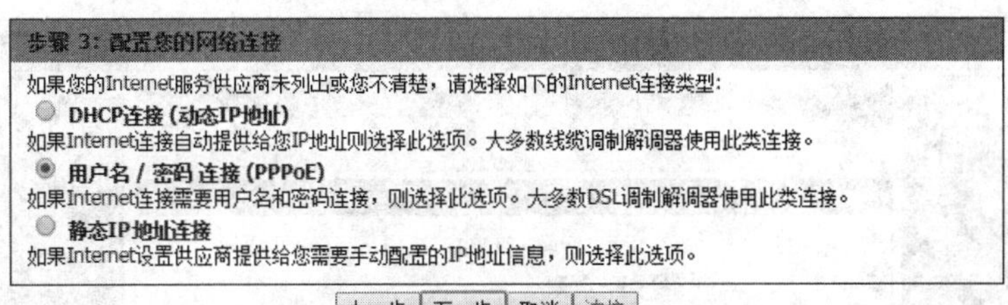

图 1-39　选择上网方式界面

选择 PPPoE 拨号上网就填写上网账号和密码，这是安装宽带时 ISP 服务人员提供的，如图 1-40 所示。

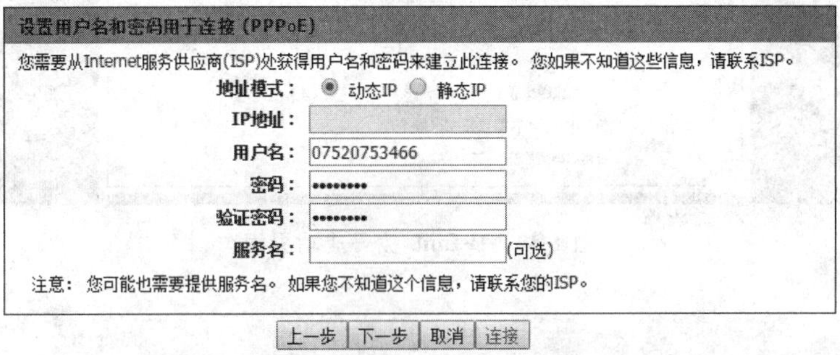

图 1-40　填写拨号账号与密码界面

单击“下一步”按钮，出现如图 1-41 所示的“设置完成！”界面。

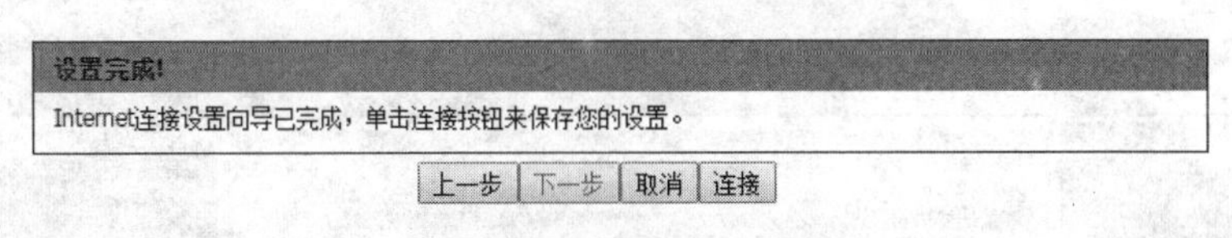

图 1-41　“设置完成！”界面

单击“连接”按钮，稍等几秒钟，再单击“状态”按钮，切换到路由器的状态界面，会看到路由器显示 IP 地址的页面信息，如图 1-42 所示。

单击左边的“网络设置”按钮，打开“网络设置”页面，如图 1-43 所示。

在“路由器设置”页面下的“路由器 IP 地址”后面可以修改默认的管理地址，建议修改，以免黑客通过默认的 IP 地址攻击网络。

在“DHCP 服务器”页面下，选择“启用 DHCP 服务器”选项，其他均采用默认设置即可，最后单击页面上方的“保存设置”按钮后关闭页面，其他计算机再次接入网络时采用 DHCP 的方式，无须配置 IP 地址即可接入网络，如图 1-44 所示。

注意：*修改后的路由器用户名以及密码忘记了，怎么办呢？*

在路由器的后面面板上找到一个标识为 RESET 的圆孔，这就是路由器恢复出厂设置的复位键。在路由器通电的状态下，用牙签或其他类似的东西，按住 RESET 键 5 秒不放，路

由器前排指示灯中的 SYS 指示灯就会由缓慢闪烁变为快速闪烁，这时松开 RESET 键即可复位。复位成功后，用默认的路由器登录用户名与密码即可登录路由器了。

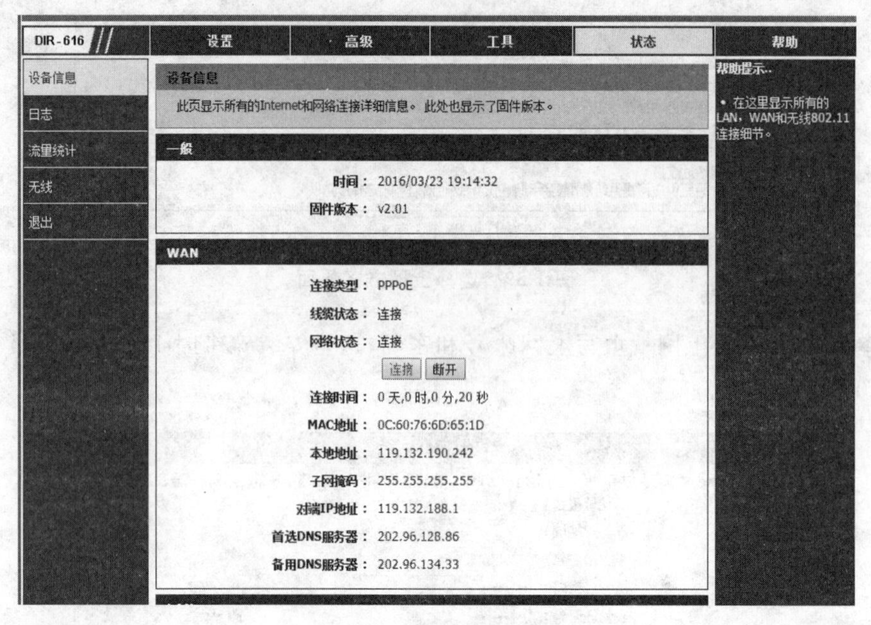

图 1-42　D-Link 拨号成功界面

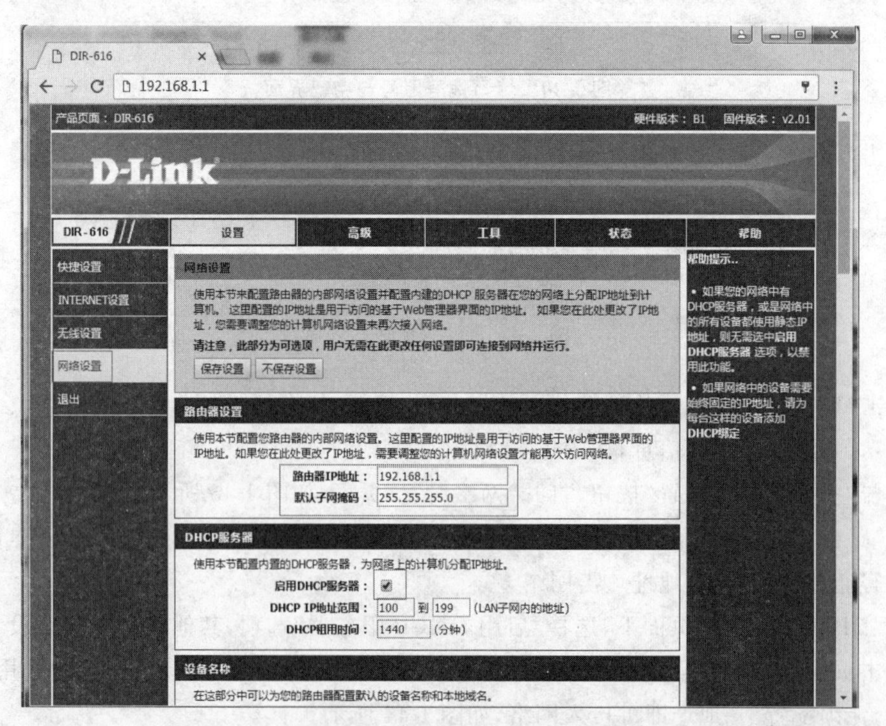

图 1-43　设置内网与启用 DHCP 服务器界面

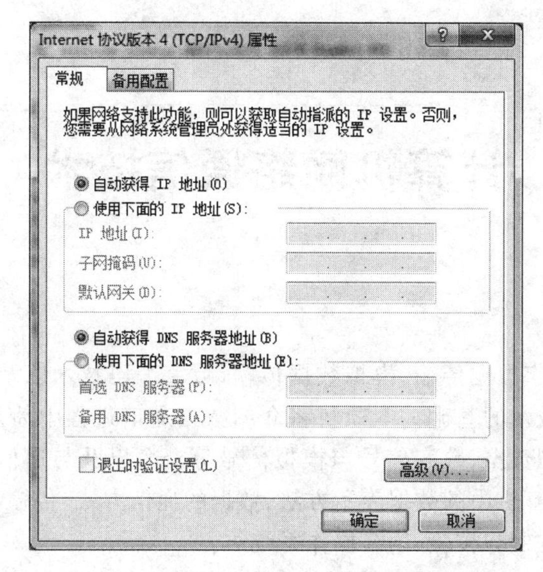

图 1-44 计算机配置 DHCP 自动获取界面

课后练习

一、填空题

1. 计算机网络是(　　)技术和(　　)技术相结合的产物。

2. 现在最常用的计算机网络拓扑结构是(　　)。

3. 局域网的英文缩写为(　　),广域网的英文缩写为(　　)。

4. 在计算机网络中,所有主机构成了网络的(　　)子网。

5. (　　)为资源子网提供信息传输服务。

二、选择题

1. 根据计算机网络拓扑结构的分类,Internet 采用的是(　　)拓扑结构。

A. 总线　　B. 星形　　C. 树形　　D. 网状

2. 随着微型计算机的广泛应用,大量的微型计算机通过局域网连入广域网,而局域网与广域网的互联是通过(　　)实现的。

A. 通信子网　　B. 路由器　　C. 城域网　　D. 电话交换网

3. 网络是分布在不同地理位置的多个独立的(　　)的集合。

A. 局域网系统　　B. 多协议路由器　　C. 操作系统　　D. 自治计算机

4. 计算机网络拓扑是通过网中节点与通信线路之间的几何关系表示网络结构的,它反映网络中各实体间的(　　)关系。

A. 结构　　B. 主从　　C. 接口　　D. 层次

三、简答题

1. 计算机网络的基本功能是什么?

2. 常见的网络拓扑结构有哪些? 各自有何特点?

3. 通信子网与资源子网的联系与区别是什么?

项目 2

计算机网络通信技术

在通信过程中,数字数据传输、模拟数据传输、数字编码技术以及信道复用技术等构成计算机网络数据通信技术的基础。本项目将介绍数据通信过程中涉及的一些基础知识,使读者对数字数据与模拟数据、数字信号与模拟信号等概念以及与通信相关的技术有一个基本的认识,具体包括计算机中的数据表示方法、数据的通信方式、传输与主要指标、数据交换方式、复用技术、差错控制与校验、网络操作系统等。

任务 2.1 计算机中的数据表示方法

计算机能处理的数据是以数字编码表示的。这些数字编码是以什么形式表示的?与日常表示的数有何区别?相互之间如何转换呢?本任务重点介绍计算机中二进制的表示方法、二进制数与十进制数的转换、十六进制数与二进制数的换算、二进制数与八进制数的换算、计算机系统中数据信息的表示单位,以及在计算机中编码等。

2.1.1 进制的概念

1. 十进制数

十进制数用 0、1、2、3、4、5、6、7、8、9 十个数字表示。十进制数的特点是逢十进一。例如,十进制数 5067 可以用如下数学式表示:

$$5067=5\times10^3+0\times10^2+6\times10^1+7\times10^0$$

一个 n 位十进制数 $a_1a_2a_3\cdots a_n$,可以表示为

$$a_1\times10^{n-1}+a_2\times10^{n-2}+\cdots+a_n\times1^0$$

这里的 $10^{n-1},10^{n-2}\cdots1^0$ 称为该位的权。相邻两位中高位的权与低位的权之比称为基数,所以十进制数的基数为 10。

2. 二进制数

二进制是计算技术中广泛采用的一种数制。二进制数据是用 0 和 1 两个数码表示的数。它的基数为 2,进位规则是“逢二进一”,借位规则是“借一当二”,由 18 世纪德国数学家、物理学家和哲学家莱布尼兹提出。当前计算机系统使用的是二进制,数据在计算机中主要是以补码的形式存储。计算机中的二进制可以理解为开关,1 表示“开”,0 表示“关”。

一个 n 位二进制数 $a_1a_2a_3\cdots a_n$ 可以表示为

$$N=(a_1a_2a_3\cdots a_n)_2$$

N 为这个二进制数所代表的十进制数的值。把二进制数按权展开求和,所得到的值即

为这个二进制数代表的十进制数的值。

$$N=a_1\times2^{n-1}+a_2\times2^{n-2}+a_3\times2^{n-3}+\cdots+a_n\times2^0$$

例如，二进制数 11011 按权展开为

$$(11011)_2=1\times2^4+1\times2^3+0\times2^2+1\times2^1+1\times2^0=(27)_{10}$$

所以二进制数 11011 代表的十进制数为 27。

与十进制数的数学式相比，二进制数的基数为 2，二进制数的权值变化为 2^{n-1}，2^{n-2}，$2^{n-3}\cdots2^0$。

3. 八进制数

基数为 8 的计数制称为八进制。八进制数用 0、1、2、3、4、5、6、7 八个数字表示。八进制数的特点是“逢八进一”。一个 n 位八进制数 $a_1a_2a_3\cdots a_n$ 可以表示为

$$N=(a_1a_2a_3\cdots a_n)_8$$

N 为这个八进制数所代表的十进制数的值。把八进制数按权展开求和，所得到的值即为这个八进制数代表的十进制数的值。

$$N=a_1\times8^{n-1}+a_2\times8^{n-2}+a_3\times8^{n-3}+\cdots+a_n\times8^0$$

例如，八进制数 127 按权展开为

$$(127)_8=1\times8^2+2\times8^1+7\times8^0=(87)_{10}$$

所以八进制数 127 代表的十进制数为 87。

八进制数的权值变化为 8^{n-1}，8^{n-2}，$8^{n-3}\cdots8^0$。

4. 十六进制数

基数为 16 的计数制称为十六进制。十六进制数用 0、1、2、3、4、5、6、7、8、9、A、B、C、D、E、F(大小写字母均可)表示。其中，A、B、C、D、E、F 分别表示十进制数 10、11、12、13、14、15。十六进制数的特点是“逢十六进一”。一个 n 位十六进制数 $a_1a_2a_3\cdots a_n$ 可以表示为

$$N=(a_1a_2a_3\cdots a_n)_{16}$$

N 为这个十六进制数所代表的十进制数的值。把十六进制数按权展开求和，所得到的值即为这个十六进制数代表的十进制数的值。

$$N=a_1\times16^{n-1}+a_2\times16^{n-2}+a_3\times16^{n-3}+\cdots+a_n\times16^0$$

例如，十六进制数 A2F 按权展开为

$$(\mathrm{A2F})_{16}=\mathrm{A}\times16^2+2\times16^1+\mathrm{F}\times16^0=10\times16^2+2\times16^1+15\times16^0=(2607)_{10}$$

所以十六进制数 A2F 代表的十进制数为 2607。

十六进制数的权值变化为 16^{n-1}，16^{n-2}，$16^{n-3}\cdots16^0$。

二进制数与八进制数、十进制数、十六进制数的对应关系如表 2-1 所示。

表 2-1 各种进制之间的对应关系

十进制数	二进制数	八进制数	十六进制数
1	1	1	1
2	10	2	2
3	11	3	3
4	100	4	4
5	101	5	5

续表

十进制数	二进制数	八进制数	十六进制数
6	110	6	6
7	111	7	7
8	1000	10	8
9	1001	11	9
10	1010	12	A
11	1011	13	B
12	1100	14	C
13	1101	15	D
14	1110	16	E
15	1111	17	F
16	10000	20	10

2.1.2 十进制数转换为非十进制数

1. 十进制数转换为二进制数

整数部分：用除 2 取余的方法转换，先余为低，后余为高。

小数部分：用乘 2 取整的方法转换，先整为高，后整为低。

例如，把十进制数 18.6875 转换为二进制数，可以用以下方法。

整数部分：用“除 2 取余法”先求出与整数 18 对应的二进制数。

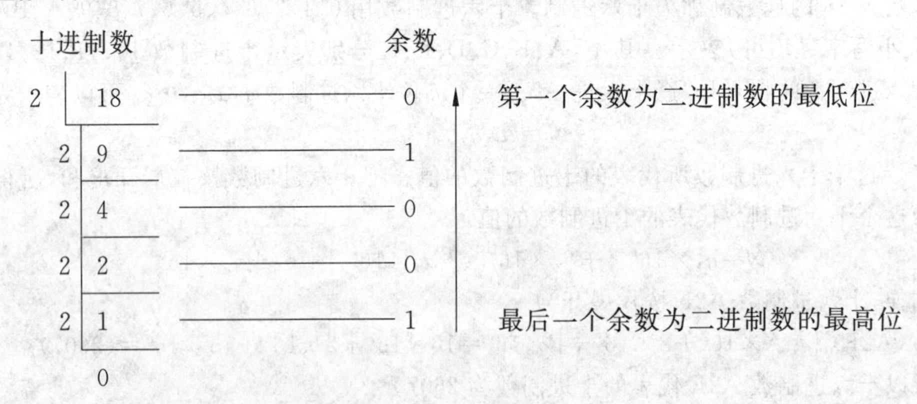

得出二进制数整数部分为$(10010)_2$。

小数部分：用“乘 2 取整法”求取小数部分。

0.6875×2=1.375　　取出整数 1　　第一个整数为二进制的最高位

0.375×2=0.75　　取出整数 0

0.75×2=1.50　　取出整数 1

0.50×2=1.00　　取出整数 1　　最后一个整数为二进制的最低位

余数为 0，转换结束

得出二进制数小数部分为$(0.1011)_2$。

整数部分与小数部分结合，得到十进制数18.6875的二进制数：

$$(18.6875)_{10}=(10010.1011)_2$$

2. 十进制数转换为八进制数

十进制数转换为八进制数的方法与十进制数转换为二进制数的方法类似。

整数部分：用除8取余的方法转换，先余为低，后余为高。

小数部分：用乘8取整的方法转换，先整为高，后整为低。

例如，把十进制数207.5转换为八进制数，可用以下方法。

整数部分：用“除8取余法”先求出与整数207对应的八进制数。

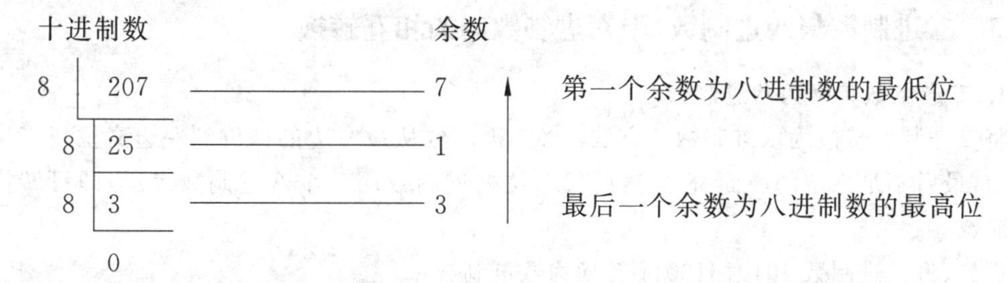

得出八进制数整数部分为$(317)_8$。

小数部分：用“乘8取整法”求取小数部分。

$0.5\times8=4.0$取出整数4，余数为0，转换结束。得出八进制数小数部分为$(0.4)_8$。

整数部分与小数部分结合，得$(207.5)_{10}=(317.4)_8$。

3. 十进制数转换为十六进制数

十进制数转换为十六进制数的方法同十进制数转换为二进制数的方法类似。

整数部分：用除16取余的方法转换，先余为低，后余为高。

小数部分：用乘16取整的方法转换，先整为高，后整为低。

例如，把十进制数1023转换为十六进制数，可以用以下方法：

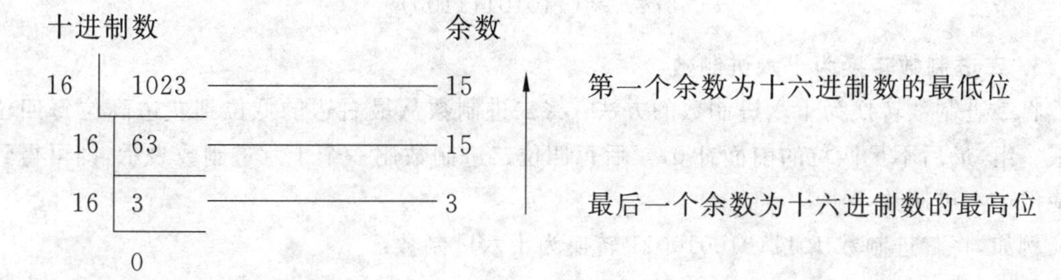

4. 转换的精度

从二进制数、八进制数、十六进制数转换为十进制数，或十进制整数转换为二进制整数都能做到完全准确。但把十进制小数转换为其他数制时，除少数可完全准确外，大多数存在误差。例如，把$(0.6876)_{10}$转换为二进制数：

$0.6876\times2=1.3752$ 取出整数1

$0.3752\times2=0.7504$ 取出整数0

0.7504×2=1.5008　　　　取出整数 1

0.5008×2=1.0016　　　　取出整数 1

0.0016×2=0.0032　　　　取出整数 0

0.0032×2=0.0064　　　　取出整数 0

…

由此可得$(0.6876)_{10}=(0.101100)_2$。

例中的十进制小数 0.6876 做过六步后仍有余数，需要继续转换。实际上这一转换是无限的。换言之，在本例中不论将结果做到多少位，都不能避免转换误差，只不过位数越长误差越小而已。

2.1.3 二进制数与八进制数、十六进制数间的相互转换

1. 二进制数转换为八进制数

将二进制数转换为八进制数的方法：将二进制数从最右边的低位到左边高位每三位组成一组，最后不足三位的前面补 0，然后每三位二进制数用一个八进制数表示，即可转换为八进制数。

例如，将二进制数 10101010011 转换为八进制数：

010　101　010　011

2　5　2　3

$$(10101010011)_2=(2523)_8$$

2. 八进制数转换为二进制数

将八进制数转换为二进制数的方法：将每一位八进制数用三位二进制数表示，即可得到相应的二进制数。

例如，将八进制数 3274 转换为二进制数：

3　2　7　4

011　010　111　100

$$(3274)_8=(11010111100)_2$$

3. 二进制数转换为十六进制数

将二进制数转换为十六进制数的方法：将二进制数从最右边的低位到左边高位每四位分成一组，最后不足四位的前面补 0，然后每四位二进制数用一个十六进制数表示，即可得到相应的十六进制数。

例如，将二进制数 10111010010011 转换为十六进制数：

0010　1110　1001　0011

2　E　9　3

$$(10111010010011)_2=(2E93)_{16}$$

4. 十六进制数转换为二进制数

将十六进制数转换为二进制数的方法：将每一位十六进制数用四位二进制数表示，即可得到相应的二进制数。

例如，将十六进制数 4C3F 转换为二进制数：

$$\begin{array}{cccc} 4 & C & 3 & F \\ 0100 & 1100 & 0011 & 1111 \end{array}$$

$$(4C3F)_{16}=(0100110000111111)_2$$

由以上例题可见，从二进制数很容易转换为八进制数或十六进制数，比用十进制数表示方便得多。

5. 十六进制数与八进制数的转换

十六进制数与八进制数直接转换有些麻烦，最简单的方法就是先转换为二进制数再转换为八进制数或十六进制数。

2.1.4　计算机中数的表示

在十进制数中，可以在数字前面加“＋”“－”表示正负数。计算机不能直接识别“＋”“－”，可以用“0”表示“＋”，用“1”表示“－”，这样数的符号也可以数字化了。

在计算机中，通常将二进制数的首位（最左边那一位）作为符号位，若二进制数是正的，则其首位是0；若二进制数是负的，则其首位是1。像这种符号也数码化的二进制数称为“机器数”，原来带有“＋”“－”的数称为“真值”。例如：

十进制数	＋67	－67
二进制数（真值）	＋1000011	－1000011
计算机内（机器数）	01000011	11000011

机器数在机内也有三种不同的表示方法，即原码、反码和补码。

1. 原码

用首位表示数的符号，0表示正，1表示负，其他位则为数的真值的绝对值，这样表示的数就是数的原码。例如：

$$X=(+105)\qquad [X]_{原}=(01101001)_2$$

$$Y=(-105)\qquad [Y]_{原}=(11101001)_2$$

0的原码有两种：

$$[+0]_{原}=(00000000)_2$$

$$[-0]_{原}=(10000000)_2$$

原码简单易懂，与真值转换起来很方便。但若是两个异号的数相加或两个同号的数相减，就要做减法，就必须判别这两个数哪一个绝对值大，用绝对值大的数减去绝对值小的数，运算结果的符号就是绝对值大的那个数的符号。这些操作比较麻烦，运算的逻辑电路实现起来较复杂。于是，为了将加法和减法运算统一成只做加法运算，就引进了反码和补码。

2. 反码

反码用得较少，它只是补码的一种过渡。

正数的反码与其原码相同，负数的反码是这样求得的：符号位不变，其余各位按位取反，即0变为1，1变为0。例如：

$$[+65]_{原}=(01000001)_2\qquad [+65]_{反}=(01000001)_2$$

$$[-65]_{原}=(11000001)_2\qquad [-65]_{反}=(10111110)_2$$

很容易验证，一个数反码的反码就是这个数本身。

3. 补码

正数的补码与其原码相同，负数的补码是它的反码加1，即求反加1。例如：

$$[+63]_{原}=(00111111)_2 \quad [+63]_{反}=(00111111)_2$$

$$[+63]_{补}=(00111111)_2 \quad [-63]_{原}=(10111111)_2$$

$$[-63]_{反}=(11000000)_2 \quad [-63]_{补}=(11000001)_2$$

同样也很容易验证，一个数的补码的补码就是其原码。

引入补码以后，两个数的加减法运算就可以统一用加法运算实现，此时两数的符号位也当成数值直接参加运算，并且有这样一个结论，即两数和的补码等于两数补码的和。所以在计算机系统中一般采用补码表示带符号的数。

例如：用计算机数的表示方式，求13－17的差。

解：第一步，分别求补码。

$$[+13]_{原}=00001101 \quad [+13]_{补}=00001101$$

$$[-17]_{原}=10010001 \quad [-17]_{补}=11101111$$

第二步，求补码之和。

$$[+13]_{补}+[-17]_{补}=111111100$$

第三步，求和的补码。

$$[11111100]_{补}=10000100，即-4。$$

4. 定点数与浮点数

计算机处理的数有整数也有实数。实数带有整数部分也带有小数部分。机器数的小数点的位置是隐含规定的。若约定小数点的位置是固定的，则称为定点表示法；若约定小数点的位置是可以变动的，则称为浮点表示法。

(1) 定点数。定点数是小数点位置固定的机器数。通常用一个存储单元的首位表示符号，小数点的位置约定在符号位的后面或约定在有效数位之后。当小数点位置约定在符号位之后时，此时的机器数只能表示小数，称为定点小数；当小数点位置约定在所有有效数位之后时，此时机器数只能表示整数，称为定点整数。图2-1表示定点数的两种情况。

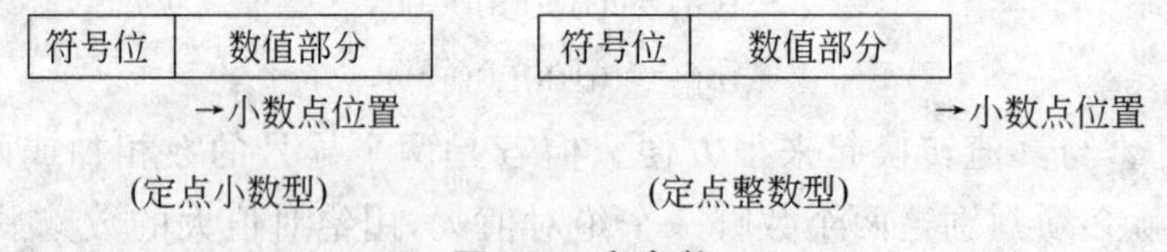

图 2-1 定点数

例如，字长为16位(2个字节)，符号位占1位，数值部分占15位，小数点约定在尾部，于是机器数0111111111111111表示二进制数＋111111111111111，也就是十进制数＋32767，这就是定点整数。若小数点约定在符号位后面，则机器数1000000000000001表示二进制数－000000000000001，也就是十进制数-2^{15}。

(2) 浮点数。浮点数是小数点位置不固定的机器数。从以上定点数的表示可以看出，即便用多个字节表示一个机器数，其范围大小也往往不能满足一些问题的需要，于是就增加了浮点运算的功能。

一个十进制数M可以规范化为$M=m10^e$，例如$123.456=0.123456\times10^3$。任意一个数

N 都可以规范化为

$$N = m b^e$$

式中：b 为基数(权)；e 为阶码；m 为尾数，这就是科学记数法。

图 2-2 表示一个浮点数。在浮点数中，机器数可分为两部分：阶码部分和尾数部分。从尾数部分中隐含的小数点位置可知，尾数总是纯小数，只是给出有效数字。尾数部分的符号位确定浮点数的正负。阶码给出的总是整数。它确定小数点移动的位数，其符号位为正，则向右移动；符号位为负，则向左移动。阶码部分的数值部分越大，则整个浮点数表示的值域越大。

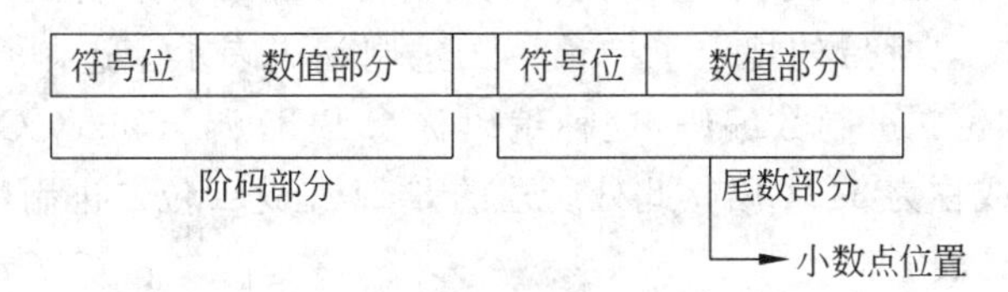

图 2-2 浮点数

2.1.5 数据信息的单位与编码

1. 计算机存储单位

存储单位一般用字节(B)、千字节(KB)、兆字节(MB)、吉字节(GB)、太字节(TB)、拍字节(PB)、艾字节(EB)、泽字节(ZB，又称皆字节)、尧字节(YB)表示。换算关系如表 2-2 所示。

表 2-2 换算关系

中文单位	中文简称	英文单位	英文简称	进率(Byte=1)
位	比特	bit	b	0.125
字节	字节	Byte	B	1
千字节	千字节	KiloByte	KB	2^{10}
兆字节	兆	MegaByte	MB	2^{20}
吉字节	吉	GigaByte	GB	2^{30}
太字节	太	TeraByte	TB	2^{40}
拍字节	拍	PetaByte	PB	2^{50}
艾字节	艾	ExaByte	EB	2^{60}
泽字节	泽	ZettaByte	ZB	2^{70}
尧字节	尧	YottaByte	YB	2^{80}

需要特别说明的是以下几个单位。

(1) 位(bit)。比特(bit)是最小的存储单位。一位二进制数(1 或 0)是计算机处理数据的最小单位，音译为“比特”。

(2) 字节(Byte)。将 8 位二进制数放在一起就组成了一个字节，音译为“拜特”。字节是计算机内存储数据的基本单位，字节简记为 B，1B=8bit。

(3) 字(Word)和字长。计算机进行数据处理时，一次存取、加工、传送的数据长度称为一个字。一个字一般由若干字节组成。计算机一次能处理的二进制位数的多少称为计算机的字长，字长决定了计算机处理数据的速率。显然，字长越长，速度越快，所以字长是衡量计算机性能的一个重要标志。

2. 信息的编码

从本质上说，计算机只“认识”1 和 0 两个数字。在计算机内部，无论是运算处理的数据、发出的控制指令、数据存放的地址，还是通信时传输的数据都是二进制数。计算机计算的数据、处理的字母符号、汉字、图形、图像、声音都必须按一定规则变成二进制数。这就是说，任何数据要交给计算机处理都必须用二进制数字 1 和 0 表示，这一过程就是数据的编码。

(1) BCD 码。人们已习惯了十进制数，而计算机只使用二进制数，为了直观和方便起见，在计算机输入和输出时另外规定了一种用二进制编码表示十进制数的方式，即每一位十进制数数字对应四位二进制数编码，这种编码称为 BCD 码(Binary Coded Decimal，二进制编码的十进制数)或称为 8421 码。此处所述的 8421 是这四位二进制数的权，10 个十进制数字对应的 BCD 码见表 2-3。

表 2-3　BCD 码

十进制数	BCD 码	十进制数	BCD 码
0	0000	5	0101
1	0001	6	0110
2	0010	7	0111
3	0011	8	1000
4	0100	9	1001

BCD 码仅在形式上将十进制数变成了由 1 和 0 组成的二进制数形式，实质上它还是表示十进制数，只不过每位十进制数用 4 位二进制数编码罢了，其运算规则和数值大小都是十进制数的。

例如，设有一序列 01100101。将它理解成二进制数时，对应的十进制数是：

$$0\times2^7+1\times2^6+1\times2^5+0\times2^4+0\times2^3+1\times2^2+0\times2^1+1\times2^0=64+32+4+1=(101)_{10}$$

若将它理解成 BCD 码，则对应的十进制数是 65，前四位表示 6，后四位表示 5。

(2) 字符的编码。前面所述的是数值数据的编码，而计算机处理的另一大类数据是字符，各种字母和符号也必须用二进制数编码后才能交给计算机处理。目前，国际上通用的西文字符编码是 ASCII(American Standard Code for Information Interchange，美国国家标准信息交换代码)。ASCII 码有两个版本，标准 ASCII 码和扩展 ASCII 码。

标准 ASCII 码是 7 位码，即是用 7 位二进制数编码，用一个字节存储或表示，其最高位总是 0。7 位二进制数总共可编出 128(27)个码，表示 128 个字符，前面 32 个码及最后 1 个码分别代表不可显示或打印的控制字符，它们为计算机系统专用。数字符 0～9 的 ASCII 码是连续的，其 ASCII 码分别是 48～57；英文大写字母 A～Z 和小写字母 a～z 的 ASCII 码分别也是连续的，分别为 65～90 和 97～122。依据这个规律，当知道一个字母或数字的 ASCII 码后很容易推算出其他字母和数字的 ASCII 码。

扩展 ASCII 码是 8 位码，即是用 8 位二进制数编码，用一个字节存储或表示，8 位二进制数总共可编出 256(2^8)个码，它的前 128 个码与标准的 ASCII 码相同，后 128 个码表示一些花纹图案符号。

2.1.6 数据的通信

信息是事物属性标识的集合,数据是信息的表达形式,信息是数据的内容。数据通信就是要研究用什么媒体、什么技术使信息数据化以及如何传输它。数据通信是计算机网络的基本功能。

1. 信息、数据与信号

通信的目的是交换信息。信息的载体可以是多媒体,包括语音、音乐、图形图像、文字和数据等。计算机终端产生的信息一般是由字母、数字和符号组成。为了传送这些信息,首先要将每一个字母、数字或符号用二进制代码表示。目前常用的二进制代码有国际 5 号码(IA5),扩充的二进制、十进制交换码 EBCDIC 码和国际电报 1 号码(ITAZ)等。

在数据通信过程中,只需保证被传输的二进制代码在传输过程中不出现错误,不需要理解被传输的二进制代码所表示的信息内容。被传输的二进制代码称为数据(data),数据是有意义的实体,是描述事物的形式。

数据与信息的主要区别:数据涉及的是事物的表示形式,信息涉及的是这些数据的内容和解释。信号是数据的表示形式,是数据的电磁或电子编码;数据以信号形式在信道上传输。

信号主要有模拟信号和数字信号两种形式,其中模拟信号是指时间上和空间上连续变化的信号,如电话线上传送的按语音强弱幅度连续变化的电信号;数字信号是指在一段时间内信号强度保持某个常量值,在时间上具有离散变化特征离散的信号,如计算机产生的用于表达“0”和“1”的电压脉冲,如图 2-3 所示。

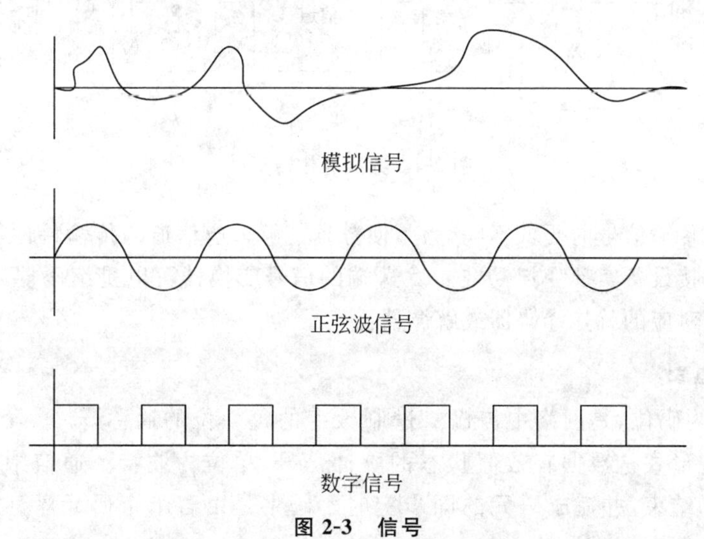

图 2-3 信号

数据可分为模拟数据和数字数据两类。模拟数据是指在某个区间连续变化的量,如声音的大小、温度的高低等。数字数据是指离散(不连续)的量,如文本信息、自动生产线上零件个数的计数值等。

2. 信道、噪声与数据通信系统

在通信过程中,产生和发送信息的一端称为信源,即源主机。接收信息的一端称为信宿，即目的主机。信源和信宿之间要有通信线路才能互相通信，通信线路称为信道。信道是物理信号传输的通道。传输模拟信号的信道为模拟信道，传输数字信号的信道为数字信道。

数字信号在经过数模变换后就可以在模拟信道上传送，而模拟信号在经过模数变换后也可以在数字信道上传送。

信息在传输过程中可能会受到外界的干扰，称为噪声。噪声对不同物理信道的干扰程度是不同的，例如，在非屏蔽双绞线(UTP)上传输电信号，就会受到外界电磁场的干扰，而采用光纤信道则能避免这种电磁干扰。

数据通信的本质是交换信息，即利用信号传输技术和计算机技术，按照通信协议，在两个终端之间传递数据的一种通信方式和通信业务。数据通信技术是指在计算机网络中，0、1数字数据通过变换处理，经由通信介质传送到另一端所涉及的通信技术，如编码技术、调制技术以及复用技术等。

由数据传输电路将分布在不同地区的数据终端设备(包括计算机系统)和相关通信设备连接起来称为数据通信系统，它组成一个具有数据传输、数据交换、数据处理和数据存储功能的计算机系统。

如图 2-4 所示的是一个简单的数据通信系统模型，它可以分为五大部分。实际应用中，数据通信系统的组成因应用差异而有所不同。

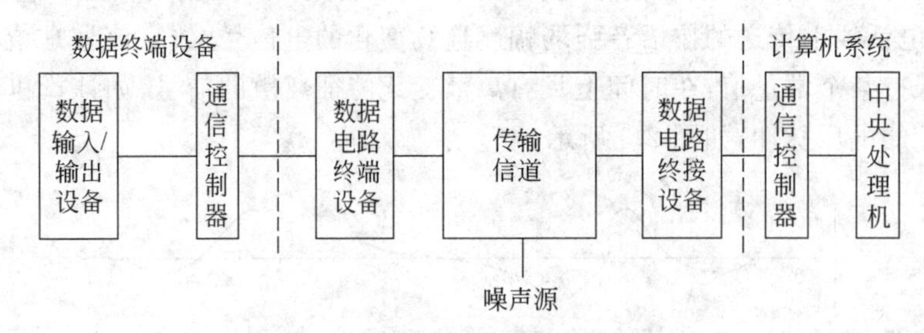

图 2-4　数据通信模型

不同信道对传输信号的要求不同，为了使数据能够适应信道的传输特性，一般在收发两端用数据电路终接设备实现变换功能。发送端的信号变换器可以是编码器或调制器，接收端的信号变换器对应的就是译码器或解调器。

3. 码元与码字

码元，或称为码位，是网络中传输二进制数字的每一位的通称，是承载信息的基本信号单位。其表现形式是数据有效值状态的脉冲信号，单位为波特。通信中用同步脉冲识别码元的开始和结束，并完成码元的同步定时。码字是由若干个码元序列表示的数据单元代码。

4. 数据帧、数据包和报文

在数据的整个传输过程中，引用的相关术语约定如下：在局域网中传送的数据单元称为数据帧；在 IP 网中传送的数据单元称为数据包；应用程序产生的数据称为报文。

数据包是从网络上某台计算机传送到其他计算机的分散的数据单元。数据包又被称为数据报、协议数据单元(PDU)、帧或信元。

任务 2.2 数据的通信技术

数据通信是依照一定的协议，利用数据传输技术在两个终端之间传递数据信息的一种通信方式和通信业务。它可以实现计算机和计算机、计算机和终端、终端和终端之间的数据信息传递。它是继电报、电话业务之后的第三种最大的通信业务。数据通信技术是计算机技术和通信技术相融合的技术，即都是通过传输信道将数据终端与计算机联结，而使不同地点的数据终端实现软硬件和信息资源的共享。随着互联网技术的迅速发展，数据通信技术得到越来越广泛的应用。数据通信的新设备不断涌现，人们越来越期望了解和掌握数据通信技术。本任务将介绍数据通信的方式、基本概念、构成原理、交换方式及其适用范围、数据通信技术指标、数据通信的分类等。

2.2.1 数据通信方式

在点对点通信中，根据信号传输方向，数据通信可以分为单工通信(Simplex)、半双工通信(Half Duplex)和全双工通信(Full Duplex)。根据一次通信数据传输数位的多少又可将数据通信分为串行(Serial)传输和并行(Parallel)传输。

1. 单工通信

单工(Simplex Communication)模式的数据传输是单向的。通信双方中，一方固定为发送端，一方则固定为接收端。如图 2-5(a)所示。信息只能沿一个方向传输，使用一根传输线。单工模式一般用在只向一个方向传输数据的场合。例如，计算机与打印机之间的通信是单工模式，因为只有计算机向打印机传输数据，而没有相反方向的数据传输。还有在某些通信信道中，如单工无线发送，例如，无线电和电视广播采用的通信方式就是单工通信。

2. 半双工通信

半双工通信使用同一根传输线，既可以发送数据又可以接收数据，但不能同时进行发送和接收。数据传输允许数据在两个方向上传输，但是，在任何时刻只能由其中的一方发送数据，另一方接收数据，如图 2-5(b)所示。因此半双工模式既可以使用一条数据线，也可以使用两条数据线。它实际上是一种切换方向的单工通信。半双工通信中每端需有一个收发切换电子开关，通过切换决定数据向哪个方向传输。因为有切换，所以会产生时间延迟，信息传输效率低些。航空与航海的无线电台和对讲机都是采用半双工通信。

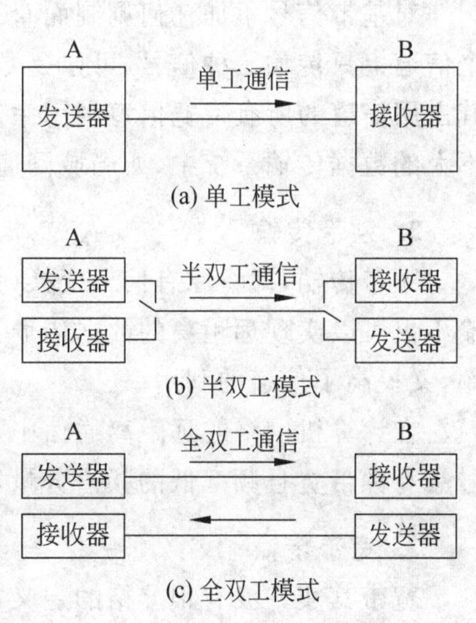

图 2-5 单工、半双工和全双工

3. 全双工通信

全双工数据通信允许数据同时在两个方向上传输，因此，全双工通信是两个单工通信模式的结合，它要求发送设备和接收设备都有独立的接收与发送能力，就和电话一样，如图 2-5(c)所示。在全双工模式中，每一端都有发送器和接收器，有两条传输线，可在交互式应用和远程监控系统中使用，信息传输效率高。目前的网卡一般都支持全双工。随着技术的进步，全双工通信模式在计算机网络中的应用会越来越多。

4. 串行传输与并行传输

串行传输每次由发送端到接收端传输的数据只有1位，将需要传输的数据排成一串，一位接一位地逐一传输，如图2-6所示。并行传输主要应用于距离比较近的情况，至少有8bit数据同时传输，如图2-7所示。由于线路成本等因素，远距离通信一般采用串行通信技术。计算机内部的数据大多是并行传输，如用于连接磁盘的扁平电缆一次就可以传输多位数据，外部的并行端口及其连线都利用并行传输。

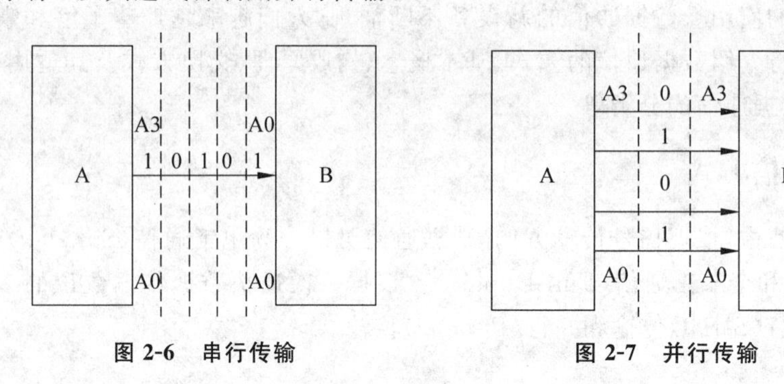

图2-6　串行传输　　　图2-7　并行传输

2.2.2 基带、频带与宽带传输

在网络通信中，根据其传输介质的频带宽度，可分为基带传输和宽带传输。为了有效地利用通信介质的带宽和通信能力，数字信号还可调制到一定的频带上进行传输，因此，又有一种数据传输方式叫频带传输。

1. 基带传输

数据编码后的电信号所固有的频带称为基本频带，简称基带。基带所要传输的信息（如0、1数字）称为基带信号。

对基带信号不加任何调制而直接在通信介质上传输称为基带传输。在基带传输中，整个信道上只传输一种信号，可以是数字信号，也可以是模拟信号，不过通常是数字信号。因其占用信道的所有带宽信道利用率低，所以这种传输方式一般适用于近距离、信号功率衰减不大的数据传输系统中，如局域网通信。

2. 频带传输

频带传输，即将原有信号变换（调制）成具有较高频率范围的频带信号的传输。频带传输不仅可以实现远距离的数据传输，而且还可以实现信道的多路复用，既提高了信道的传输率，又提高了信道的利用率。

在计算机网络的远距离通信中，通常采用的是频带传输，而不是基带传输。因为基带信号具有频带宽且频率低的频谱分量，其抗干扰能力差、信道的利用率也低。

3. 宽带传输

宽带其实并没有很严格的定义，早期是以拨号上网速率上限56kbps为分界，将56kbps及其以下的Internet接入方式称为“窄带”，高于56kbps的接入方式称为“宽带”。从认知角度理解，宽带是能够满足用户能感受的各种媒体在网络上传输所需要的带宽。因此，宽带是一个动态的、发展的概念。

将信道分成多个子信道，分别传送音频、视频和数字信号等，这样的信道传输称为宽带传输。在宽带传输系统里，其借助频带传输技术，将信道带宽分解成两个或更多的子信道，每个子信道可以传输不同频率范围的数据信号。如ADSL、Cable等均采用宽带传输技术。

ADSL(Asymmetric Digital Subscriber Line)是一种新的宽带数据传输方式。因为其上行和下行带宽不对称，故称为非对称数字用户线环路。其数据传输方式采用频分复用技术将普通的电话线分成电话语音信号、上行数字信号和下行数字信号三个相对独立的信道(频道)，通过频带传输技术将各自通信信号调制到相应的信道上传输，不仅避免了各路信号传输之间的干扰，实现打电话与上网两不误，而且还充分利用了线路的通信能力。

2.2.3 模拟传输与数字传输

1. 模拟传输

模拟数据通过高频载波信号调制到一个指定频率范围，形成模拟信号进行传输。调制方式有幅度调制、频率调制和相位调制。

数字数据使用调制器转化为模拟信号，相应的数据编码方式称为模拟数据编码。模拟信号传输到目标节点后，用解调器解调还原成数字数据。

2. 数字传输

模拟数据通过采样、量化和编码三个步骤转化为数字信号，数字信号传输到目标节点后，使用解码器解码，转化为模拟信号，通过驱动设备转换为模拟数据。

数字数据通过编码转化为数字信号，经发送器发送。常用的数字信号编码主要有不归零编码、曼彻斯特编码和差分曼彻斯特编码等。数字信号通过解码器转换成计算机使用的数字数据。

3. 数字传输的特点

(1) 利用数字信道传输数据时，将模拟数据或数字数据转化为数字信号后，再使用数字信道传输数据。

(2) 信号不失真传输，数字电视中看到的图像更清晰也是这个道理。

(3) 数字设备集成度高，比复杂的模拟设备便宜得多。

(4) 传输数字信号比模拟信号所要求的频带要宽得多，因而信道利用率较低。

(5) 数字信号易于加密并且保密性好。

2.2.4 同步传输与异步传输

在网络通信过程中，发送方发送数据，接收方必须准确地知道何时开始接收和处理这些数据。只有发送方和接收方相互取得协调，才能保证数据的正确传输。由此对应，有两种传输方式，即同步传输和异步传输。

1. 同步传输

同步传输是在高速数据传输过程中所使用的定时方式。在同步传输过程中，数据传送是以数据区块为单位,在区块的前后使用一些特殊的字符作为成帧信息。这些特殊字符使得发送端与接收端建立同步的传输过程(即接收端与发送端的步调保持一致),如图 2-8(a)所示。另外,这些成帧信息还用来区分和隔离连续传输的数据区块。

实现同步时钟的方式有外同步与内同步两种。

外同步是指通信线路设备除数据传输线以外还需要专门的时钟传输线。该同步信号与数据编码一同传输,以保证线路两端数据传输同步。内同步是指某些编码技术内含时钟信号,在每一位的中间有一个跳变,这一个跳变可以提取出来用作位同步信号。

同步传输适用于大的数据块的传输,这种方式的优点是开销小、效率高;缺点是控制比较复杂,如果传输中出现错误,需要重新传送整个数据区块。

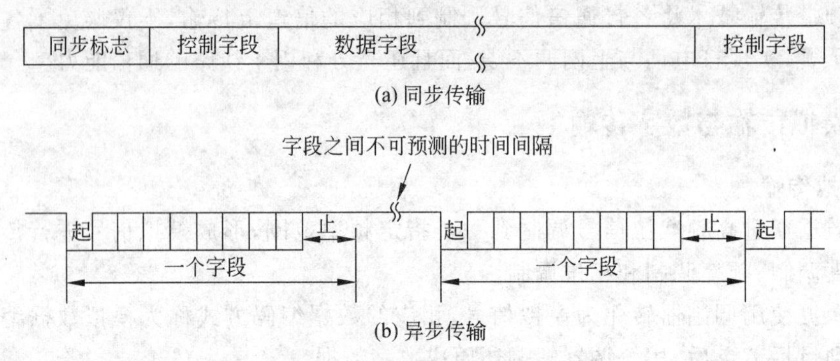

图 2-8　同步传输与异步传输

2. 异步传输

异步传输方式的特点是数据发送的终端设备可以在任何时刻向信道发送信号,而不管接收方是否知道它开始进行发送操作。它将每个字节作为一个单元独立传输,字节之间的传输间隔任意。为了标志字节的开始和结尾,在每个字符的开头用一位作起始位,结尾加 1bit、1.5bit 或 2bit 停止位,构成一个个的"字符"。这里的"字符"指异步传输的数据单元,不同于字节,一般略大于一个字节,如图 2-8(b)所示。

异步传输方式的缺点是开销大、效率低、速度慢;优点是控制简单,如果传输有误只需重新发送一个字符。

注意:

(1) 异步传输是面向字符的传输,而同步传输是面向比特的传输。

(2) 异步传输的单位是字符,而同步传输的单位是帧。

(3) 异步传输通过字符的起始位和停止位实现同步,而同步传输则是从数据中抽取同步信息。

(4) 异步传输对时序的要求较低,同步传输往往通过特定的时钟线路协调时序。

(5) 异步传输相对于同步传输效率较低。

2.2.5　数据通信主要指标

在数据通信系统中,衡量其通信质量的优劣不仅与其传输方式有关,而且还与信道的带宽、信道的质量等有很大的关系。下面介绍几个网络通信性能的评价指标。

1. 数据传输速率

每秒能传输的二进制信息位数即为数据传输速率，也叫比特率，单位为比特每秒。数据传输速率的计算公式如下：

$$S = \frac{\log_2 N}{T} \tag{2-1}$$

式中：T 为一个数学脉冲信号的宽度(全宽码)或重复周期(归零码)，单位为秒；N 为一个码元所取的离散值个数。通常，对于二进制编码传输，$N=2$；对于八进制编码传输，$N=8$；对于十六进制编码传输，$N=16$。

例如，对二进制编码传输时，$N=2$，$S=1/T$，表示数据传输速率等于码元脉冲的重复频率。

2. 信号传输速率

单位时间里通过信道传输的码元个数即为信号传输速率，也叫码元速率、调制速率或波特率，单位为波特。信号传输速率的计算公式如下：

$$B = \frac{1}{T} \tag{2-2}$$

式中：T 为信号码元的宽度，单位为秒。比特率与波特率的关系为 $S=B\log_2 N$。通常，对于二进制编码传输，$S=B$；对于八进制编码传输，$S=3B$；对于十六进制编码传输，$S=4B$。

3. 信道容量

信道容量表示一个信道的最大数据传输速率，单位为比特每秒(bps)。信道容量与数据传输速率的区别：前者表示信道的最大数据传输速率是信道传输数据能力的极限，而后者是实际的数据传输速率。两者如同公路最大限速与汽车实际速度的关系。

通信信道的最大传输速率和信道带宽之间存在明确的关系，所以人们可以用“带宽”去表示“速率”。例如，人们常把网络的“高数据传输速率”用网络的“高带宽”表述。因此，“带宽”与“速率”在网络技术的讨论中几乎成了同义词。

在模拟通信领域里，通常用传输模拟信号的最低频率和最高频率之间的“宽度”表示模拟信道的最大通信能力，这一“宽度”称为带宽，也指频宽，单位是赫兹。

在数字通信领域中，数字通信能力依然沿用了“带宽”这一概念，即带宽越大，其通信能力就越强。衡量数字信道的最大通信能力，采用单位时间内传送最大的二进制位数表示。数字信道的带宽单位为 bps(每秒传送 bit 数)，在实际应用中，带宽 10M，指的就是 10Mbps。

4. 误码率

误码率是二进制数据位传输时出错的概率，其是衡量数据通信系统在正常工作时的传输可靠性的指标。在计算机网络中，一般要求误码率低于 10^{-6}，误码率公式如下：

$$P_e = \frac{N_e}{N} \tag{2-3}$$

式中：N_e 为其中出错的位数；N 为传输数据总位数。

对于可靠性的要求，不同的通信系统要求是不同的。在实际应用中，常常由若干码元构成一个码字，所以可靠性也常用误字率表示。误字率即码字错误的概率。有时一个码字中错两个或更多的码元，这和错一个码元是一样的，都会使这个码字产生错误，所以，误字率与误码率不一定是相等的。有时信息还用若干码字组成一组，所以还有误组率，它是传输中出现错误组的概率。一般常用的还是误码率。

5. 信道时延

信号在信道中从源端到达目的端所需要的时间即信道时延，它与信道的长度及信号传输速度有关。电信号的传播一般接近光速(300m/μs)，在不同的介质传播中略有不同。如电缆中的传播速度一般是光速的77%(即200m/μs)左右，因此，500m的同轴电缆的时延大约为2.5μs。远离地面36 000km的卫星上行与下行的时延可达270ms。

时延一般由以下几个部分组成。

(1) 发送时延。节点在发送数据时使数据区块从节点进入传输媒体所需要的时间称为发送时延，也就是从数据区块的第一个比特开始发送算起，到最后一个比特发送完毕所需要的时间。其计算公式如式(2-4)所示：

$$发送时延 = \frac{数据区块长度}{信道宽带} \tag{2-4}$$

式中：信道宽带即数据在信道的发送速率，也常称为数据在信道上的传输速率。

(2) 传播时延。电磁波在信道中需要传输一定的距离而花费的时间称为传播时延。传播时延的计算公式如式(2-5)所示：

$$传播时延 = \frac{信道长度}{电磁波在信道上的传输速率} \tag{2-5}$$

电磁波在自由空间的传输速率是3.0×10^5km/s。电磁波在网络传输媒体中的传输速率比在自由空间略低一些，在铜线电缆中的传输速率约为2.3×10^5km/s，在光纤中的传输速率约为2.0×10^5km/s。例如，1000km长的光纤线路产生的传输时延大约为5ms。

(3) 处理时延。数据在交换节点为存储转发而进行一些必要的处理所花费的时间称为处理时延。在节点缓存队列中分组排队所经历的时延是处理时延中的重要组成部分，因此，处理时延的长短往往取决于网络中当时的通信量。当网络的通信量很大时，还会发生队列溢出，使分组丢失，这相当于处理时延为无穷大。有时可用排队时延作为处理时延。

因此，数据经历的总时延就是以上三种时延之和，总时延的计算公式为

$$总时延 = 传播时延 + 发送时延 + 处理时延 \tag{2-6}$$

图2-9给出了三种时延所产生的方式。

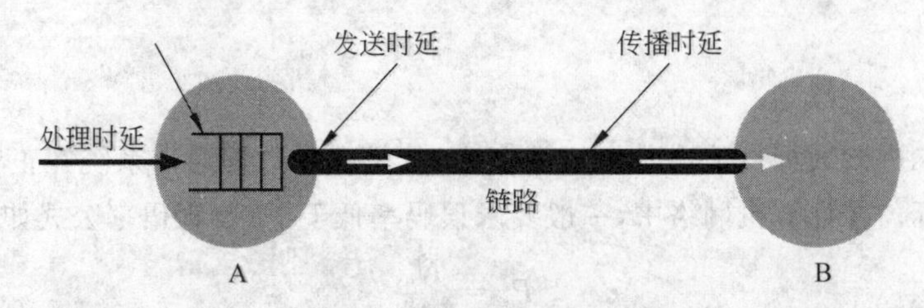

图2-9 三种时延的产生

在总时延中，究竟哪种时延占主导地位，必须具体问题具体分析。

2.2.6　线路交换、报文交换和分组交换

线路交换又称为电路交换(Circuit Switching),是数据通信领域最早使用的交换方式。从通信资源的分配角度看,"交换"就是按照某种方式动态地分配传输线路的资源。电路交换分为三个步骤,建立连接(占用通信资源)→通话(一直占用通信资源)→释放连接(归还通信资源)。其一个重要特点就是在通话的全部时间内,通话的两个用户始终占用端到端的通信资源,如图 2-10 所示。

电路交换最初指的是连接电话机的双绞线对在交换机上进行交换(人工的、步进的和程控的等)。后来随着技术的进步,采取了多路复用技术,出现了频分复用、时多复用、码多复用等,这时电路交换的概念就扩展到在双绞线、铜缆、光纤、无线媒体中多路信号中的某一路(某个频率、某个时隙、某个码序等)和某一路的交换。

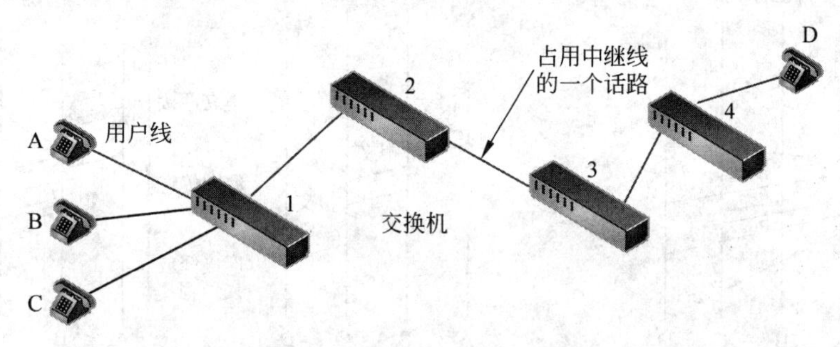

图 2-10　电路交换的用户始终占用端到端的通信资源

分组交换采用存储转发技术把要发送的整块数据转为报文 message。采用分组交换发送报文之前,先把较长的报文划分为一个个更小的等长数据段。在每一个数据段前,加上一些必要的控制信息组成首部 header,就构成一个分组 packet。首部包含了诸如目的地址和源地址等重要的控制信息,如图 2-11 所示。

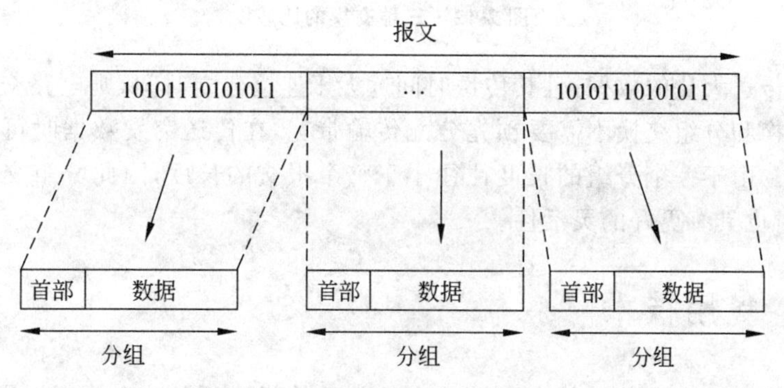

图 2-11　划分分组的概念

分组交换在传输数据前不必先占用一条端到端的通信资源。分组在哪段链路上传送才占用这段链路的通信资源。分组到达一个路由器后,先暂时存储,查找转发表,然后从另一条合适的链路转发出去。

采用存储转发的分组交换,实质上是采用了在数据通信的过程中断续(或动态)分配传输带宽的策略。这对传送突发式的计算机数据非常合适,使得通信线路的利用率大大提高

了。但也带来一些新的问题。存储转发需要排队，这就造成了一定的时延。分组交换不像电路交换那样通过建立连接来保证通信时所需的各种资源，因而无法确保通信时端到端所需的带宽。分组必须携带控制信息，带来了一定的开销 overhead。整个分组交换网需要专门的管理和控制机制。

电路交换、报文交换、分组交换三种交换的比较如图 2-12 所示。

电路交换——整个报文的比特流连续地从源点直达终点，好像在一个管道中发送。

报文交换——整个报文传送到相邻节点，全部存储下来后查找转发表，转发到下一个节点。

分组交换——单个分组(整个报文的一部分)传送到相邻节点，存储下来后查找转发表，转发到下一个节点。

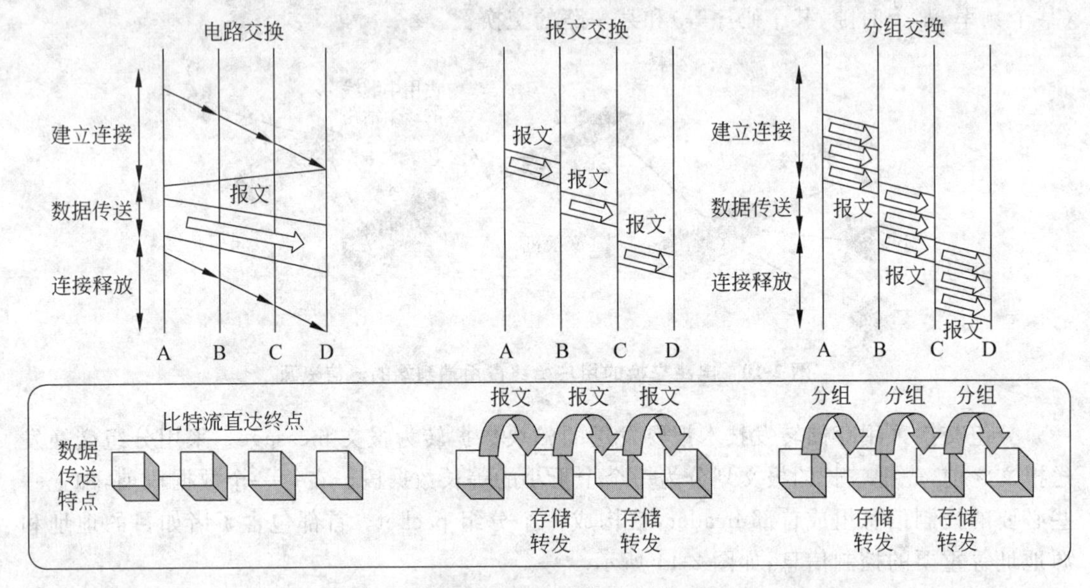

图 2-12　三种交换的比较

若要连续传送大量的数据，且其传送时间远大于连接建立时间，则电路交换的传输速率较快。报文交换和分组交换不需要预先分配传输带宽，在传送突发数据时可提高整个网络的信道利用率。由于一个分组的长度往往小于整个报文的长度，因此分组交换比报文交换的时延小，同时也具有更好的灵活性。

任务 2.3　复用技术

计算机网络是地理上分散的多台独立自主的计算机遵循约定的通信协议，通过软硬件互联以实现交互通信、资源共享、信息交换、协同工作以及在线处理等功能的系统。网络间传递的信息主要是依靠数据的传输和交换，随着全球网络技术的应用和推广，不同实体之间的数据传输就显得尤为重要。为了更为有效地利用传输系统，人们希望通过同时携带多个信号来高效率地使用传输介质，这就是多路复用技术。配置多路复用线路有许多方法，多路复用器的类型也各异，常用的有频分多路复用(FDM)、时分多路复用(TDM)、波分多路复用(WDM)、码分多路复用(CDM)等。本任务主要介绍应用较多的频分多路复用、时分多路复用和波分多路复用这三种技术。

2.3.1 频分多路复用

物理信道的可用带宽超过要传输信号所需的总带宽时，可将该物理信道的总带宽划分成若干个与传输单个信号带宽相同(或略宽)的子频带，每个子频带传输一路信号，即频分多路复用(Frequency Division Multiplexing，FDM)技术。

采用频分多路复用技术时，输入多路复用器的既可以是数字信号，也可以是模拟信号。如图 2-13 所示，各路信号源输入多路复用器时，多路复用器通过频带传输技术(频谱搬移)将各路信号调制到物理信道频谱不同的频段上(子信道)，然后用不同的频率调制每一路信号，每路信号要使用一个以它的载波频率为中心的一定带宽的通道进行数据传输，实现信道的复用。为了防止互相干扰，使用保护频带来隔离每一个子信道。

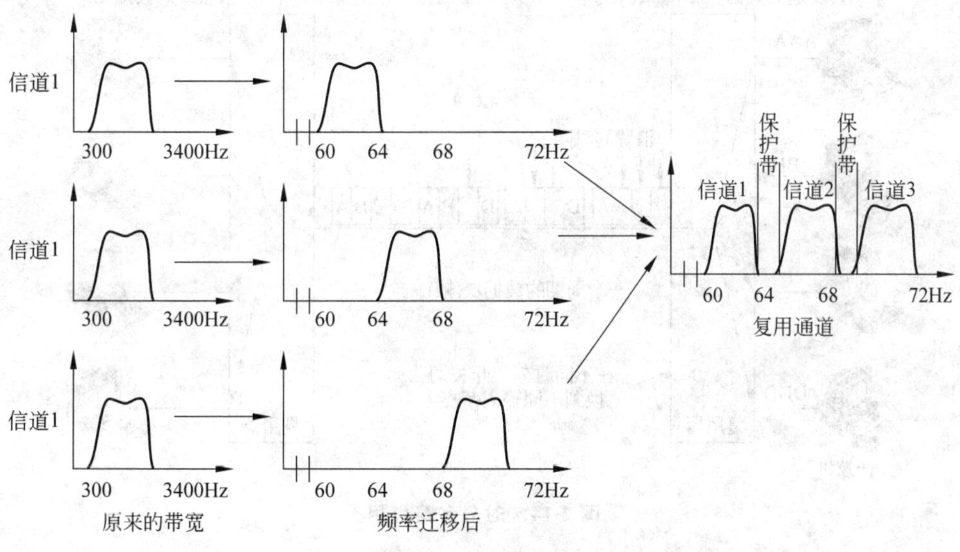

图 2-13 频分多路复用

频分多路复用要求总频带宽度要大于各子信道频带宽度之和。所有子信道的频带信号叠加进入公共信道传输，在信号的出口端再利用滤波器将各子信道的频带信号分离出来。

在实际应用中，有线电视台的信号传送就是采用频分多路复用技术，将很多频道的信号通过一条线路传输，用户可以选择收看其中的任何一个频道。ADSL 宽带接入技术也是利用频分多路复用技术将普通电话线路所传输的低频信号和高频信号分离，3400Hz 以下的低频部分用于电话通信，3400Hz 以上的高频部分用于网络通信。

频分多路复用的优点是信道复用率高、分路方便，是目前模拟通信中常采用的一种复用技术。频分多路复用存在的主要问题依然是各路信号之间的相互干扰。

2.3.2 时分多路复用

频分多路复用是以信道频带作为分割对象，通过为多个信道分配互不重叠的频率范围实现多路复用。而时分多路复用(Time Division Multiplexing，TDM)则是以信道传输时间作为分割对象，通过为多个信道分配互不重叠的时间片来实现多路复用。

1. 帧和时隙

专用于某个信号源的时间片序列称为该信号源的逻辑信道。一个时间片周期(每个信号源一个)称为一帧。帧再分为若干时隙,轮换地被多个信号所使用。每一个时隙由一个信源(即一个用户)占用,在占用的时隙内,该信源使用通信线路的全部带宽。这样,利用每个信号在时间上的交叉,就可以在一条物理信道上传输多个数字信号。

如图 2-14 所示,发送端有四个终端数字信号,需要通过一条公共传输通道向接收端传送数据。这里以 4 为固定时隙(一个时隙为一个 Byte)分配每个周期,各路数字信号经过复用器时间切换,每个字符分别占用一个时隙,即构成一个传输单位"帧"。在每个时分周期中,因各路数字信号固定在各自的时隙上,故某时隙接入端没有数据传送时,会产生相应时隙的浪费,由此信道资源的利用率会降低。

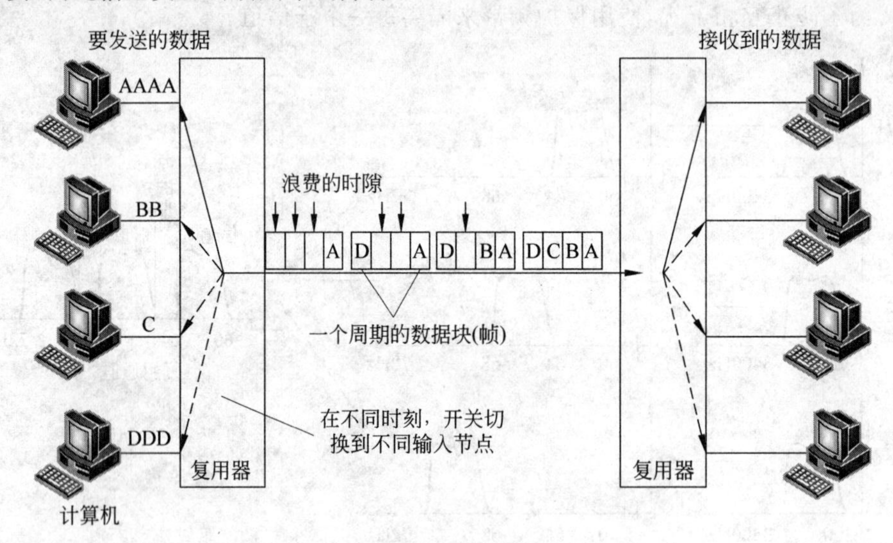

图 2-14 时分多路复用

2. 时分多路复用信号

采用时分多路复用技术,输入多路复用器的信号一般是数字信号,但也可以分时交叉传输模拟信号,如 PCM 通信(Pulse Code Modulation)。

PCM 是将连续的模拟信号变换成离散的数字信号。在数字音响中普遍采用的就是时分多路复用技术。电话网络(PSTN)也是基于时分多路复用(TDM)技术实现了数字化。

传统电话系统在用户环路上利用 0～4kHz 的频率传送语音,电话交换机将模拟语音信号转换成 64kbps(零次群)的数字信号,通过时分多路复用技术,利用基带调制方法 AMI(T1)或 HDB3(E1)传输信号,将多路语音信号复用一个通道,通过光纤或铜缆传输到其他交换机。

3. 同步时分多路复用和异步时分多路复用

时分多路复用又可分为同步时分多路复用和异步时分多路复用。

(1) 同步时分多路复用。同步时分多路复用(Synchronous TDM,STDM)将时间片预先分配给各个信道,且时间片固定不变,因此各个信道的发送与接收必须是同步的。

同步时分多路复用的工作原理如图 2-15(a)所示。例如,有 n 条信道复用一条通信线路，可以将通信线路的传输时间分成时间片，设定 $n=10$，传输时间周期 T 为 1s，每个时间片为 0.1s。在第 1 个周期内，将第 1 个时间片分配给第 1 路信号，将第 2 个时间片分配给第 2 路信号，以此类推，将第 10 个时间片分配给第 10 路信号。在第 2 个周期开始后，再将第 1 个时间片分配给第 1 路信号，将第 2 个时间片分配给第 2 路信号，按此规律循环。这样，在接收端只需采用严格的时间同步，按照相同的顺序接收，就能够将多路信号分割、复原。

(2) 异步时分多路复用。同步时分多路复用采用了将时间片固定分配给各个信道的方法，而不考虑这些信道是否有数据要发送，这种方法势必造成信道资源的浪费。为了克服这一缺点，可以采用异步时分多路复用(Asynchronous TDM，ATDM)的方法，也称为统计时分多路复用。统计时分多路复用允许动态分配时间片。

异步时分多路复用的工作原理如图 2-15(b)所示。设定复用的信道数为 m，每个周期 T 分为 n 个时间片。由于考虑 m 个信道并不总是同时工作的，为了提高通信线路的利用率，允许 $m>n$。这样，每个周期内的各个时间片只分配给那些需要发送数据的信道。在第 1 个周期内，可以将第 1 个时间片分配给第 2 路信号，将第 2 个时间片分配给第 3 路信号，将第 3 个时间片分配给第 8 路信号，以此类推，将第 n 个时间片分配给第 $m-1$ 路信号。在第 2 个周期到来后，可以将第 1 个时间片分配给第 1 路信号，将第 2 个时间片分配给第 5 路信号，将第 3 个时间片分配给第 6 路信号，以此类推，将第 n 个时间片分配给第 m 路信号，并且继续循环。

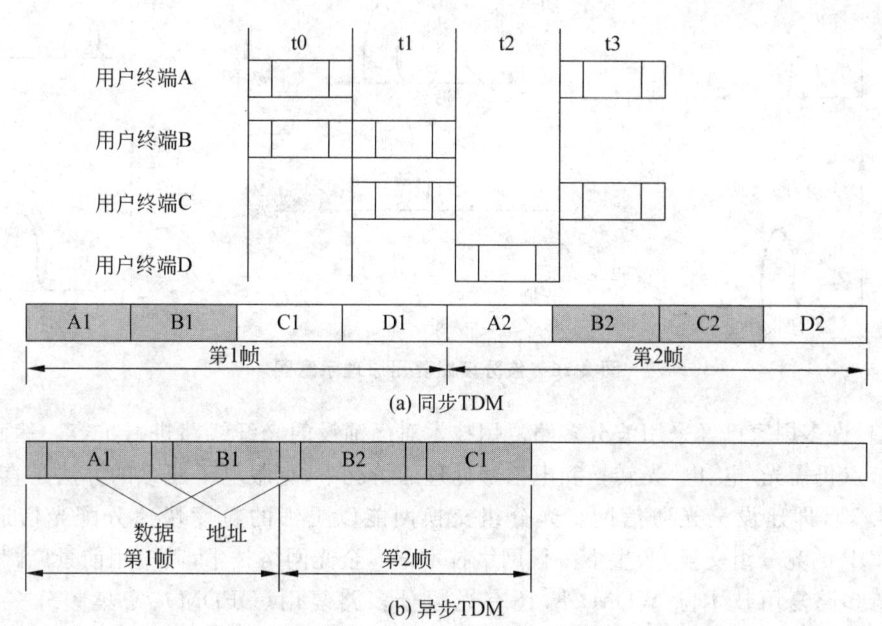

图 2-15 同步时分多路复用与异步时分多路复用原理示意图

在异步时分多路复用中，时间片序号与信道号之间不再存在固定的对应关系。这种方法可以避免通信资源的浪费，但由于信道号与时间片序号无固定对应关系，因此接收端无法确定应将哪个时间片的信号传送到哪个接收方。为了解决这个问题，各信道发出的数据都需要带有双方地址，由通信线路两端的多路复用设备来识别地址，确定输出信道。

2.3.3 波分多路复用

用于无线电传输的频分多路复用技术同样可以应用于光传输系统。从技术上说，光的 FDM(Wavelength Division Multiplexing，WDM)称为波分多路复用。波分多路复用实际上就是光的频分多路复用。

波分多路复用的本质是在一条光纤中用不同颜色的光波传输信号，或者说是将多种光波通过同一根光纤发送。在接收端，用一块玻璃棱镜分开不同频率的光波。和一般的 FDM 类似，不同的色光在光纤中传输时彼此互不干扰，所以不同频率的载波可以合并在同一介质中传输。

如图 2-16 所示的两束光波的频率是不相同的，它们通过棱镜(或光栅)之后，使用了一条共享的光纤传输，到达目的节点后，再经过棱镜(或光栅)重新分成两束光波。这样，一条光纤就变成了几条光纤的容量，只要每个信道有各自的频率范围，且互不重叠，它们就能够以多路复用的方式通过共享光纤进行远距离传输。光纤中单色光传输信号的频率可以达到 GHz 级别，而使用波分多路复用后，一根光纤的总带宽大约是 25 000GHz。因此，可以将很多信道复用到长距离光纤上，但需要解决光入和光出的合并分离问题。

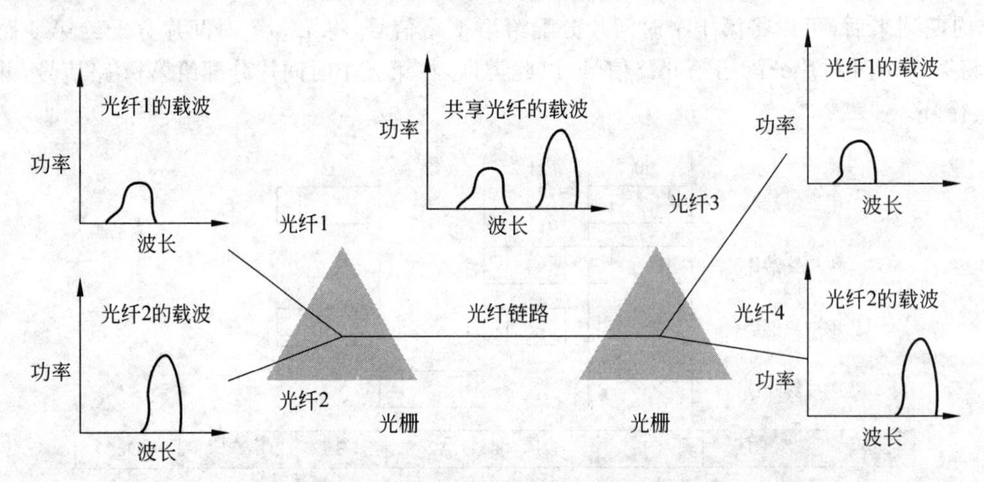

图 2-16 波分多路复用原理示意图

目前，许多国家已经采用波分多路复用技术对已铺设的光纤线路进行扩容。然而，在通信网络节点仍需光/电、电/光转换和电信号处理的情况下，克服电子瓶颈的办法是直接进行光信号处理，即建设全光通信网。光分组交换网能以更细的粒度快速分配光信道，支持 ATM 和 IP 的光分组交换，产生下一代网络技术——全光网络技术，其应用前景广阔。

波分多路复用技术除 WDM 外，还有光频分多路复用(OFDM)、密集频分多路复用(DWDM)、光时分多路复用(OTDM)、光码分多路复用(OCDM)技术等。

任务 2.4 差错控制与校验

数据通信系统的基本任务是高效而无差错地传输数据。任何一条远距离的通信线路都不可避免地存在一定程度的噪声干扰，这些噪声干扰可能导致差错的产生。怎么控制这些差错呢？本任务简要讲述。

2.4.1 差错的产生与控制

数据信号在物理信道中传输时，线路本身电器特性造成的随机噪声、相邻线路间的串扰以及各种外界因素（如外界强电流磁场的变化、电源的波动等）等都会造成数据信号的失真。使接收端接收到的数据与发送端发送的数据不一致，从而出现数据差错。

物理信道中的噪声是引起数据信号畸变产生差错的主要原因。噪声会在数据信号上叠加高次谐波，从而引起接收端判断错误，如图 2-17 所示。

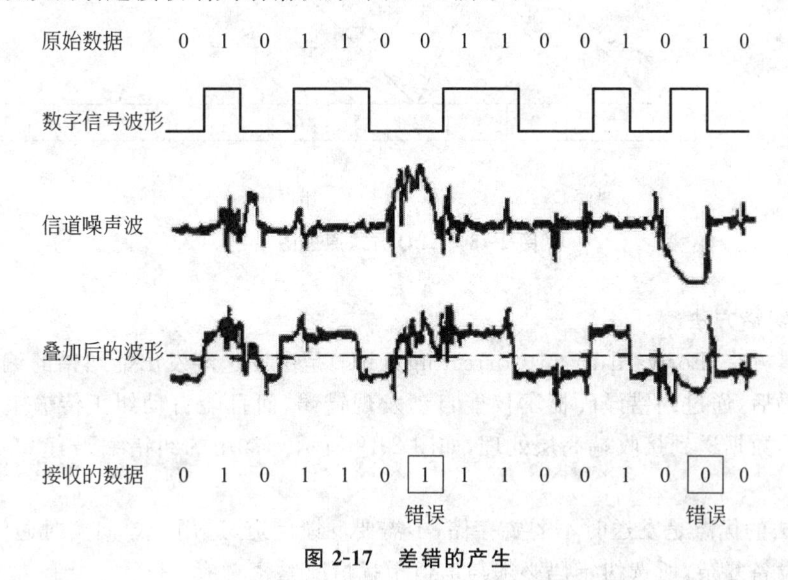

图 2-17 差错的产生

物理信道中的噪声分为两类，即热噪声和冲击热噪声。热噪声是通信信道上固有的、持续存在的热噪声，如线路本身电气特性随机产生的信号幅度、频率、相位的畸变和衰减，电气信号在线路上产生反射造成的回音效应，相邻线路之间的串扰等。冲击热噪声是由外界某种原因突发产生的，如大气中的闪电、电源开关的跳火、外界强电磁场的变化、电源的波动等。

由于热噪声会造成传输中的数据信号失真，产生差错，所以在传输中要尽量减少热噪声的影响。基于上述原因，在通信系统的数据传输过程中，常采用差错控制技术减少或避免由于热噪声的影响而产生的差错。判断数据经传输后是否有错的手段和方法称为差错检测，确保传输数据正确的方法和手段称为差错控制。

2.4.2 差错控制的方法

在数据通信系统中，差错控制包括差错检测和差错纠正两部分，具体实现差错控制则主要有以下三种方法。

1. 反馈重发检错方法

反馈重发检错方法又称自动请求重发（Automatic Repeat-reQuest，ARQ），如图 2-18 所示。发送端发送能够发现错误的码，由接收端判断接收中有无错误发生。如果发现错误，则通过反向信道把这一判决结果反馈给发送端，然后发送端再把错误的信息重发一次。直至接收端正确接收到为止。接收端认为正确的数据，则发送端不再重发，继续发送其他信息。因为ARQ方法只要求发送端发送检错码，接收端只要求检查有无错误，所以无须纠正错误，因此，该方法设备简单，容易实现。

当噪声干扰严重时，发送端重发次数随之增加。多次重发某一信息的现象，会使信息传输速率降低，也使传输信息的连贯性变差。常用的检错编码有奇偶检验码、循环冗余检错码(CRC)等。

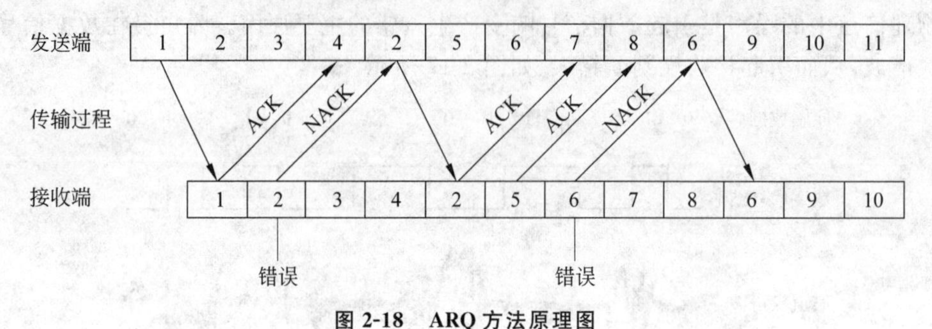

图 2-18　ARQ 方法原理图

2. 前向纠错方法

前向纠错方法(Forward Error Correcting，FEC)是由发送端发出能纠错的编码，接收端收到这些编码后，通过纠错译码器不仅能自动发现错误，而且能自动纠正传输中的错误，然后将纠错后的数据送到接收端高层处理，如图2-19所示。常用的纠错编码有BCH码、卷积码等。

FEC方法的优点是发送时不需要存储，不需要反馈信道，适用于单向实时通信系统。其缺点是译码设备复杂，所选纠错码必须与信道干扰情况紧密对应。

图 2-19　FEC 方法原理图

3. 混合纠错方法

发送端发送既能自动纠错，又能检错，如图2-20所示。接收端收到码流后，检查差错情况，如果错误在纠错能力范围以内，自动纠错，如果超过了纠错能力，但能检测出来，经过反馈信道请求发送端重发，实际上是FEC和ARQ方法的结合。

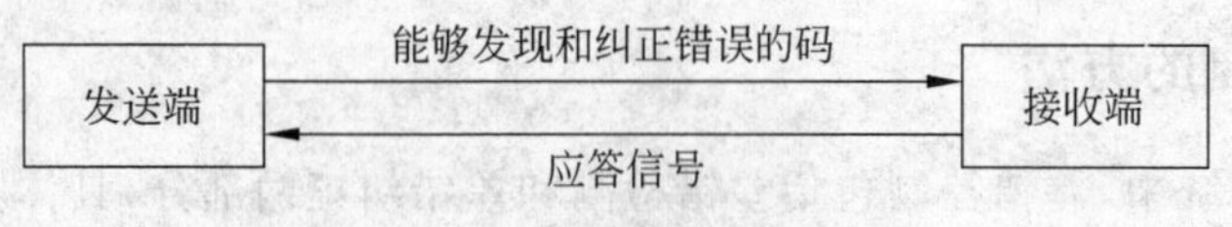

图 2-20　混合纠错方法原理图

2.4.3　差错控制编码

网络中纠正出错的方法通常是让发送方重传出错的数据，所以，差错检测更为重要。下面是常用的三种差错检测方法。

1. 奇偶校验

在面向字节的数据通信中，在每个字节的尾部都加上一个校验位，构成一个带有校验位的码组，使得码组中"1"的个数成为偶数(称为偶校验)或使得码组中"1"的个数成为奇数(称为奇校验)，并将整个码组一起发送。一个数据段以字节为单位加上校验码后连续传输。

接收端收到信号后，对每个码组检查其中"1"的个数是否为偶数(偶校验)或奇数(奇校验)，如果检查通过就认为收到的数据正确，否则发送一个信号给发送端，要求重发该数据段。

2. 循环冗余校验

循环冗余校验(Cyclic Redundancy Check，CRC)是一种比较复杂的校验方法。此方法将整个数据区块看成是一个连续的二进制数据，从代数的角度则将数据区块看成是一个报文码多项式 $M(x)$ 除以另一个称为"生成多项式"的多项式 $G(x)$。国际电报咨询委员会CCTIT推荐的生成多项式CRC-CCITT的公式如下：

$$G(x)=x^{16}+x^{12}+x^{5}+16 \tag{2-7}$$

在发送报文时，将相除的结果中的余数 $R(x)$ 作为校验码附在报文之后发送出去。接收端接收后先对传输过来的码字用同一个生成多项式 $G(x)$ 去除，若能除尽说明传输正确；若除不尽说明传输有错，要求发送方重发。生成多项式一般有16位、32位和64位。

注意：CRC码的校验序列产生的方法如下。

(1) 设 $M(x)$ 为 k 位信息码多项式，$G(x)$ 为 r 阶生成码多项式，$R(x)$ 为 r 位校验码多项式，则得到的待传送的CRC码集为 $k+r$ 位多项式。

(2) 用模2除法进行 $x^rM(x)/G(x)$，得到余式 $R(x)$。

(3) 用模2减法进行 $x^rM(x)-R(x)$，即得到待传送的CRC码多项式(数据位加检验位)。

若要传输的信息码为110011，则信息码多项式为 $M(x)=x^5+x^4+x+1$；选用生成多项式 $G(x)=x^4+x^3+1(r=4)$，则生成码为11001。按照步骤(2)可得出余式 $R(x)$ 的代码为1001，计算方法如式2-8所示。

$$\begin{array}{rl}
 & 100001 \leftarrow Q(x) \\
G(x)\rightarrow 110011 & \overline{1100110000} \leftarrow F(x)x^{y} \\
 & \underline{11001} \\
 & 10000 \\
 & \underline{11001} \\
 & 1001 \leftarrow R(x)(\text{冗余码})
\end{array} \tag{2-8}$$

由上可知，最终传输的码字为1100111001。接收端接收到信息1100111001后，会形成信息多项式 $T(x)=x^9+x^8+x^5+x^4+x^3+1$，除以同样的生成多项式 $G(x)=x^4+x^3+1(r=4)$，若余式 $R(x)$ 为0，则证明信息传输正确；若余式 $R(x)$ 不为0，则证明信息传输有误。

使用CRC校验，可查出所有的单位错和双位错，以及所有具有奇数位的差错和所有长度少于生成多项式串长度的实发错误，能查出99%以上更长位的突发性错误，误码率低，因此得到了广泛的应用。但CRC校验码的生成和差错检测需要用到复杂的计算，用软件实现比较麻烦，而且速度慢，目前已经有相应的硬件实现这一功能。

3. 汉明码

汉明码(由 Bell 实验室的 R. W. Hamming 发明,因此定名为汉明码,又译为海明码)是一种可以纠正一位错的高效率线性分组码。其基本思想是：将待传送信息码元分成许多长度为 k 的组,其后附加 r 个用于监督的冗余码元(也称校验位),构成长为 $n=k+r$ 的分组码。分组码中每个校验位和某几个特定的信息位构成偶检验关系。用 r 个监督关系式产生的 r 个校正因子区分有无错和在码字中的 n 个不同位置的一位错。校验位数 r 必须满足关系式：$2^r \geqslant n+1$,即 $2^r \geqslant k+r+1$。

汉明码是一种具有纠错功能的纠错码,它能将无效码字恢复成距离它最近的有效码字,但不是百分之百正确。两个码字的对应位取值不同的位数称为这两个码字的汉明距离。一个有效编码集中,任意两个码字的汉明距离的最小值称为该编码集的汉明距离。如果要纠正 d 个错误,则编码集的汉明距离至少应为 $2d+1$。

任务 2.5　工程实践——网络操作系统

网络操作系统(NOS)是网络的心脏和灵魂,是向网络计算机提供网络通信和网络资源共享功能的操作系统。它负责管理整个网络资源和方便网络用户的软件的集合。由于网络操作系统运行在服务器之上,所以有时也把它称为服务器操作系统。

一般情况下,网络操作系统以使网络相关特性最佳为目的。如共享数据文件、软件应用以及共享硬盘、打印机、调制解调器、扫描仪和传真机、发布网站、部署游戏服务器等。一般计算机的操作系统,如 Windows 7、Windows 10 等,其目的是让用户与系统及在此操作系统上运行的各种应用之间的交互作用最佳。在此任务中,将简单介绍网络操作系统的种类、Windows Server 2008 的安装以及客户端操作系统的批量网络克隆。

2.5.1　网络操作系统的种类

目前,局域网中主要存在以下几类网络操作系统。

(1) Windows 类。对于这类操作系统,用过计算机的人都不会陌生,这是全球最大的软件开发商 Microsoft(微软)公司开发的。微软公司的 Windows 操作系统不仅在个人操作系统中占有绝对优势,在网络操作系统中也很强。这类操作系统配置在整个局域网配置中是最常见的,但由于它对服务器的硬件要求较高,且稳定性不是很好,所以微软的网络操作系统一般只是用在中低档服务器中,高端服务器通常采用 UNIX、Linux 或 Solairs 等非 Windows 操作系统。

(2) NetWare 类。NetWare 操作系统虽然远不如以前那么风光,但是 NetWare 操作系统仍然对网络硬件的要求较低。它兼容 DOS 命令,其应用环境与 DOS 相似,经过长时间的发展,具有相当丰富的应用软件支持,技术完善可靠。NetWare 服务器对无盘站和游戏的支持较好,常用于教学网和游戏厅。目前,这种操作系统市场占有率呈下降趋势,这部分的市场主要被 Windows Server 和 Linux 操作系统瓜分了。

(3) UNIX 操作系统。目前,常用的 UNIX 操作系统版本主要有 UNIXSUR4. 0、HP-UX11. 0,SUN 的 Solaris8. 0 等,由 AT&T 和 SCO 公司推出。这种网络操作系统稳定性和安全性非常好,但由于它是以命令方式进行操作,不容易掌握。正因为如此,UNIX 一般用于大型的网站或大型的企事业局域网中。UNIX 网络操作系统历史悠久,其良好的网络管理功能已为广大网络用户所接受,拥有丰富的应用软件支持。

UNIX 是针对小型主机环境开发的操作系统,是一种集中式分时多用户体系结构。因其体系结构不够合理,市场占有率呈下降趋势。

(4) Linux 操作系统。这是一种新型的网络操作系统,它最大的特点就是源代码开放,可以免费得到许多应用程序。目前也有中文版本的 Linux,如国外的红帽子(RedHat Linux),国内的红旗(Redflag Linux)等。它在国内得到了用户充分的肯定,主要体现在它的高安全性和稳定性。它与 UNIX 有许多类似之处。目前这类操作系统主要应用于中高档服务器中。

总的来说,对特定计算环境的支持使得每一个操作系统都有适合于自己的工作场合,这就是系统对特定计算环境的支持。例如,Windows 7/10 适用于桌面计算机,而 Linux、Windows Server 2008/2012 和 UNIX 则适用于大型服务器应用程序。因此,对于不同的网络应用,需要分别选择网络操作系统。

2.5.2 网络操作系统的安装(Windows Server 2008)

微软在发布 Windows 7 之后不久,就发布了服务器版本——Windows Server 2008 R2。同 2008 年 1 月发布的 Windows Server 2008 相比,Windows Server 2008 R2 继续提升了在虚拟化、系统管理弹性、网络存取方式,以及信息安全等领域的应用,其中有不少功能需搭配 Windows 7。Windows Server 2008 R2 的出现,不只是为了再扩充 Windows Server 2008 的适用性,而是加速 Windows 7 在企业环境的普及。

下面将一步步介绍 Windows Server 2008 的安装。

放入 DVD 光盘,出现选择安装语言等选项,可以直接单击"下一步"按钮,如图 2-21 所示。

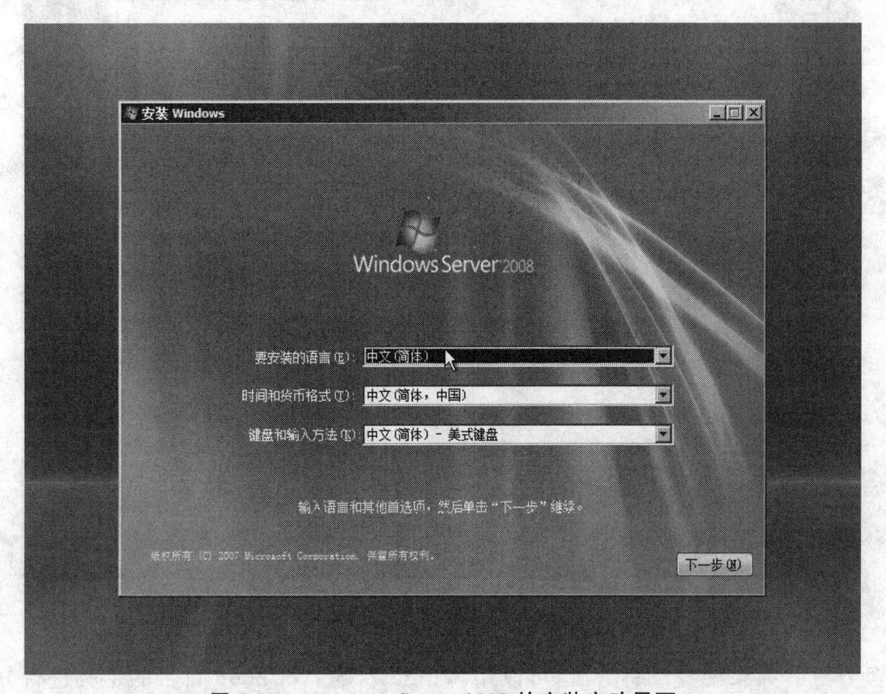

图 2-21 Windows Server 2008 的安装启动界面

选择安装的版本，如图 2-22 所示。

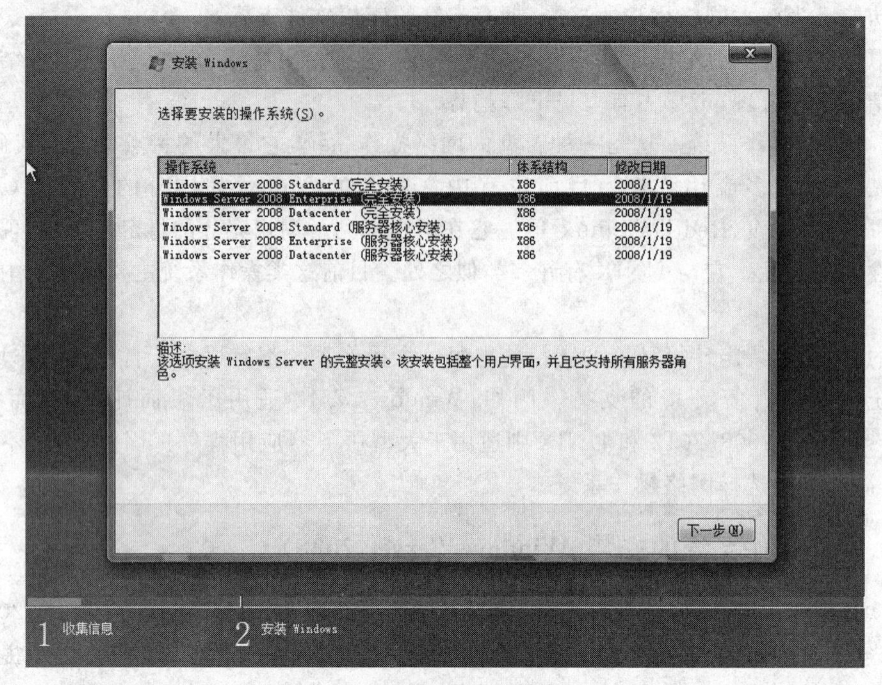

图 2-22 选择版本

阅读许可条款后单击“下一步”按钮，如图 2-23 所示。

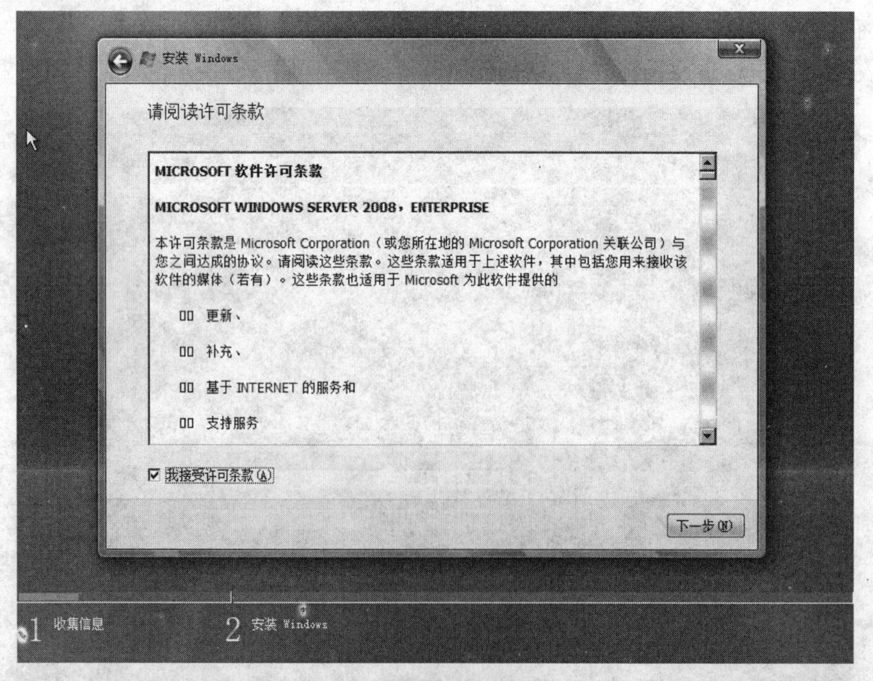

图 2-23 阅读许可条款

硬盘分区。如果硬盘没有分区，可以用 Windows Server 2008 自带的工具进行分区格式化操作。单击“新建”按钮,给新硬盘分区,如图 2-24 所示。

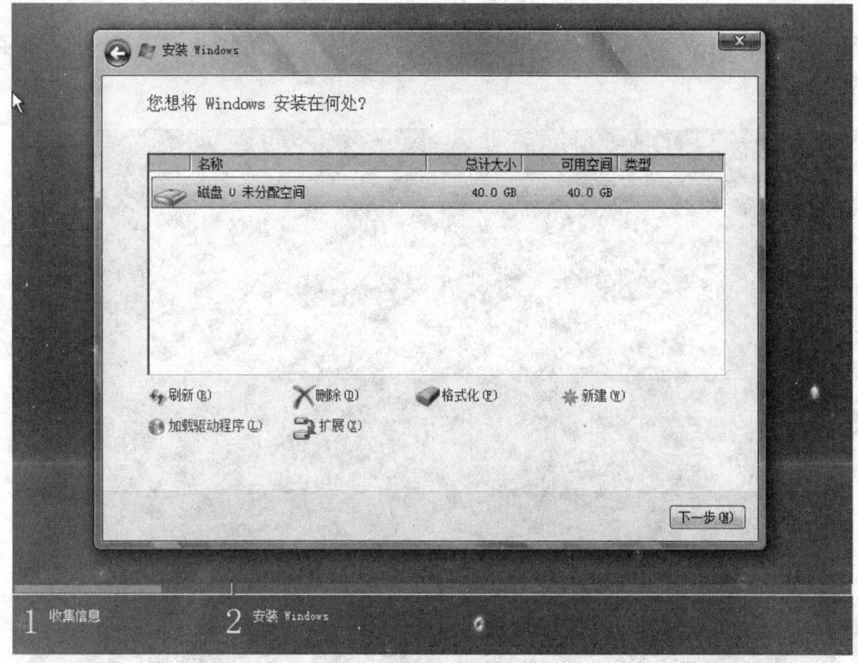

图 2-24 硬盘分区

分区完成后,选择第一个分区。单击“下一步”按钮进入自动安装过程,正在安装的界面如图 2-25 所示。

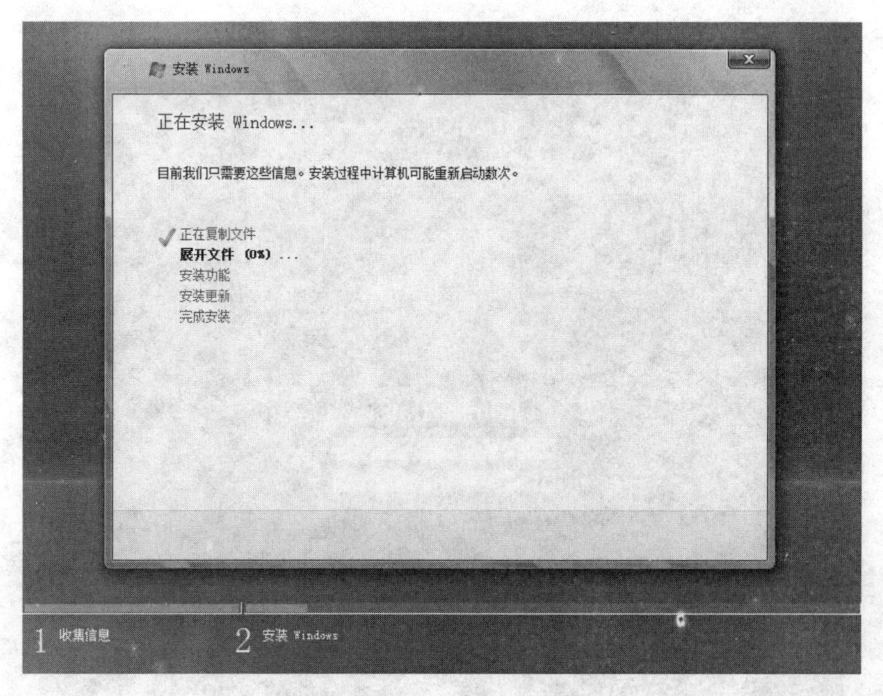

图 2-25 正在安装

根据服务器或个人计算机硬件系统性能，这个过程大约要几十分钟。完成安装后，系统自动重启。

更改登录密码。安装完成后系统重启出现新的界面，提示用户首次登录之前必须更改密码，如图 2-26 所示。

图 2-26　用户首次登录必须更改密码

单击“确定”按钮，弹出如图 2-27 所示的创建新密码界面。

图 2-27　创建新密码

这个密码要求比较严格，要求密码必须六位字符以上以及三种或三种以上字符，如果设置的密码不符合密码设置要求，则会弹出如图 2-28 所示的提示界面。

图 2-28　密码不符合要求

单击“确定”按钮，再次输入合格的密码，单击“确定”按钮，第一次登录 Windows Server 2008 操作系统桌面如图 2-29 所示。

图 2-29　Windows Server 2008 操作系统桌面

初始配置任务和服务器管理器。每次登录服务器，桌面几秒之后便会弹出如图 2-30 所示的初始配置任务窗口和如图 2-31 所示的服务器管理器两个界面。

如果不想每次登录服务器后都弹出此界面，只需选择页面左下角的“登录时不显示此窗口”即可。

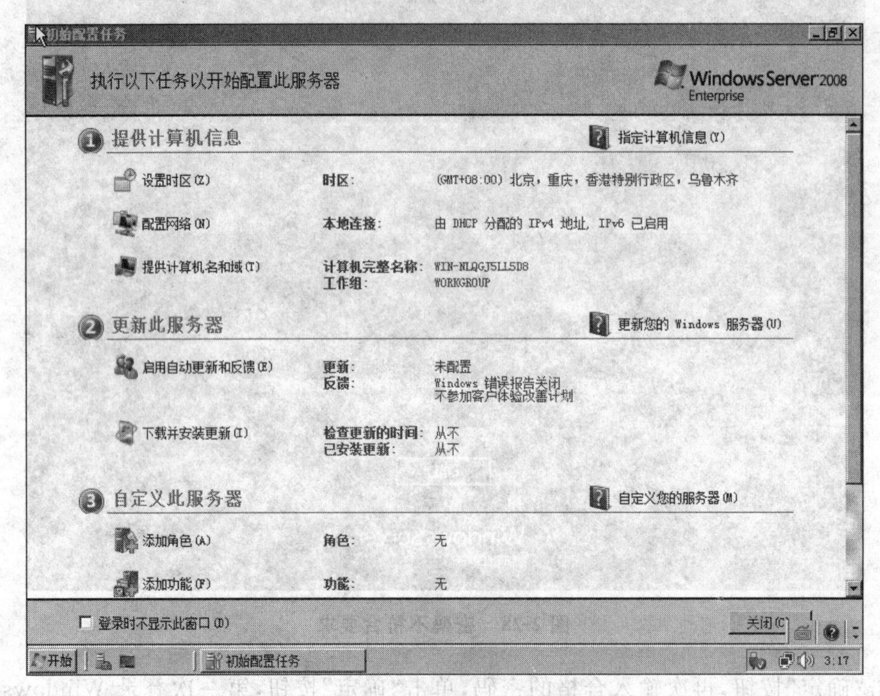

图 2-30　初始配置任务

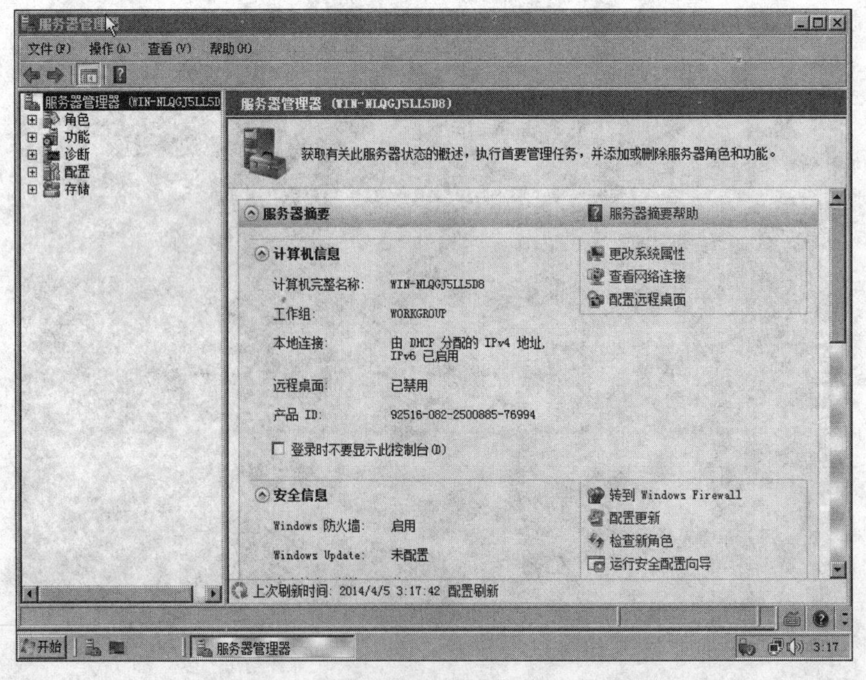

图 2-31　服务器管理器

至此服务器操作系统 Windows Server 2008 安装完毕。

2.5.3 批量安装操作系统

给一批新机器安装新的操作系统，对于网管来说，既是挑战也是对个人能力的锻炼。按照正常思路，这需要一台一台地给机器安装操作系统。想提高效率，改变装机方式是一个很明智的选择。现在的主板基本上都支持系统从网卡引导，所以下面就介绍一款简单实用的批量装机工具——全自动 PXE 网克工具。

这款软件只有一个.exe 文件，集成度高，流水式操作，很智能。新采购的机器配置都是一样的，完全不用考虑硬件与驱动方面的不一致问题。首先需要找一台机器先安装好操作系统作为母机，同时在批量装机之前，要查看是否有共同的软件或者驱动要安装(办公软件、杀毒软件、优化软件，打印机驱动)。将机器上共用的软件都装完后，确保系统是否已被激活，保证装好的系统是稳定可靠的。安装完后利用 GHOST 将母机做一个全盘备份(包括分区状况)，这样就得到一个.gho 文件。

做完母机系统的 GHO 备份，将需要安装系统的机器用网线、交换机和母机搭建成一个局域网，客户机开机选择网卡 PXE 启动，进入启动菜单。之后启动“全自动 PXE 网克工具”，把刚做好的母盘恢复到其他机器。

下面一步步介绍操作系统的批量安装。

准备一台安装好的机器做母机。利用 GHOST 将母机做一个全盘备份(包括分区状况)，选择一台服务器，运行“全自动 PXE 网克工具”，打开如图 2-32 所示的界面。

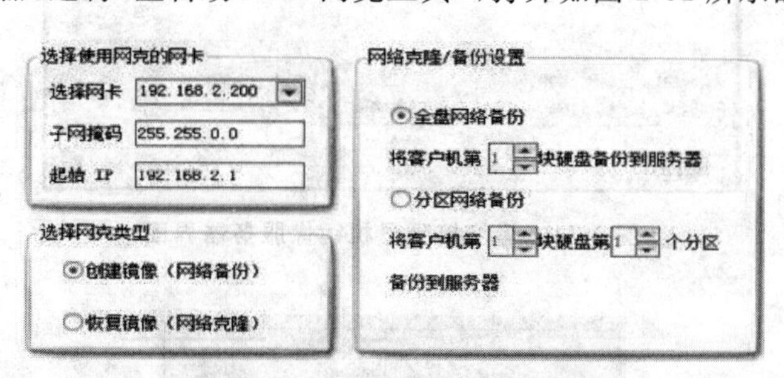

图 2-32 全自动 PXE 网克工具

在“选择网克类型”下面选择“创建镜像(网络备份)”单选按钮，在“网络克隆/备份设置”下面选择“全盘网络备份”单选按钮，在“镜像路径”选择将要接受网克的路径以及名称。

然后单击“开始克隆/备份”按钮。打开如图 2-33 和图 2-34 所示的界面。

此时网克工具正在等待母机从网卡启动。需要注意的是，Windows 防火墙默认拦截网克工具的 DHCP 服务。所以想要网克成功，需要关闭 Windows 的防火墙。

设置母机从网卡启动。进入母机 BIOS，设置从网卡启动计算机，如图 2-35 所示。

设置好后启动母机，可以看到母机从网卡启动的信息，选择从网卡启动，如图 2-36 所示。

可以看出，母机已经成功从网卡启动，并且找到了 192.168.2.2 这个 IP 地址。此时网克工具进入如图 2-37 所示的界面，代表网克已经成功启动。

在图 2-37 中，可以看到 DHCP Server 已经租用了地址 192.168.2.2，说明网克工具开始接收母机发来的数据，如图 2-38 所示。

haneWIN DHCP Server
文件(F) 选项(O) 窗口(W) 帮助(H)
租用 IP 地址:0个,总共:15000个
MAC 地址/ID
配置
IP 地址
直到租期
TFTP
TFTP
静态
动态
忽略
正在侦听端口: 67
更多选项(O) >>
接受客户端(A)
发送(S)
停止(T)
速度(MB/分)
传输大小(MB)
已用时间
已连接客户端 0
完成百分比
剩余大小(MB)
剩余时间
失败的客户端 0
正在等候客户端连接...

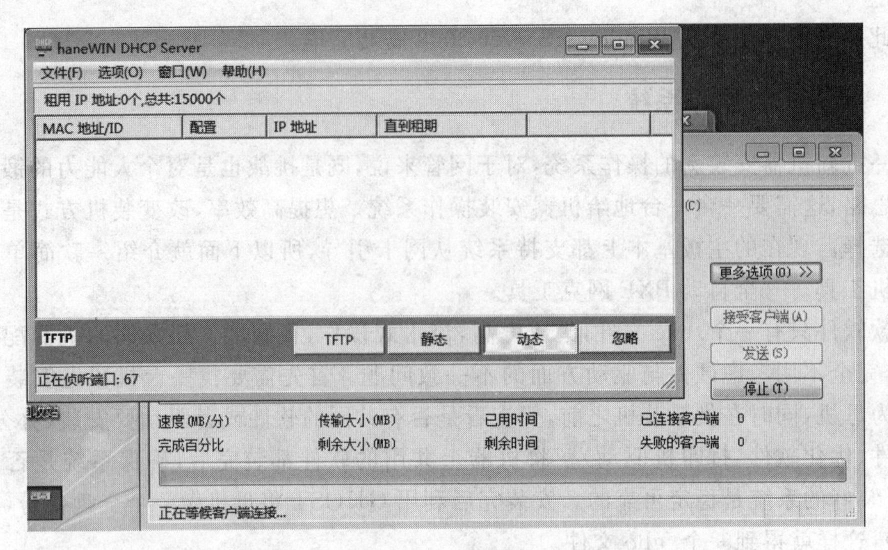

图 2-33 haneWIN DHCP Server 界面

chenglong - Symantec GhostCast 服务器
文件(F) 视图(V) 帮助(H)
会话名称
chenglong
映像文件
更多选项(O) >>
IP 地址
MAC 地址
模式
状态
接受客户端(A)
发送(S)
停止(T)
速度(MB/分)
传输大小(MB)
已用时间
已连接客户端 0
完成百分比
剩余大小(MB)
剩余时间
失败的客户端 0
正在等候客户端连接

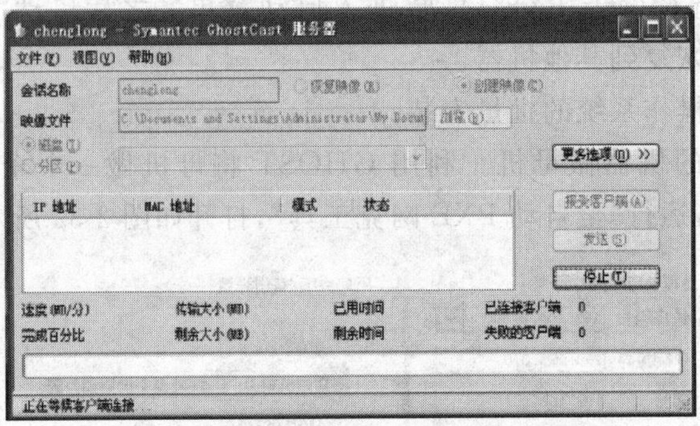

图 2-34 等待接受母机镜像服务器界面

Boot Menu
1. +Removable Devices
2. +Hard Drive
3. CD-ROM Drive
4. Network boot from Intel E1000
<Enter Setup>

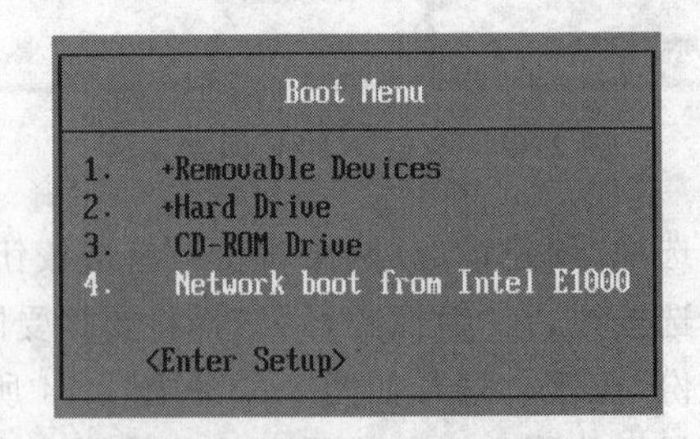

图 2-35 设置从网卡启动计算机

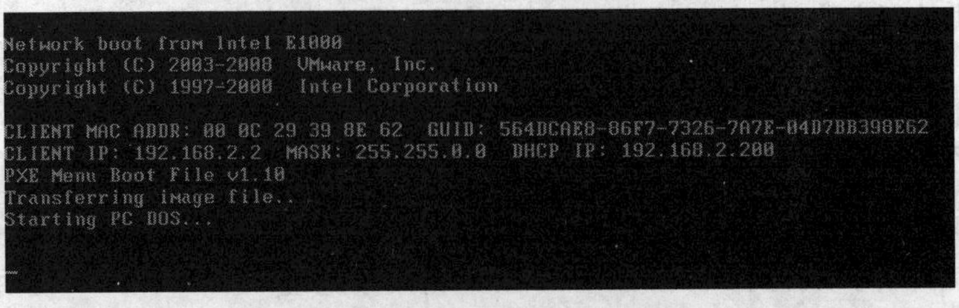

Network boot from Intel E1000
Copyright (C) 2003-2008 VMware, Inc.
Copyright (C) 1997-2000 Intel Corporation
CLIENT MAC ADDR: 00 0C 29 39 8E 62 GUID: 564DCAE8-86F7-7326-7A7E-04D7BB398E62
CLIENT IP: 192.168.2.2 MASK: 255.255.0.0 DHCP IP: 192.168.2.200
PXE Menu Boot File v1.10
Transferring image file..
Starting PC DOS...

图 2-36 母机从网卡启动界面

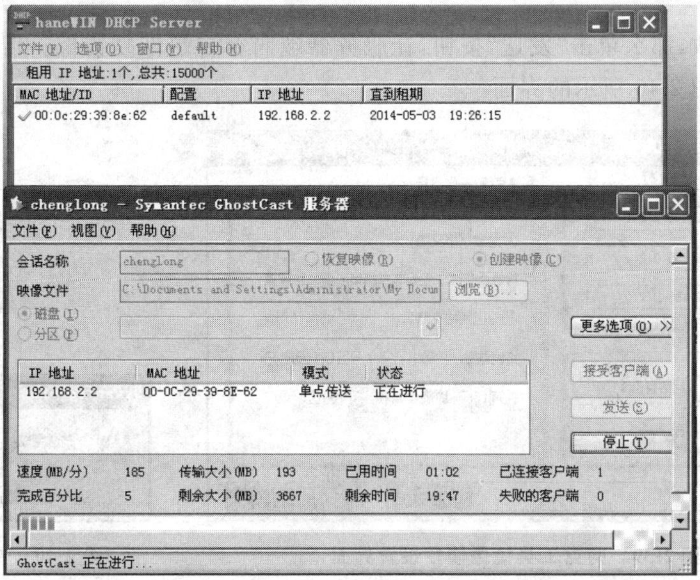

图 2-37　网克工具 DHCP Server 界面

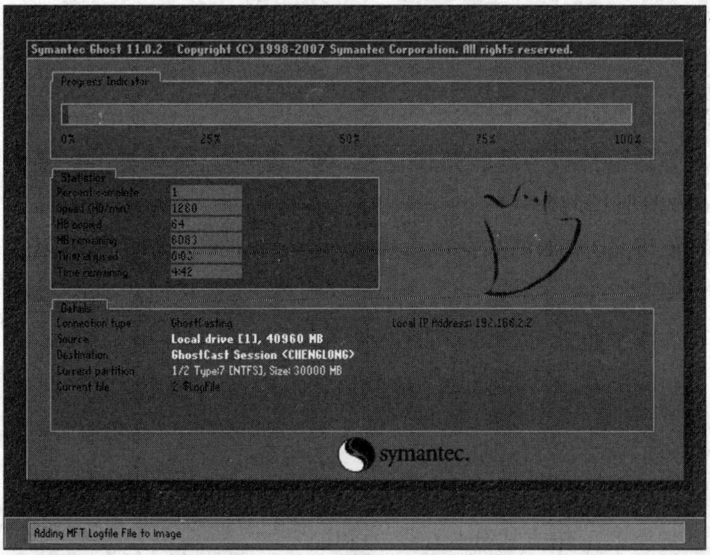

图 2-38　母机数据信息传输过程

等到接收完成后，会在前面设置的路径 D 盘下产生一个 win7gho. gho 的母机数据镜像文件，此文件较大，包含母机的全部信息数据。

恢复镜像到其他计算机。在“选择网克类型”下面选择“恢复镜像(网络克隆)”单选按钮；在“网络克隆/备份设置”下面选择“全盘网络克隆”单选按钮，在“镜像路径”前面选择前面备份系统的路径以及名称，如图 2-39 所示。

然后单击“开始克隆/备份”按钮，服务器端等待客户端的接入。这时需将所有客户机选择从 PXE 网卡启动。界面底部有链接的详细信息，可以通过“已连接客户端”数核对需要装的机器是否一致，如果不一致，看客户端网口绿灯是否闪烁，检查连线是否松动，可以重启再试一遍。

若数量一致，那么单击“发送”按钮，让服务器端向客户端恢复镜像。传送完毕后，网克工具会弹出如图 2-40 所示的界面。

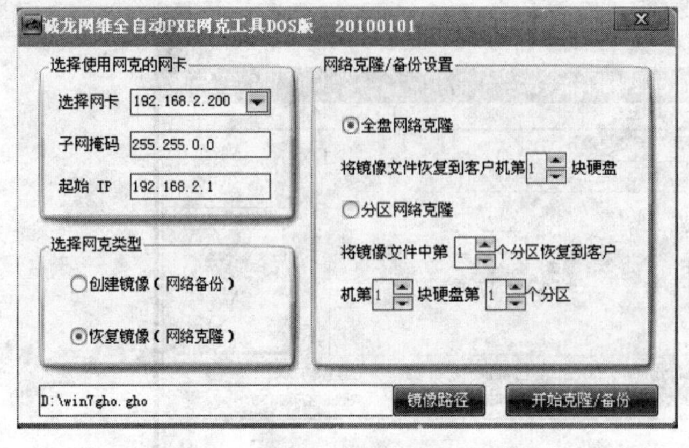

图 2-39 网克工具镜像恢复设置界面

图 2-40 传送完成

数据传送完毕后，客户端机器会自动重启。

课后练习

一、填空题

1. 带宽通常是指信号所占据的频带宽度，单位是(　　)。对于数字信号而言，带宽是指单位时间内链路能通过的(　　)。

2. 在数据传输中，为了保证数据被准确接收，必须采取一些统一收发动作的措施，这就是所谓的(　　)技术。

3. 存储交换是 OSI 参考模型网络层信息交换的一种类型，分为(　　)和(　　)两种形式。

4. 从广义上讲，计算机网络的传输技术有两种主要类型：(　　)和点到点。

5. 信道有三种工作方式，分别是(　　)、(　　)和(　　)。

6. 模拟信号可以通过(　　)传播，数字信号可以通过(　　)传播。

7. 报文分组交换的工作方式分为(　　)和(　　)。

8. 在网络上通信的常用数据交换技术包括(　　)、(　　)和分组交换等。

9. 波特率和比特率的换算式是(　　)。

10. 常用的有线通信传输媒介有(　　)、(　　)和(　　)三种。

11. 时分多路复用技术可以进一步划分为(　　)和(　　)。

12. 信号经调制后再传输的方式称为(　　)。

二、选择题

1. 在 ASK、FSK、PSK 三种常用的调制方法中，抗干扰性能最好的是(　　)。

A. ASK　　B. FSK　　C. PSK　　D. 三者基本相同

2. 在系统间需要高质量的大量数据传输的情况下，常采用的交换方式为(　　)。

A. 虚电路交换　B. 报文交换　C. 电路交换　D. 数据报

3. 在电路交换网中，利用电路交换连接的两个设备在发送和接收时采用(　　)。

A. 发送方与接收方的速率相同　B. 发送方的速率可大于接收方的速率

C. 发送方的速率可小于接收方的速率　D. 发送方与接收方的速率没有限制

4. 在分组交换网中，信息在从源节点发送到目的节点过程中，中间节点要对分组(　　)。

A. 直接发送　B. 存储转发　C. 检查差错　D. 流量控制

5. 按不同的媒介，信道分为有线信道和(　　)信道。

A. 调制　B. 数字　C. 无线　D. 模拟

6. 数据传输方式包括(　　)。

A. 并行传输和串行传输　B. 单工通信

C. 半双工通信　D. 全双工通信

7. 计算机网络通信系统是(　　)。

A. 数据通信系统　B. 模拟通信系统　C. 信号传输系统　D. 电信号传输系统

8. 在同一个信道上的同一时刻，能够进行双向数据传送的通信模式是(　　)。

A. 单工模式　B. 半双工模式　C. 全双工模式　D. 多路复用模式

9. 在同步传输方式中，(　　)是数据传输的单位。

A. 字符　B. 比特　C. 帧　D. 字符串

10. 通过模拟信道接收信号时，需要对信号进行(　　)。

A. 编码　B. 调制　C. 解码　D. 解调

11. 在数据传输中，(　　)的传输延迟最小。

A. 电路交换　B. 分组交换　C. 报文交换　D. 信元交换

12. 在数据传输中，需要建立连接的是(　　)。

A. 电路交换　B. 信元交换　C. 报文交换　D. 数据报交换

三、简答题

1. 举例说明信息、数据与信号之间的关系。
2. 什么是数据交换？有哪几种常用的数据交换技术？
3. 什么是多路复用技术？比较频分多路复用技术和时分多路复用技术的差别。
4. 什么是同步？为什么说同步问题解决得好坏直接影响数据通信的质量？
5. 什么是差错控制？简述几种常用的差错控制技术。
6. 调制指什么？传统的调制方式有哪 3 种？
7. 常见的数字编码技术有哪些？

四、操作题

1. 通过添加网络协议的方法安装添加网络服务。
2. 安装添加网络组件 DHCP 服务、DNS 服务。
3. 查找 GHOST 程序的相关资料，学会使用该软件单机克隆备份系统。
4. 查找能使计算机重启还原的系统保护软件，并学会使用。

项目 3 网络模型与网络标准

一个功能完备的计算机网络需要制定一整套复杂的协议集。计算机网络协议就是按照网络层次结构模型组织的。将网络层次结构模型与各层协议的集合定义为计算机网络体系结构。网络体系结构对计算机网络应该实现的功能进行了精确的定义，至于这些功能是用什么样的硬件与软件完成是具体实现问题。

网络体系结构以及网络协议是网络技术中两个最基本的概念。本项目将从层次、协议等基本概念出发，对 ISO/OSI 参考模型、TCP/IP 体系结构进行简要分析，并对国际标准化组织进行简要介绍。

任务 3.1 标准化组织与机构

在世界范围内组建大型互联网，通信协议与接口标准的标准化非常重要。这有利于在计算机通信领域树立行业规范，使不同厂家生产的设备能相互兼容。有很多国际标准化组织和机构致力于网络和通信标准的制定与推广。在计算机网络领域有影响的标准化组织和机构有很多，在本任务中将详细介绍。

3.1.1 国际电信联盟

国际电信联盟(International Telecommunications Union，ITU)是联合国特有的管理国际电信的机构。它管理无线电和电视的频率、卫星和电话的规范、网络基础设施等，为发展中国家提供技术专家和设备。

国际电信联盟是计算机网络标准化的最权威部门。它是一个协商组织，成立于 1865 年，现在是联合国的一个专门机构。国际电信联盟的下属机构是国际电话电报咨询委员会 CCITT(也称 ITU-T，国际电信联盟电信标准化机构)。CCITT 提出的一系列标准涉及数据通信网络、电话交换网络、数字系统等。CCITT 由其成员组成，通过协商或表决协调通信标准。CCITT 的成员包括各国政府和 AT&T、GTE 这样的大型通信企业。

3.1.2 国际标准化组织

国际标准化组织(International Organization for Standardization，ISO)是世界上最著名的国际标准组织之一。它的成员来自世界各地的标准化组织，其宗旨是协商国际网络中使用的标准并推动世界各国间的互通性。它最主要的贡献是建立了开放系统互联参考模型(OSI-RM)，为网络体系结构的研究提供了很好的指导意义，被广泛学习研究。

3.1.3 美国国家标准协会

美国国家标准协会(American National Standards Institute,ANSI)是美国技术情报交换中心,并且协调在美国实现标准化的非官方行动。在与美国大型通信企业的关系上,ANSI 与 ISO 的立场总是一致的,因为它本身就是 ISO 中的成员。ANSI 在开发 OSI 数据通信标准、密码通信、办公室系统方面非常活跃。

ANSI 代表美国制定国际标准,并广泛存在于各个领域。比如,光纤分布式数据接口(FDDI)就是一个适用于局域网光纤通信的 ANSI 标准。此外,还有美国标准信息交换码,用来规范计算机内的信息存储。

3.1.4 欧洲计算机制造联合会

欧洲计算机制造联合会(European Computer Manufactures Association,ECMA)致力于欧洲的通信技术和计算机技术的标准化。它不是贸易性组织,而是一个标准化和技术评议组织。ECMA 的一些分会积极地参与了 CCITT 和 ISO 的工作。

涉及网络通信介质的标准制定最直接的组织是美国电信工业协会 TIA 和美国电子工业协会 EIA。在完成这方面工作的时候,两个组织通常是联合发布所制定的标准。例如,网络布线有名的 TIA/EIA568 标准,是由这两个协会与 ANSI 共同发布的。TIA 和 EIA 原来是两个美国的贸易联盟,但是多年来一直积极从事标准化的发展工作。EIA 发布的最出名的标准就是 RS-232-C,成为目前流行的串行接口标准。

3.1.5 电子电气工程师协会

电气电子工程师协会(Institute of Electronic and Electronics Engineers,IEEE)是世界电子行业最大的专业组织。由于它在技术上的权威性(而不是大型企业依靠其市场规模的发言权),多年来 IEEE 一直积极参与或被邀请参与各种标准化的活动。IEEE 是一个知名的技术专业团体,它的分会遍布世界各地。IEEE 在局域网方面的影响力是最大的,例如,著名的 IEEE 802 标准已经成为局域网链路层协议和网络物理接口电气性能标准与物理尺寸上最权威的标准。

国际标准化组织关系如图 3-1 所示。

3.1.6 请求评议

请求评议(Request For Comments,RFC)是一系列以编号排定的文件。文件收集了有关互联网相关信息,以及 UNIX 和互联网社区的软件文件。目前,RFC 文件是由 Internet Society 赞助发行,基本的互联网通信协议都在 RFC 文件内被详细说明。RFC 文件还额外加入了许多的论题,包括对于互联网新开发的协议及发展中所有的记录。因此几乎所有的互联网标准都被收录在 RFC 文件之中。

一个 RFC 文件在成为官方标准前一般至少要经历 4 个阶段:互联网草案、建议标准、草案标准、互联网标准。

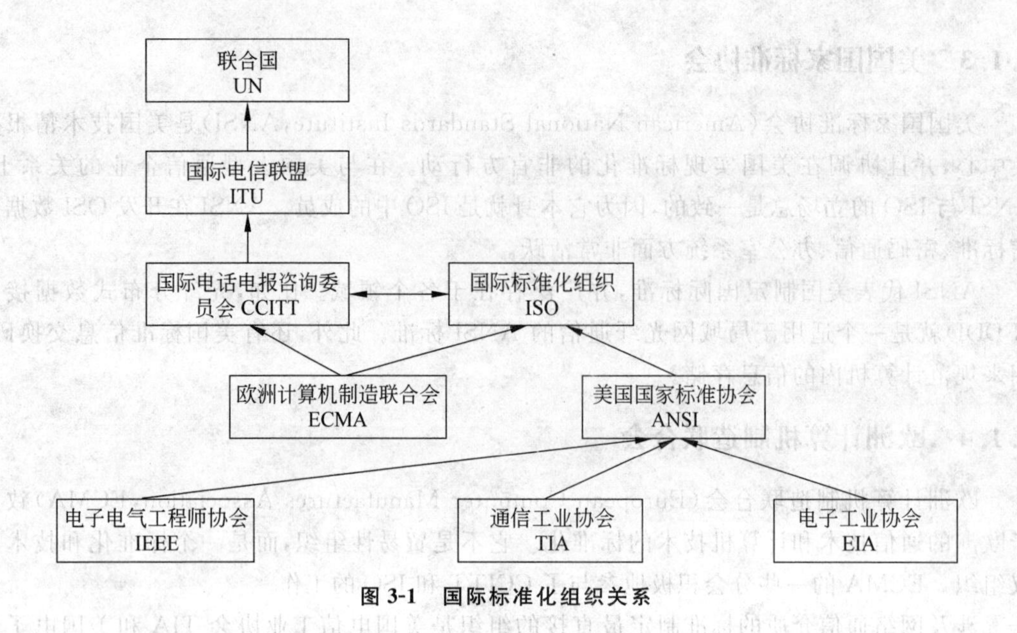

图 3-1 国际标准化组织关系

任务 3.2 ISO/OSI 参考模型

开放系统互联参考模型(Open Systems Interconnection/Reference Model,OSI/RM)是一个不基于具体机型、具体操作系统以及具体某一网络的体系结构,是能使所有网络及网络设备实现互联的开放网络模型。

OSI 参考模型详细规定了网络需要实现的功能、实现这些功能的方法,以及通信报文包的格式。所有教科书都会介绍 OSI 参考模型。同样,几乎所有教科书对 OSI 参考模型的介绍都是在讨论它对网络功能的描述。在此任务中,是通过 OSI 对网络要实现的功能描述了解这个参考模型。

3.2.1 OSI 参考模型概述

1. OSI 参考模型的提出

在 20 世纪 70 年代,国际标准化组织为适应网络向标准化发展的要求,成立了 SC16 委员会,在研究、吸取了各计算机厂商网络体系结构标准化经验的基础上,制定了开放系统互联(Open Systems Interconnection,OSI)参考模型,从而形成网络体系结构的国际标准。

OSI 中的"开放"是指只要遵循 OSI 标准,一个系统就可以与位于世界上任何地方、遵循同样的标准的其他系统进行通信。OSI 参考模型定义了开放系统的层次结构、层次之间的相互关系及各层所包括的可能的服务。OSI 参考模型描述了信息或数据在计算机之间流动的过程。

OSI 参考模型并非指一个现实的网络,它只是规定各层的功能,描述一些概念,用来协调进程间通信标准的制定,没有提供可以实现的方法,各个网络设备生产厂商可以自由设计和生产自己的网络设备或软件,只要符合 OSI 参考模型并具有相同的功能即可。所以说,OSI 参考模型是一个概念性的框架。

2. OSI 参考模型的结构

OSI 参考模型将整个通信功能按照顺序分为七个层次，从下往上依次为物理层、数据链路层、网络层、传输层、会话层、表示层和应用层。

按照 OSI 参考模型，网络中各节点都有相同的层次；不同节点的同等层具有相同的功能；同一节点内相邻层之间通过接口进行通信；每一层可以使用下层提供的服务，并向上层提供服务；不同节点的同等层通过协议实现对等层的通信，如图 3-2 所示。

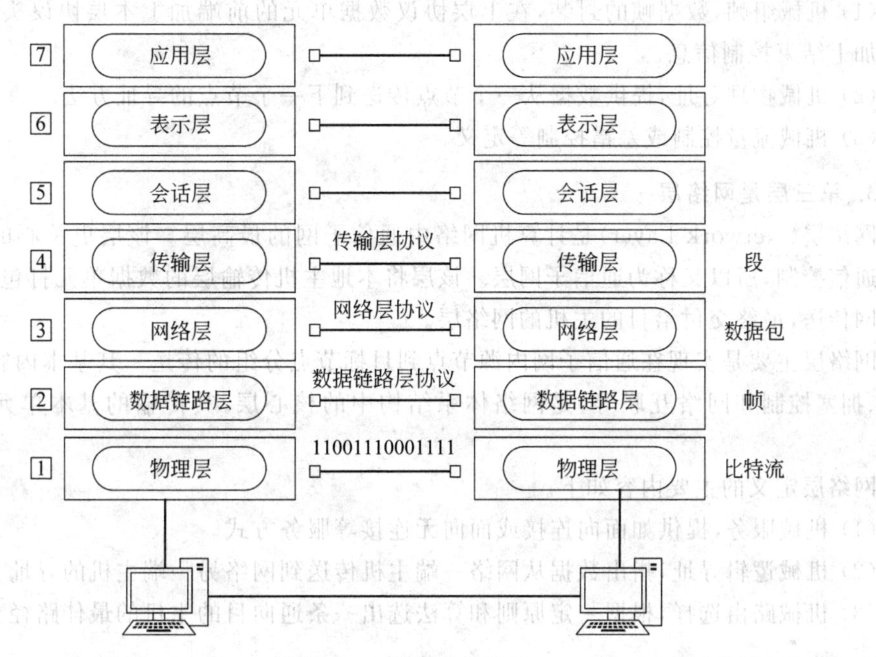

图 3-2 对等层通信结构

3.2.2 OSI 参考模型的层次功能

1. 第一层是物理层

物理层（Physical Layer）是 OSI 参考模型的最底层。物理层的主要功能是利用传输介质为通信的网络节点之间建立、管理和释放物理连接，实现比特流的传输，为数据链路层提供数据传输服务。物理层的数据传输单元是比特（bit），或称为“位”，即一个“0”或“1”。

物理层的主要功能是为数据端设备提供传送数据的通路，实现比特流的传输。

物理层定义的主要内容如下。

（1）机械特性，指明接口所用接线器的形状、尺寸、引线数目和排列等。

（2）电气特性，指明在接口电缆的各条线上出现的电压范围。

（3）机械功能特性，指明某条线上出现的某一电压表示什么意义。

（4）机械规程特性，指明对于不同功能的各种可能事件的出现顺序，具体指利用信号线进行比特流传输的一组操作规程，如物理连接的建立、同步的控制等。

2. 第二层是数据链路层

为了保证数据传输的可靠性，必须在物理层的上一层进行相应的通信控制。也就是说，物理层的每次通信都要在上层建立好通信链路后才能传送比特流;数据传输完毕,上层还要拆除通信链路。这种在上层建立的数据收发关系叫作数据链路。

数据链路层(Data Link Layer)的主要功能是在物理层提供服务的基础上,在通信实体间建立和维护数据链路连接,传输以帧(Frame)为单位的数据,并通过差错控制、流量控制等实现点到点之间的无差错数据传输。

数据链路层定义的主要内容如下。

(1) 机械组帧,数据帧的封装,在上层协议数据单元的前端加上本层协议头控制信息,末端加上结束控制信息。

(2) 机械物理寻址,提供数据从一个节点传送到下一个节点的寻址方法。

(3) 机械流量控制或差错控制等定义。

3. 第三层是网络层

网络层(Network Layer)是计算机网络中通信子网的最高层。该层更关心的是通信子网的通信控制,所以又称为通信子网层。该层将本地主机传输层的数据单元打包后,经由通信子网传送,最终交付给目的主机的网络层。

网络层主要是实现在通信子网内源节点到目标节点分组的传送。其基本内容包括路由选择、拥塞控制和网络互联等,是网络体系结构中的核心层,其传输的基本单元为组或数据包。

网络层定义的主要内容如下。

(1) 机械服务,提供如面向连接或面向无连接等服务方式。

(2) 机械逻辑寻址,指出数据从网络一端主机传送到网络另一端主机的寻址方法。

(3) 机械路由选择,根据一定原则和算法选出一条通向目的主机的最佳路径。

4. 第四层是传输层

传输层(Transport Layer)向上层屏蔽了下层的数据通信细节,该层负责总体的数据传输和数据控制。传输层的功能是在两个终端系统之间实现端到端的数据传送,是网络体系结构中关键的一层,其传输的基本单元为数据报文或数据段。

传输层定义的主要内容如下。

(1) 机械进程寻址,定义不同应用进程之间的寻址方法。

(2) 机械数据的分组与重组。

(3) 机械连接管理,有连接传输或无连接传输。

(4) 机械差错控制和流量控制等。

5. 第五层是会话层

会话层(Session Layer)是在传输层提供的端到端服务基础上,为两端会话实体间建立和维持一个会话,并使会话获得同步。会话层是用户应用程序与网络的接口,属于进程级的层次。

会话层的主要功能是负责建立和维护两个节点间的会话连接与数据交换,其传输的基本单元也叫报文,但它与传输层的报文有本质的不同。

注意:进程是操作系统中由多道程序并行执行而引出的一个概念,它与程序的概念不同。程序是一个静态的概念,而进程是一个动态的概念,是程序的执行,有生存期。

6. 第六层是表示层

表示层(Presentation Layer)处理的是OSI中两端主机系统之间的信息表示问题。它通过抽象的方法定义一种数据类型或数据结构,并使用这种抽象的数据结构在两端主机系统之间实现数据类型和编码的转换。

表示层的主要功能是负责有关数据表示的问题,主要包括数据格式的转换、数据加密和解密、数据压缩与恢复等功能,其传输的基本单元为报文。

7. 第七层是应用层

应用层(Application Layer)是参考模型的最高层,也是最靠近用户的一层,是计算机网络与最终用户之间的界面,为网络用户之间的通信提供专用的程序。不同的应用程序可满足用户各种不同的需求。网络传输的数据报文直接由各种应用程序产生。

应用层的主要功能是为用户的应用程序提供网络服务,是用户使用网络功能的接口,其传输的基本单元为报文。

3.2.3 OSI参考模型的数据传输过程

1. OSI环境

在研究OSI参考模型时,首先要清楚它所描述的范围,这个范围就是OSI环境。OSI参考模型描述的范围包括联网计算机系统的应用层到物理层的七层与整个通信子网。对于计算机来说,在连入计算机网络之前不要求有实现OSI七层功能的软硬件,但如果连入网络,则必须具有OSI七层功能。一般来说,物理层、数据链路层和网络层的大部分功能可以用硬件实现,而高层基本上通过软件方式实现。

2. 接口和服务

在OSI参考模型中,对等层之间需要交换信息,把对等层协议之间交换的信息叫作协议数据单元(Protocol Data Unit,PDU)。对等层之间并不能直接进行信息传输,而需要借助于下层提供的服务完成,所以说,对等层之间的通信是虚拟通信,直接通信在相邻层之间实现。

当协议数据单元传到下层之前,会在其中加入新的控制信息,叫作协议控制信息(Protocol Control Information,PCI)。这样,PDU、PCI共同组成服务数据单元(Server Data Unit,SDU)。相邻层之间传递的就是服务数据单元信息,其中的控制信息只是帮助完成数据传送任务,它本身不是数据的一部分。

在OSI参考模型中,每一层的功能是为它上层提供服务的。相邻层之间服务的提供是通过服务访问点(Service Access Point,SAP)进行的。SAP是逻辑接口,是上层使用下层服务的地方,一个接口可以有多个SAP。

3. 数据封装技术

数据封装是指将需要传输的数据进行包装处理。在OSI的七层参考模型中,数据封装就是上层的PDU作为本层的传输数据,被封装在本层的协议头和协议尾之间,或是封装在本层的协议头后面的处理过程。

协议头、传输数据和协议尾是三个相对的概念。如传输层协议头(TH)包含只有对等传输层可以看到的信息,而位于传输层之下的网络层会将传输层协议头作为网络层的数据部分进行传送。在网络层,一个PDU由网络层协议头(NH)和传输层传递下来的PDU构成;

在数据链路层，一个 PDU 由数据链路层协议头、网络层传递下来的 PDU 以及数据链路层协议尾构成。

4. 数据传输过程

在 OSI 参考模型中，对等层以协议数据单元(PDU)为单位传送数据。在接收方，来自发送方的比特流从第一层依次递交至第七层。

用户通过主机 A 的某应用程序产生数据流发送至主机 B，整个数据的传输过程为数据封装与数据拆封，如图 3-3 所示。

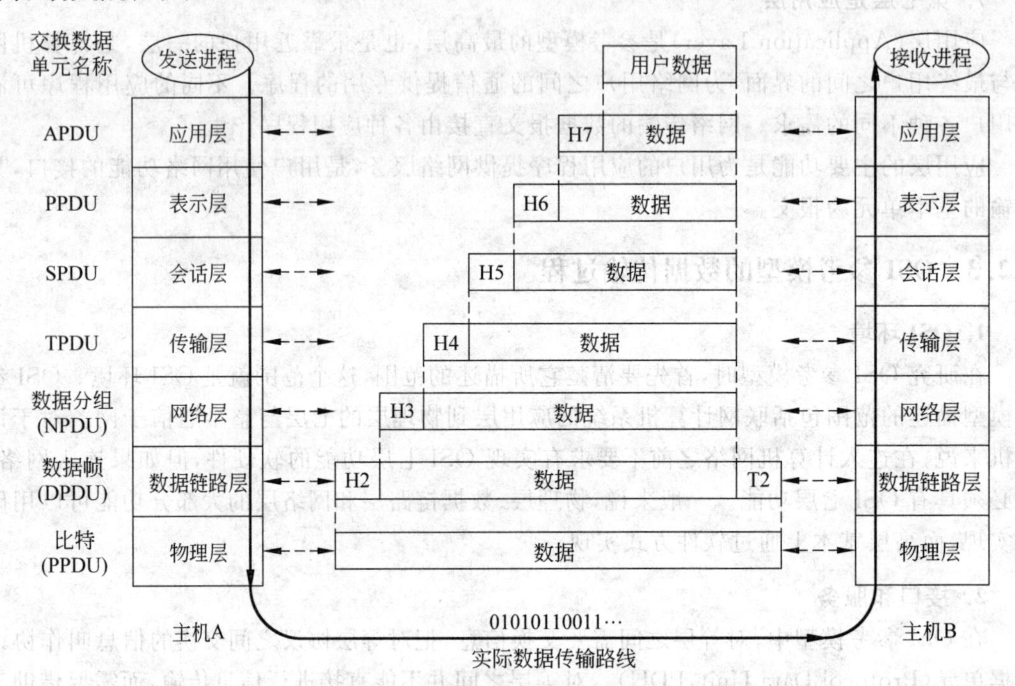

图 3-3　OSI 数据封装与传输过程

发送节点：在发送方节点内的上层和下层之间传输数据时，每经过一层都对数据附加一个信息头部，即“封装”，而该层的功能正是通过这个“控制头”(附加的各种控制信息)实现的。

接收节点：在接收方节点内，这七层的功能又依次发挥作用，并将各自的“控制头”去掉，即“拆封”，同时完成各层相应的功能。

以下是主机 A 和主机 B 的数据通信过程。

(1) 当发送端的应用进程需要发送数据到网络中另一台主机的应用进程时，数据首先被传送给应用层，应用层为数据加上本层的控制报头信息后，传送给表示层。

(2) 表示层接收到这个数据单元后，加上本层的控制报头信息，然后传送到会话层。

(3) 同样，会话层加上本层的报头信息后再传送给传输层。

(4) 传输层接收到这个数据单元后，加上本次的控制报头，形成传输层的协议数据单元 PDU，然后传送给网络层。通常将传输层的 PDU 称为段(Segment)。

(5) 传输层报文送到网络层后，由于网络层的数据长度往往有限，所以，从传输层过来的长数据段会被分成多个较小的数据段，分别加上网络层的控制信息后形成网络层的 PDU

传送。常常把网络层的 PDU 叫作分组(Packet)。

(6) 网络层的分组继续向下层传送,到达数据链路层,加上数据链路层的控制信息,构成数据链路层的协议数据单元,称为帧(Frame)。

(7) 数据链路层的帧被继续传送到达物理层,物理层将数据信息以比特流的方式通过传输介质传送。

(8) 如果不能直接到达目标计算机,则会先传送到通信子网的路由设备上进行转发。

(9) 当最终到达目标节点时,比特流将通过物理层依次向上传送。每层首先对其相应的控制信息进行识别和处理,然后再将去掉该层控制信息的数据提交给上层处理。最后,发送进程的数据就传到了接收方的接收进程。

由这个过程可以了解到,发送方和接收方的进程通信需要在 OSI 环境中经过复杂的处理。但其实对于用户来说,这个复杂的处理过程是透明的。两个应用进程好像在直接通信,这就是开放系统在网络通信过程中的一个最主要的特点。

任务 3.3 TCP/IP 参考模型

OSI 参考模型的提出在计算机网络发展上具有里程碑意义,以至于提到计算机网络就不能不提到 OSI 参考模型。但是,它并没有成为事实上的标准,目前最流行的是 TCP/IP。尽管它不是某一标准化组织提出的正式标准,但已经被公认为事实上的工业标准。现在几乎成了 Windows、UNIX、Linux 等操作系统中唯一的网络协议了。也就是说,没有一个操作系统按照 OSI 协议的规定编写自己的网络系统软件,而都按照 TCP/IP 协议要求编写所有程序。在此任务中将具体介绍这个 TCP/IP 参考模型。

3.3.1 TCP/IP 参考模型的层次与功能

1. TCP/IP 的产生和发展

TCP/IP 来自美国国防部。ARPANet 作为其研究成果于 1969 年投入使用,解决了异种计算机互联的基本问题,并最终构成了当今 Internet 的主体。TCP/IP 发展到现在,一共出现了 6 个版本,目前主要使用的是版本 4,它的网络层 IP 协议一般记作 IPv4。随着网络的发展,IPv4 也出现了一些问题,如地址匮乏、地址类型复杂以及存在安全问题等。版本 5 是基于 OSI 参考模型提出的,由于层次变化大、代价高,因此只处于建议阶段,并未形成标准。版本 6 的网络层协议一般记作 IPv6,IPv6 被称为下一代的 IP。IPv6 在地址空间、数据完整性、保密性与实时语音、视频传输等方面有很大的改进。

2. TCP/IP 的特点

TCP/IP 具有以下 4 个特点。

(1) 开放的协议标准。可以免费使用,并且独立于特定的计算机硬件与操作系统。

(2) 统一分配网络地址,使整个 TCP/IP 设备在网络中具有唯一的 IP 地址。

(3) 适应性强。可同时适用于局域网、广域网以及互联网。

(4) 标准化的高层协议。可为用户提供多种可靠的网络服务。

3. TCP/IP 参考模型的层次划分

TCP/IP 网络体系结构该有多少层?有的文献资料将其划分为四层,即应用层、传输层、网络层和网络接口层;有的文献资料将其划分为五层,即应用层、传输层、网络层、数据链路层和物理层。本任务将以四层结构重点介绍 TCP/IP 的内容及相关技术。TCP/IP 四层网络体系结构与 OSI 参考模型对应关系如图 3-4 所示。

OSI参考模型	TCP/IP协议集
应用层	应用层
表示层	
会话层	
传输层	传输层
网络层	网络层
数据链路层	网络接口层
物理层	

图 3-4　TCP/IP 参考模型与 OSI 参考模型的层次对应关系

4. TCP/IP 结构各层功能与协议

(1) 第一层,网络接口层。对应 ISO 网络体系结构可发现,网络接口层可细分为数据链路层和物理层。但 TCP/IP 协议集在网络接口层上并没有重新定义新标准,而是有效合理地利用了局域网原有的数据链路层和物理层标准,如以太网、令牌环、FDDI 和 ATM 等技术。

该层是整个体系结构的基础部分,负责接收 IP 层的 IP 数据报,通过网络向外发送;或接收处理从网络上来的物理帧,抽出 IP 数据报,向 IP 层发送。

(2) 第二层,网络层。TCP/IP 参考模型的网络层是整个体系结构的核心部分,主要提供网间的数据通信,负责主机到主机之间的数据传送,并向传输层提供统一的数据报。

在网络层提供服务的主要协议有如下几种。

① 提供无连接、不可靠服务的网际协议 IP(Internet Protocol)。

② 辅助 IP 协议的网际控制消息协议 ICMP(Internet Control Message Protocol)。

③ 地址解析协议 ARP(Address Resolution Protocol)。

④ Internet 组管理协议 IGMP(Internet Group Management Protocol)。

⑤ 反向地址转换协议 RARP(Reverse Address Resolution Protocol)。

⑥ 网络访问层(Network Access Layer)。

(3) 第三层,传输层。TCP/IP 参考模型的传输层对应于 OSI 的传输层。该层是整个网络体系结构的控制部分,主要功能是为计算机之间的通信提供端到端的数据传输,属于数据传输过程。端到端的数据传输是指主机 A 的某一应用进程与主机 B 的某一应用进程之间的数据通信。

在传输层主要有两种通信方式,也定义了两种通信协议。

① 面向连接的、可靠的传输控制协议 TCP(Transmission Control Protocol)。

② 面向无连接的、不可靠的用户数据报协议 UDP(User Datagram Protocol)。

(4) 第四层,应用层。在 TCP/IP 参考模型中,应用层综合了 OSI 的应用层、表示层以及会话层的功能,即传输层以上对数据进行的任何处理过程均属于应用层。该层是整个网络体系结构的协议部分,它包括了所有的高层协议,且总是不断地有新的协议加入。该层的所有功能也均体现在各种应用程序中，属于数据处理过程。不同的应用程序，其数据处理过程不同，所应用的通信协议也不尽相同。

应用层依据不同的应用，常见的协议有如下几种。

① 超文本传输协议 HTTP(Hyper Text Transfer Protocol)。

② 文件传输协议 FTP(File Transfer Protocol)。

③ 简单邮件传输协议 SMTP(Simple Mail Transfer Protocol)。

④ 邮局协议 POP3(Post Office Protocol3)。

⑤ 远程登录协议 Telnet。

⑥ 简单网络管理协议 SNMP(Simple Network Management Protocol)。

应用层的协议明确地告诉了用户要做什么，能获得哪些共享资源以及能得到怎样的服务等。在该层里有用户非常熟悉的各种应用协议，如通过 IE 浏览器浏览各站点的 Web 资源所使用的 HTTP 协议；在各站点下载各种应用软件或工具所使用的 FTP 协议；写好的电子信件使用 SMTP 协议发送出去。

3.3.2　TCP/IP 参考模型的协议集

1. TCP/IP 协议

TCP/IP 协议其实是一种层次型协议集，是一组协议的统称，包含 100 多个协议。它不仅包括了 TCP 协议和 IP 协议，还包括其他的 HTTP、FTP、SMTP、UDP、ARP、ICMP 等协议。这些协议被应用在 TCP/IP 参考模型的不同层次中，如表 3-1 所示。

表 3-1　TCP/IP 参考模型与各层协议之间的关系

<table>
<tr><td>应用层</td><td>Telnet</td><td>FTP</td><td>SMTP</td><td>HTTP</td><td>DNS</td><td>SNMP</td><td>TFTP</td></tr>
<tr><td>传输层</td><td colspan="7">TCP UDP
UDP</td></tr>
<tr><td rowspan="2">网络层</td><td colspan="7">IP</td></tr>
<tr><td colspan="3">ARP</td><td colspan="4">RARP</td></tr>
<tr><td>网络接口层</td><td>Ethernet</td><td colspan="2">TokenRing</td><td colspan="2">X. 25</td><td colspan="2">其他协议</td></tr>
</table>

在 TCP/IP 协议集中，由于 TCP 协议与 IP 协议在 TCP/IP 参考模型的数据传输中占有非常重要的地位，故以这两个协议命名 TCP/IP 参考模型的协议集。所以，TCP/IP 代表的是互联网中的基本通信语言或最基本的通信协议。

TCP/IP 协议可以运行在从 PC 到超级计算机的任何机器上，几乎所有的 WAN 和 LAN 都支持该协议。Windows NT/Windows 7/10、Windows Server 2003/2008/2012、NetWare、Linux、UNIX 操作系统都采用该协议，它可能是世界上使用最广泛的协议。

2. TCP/IP 协议的特点

TCP/IP 协议一开始就考虑了异构网的互联问题，有较好的网络管理能力，其中最著名的是网络互联协议 IP 和传输控制协议 TCP。TCP/IP 协议的主要特点是：

(1) 适用于多种异构网的互联。Internet 就是采用 TCP/IP 协议将各种互异的广域网和局域网在全球范围内互联而成的，所有的网络和 Internet 互联必须遵守的规则就是 TCP/IP 协议。

(2) 可靠的端到端协议。IP 协议对应于 OSI 的网络层协议,网络互联是 IP 设计的核心。TCP 协议对应于 OSI 的传输层协议,是确保可靠性的机制,能够解决数据报丢失、损坏、重复等问题,是一种可靠的端到端协议。

(3) 与操作系统紧密结合。随着 TCP/IP 技术的成熟与 Internet 的广泛使用,操作系统与 TCP/IP 的结合越来越紧密。桌面 Windows、服务器 Windows Server、NetWare、Linux 和 UNIX 等都将 TCP/IP 作为其内核的一部分。

(4) 效率高。TCP/IP 协议为层次型协议,但层次间的调用关系不像 OSI 那么严格,它可以跳层使用低层提供的服务,这样减少了不必要的开销,大大提高了协议的效率。

(5) TCP/IP 协议对面向连接和面向无连接的服务并重。

3.3.3 OSI 与 TCP/IP 参考模型的比较

OSI 与 TCP/IP 参考模型有区别也有对应,如表 3-2 所示。

表 3-2 OSI 与 TCP/IP 标准比较

OSI 参考模型	TCP/IP 参考模型	TCP/IP 参考模型中的协议集	TCP/IP 参考模型各层的作用
应用层 表示层 会话层	应用层	FTP、HTTP、HTML、POP3、SMTP、Telnet、SNMP、RPC、NNTP、ping、MIME、MIB、XML	向用户提供调用和访问网络中各种应用、服务和实用程序的接口
传输层	传输层 TCP	TCP、UDP	提供端到端的可靠或不可靠的传输服务,可以实现流量控制、负载均衡
网络层	网络层 IP	IP、ARP、RARP、ICMP	提供逻辑地址和数据的打包(分组),并负责主机之间分组的路由选择
数据链路层 物理层	网络接口层	Ethernet、FDDI、ATM、PPP、Token Ring	负责数据的分帧,管理物理层和数据链路层的设备,并负责与各种物理网络间进行数据传输。使用 MAC 地址访问传输介质、进行错误的检测与修正

TCP/IP 考虑了多种异构网的互联问题,并将网络协议 IP 作为 TCP/IP 的重要组成部分。但 ISO 和 CCITT 最初只考虑全世界都使用统一的标准公用数据网将各种不同的系统互联在一起,而忽视了网络协议 IP 的重要性,只好在网络层中划分出一个子层完成类似 TCP/IP 中 IP 的作用。

任务 3.4 工程实践——Windows Server 2008

在部署局域网时,用户会向 ISP 运营商申请注册一个固定 IP 即公用 IP 地址,然后通过这个公用 IP 地址为局域网用户提供访问互联网的服务,但由于 IP 地址数量是有限资源,这时候就需要将局域网内的私有 IP 转换为公有 IP 才能让局域网用户正常上网。通常路由器已经兼备了网络地址转换(Network Address Translation,NAT)的功能,但是专业的路由器价格昂贵,通常通过命令界面配置,过程复杂。Windows Server 2008 同样具备 NAT 功能。

Windows Server 2008 的 NAT 配置简单明了，功能强大，在本任务中将详细介绍利用 Windows Server 2008 的 NAT 功能带动内网用户共享上网以及 NAT 的端口映射，实现内网 Web 服务器的外网发布功能。

3.4.1 配置 Windows Server 2008 的 NAT 功能共享上网

扮演 NAT 角色的服务器建议使用独立服务器或域成员服务器，至少要安装两块网卡。下面一步步介绍其具体的配置过程。

为了便于区别，将服务器的两块网卡分别命名为内网卡(lan)和外网卡(wan)并设置不同网段的 IP 地址。具体设置如图 3-5 所示。

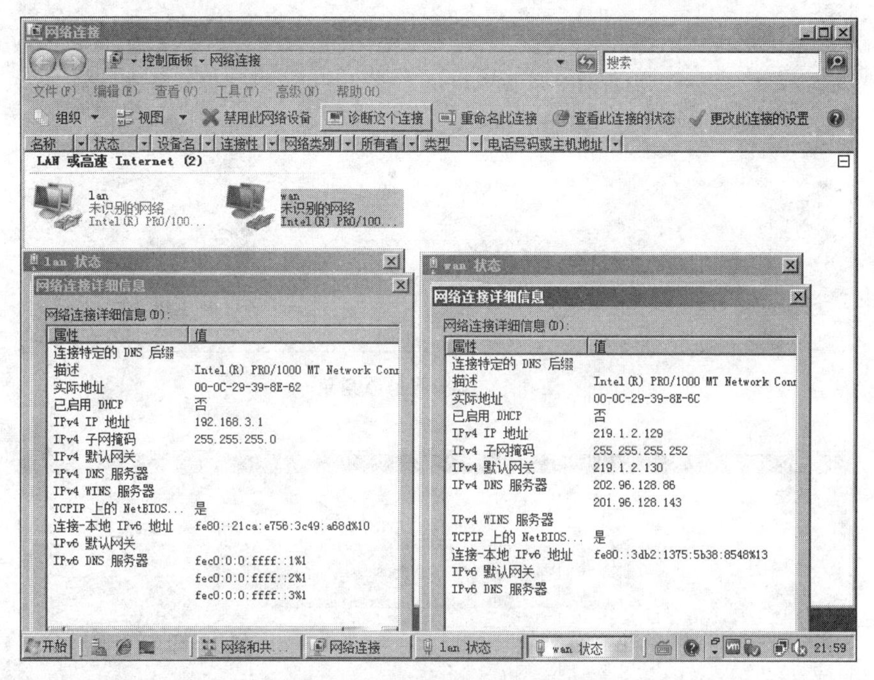

图 3-5 NAT 服务器的网卡设置

在这台计算机上配置 NAT 服务，内网的计算机就可以通过这台 NAT 服务器访问外网。

注意：由于本任务中的 Windows Server 2008 是桥接到宿主计算机所在的局域网的，因此其外网卡直接可以通过宿主机的网络访问互联网。在实际的网络工程场景中，此主机可能通过使用电话线路拨号上网的方式访问互联网，在使用光纤直接连接互联网时其情况与本任务中的配置一致。如何配置通过拨号访问互联网的方法由读者自行完成。

配置好 NAT 服务器的 IP 地址后，打开“添加角色向导”界面，选择服务器角色“网络策略和访问服务”，如图 3-6 所示。

选择“角色服务”，选择“路由和远程访问服务”及其关联服务，如图 3-7 所示，单击“下一步”按钮。

在如图 3-8 所示的向导界面单击“安装”按钮，完成 NAT 服务的安装。

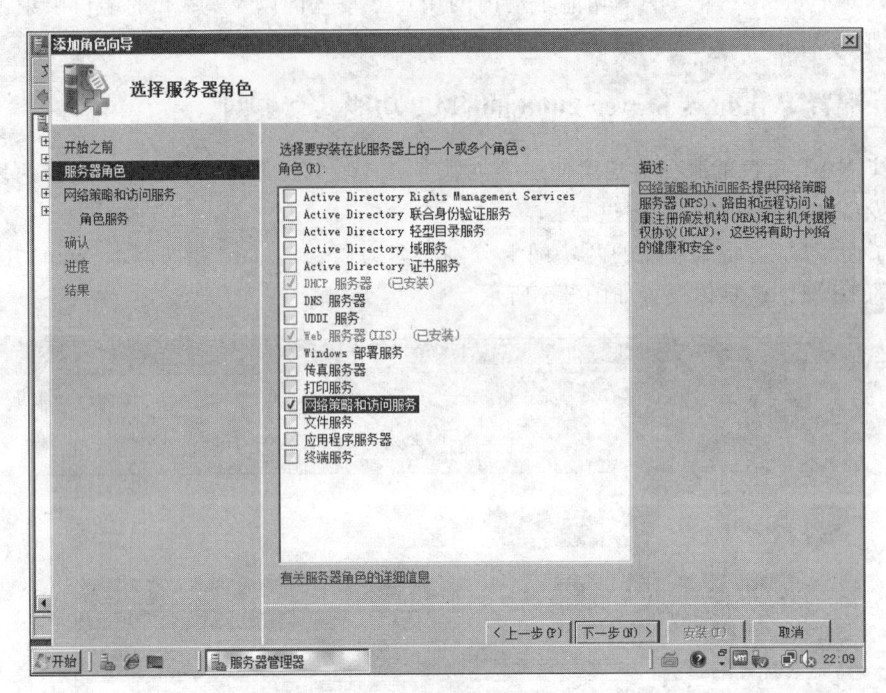

图 3-6　选择服务器角色

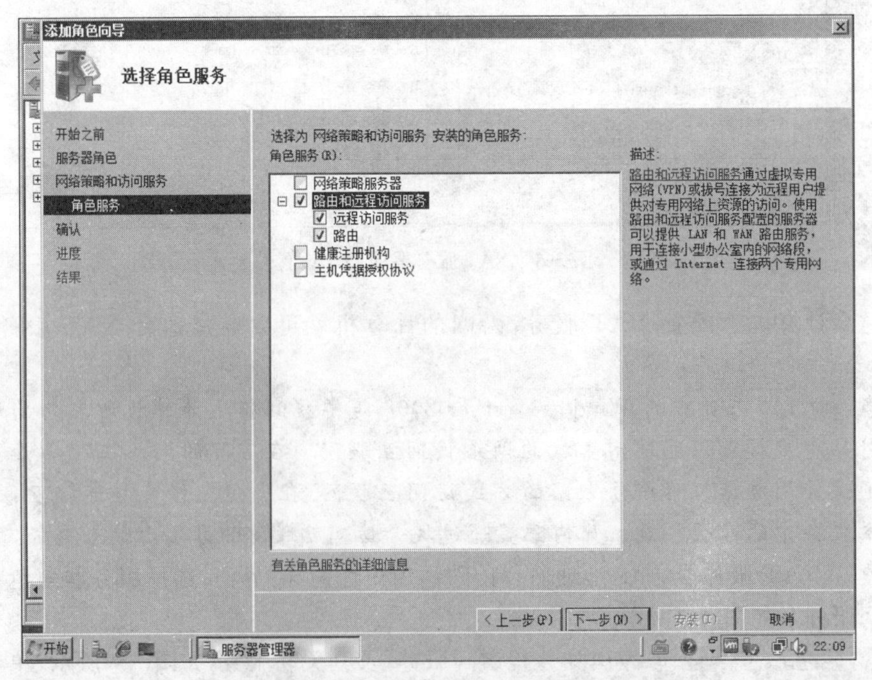

图 3-7　选择“路由和远程访问服务”及其关联服务

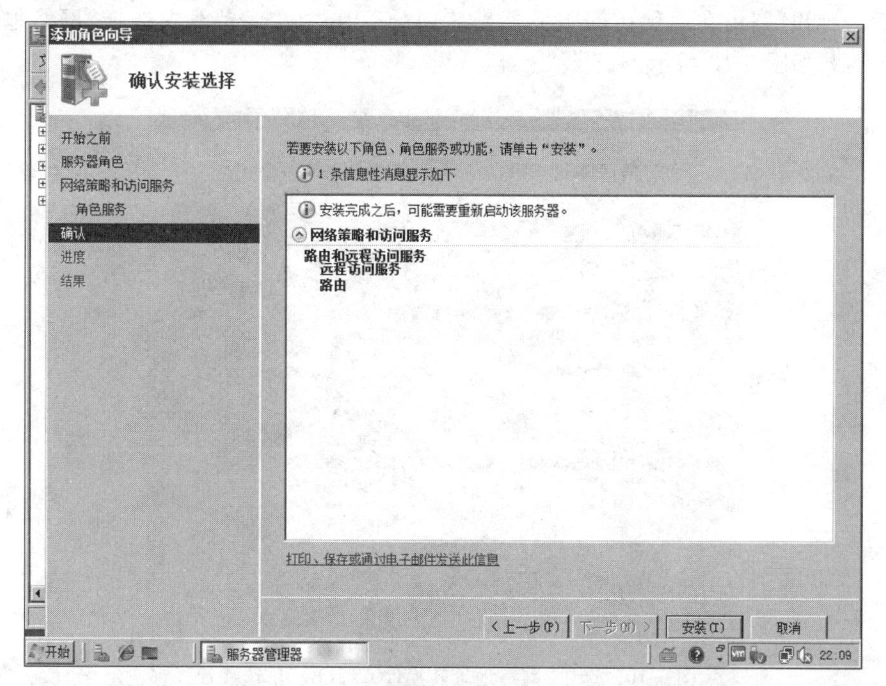

图 3-8 确认安装

安装还是很简单的，接下来等待服务的安装完成。

打开“服务器管理器”界面，展开“角色”下面的“网络策略和访问服务”，这时看到的“路由和远程访问”是被禁用的，显示的是一个红色停止标识，在右键菜单中单击“配置并启用路由和远程访问”，如图 3-9 所示。

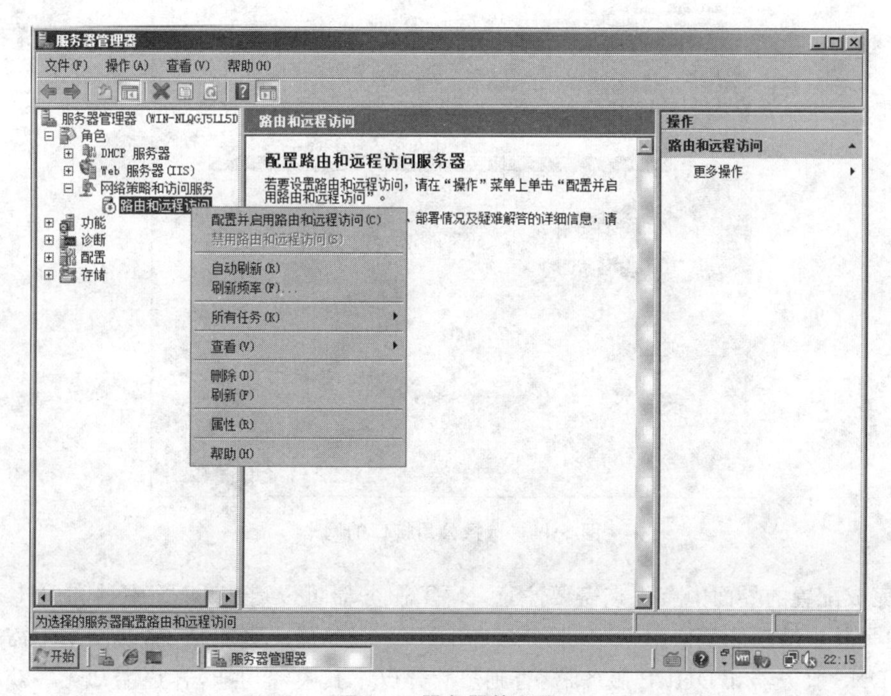

图 3-9 服务器管理器

然后会弹出"路由和远程访问服务器安装向导",在"配置"界面中选择"网络地址转换(NAT)(E)",如图 3-10 所示。

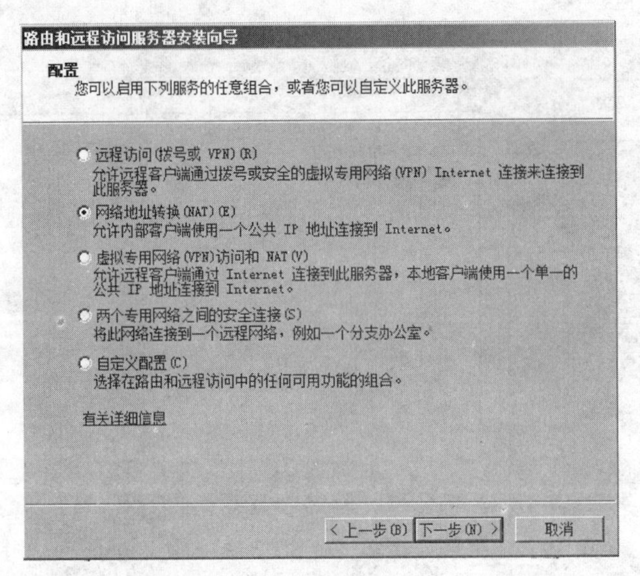

图 3-10　选中"网络地址转换(NAT)(E)"单选按钮

配置 VPN 访问服务器也是从这个界面开始的,VPN 的配置会在后面的任务中单独介绍。

选择公用接口的网卡,知道为什么在开始的时候要给不同的网卡取名字了吧,就是为了便于配置和管理,如图 3-11 所示。

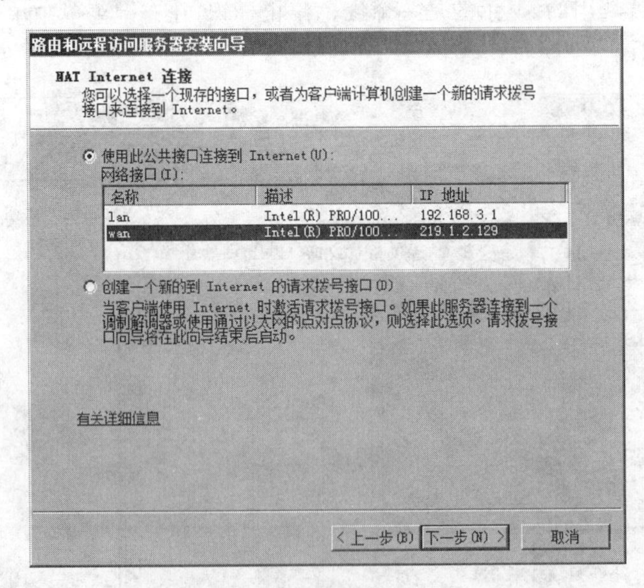

图 3-11　选择公用接口的网卡

在完成配置的界面中有一点需要注意,NAT 服务器可以启用 DNS 中继和 DHCP 中继功能,但是其中继功能是依附 DNS 服务器和 DHCP 服务器。也就是说,在网络中需要部署独立的 DNS 服务器和 DHCP 服务器,否则虽然开启了其中继功能,客户端却无法获得正确

IP 地址，仍不能正常访问互联网，如图 3-12 所示。

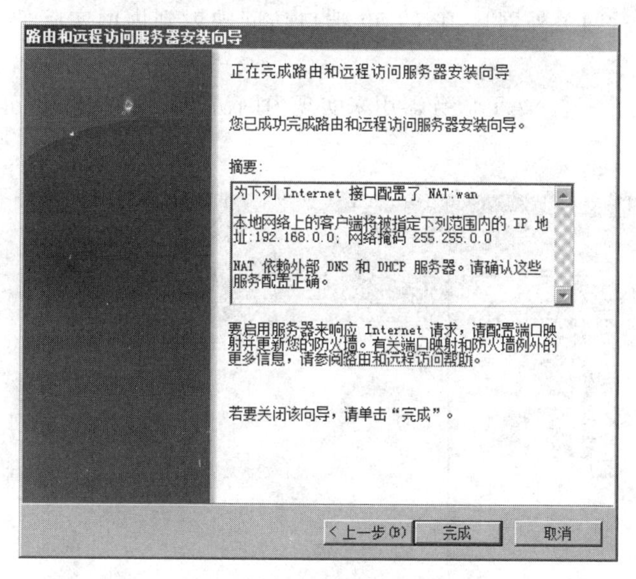

图 3-12　NAT 配置完成界面

至此，NAT 服务器通过向导已经配置完成。

在内网的机器上配置好 IP 地址(192.168.3.0)、网关(192.168.3.1)以及 DNS 地址，尝试访问一下外网，如果正常，将能正常访问互联网。

至此，本任务成功完成。

3.4.2　NAT 端口映射实现内网 Web 服务器向外网发布

局域网外的用户一般无法访问局域网内部的主机，主要是局域网出口的设备一般不会将内网的网络地址信息向外网发布。因此，外网的用户一般只能访问局域网边界设备的外网口地址。

但在某些情况下，有人却希望外网的用户能够访问到内网。如内网放置了一台 Web 服务器(192.168.3.254)，它不仅向内网用户提供服务，还希望它能向外网用户提供访问服务。要实现这一目标，可以使用 NAT 服务器的端口映射功能实现。当用户向外网口 IP 地址的 80 端口发出网页请求服务时，网关设备将此请求转到内网的 Web 服务器的 80 端口。通过这种方法可以实现将内网服务器发布到网外供用户访问的目标。

特别注意，在企业网的设备上进行了端口映射的设置，只会对设置了端口映射的服务产生影响，外网对内网的其他的访问是不能进行的，从而保证内网的安全。如设置了 80 端口对内网某主机 80 端口的映射，外网用户可以访问内网服务器的 80 端口，但是不能访问内网主机的共享，因为共享使用的端口没有被映射。

这种直接在设备上将访问映射企业内网中的做法其实是不安全的。因此，较多的企业网络在内网和外网中间设置了一个“安全隔离区”(即 DMZ 区域)，在 DMZ 区域的两侧均放置防火墙设备。外网用户通过访问企业网外侧防火墙进入 DMZ 区域访问服务器，但 DMZ 与企业内网间还有一个防火墙防止进入企业内网。通过这样的双层防火墙设计，使服务器和内网的安全都得到了很好的保证。DMZ 区域的实现通常使用硬件完成，本任务不作考虑。

下面配置 NAT 服务器的端口映射，实现外网用户可以访问内网的 Web 服务器。实现此任务是通过对针对网关外网口 IP 的 80 端口访问映射到内网实际的 Web 服务器的 80 端口。

之前已经搭建了一个 NAT 服务器用来实现内网访问互联网，俗称“正向 NAT”，效果如图 3-13 所示。

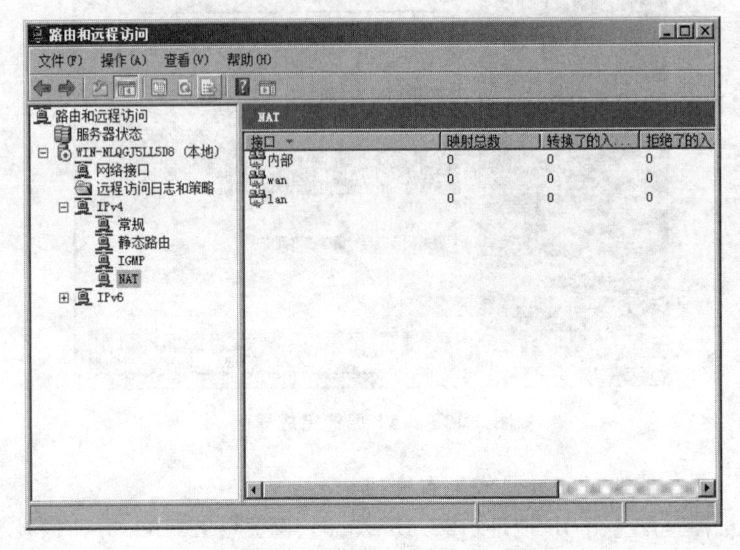

图 3-13　配置网 NAT 后的界面

配置 NAT 设备外网卡的端口映射。通过设置 NAT 设备外网卡的端口映射，可以使网外的用户通过访问 NAT 设备外网卡的地址，从而实现访问内网服务器的目的。这个 NAT 与上一节中的 NAT 从方向上讲刚好是相反的，因此也可以俗称为“反向 NAT”。

在 wan 接口右击，在下拉菜单上单击“属性”，出现如图 3-14 所示的“属性”对话框。

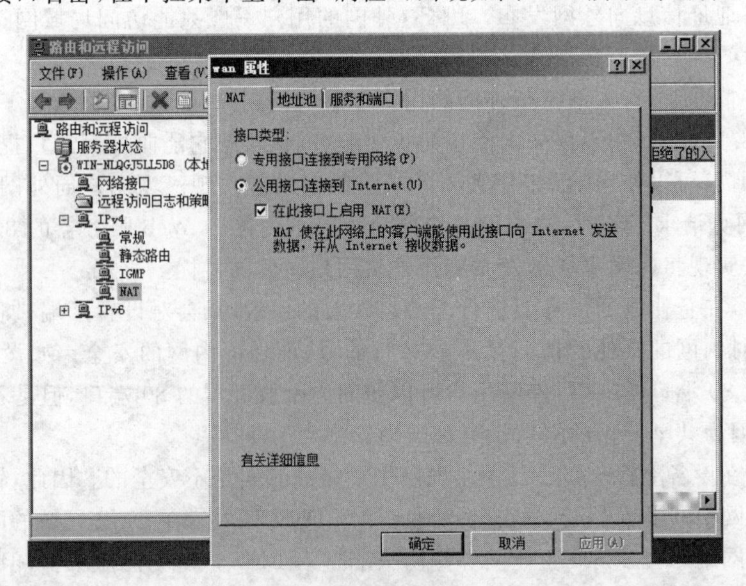

图 3-14　wan 属性

可以看到此网卡是连接到 Internet 上的公用接口，并且在此接口上启用了 NAT。还注意到，“在此接口上启用 NAT(E)”前面的选择项上已经被选择，说明此接口已经启动了基本防火墙，任何对此接口的 ping 将会被防火墙拦截。因此使用者要特别注意，ping 不通此 IP 并不意味着对此 IP 的其他访问不能成功，ping 不通是由于防火墙拦截导致的。

单击“地址池”选项卡，将网关外网口的地址添加到地址池，如图 3-15 所示。

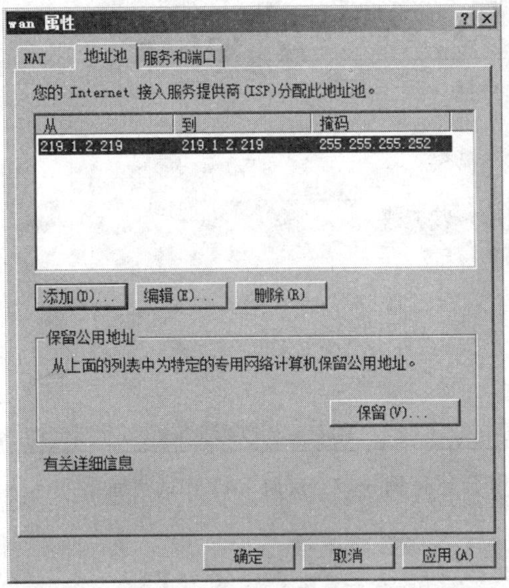

图 3-15　地址池

再单击“服务和端口”选项卡，选择“Web 服务器(HTTP)”，然后单击“编辑”按钮，打开如图 3-16 所示的对话框。

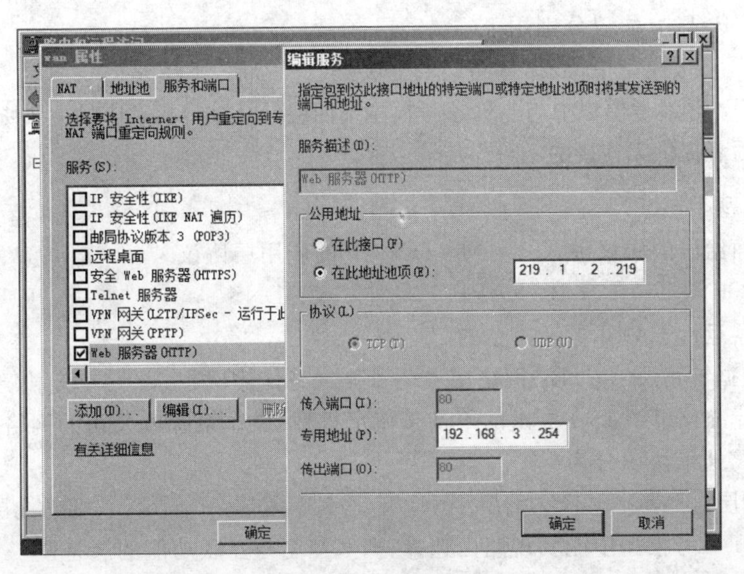

图 3-16　编辑服务

填写好映射的 IP 地址信息后，单击“确定”按钮。至此，NAT 的端口映射功能已经设置完成。在192.168.3.254这台主机上搭建一个测试网站,以供访问测试。

在外网的主机上访问NAT服务器外网接口的地址(219.1.2.219)进行网页访问测试,能够访问在192.168.3.254上的Web测试页面,如图3-17所示,则证明反向NAT已经搭建成功,内网的Web服务已经成功发布到外网上了。

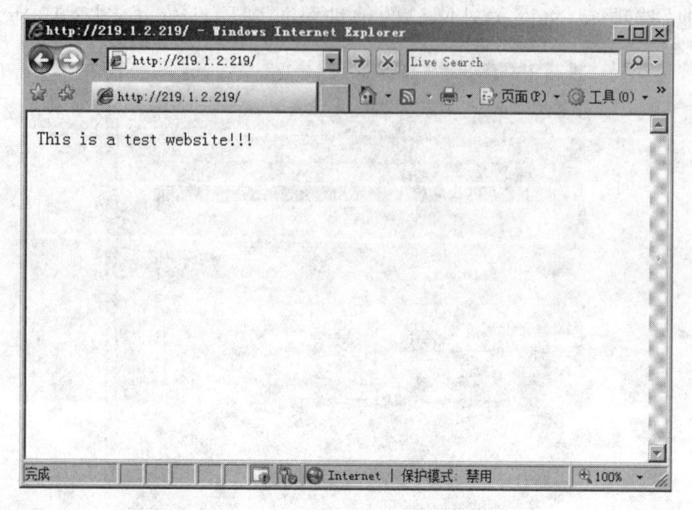

图3-17 反向NAT测试页面

至此,本任务完成。

课后练习

一、填空题

1. FTP、IP、TCP协议分别用于(　　)层、(　　)层和(　　)层。
2. 在OSI参考模型中,数据链路层的上层是(　　)层、下层是(　　)层。
3. 在TCP/IP参考模型中与OSI参考模型第四层(运输层)相对应的主要协议有(　　)和(　　),其中后者提供无连接的不可靠传输服务。

二、选择题

1. 在下面给出的协议中,(　　)是TCP/IP的应用层协议。
   A. TCP　　B. RARP　　C. DNS　　D. IP
2. 路由器运行于OSI参考模型的(　　)。
   A. 数据链路层　　B. 网络层　　C. 传输层　　D. 物理层
3. 国际标准化组织ISO提出的不基于特定机型、操作系统或公司的网络体系结构OSI参考模型中,将通信协议分为(　　)。
   A. 四层　　B. 七层　　C. 六层　　D. 九层
4. 在OSI参考模型中能实现路由选择、拥塞控制与互联功能的层是(　　)。
   A. 传输层　　B. 应用层　　C. 网络层　　D. 数据链路层
5. 在中继系统中,中继器处于(　　)。
   A. 物理层　　B. 数据链路层　　C. 网络层　　D. 高层

6. 网络层、数据链路层和物理层传输的数据单位分别是(　　)。

A. 报文、帧、比特　　B. 包、报文、比特

C. 包、帧、比特　　D. 数据块、分组、比特

三、简答题

1. 请列举生活中的一个例子说明“协议”的基本含义,并举例说明网络协议中“语法”“语义”“时序”三个要素的含义和关系。

2. 计算机网络采用层次结构的模型有哪些好处?

3. 描述OSI参考模型中数据的流动过程。

4. 描述OSI的七层模型结构并说明各层次的功能。

5. 描述TCP/IP参考模型的层次结构并说明各层次的功能。

6. 比较OSI参考模型和TCP/IP参考模型的异同点。

四、操作题

1. 将上一任务中的DNS服务器也通过端口映射的方式发布并为外网提供服务。

2. 通过DNS服务器设置多个域名指向同一台Web服务器中的多个不同的网站,请正确设置完成。

3. 了解企业网内的DNS服务器如何能够主持企业的域名,即使用企业本地DNS服务器创建企业域名记录。这个本地DNS服务器能够为互联网上的用户访问企业网站提供域名解释。

4. 使用外网口通过拨号访问互联网,请自行创建拨号连接访问互联网(建议教师在学生使用的实验网络中搭建类似电信接入服务器供学生实验)。

5. 如果不使用Windows Server 2008实现NAT,还有其他的软件可以实现NAT吗?使用其他软件试一下。

6. 如果企业网内部不使用私有地址而改用公有地址,是否一定需要使用NAT?如何配置?

项目 4

网络传输介质与硬件设备

目前，较为普及的计算机网络传输介质是双绞线电缆、光纤和微波。50Ω 同轴电缆在 20 世纪 90 年代初期扮演局域网传输介质的主要角色，但是在我国，从 90 年代中期开始被双绞线电缆所淘汰。最近几年，随着 Cable Modem 技术的引入，大量使用 75Ω 同轴电缆实现互联网接入，同轴电缆又回到计算机网络传输介质的行列。

网络互联设备是实现网络互联的关键，这些互联设备在实现网络连接功能时对应于 OSI 与 TCP/IP 参考模型的不同层次，有不同的功能特点和应用环境。

本项目重点介绍网络的传输介质以及各种网络互联设备工作层次、作用、分类和使用。

任务 4.1 有线传输介质

有线传输介质是指在两个通信设备之间实现的物理连接部分。它能将信号从一方传输到另一方，有线传输介质主要有双绞线（五类、六类）、同轴电缆（粗、细）和光纤（单模、多模）。双绞线和同轴电缆传输电信号，光纤传输光信号。

4.1.1 双绞线

双绞线（Twisted Pair）是由两条相互绝缘的导线按照一定的规格相互缠绕（一般以逆时针缠绕）在一起而制成的一种通用配线，属于信息通信网络传输介质。双绞线过去主要是用来传输模拟信号的，但现在同样适用于数字信号的传输。

双绞线分为非屏蔽双绞线（Unshielded Twisted Pair，UTP）与屏蔽双绞线（Shielded Twisted Pair，STP）。屏蔽双绞线电缆的外层由铝箔包裹，以减小辐射，但并不能完全消除辐射。屏蔽双绞线价格相对较高，安装时要比非屏蔽双绞线电缆困难。

1. 非屏蔽双绞线

非屏蔽双绞线（UTP）是最常用的网络连接传输介质。非屏蔽双绞线有 4 对绝缘塑料包皮的铜线。8 根铜线每两根相互扭绞在一起，形成线对，如图 4-1 所示。线缆扭绞在一起的目的是相互抵消彼此之间的电磁干扰。扭绞的密度沿着电缆循环变化，可以有效地消除线对之间的串扰。每米扭绞的次数需要精确地遵循规范设计，也就是说，双绞线的生产加工需要非常精密。

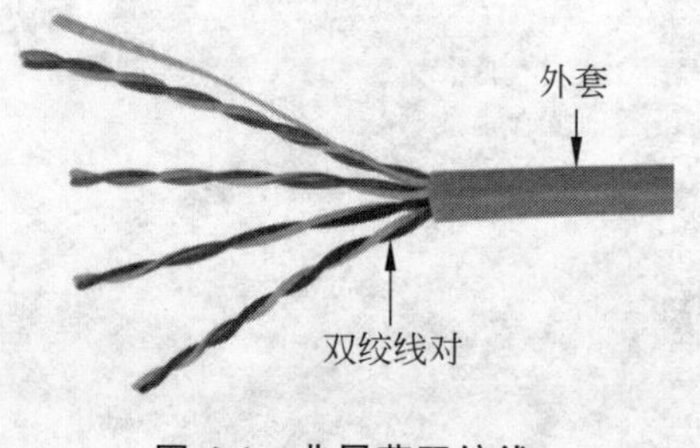

图 4-1 非屏蔽双绞线

UTP 电缆的 4 对线中，有两对作为数据通信线，另外两对作为语音通信线。因此,在电话和计算机网络的综合布线中,一根 UTP 电缆可以同时提供一条计算机网络线路和两条电话通信线路。

UTP 电缆有许多优点:电缆直径细,容易弯曲,因此易于布放;价格便宜也是重要优点之一。UTP 电缆的缺点是对电磁辐射采用简单扭绞靠相互抵消的处理方式。因此,在抗电磁辐射方面,UTP 电缆相对同轴电缆(电视电缆和早期的 50Ω 网络电缆)处于下风。

人们一度认为 UTP 电缆还有一个缺点就是数据传输速度上不去。但是现在不是这样的。事实上,UTP 电缆现在可以传输高达 1000Mbps 的数据,是铜缆中传输速率最快的通信介质。

2. 屏蔽双绞线

屏蔽双绞线(STP)结合了屏蔽、电磁抵消和线对扭绞的技术。STP 电缆同时具备了同轴电缆和 UTP 电缆的所有优点。

在网络中,STP 可以完全消除线对之间的电磁串扰。最外层的屏蔽层可以屏蔽来自电缆外的电磁干扰和无线电干扰,如图 4-2 所示。

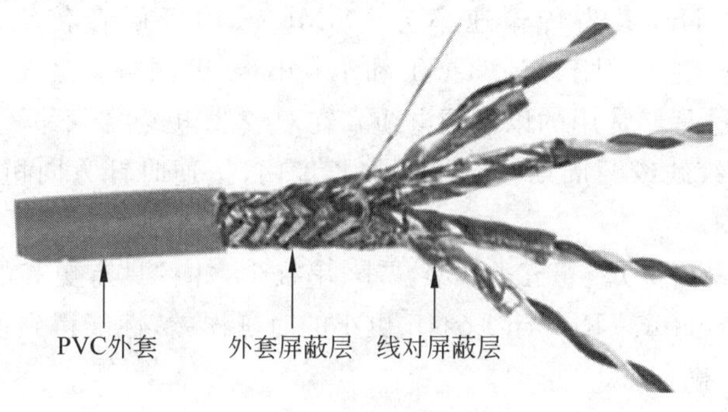

图 4-2 屏蔽双绞线

STP 电缆的缺点主要有两个,一个是价格贵;另一个是安装复杂。安装复杂是因为 STP 电缆的屏蔽层接地问题。电缆线对屏蔽层和外套屏蔽层都要在连接器处与连接器的屏蔽金属外壳可靠连接。交换设备、配线架也都需要良好接地。因此,STP 电缆不仅是材料本身成本高,而且安装的成本也相应增加。

有一种 STP 电缆的变形,叫 ScTP。ScTP 电缆把 STP 中各个线对上的屏蔽层取消,只留下最外层的屏蔽层,以降低线材的成本和安装的复杂程度。ScTP 线对之间串扰的克服与 UTP 电缆一样由线对的扭绞抵消实现。ScTP 电缆的安装相对于 STP 电缆要简单多了,这是因为免除了线对屏蔽层的接地工作。

屏蔽双绞线抗电磁辐射的能力很强,适合于在工业环境和其他有严重电磁辐射干扰或无线电辐射干扰的场合布放。另外,屏蔽双绞线的外套屏蔽层有效地屏蔽了线缆本身对外界的辐射。在国防部、使馆、审计署、财政部这样的政府部门,都可以使用屏蔽双绞线有效地防止外界对线路数据的电磁侦听。对于线路周围有敏感仪器的场合,屏蔽双绞线可以避免对它们的干扰。

注意:*屏蔽双绞线需要可靠地接地,不然会引入更严重的噪声。这是因为屏蔽双绞线的屏蔽层此时就会像天线一样感应周围所有电磁信号。*

3. 双绞线的频率特性

双绞线有很高的频率响应特性，可以高达600MHz，接近电视电缆的频响特性。双绞线电缆的分类依据频率响应特性分为如下几类。

(1) 一类线(CAT1)。线缆最高频率带宽是750kHz，用于报警系统，或语音传输。

(2) 二类线(CAT2)。线缆最高频率带宽是1MHz，用于语音传输和最高传输速率为4Mbps的数据传输，常见于使用4Mbps规范令牌传递协议的旧的令牌环网。

(3) 三类线(CAT3)，指目前在ANSI和EIA/TIA568标准中指定的电缆。该类电缆的传输频率为16MHz，最高传输速率为10Mbps，主要应用于语音、以太网(10Base-T)和10Mbps令牌环网。最大网段长度为100m，采用RJ形式的连接器，目前已淡出市场。

(4) 四类线(CAT4)。该类电缆的传输频率为20MHz，用于语音传输和最高传输速率为16Mbps的数据传输，主要用于基于令牌的局域网和10Base-T/100Base-T。最大网段长为100m，采用RJ形式的连接器，未被广泛采用。

(5) 五类线(CAT5)。该类电缆增加了绕线密度，外套一种高质量的绝缘材料，线缆最高频率带宽为100MHz，最高传输速率为100Mbps，用于语音传输和最高传输速率为100Mbps的数据传输，主要用于100Base-T和1000Base-T网络。最大网段长为100m，采用RJ形式的连接器。这是最常用的以太网电缆。在双绞线电缆内，不同线对具有不同的绞距长度。通常，四对双绞线绞距周期在38.1mm长度内，按逆时针方向扭绞，一对线对的扭绞长度在12.7mm以内。

(6) 超五类线(CAT5e)。超五类线衰减小、串扰少，并且具有更高的衰减与串扰的比值(ACR)和信噪比(Structural Return Loss)、更小的时延误差，性能得到很大提高。超五类线主要用于千兆位以太网(1000Mbps)。

(7) 六类线(CAT6)。该类电缆的传输频率为1～250MHz。六类布线系统在200MHz时综合衰减串扰比(PS-ACR)有较大的余量，它提供两倍于超五类线的带宽。六类布线的传输性能远远高于超五类线标准，最适用于传输速率高于1Gbps的应用。六类线与超五类线的一个重要的不同点在于：改善了在串扰以及回波损耗方面的性能。对于新一代全双工的高速网络应用而言，优良的回波损耗性能是极重要的。六类线标准中取消了基本链路模型，布线标准采用星形拓扑结构，要求的布线距离为：永久链路的长度不能超过90m，信道长度不能超过100m。

(8) 超六类线或6A(CAT6A)。此类产品传输带宽介于六类线和七类线之间，传输频率为500MHz，目前和七类线产品一样，国家还没有出台正式的检测标准，只是行业中有此类产品，各厂家宣布一个测试值。

(9) 七类线(CAT7)。带宽频率为600MHz，可能用于以后的网络。通常，计算机网络所使用的是三类线和五类线，其中10Base-T使用的是三类线，100Base同轴-T使用的是五类线。

4.1.2 同轴电缆

同轴电缆从用途上分可分为50Ω基带同轴电缆和75Ω宽带同轴电缆(即网络同轴电缆和视频同轴电缆)。基带同轴电缆又分细同轴电缆和粗同轴电缆。基带同轴电缆仅仅用于数字传输，数据速率可达10Mbps。

同轴电缆(Coaxial Cable)是指有两个同心导体，而导体和屏蔽层又共用同一轴心的电缆。最常见的同轴电缆由绝缘材料隔离的铜线导体组成，在里层绝缘材料的外部是另一层环形导体及其绝缘体，然后整个电缆由聚氯乙烯或特氟纶材料的护套包住。

同轴电缆由里到外分为四层：中心铜线、塑料绝缘体、网状导电层和电线外皮，外观如图 4-3 所示。因中心铜线和网状导电层为同轴关系而得名。

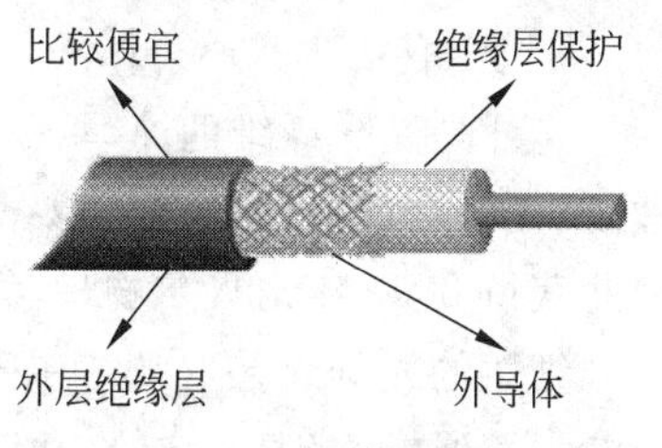

图 4-3　同轴电缆

同轴电缆传导交流电而非直流电，也就是说每秒会有好几次的电流方向发生逆转。

如果使用一般电线传输高频率电流，这种电线就会相当于一根向外发射无线电的天线，这种效应损耗了信号的功率，使得接收到的信号强度减弱。

同轴电缆的设计正是为了解决这个问题。中心铜线发射出来的无线电被网状导电层所隔离，网状导电层可以通过接地的方式控制发射出来的无线电。

同轴电缆也存在一个问题，就是如果电缆某一段发生比较大的挤压或者扭曲变形，那么中心铜线和网状导电层之间的距离就不是始终如一的，这会造成内部的无线电波被反射回信号发送源。这种效应减低了可接收的信号功率。为了克服这个问题，中心铜线和网状导电层之间被加入一层塑料绝缘体来保证它们之间的距离始终如一。这也造成了这种电缆比较僵直而不容易弯曲的特性。

同轴电缆根据其直径大小可以分为：粗同轴电缆(RG-58)与细同轴电缆(RG-11)。粗缆适用于比较大型的局部网络，它的标准距离长、可靠性高，由于安装时不需要切断电缆，因此可以根据需要灵活调整计算机的入网位置，但粗缆网络必须安装收发器电缆，安装难度大，所以总体造价高。相反，细缆安装则比较简单、造价低，但由于安装过程要切断电缆，两头须装上基本网络连接头(BNC)，然后接在 T 形连接器两端，所以当接头多时容易产生不良的隐患，这是目前其最常见的故障之一。

(1) 细缆。细缆的直径为 0.26cm，最大传输距离 185m，使用时与 50Ω 终端电阻 T 形连接器 BNC 接头与网卡相连，线材价格和连接头成本都比较便宜，而且不需要购置集线器等设备，十分适合架设终端设备较为集中的小型网络。缆线总长超过 185m 时信号将严重衰减。细缆的阻抗是 50Ω。

(2) 粗缆。粗缆的直径为 1.27cm，最大传输距离达到 500m。由于直径相当粗，因此它的弹性较差，不适合在室内狭窄的环境内架设，而且 RG-11 连接头的制作方式也相对复杂得多，并不能直接与计算机连接，它需要通过一个转接器转成 AUI 接头，然后再接到计算机上。由于粗缆的强度较大，最大传输距离也比细缆长，因此粗缆的主要用途是扮演网络主干的角色，用来连接数个由细缆所结成的网络。粗缆的阻抗是 75Ω。

无论是粗缆还是细缆均为总线拓扑结构，即一根缆上接多部机器。这种拓扑适用于机器密集的环境，但是当一触点发生故障时，故障会影响到整根缆上的所有机器。故障的诊断和修复都很麻烦，因此，将逐步被非屏蔽双绞线或光缆取代。

4.1.3　光纤与光缆

通常光纤与光缆两个名词会被混淆。光缆是一定数量的光纤按照一定方式组成缆心，外面包有护套，有的还包覆外保护层，用以实现光信号传输的一种通信线路。

1. 光纤

光纤是光导纤维的简写，是一种由玻璃或塑料制成的纤维，可作为光传导工具。传输原理是“光的全反射”。高锟和 GeorgeA. Hockham 首先提出光纤可以用于通信传输的设想，因此获得 2009 年诺贝尔物理学奖。

细微的光纤封装在塑料护套中，使得它能够弯曲而不至于断裂。通常，光纤一端的发射装置使用发光二极管（Light Emitting Diode，LED）或一束激光将光脉冲传送信息。光纤另一端的接收装置使用光敏元件检测脉冲，如图 4-4 所示。

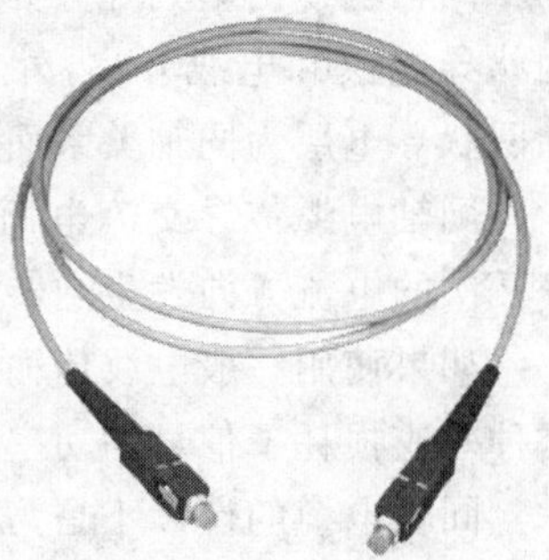

图 4-4　光纤

光纤用来传递光脉冲。有光脉冲相当于数据 1，没有光脉冲相当于数据 0。光脉冲使用可见光的频率，约为 108MHz 的量级。因此，一个光纤通信系统的带宽远远大于其他传输介质。

塑料包覆层用作光纤的缓冲材料，用来保护光纤。有两种塑料包覆层的设计：松包覆和紧包覆。大多数在局域网中使用的多模光纤使用紧包覆，这时的缓冲材料直接包覆到光纤上。松包覆用于室外光缆，在它的光纤上增加涂抹垫层后再包覆缓冲材料。

卡夫勒抗拉材料用以在布放光缆的施工中避免因拉拽光缆而损坏内部的光纤。

外护套使用 PVC 材料或橡胶材料。室内光缆多使用 PVC 材料，室外光缆则多使用含金属丝的黑橡胶材料。

光纤由纤芯和硅石覆层构成。纤芯是氧化硅和其他元素组成的石英玻璃，用来传输光射线。硅石覆层的主要成分也是氧化硅，但是其折射率要小于纤芯。

光纤传输是根据光学的全反射定律。当光线从折射率高的纤芯射向折射率低的覆层时，其折射角大于入射角，如图 4-5 所示。如果入射角足够大，就会出现全反射，即光线碰到覆层时就会被折射回纤芯。这个过程不断重复下去，光也就沿着光纤传输下去了。

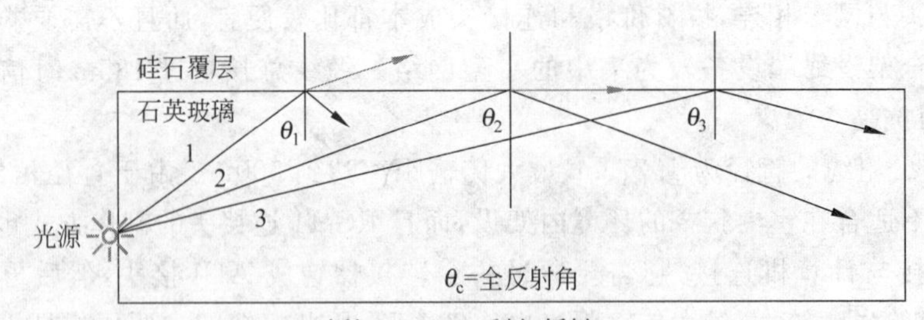

图 4-5　全反射原理

由全反射原理可以知道，光发射器的光必须在某个角度范围才能在纤芯中产生全反射。纤芯越粗，这个角度范围就越大。当纤芯的直径减小到只有一个光的波长，则光的入射角度就只有一个，而不是一个范围。

可以存在多条不同的入射角度的光线，不同入射角度的光线会沿着不同折射线路传输。这些折射线路被称为“模”。如果光纤的直径足够大，以至有多个入射角形成多条折射线路，这种光纤就是多模光纤。单模光纤的直径非常小，只有一个光的波长。因此单模光纤只有一个入射角度，光纤中只有一条光线路。单模光纤和多模光纤如图 4-6 所示。

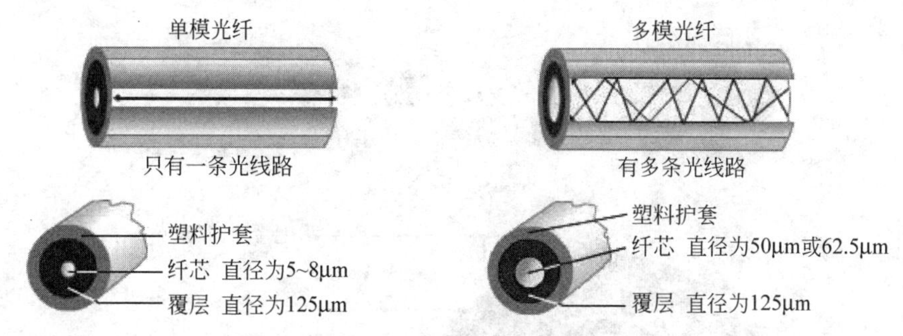

图 4-6　单模光纤和多模光纤

单模光纤的特点如下。

(1) 纤芯直径小，只有 5～8μm。

(2) 几乎没有散射。

(3) 适合远距离传输。标准距离达 3km，非标准传输可以达几十千米。

(4) 使用激光光源。

多模光纤的特点如下。

(1) 纤芯直径比单模光纤大，有 50μm 或 62.5μm，或更大。

(2) 散射比单模光纤大，因此有信号的损失。

(3) 适合远距离传输，但是比单模光纤小。标准距离 2km。

(4) 使用 LED 光源。

可以简单记忆为：多模光纤纤芯的直径要比单模光纤大 10 倍左右。多模光纤使用发光二极管作为发射光源，而单模光纤使用激光光源。通常看到用 50/125 或 62.5/125 表示的光缆就是多模光纤。而如果在光缆外套上印刷有 9/125 的字样，即说明是单模光纤。光纤的种类如图 4-7 所示。

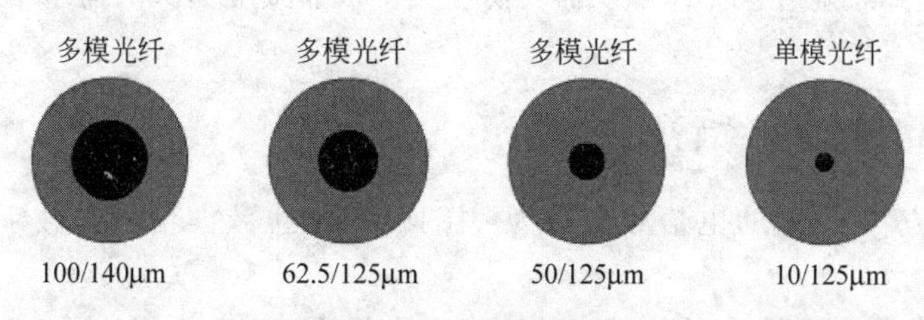

图 4-7　光纤的种类

在光纤通信中，常用的三个波长是 850nm、1310nm 和 1550nm。这些波长都跨红色可见光和红外光。对于后两种频率的光，在光纤中的衰减比较小。850nm 波段的衰减比较大，但在光波此波段的其他特性比较好，因此也被广泛使用。

单模光纤使用 1310nm 和 1550nm 的激光光源，在长距离的远程连接局域网中使用。多模光纤使用 850nm、1300nm 的发光二极管 LED 光源，被广泛地使用在局域网中。

2. 光缆

光缆是由光纤经过一定的工艺而形成的线缆，如图 4-8 所示。

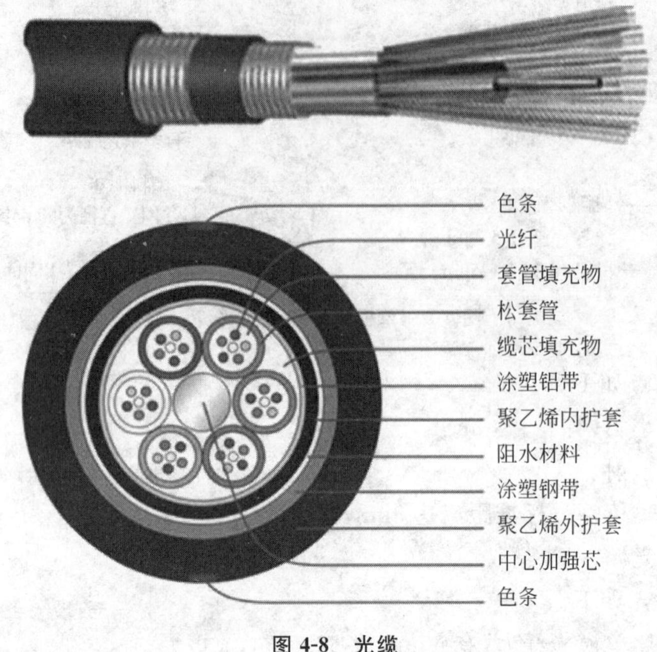

图 4-8　光缆

光缆是高速、远距离数据传输的重要传输介质，多用于局域网的骨干线段和局域网的远程互联。在 UTP 电缆传输千兆位的高速数据还不成熟的时候，实际网络设计中工程师在千兆位的高速网段上完全依赖光缆。即使现在已经有可靠的用 UTP 电缆传输千兆位高速数据的技术，但是，由于 UTP 电缆的距离限制(100m)，所以骨干网仍然要使用光缆(局域网上用的多模光纤的标准传输距离是 2km)。

光缆完全没有对外的电磁辐射，也不受任何外界电磁辐射的干扰。所以在周围电磁辐射严重的环境下(如工业环境中)，以及需要防止数据被非接触侦听的需求下，光纤是一种可靠的传输介质。

4.1.4　信号和电缆的频率特性

在网络中有三种类型的电信号分别为：模拟信号、正弦波信号和数字信号，如图 4-9 所示。

模拟信号是一种连续变化的信号。正弦波信号实际上还是模拟信号。但是由于正弦波信号是一个特殊的模拟信号，所以在这里把它单独作为一个信号类型。模拟信号的取值是连续的。

数字信号是一种 0、1 变化的信号。数字信号的取值是离散的。

数据既可以用模拟信号表示，也可以用数字信号表示。

计算机是一种使用数字信号的设备，因此计算机网络最直接、最高效的传输方法就是使用数字信号。在一些应用场合不得不使用模拟信号传输数据时，需要先把数字信号转换成模拟信号。待数据传送到目的地后，再转换回数字信号。

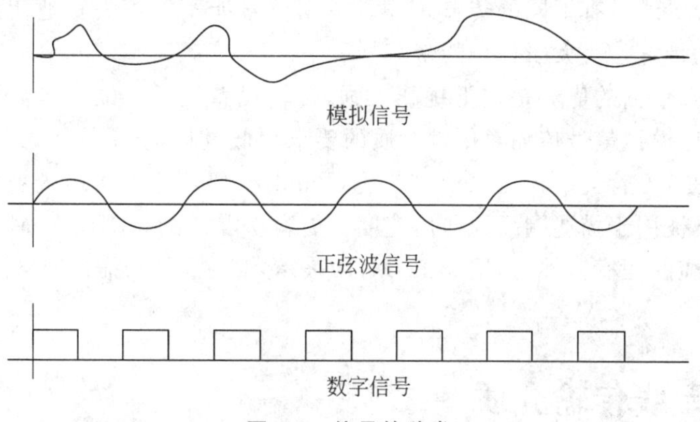

图 4-9 信号的种类

不管是模拟信号还是数字信号，都是由大量频率不同的正弦波信号合成的。数学上可以解释为，任何一个函数都可以用付里埃级数展开为一个常数和无穷个正弦函数，即：

$$y(t)=A_0+A_1\text{Sin}\omega_1 t+A_2\text{Sin}\omega_2 t+A_3\text{Sin}\omega_3 t+\cdots$$

函数图形如图 4-10 所示。

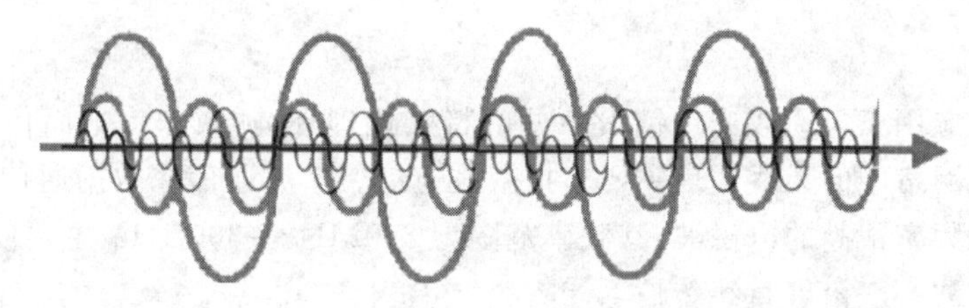

图 4-10 任意一个信号 $y(t)$，都是由不同频率 ω_i 的谐波组成

图 4-10 中，A_0 是信号 $y(t)$的直流成分。$\text{Sin}\omega_1 t$、$\text{Sin}\omega_2 t$、$\text{Sin}\omega_3 t\cdots$是 $y(t)$的谐波。A_1、A_2、$A_3\cdots$是各个谐波的大小(强度)。ω_1、ω_2、$\omega_3\cdots$是谐波的频率。随着频率的增长，谐波的强度减弱。到了一定的频率 ω_i，其信号强度 A_i会小到忽略不计。也就是说，一个信号 $y(t)$的有效谐波不是无穷多的，信号 $y(t)$可以被认为是由有限个谐波组成的，其最高频率的谐波的频率是 ωmax。

一个信号有效谐波所占的频带宽度，就称为这个信号的频带宽度，简称频宽或带宽。

模拟量的电信号频率比较低，如声音信号的带宽为 20Hz～20kHz。数字信号的频率要高很多，因为从示波器看它的图像，其变化要较模拟信号锐利得多。数字信号的高频成分非常丰富，有效谐波的最高频率一般都在 MHz 级别。

为了把信号不失真地传送到目的地，传输电缆就需要把信号中所有的谐波不失真地传送过去。遗憾的是，传输电缆只能传输一定频率的信号，太高频率的谐波会急剧衰减而丢失。例如，普通电话线电缆的带宽是 2MHz，它能轻松地传输语音电信号。但是对于数字信号(MHz 级别)，电话电缆就无法传输了。因此如果用电话电缆传输数字信号，就必须把它调制成模拟信号才能传输。而普通双绞线电缆的带宽高达 100MHz，所以可以直接传输数字信号。

电缆对过高频率的谐波衰减得厉害的原因是电缆自身形成的电感和电容作用，而谐波的频率越高，电缆自身形成的电感和电容对其产生的阻抗就越大。

结论是,不同电缆具有不同的传输带宽。一个信号能不能不失真地使用某种类型的电缆,取决于电缆的带宽是否大于信号的带宽。

使用数字信号传输的优势是抗干扰能力强,传输设备简单。缺点是需要传输电缆具有较高的带宽。使用模拟信号传输对传输介质的要求较低,但是抗干扰能力弱。

容易混淆的是,不管英语还是汉语,“带宽(Bandwidth)”这个术语既被拿来描述网络电缆的频率特性,又被用于描述网络的通信速度。更容易混淆的是都用 k、M 表示其单位。本书在描述网络电缆的频率特性时,用 kHz、MHz 表示,简称 k、M;描述网络的通信速度时,用 kbps、Mbps,仍然简称 k、M。

任务 4.2　无线传输介质

由于无线传输无须布放线缆,其灵活性使得其在计算机网络通信中的应用越来越多。而且在未来的局域网传输介质中,无线传输将逐渐成为主角。无线传输介质主要有微波、红外线、蓝牙和激光等。

4.2.1　无线传输介质概述

1. 微波

微波信道常应用于电缆或光缆铺设不便的特殊地理环境,或作为地面传输系统的备份和补充。计算机网络中的无线通信主要是指微波通信。微波通信在数据通信中占有重要地位。微波是一种频率很高的电磁波,其频率范围为 300MHz～300GHz,主要使用 2～40GHz 的频率范围。微波一般沿着直线传输。

由于地球表面为曲面,所以微波在地面的传输距离有限,一般为 40～60km。但这个传输距离与微波的发射天线的高度有关,天线越高,传输距离就越远。为了实现远距离传输,就要在微波信道的两个端点之间建立若干个中继站。中继站把前一个站点送来的信号经过放大后再传输到下一个站点,经过这样多个中继站点的“接力”,信息就被从发送端传输到接收端。

微波通信具有频带宽、信道容量大、初建费用低、建设速度快、应用范围广等特点。其缺点是保密性差、抗干扰性差,两微波站的天线间不能被建筑物遮挡。这种通信方式逐渐被很多计算机网络所采用,有时在大型互联网中与有线传输介质混用。

卫星通信是一种特殊的微波通信。它利用位于高空的人造同步卫星作为中继器,如图 4-11 所示。卫星微波通信的最大特点是通信距离远,且通信费用不随距离增加而增加。目前常使用的频段为 6/4GHz,也就是上行频率(从地球发往卫星)为 5.925～6.425GHz,下行频率(从卫星到地球)为 3.7～4.2GHz,从发送站通过卫星转发到接收站的传播延迟为 270ms,且与两站点的距离无关。这相对于地面电缆传播延迟为 5μ/km 来说要相差几个数量级。卫星微波通信具有通信容量极大、传输距离远、可靠性高、初建投资大、传输距离与成本无关等特点。

2. 红外线

红外线局域网采用小于 1μm 波长的红外线作为传输媒体,有较强的方向性。由于它采用低于可见光的部分频谱作为传输介质,在使用上不受无线电管理部门的限制。红外信号

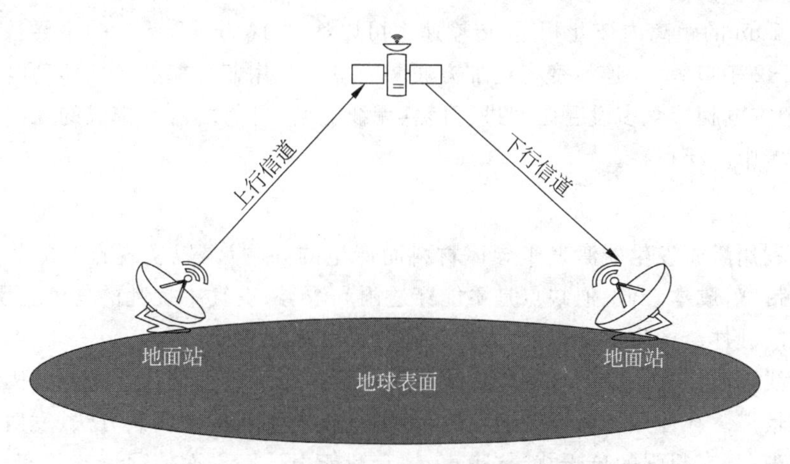

图 4-11　卫星微波通信

要求视距传输，并且窃听困难，对邻近区域的类似系统也不会产生干扰。在实际应用中，由于红外线具有很高的背景噪声，受日光、环境照明等影响较大，所以一般要求的发射功率较高。

红外系统采用光发射二极管（LED）、激光二极管（ILD）进行站与站之间的数据交换。红外设备发出的光非常纯净，一般只包含电磁波或小范围电磁频谱中的光子。传输信号可以通过墙面、天花板反射后被接收装置收到。红外线通信有两个突出的优点：不易被发现和截获，保密性强；几乎不会受到电气、人为干扰，抗干扰性强。此外，红外线通信机体积小、重量轻、结构简单、价格低廉。但是，红外线对非透明物体的穿透性极差，这导致传输距离受限，且传播受天气的影响。在不能架设有线线路，而使用无线电又怕暴露自己的情况下，使用红外线通信是比较好的选择。

3. 蜂窝无线移动通信

由若干小区构成的覆盖区叫作区群。由于区群的结构酷似蜂窝，因此人们将小区制移动通信系统叫作蜂窝无线移动通信系统，其结构如图 4-12 所示。在每个小区设立一个（或多个）基站，它与若干个移动站建立无线通信链路。区群中各个小区的基站之间可以通过电缆、光缆或微波链路与移动交换中心连接。移动交换中心通过 PCM 电路与市话交换局连接，从而构成了一个完整的蜂窝无线移动通信的网络结构。

第一代蜂窝无线移动通信是模拟方式，用户语言信息的传输以模拟语音方式出现。第二代蜂窝无线移动通信是数字方式，数字方式涉及语音信号的数字化与数字信息的处理及传输问题。

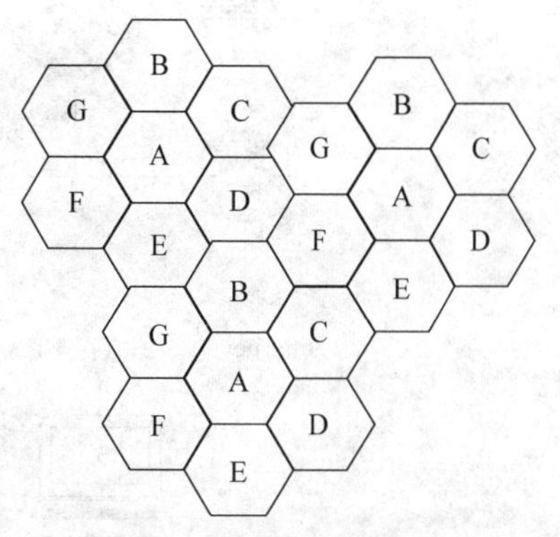

图 4-12　蜂窝无线移动通信系统

4. 蓝牙

蓝牙（Bluetooth），是由爱立信、诺基亚、Intel、IBM 和东芝五家公司于 1998 年 5 月共同提出开发的。在无线技术中，蓝牙是一种短距离的无线通信技术，电子产品彼此可以通过蓝牙连接起来，省去了传统的有线传输介质。配有蓝牙技术的电子产品，透过芯片上的无线接收器能够在 10m 的距离内彼此相通，传输速率可以达到 1Mbps。蓝牙的主要替代对象是红外线和 RS-232 串口线，让连接变得更加方便和简单。利用蓝牙能在包括移动电话、PDA、无线耳机、笔记本电脑等众多设备之间进行信息无线交换，目前由蓝牙构成的无线个人网已在移动通信领域中广泛存在。

5. 激光

激光是利用激光发生器激发半导体材料而产生的高频波，以实现数据的传输。激光能提供很高的带宽，成本较低，但缺点是不能穿透雨和浓雾，空气中扰乱的气流会引起偏差，且激光收发器的硬件会产生少量辐射，因此要经过许可才能安装。

采用无线电波作为无线局域网的传输介质是目前应用最多的。这主要是因为无线电波的覆盖范围较广。在使用扩频方式通信时，特别是直接序列扩频调制方法，发射功率低于自然的背景噪声，具有很强的抗干扰、抗噪声、抗衰减能力。一方面使通信非常安全；另一方面无线局域使用的频段不会对人体健康造成伤害。

总之，与有线传输相比，无线传输具有不用铺设线路、造价较低、通信量大、可移动、数据传输速率高等优点。它的缺点是易受环境的影响。在实际应用中，传输介质的选择取决于多种因素，这些因素包括网络拓扑结构、实际所需的通信容量、可靠性要求和价格等。

4.2.2 无线局域网的构成和设备

由微波组成的无线局域网被称为 WLAN。构成 WLAN 需要的设备少到可以只有两种，无线网卡和无线 AP。搭建 WLAN 要比搭建有线网络要简单得多。只需把无线网卡插入台式计算机或笔记本电脑，把无线 AP 通上电，网络就搭建完成了，如图 4-13 所示的是一个典型的无线局域网。

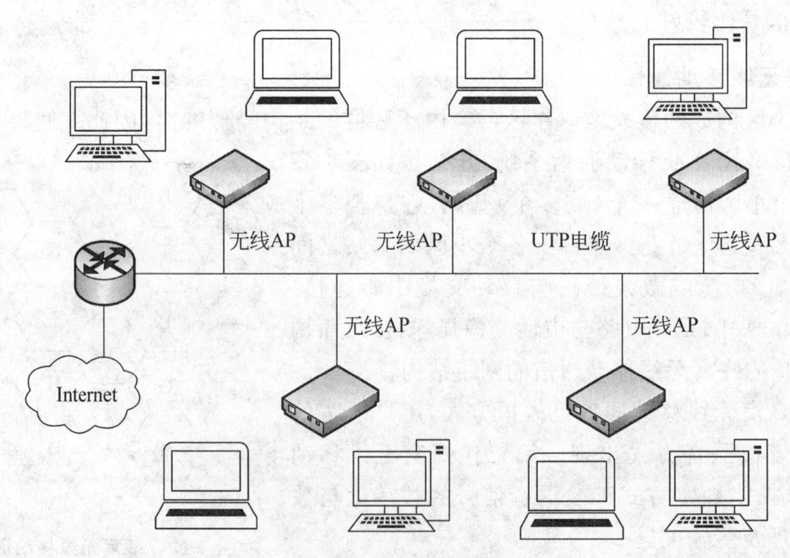

图 4-13 无线局域网

无线 AP 在一个区域内为无线节点提供连接和数据报转发，其覆盖的范围大小取决于天线的尺寸和增益的大小。通常无线 AP 的覆盖范围是 91.44～152.4m。为了覆盖更大的范围，就需要多个无线 AP，各个无线 AP 的覆盖区域需要有一定的重叠，这一点很像手机通信的基站之间的重叠。覆盖区域重叠的目的是允许设备在WLAN中移动。虽然没有规定重叠的程度,但是一般的工程师都设置为20%~30%。这样的设置使得WLAN中的笔记本电脑可以漫游,而不至于出现通信中断。

当一台主机希望使用WLAN的时候,它首先需要扫描侦听可以连接的无线AP。寻找可以连接的无线AP的方法是向空中发出一个请求包,带有一个服务组标识SSID。每个WLAN都会给自己设置一个服务组标识,并配置到这个网内的主机和无线AP上。因此,当具有相同SSID的无线AP收到一个请求包的时候,它就会回复一个应答包。经过身份验证后,连接就建立完成了。

WLAN的传输速率随主机与AP的距离而变化。距离越远,通信的信号越弱,因此就需要放慢通信速度来克服噪声。WLAN这种自适应传输速率调整ARS与ADSL技术很相似。

任务4.3 网络硬件设备

计算机网络除各种工作站、客户机、服务器等终端外,还会用到各种网络中继设备。常用的计算机网络连接设备有网卡、中继器、集线器、交换机、路由器、网关、三层交换机和调制解调器等。

4.3.1 网卡

网卡,即网络接口卡(NIC-Network Interface Card),又称为通信适配器或网络适配器。网卡是一种将计算机或其他设备连接到局域网的硬件设备。

网卡属于OSI参考模型中第二层数据链路层的网络组件,是局域网中连接计算机和传输介质的接口,是单机与网络间通信的桥梁。

目前使用最广泛的网卡是Ethernet网卡。Ethernet网卡由三个部分组成:发送电路、接收电路与介质访问控制电路。网卡上面装有处理器和存储器(包括RAM和ROM)。网卡和局域网之间的通信是通过电缆或双绞线以串行传输方式进行的,而网卡和计算机之间的通信则是通过计算机主板上的I/O总线以并行传输方式进行。因此,网卡的一个重要功能就是要进行串行/并行转换。又由于网络上的数据传输速率和计算机总线上的数据传输速率并不相同,因此在网卡中必须装有对数据进行缓存的存储芯片。

网卡能够对信道中的信息进行侦听,并根据自身的MAC地址识别自己应该接收的信息。当与网卡连接的计算机或其他设备做好接收信息的准备后,网卡便将从外部接收的信息提交给这些设备;当与网卡连接的计算机或其他设备需要向外界发送信息时,网卡会在信道信息流中寻找间隙,并将信息送上信道。主机与网卡通过控制总线传输控制命令与响应,通过数据总线发送与接收数据。主机通过地址总线和控制总线,依据地址与中断号INT识别网卡和其中的寄存器,写入或读出命令或响应。

网卡必须具备两大技术:网卡驱动程序和I/O技术。网卡驱动程序使网卡和网络操作系统兼容,实现PC与网络的通信。I/O技术可以通过数据总线实现PC和网卡之间的通信。

网卡不仅能实现与局域网传输介质之间的物理连接和电信号匹配,还涉及帧的发送与接收、帧的封装与拆封、介质访问控制、数据的编码与解码以及数据缓存的功能等。

每块网卡在生产过程中除了具有基本的功能外,还被赋予一个序列编号以标识该网卡在全世界的唯一性。这个序列号就是网卡的物理地址,习惯称为介质访问控制(Media Access Control,MAC)地址。

它由48位二进制数组成,共有6个字节,通常分成6段用十六进制表示,如24-0A-64-CA-24-B9。其中,序列编号FF-FF-FF-FF-FF-FF不指向具体某一网卡,而是一数据链路层的广播地址。

48位的MAC地址也叫硬件地址,分为前24位和后24位。

前24位叫作“组织唯一标识符”(Organizationally Unique Identifier,OUI),是由IEEE的注册管理机构给不同厂家分配的代码,为了区分不同的厂家。

后24位是由厂家自己分配的,称为扩展标识符。同一个厂家生产的网卡中MAC地址后24位是不同的。

MAC地址对应于OSI参考模型的第二层数据链路层。工作在数据链路层的交换机维护着计算机MAC地址和自身端口的数据库,交换机根据收到的数据帧中的“目的MAC地址”字段来转发数据帧。

4.3.2 中继器与集线器

1. 中继器

当构建一个由同轴电缆连接的总线以太网时,其网段长度是有限制的,最长不要超过185m。这一限制是因为信号只有有限的电磁波能量(因为信号在通信介质上传输时会不断地衰减)。如果网络的跨度超过185m,则需要对传输信号进行修复和再生,此时可通过中继器设备来实现。

中继器(Repeater)是最简单的网络互联设备。中继器工作在OSI参考模型的物理层,一般有两个端口,用于连接两个网段,且要求具有相同的介质访问。其功能是辅助物理层完成相应的功能,对数据信号进行再生、整形放大,以扩大网络传输的距离。

中继器只是一个物理层设备,不会改变网络原有的通信方式。由中继器延伸扩大后的网络还如同以前一样,所有节点(包括延伸后的节点)同处于一个冲突域,也同处于一个广播域。

在共享网络中,若同时有两个以上的节点在共享信道上发送数据,会造成数据包的碰撞损坏,所以共享网络要采用竞争信道的方式保证通信正常进行,这些共享竞争的节点所构成的区域即是冲突域。用交换机和路由器对网络进行分段,将单个冲突域分成两个或多个小的冲突域,尽可能减小用户间的冲突。

如果网络中所有节点都可以收到广播数据帧,这个区域称为广播域。集线器和交换机等物理层和数据链路层的设备所连接的节点都在同一个广播域,而路由器(网络层)则可以隔离广播域。

2. 集线器

集线器(Hub)是以太网的中心连接设备,像网卡一样,工作在物理层,是一个带有多个端口的中继器,用于组建星形网络,是一种价格低廉、使用简便的集线设备。

集线器作为以太网的中心连接设备时,所有节点通过非屏蔽双绞线与集线器连接。这样的以太网在物理结构上看是星形拓扑结构,但是它在逻辑上仍然是总线拓扑结构。当集线器接收到某个节点发送的帧时,它立即将数据帧通过广播方式转发到其他的连接端口。

集线器在 MAC 层仍然使用 CSMA/CD 介质访问控制方法。

(1) 集线器的功能。集线器的主要功能是对接收到的信号进行再生、整形放大,以扩大网络的传输距离,同时把所有节点集中在以它为中心的节点上。它发送数据时都是没有针对性的,而是采用广播方式发送。集线器能将一些机器连接起来组成一个局域网,集线器各端口共享集线器的总带宽。

(2) 集线器的工作特点。首先,集线器只是一个多端口的信号放大设备。工作过程中,当一个端口接收到数据信号时,由于信号在从源端口到集线器的传输过程中已有了衰减,所以集线器便将该信号进行整形放大,使衰减的信号再生(恢复)到发送时的状态,紧接着转发到其他所有处于工作状态的端口上。

其次,集线器只与它的上联设备(如上层集线器、交换机或服务器)进行通信,同层的各端口之间不会直接进行通信,而是通过上联设备再将信息广播到所有端口上。由此可见,即使是在同一集线器的两个不同端口之间进行通信,都必须经过两步操作:第一步是将信息上传到上联设备;第二步是上联设备将该信息广播到所有端口上。

4.3.3 交换机

交换机(Switch),工作在数据链路层,外形和集线器相似。交换机的作用与集线器大体相同,但是两者在性能上有区别。集线器采用的是共享带宽的工作方式,而交换机是独享带宽。

1. 交换机的工作原理

交换机的主要功能包括物理编址、错误校验、帧排序以及流量控制等。在计算机网络系统中,交换概念的提出是对于共享工作模式的改进。交换机可看作一个复杂的多端口网桥,解决了共享式以太网平均分配带宽的情况,提高了局域网性能。

交换机属于数据链路层设备,可以识别数据包中的 MAC 地址信息,根据 MAC 地址进行转发,并将这些 MAC 地址与对应的端口记录在自己内部的一个地址表中,如图 4-14 所示。

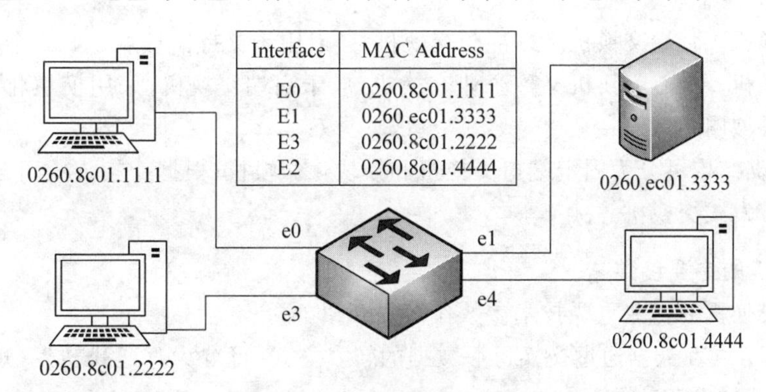

图 4-14 交换机的交换原理

MAC 地址表具体形成过程如下。

(1) 当交换机从某个端口收到一个数据帧,它先读取数据帧中的源 MAC 地址,这样它就知道源 MAC 地址的机器是连在哪个端口上的。

(2) 再去读取数据帧的目的 MAC 地址,并在地址表中查找相应的端口。

(3) 如果地址表中有与目的 MAC 地址对应的端口,便将数据帧直接复制到端口上。

(4) 如果地址表中找不到相应的 MAC 地址,则把数据帧广播到所有端口上,当目的计算机对源主机回应时,便将该 MAC 地址添加到相应端口,在下次传送数据时就不再需要对所有端口进行广播了。

这个过程不断循环,对于全网的 MAC 地址信息都可以获取到,交换机就是这样建立和维护内部的 MAC 地址表的。

2. 交换机的分类

(1) 按构建交换矩阵技术划分为总线型和 CrossBar。交换矩阵是背板式交换机上的硬件结构,在各个线路板卡之间实现高速的点到点连接,提供了在点到点连接时同时转发数据包的机制。该技术分为两种:总线型和 CrossBar。

总线结构交换机分共享总线和共享内存型总线两类。共享内存结构通过共享输入/输出端口的缓冲器,减少了对总存储空间的需求。

CrossBar 称为纵横式交换矩阵,能弥补共享内存模式的一些不足。CrossBar 结构可同时提供多个数据通路。

(2) 按交换机工作所在的协议层划分为第二层交换机、第三层交换机和第四层交换机。

第二层交换机。普通局域网交换机是第二层网络设备,称 MAC 层的交换。

第三层交换机。第三层交换使用带有路由功能的二层交换机。路由硬件模块接在高速背板/总线上,路由模块可与需要路由的其他模块高速交换数据。

第四层交换机。传输层负责端对端通信,交换机依应用端口号来区分数据包的应用类型,实现应用层的访问控制和服务质量保证。

(3) 根据应用的规模分类。根据应用规模的不同,可以将交换机分为桌面交换机、骨干交换机和中心交换机三类。

桌面交换机。桌面交换机又称工作组交换机,一般用于支持信息点在 100 个以内的应用。

骨干交换机。骨干交换机又称部门交换机,一般用于支持信息点在 300 个以内的应用。

中心交换机。中心交换机又称企业交换机,属于高端交换机,采用模块化的结构,可用于构建高速局域网。

另外,根据结构可分为固定端口交换机和模块化交换机;根据交换方式可分为直通式交换机和存储转发式交换机等。

3. 交换机的主要参数

下面就交换机的一些重要技术参数作简要介绍。

(1) 转发方式。数据通过交换机后数据的转发方式,可分为直通式转发(现为准直通式转发)和存储式转发两种。

(2) 转发速率。转发速率是交换机的重要参数,该参数决定了交换机的工作速率。

(3) 管理功能,主要是指交换机的可控性以及用户对交换机的可视程度。通常都提供有管理软件的交换机。

(4) MAC 地址数量。交换机每个端口所能够支持的 MAC 地址数量。

(5) 端口。主要指交换机所提供的端口数量和端口带宽。从端口的带宽看,目前主要包括 10M、100M 和 1000M 三种。

4. 交换机的配置

(1) Console 端口。可进行网络管理的交换机上都有一个 Console 端口,用于对交换机进行配置和管理,通过 Console 端口连接并配置交换机,是配置和管理交换机必须经过的步骤。

(2) RJ-45 端口。给交换机配置好 IP 地址,然后通过网络与计算机相连。计算机通过内置的 Telnet 或 Web 浏览器的方式访问、管理交换机。

5. 交换机与集线器的区别

(1) 交换机有一条高带宽的背部总线和内部交换矩阵,它的所有端口都接在这条背部总线上。因此交换机不像集线器的每个端口都共享带宽,而是每一个端口都独享交换机的一部分总带宽,在速率上每个端口有了根本的保障。

例如,现在使用 10Mbps 的 16 端口以太网交换机,每个端口都可以同时工作。数据流量较大时,它的总流量可达 16×10Mbps=160Mbps。而使用 10Mbps 的共享式集线器时,数据流量再大,集线器的总流量也不会超出 10Mbps。

(2) 集线器用户独占信道,容易发生冲突,传输速率低;交换机用户有专用的通道,可以同时进行通信,克服了冲突域。

(3) 集线器是单工通信,而交换机是双工通信。

(4) 用交换机构建的局域网称为交换式局域网,而用集线器构建的局域网则属于共享式局域网。与共享式局域网相比,交换式局域网的数据传输速率较高,适合于大数据量并且非常频繁的网络通信,因此被广泛应用于传输各种类型的多媒体数据的局域网。

6. 交换机的应用

设计大型网络时,为便于实现并方便管理,常将网络划分为三层,因而产生了三层交换机,如图 4-15 所示。

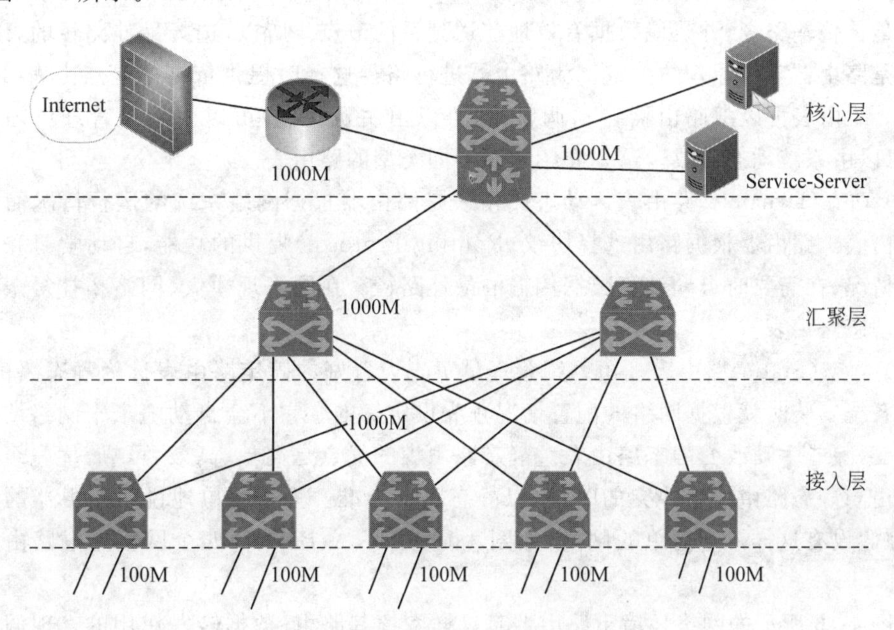

图 4-15　网络各层交换机

核心层交换设备：万兆核心多业务三层路由交换机。

汇聚层交换设备：千兆智能以太网交换机。

接入层交换设备：智能接入交换机。

4.3.4 路由器

路由器(Router)工作在OSI参考模型的网络层，是一种多端口设备。它可以连接传输速率不同、运行协议不同、环境各异的局域网和广域网，是异构网络互联的主要设备。当数据从一个子网传输到另一个子网时，可以通过路由器完成。不同型号、不同品牌、不同应用场合的路由器拥有的WAN端口数和用于连接LAN的端口数是不同的。

1. 路由器的功能

路由器是属网络层的一种互联设备，它不关心各子网使用的硬件设备，但要求运行与网络层协议相一致的软件。路由器能像交换机一样隔离冲突域，能检测出广播数据包并丢弃，因而能减小冲突发生的概率，有效地扩大网络的规模。路由器一般具备以下功能。

(1) 路径选择功能。为经由路由器转发的每一个数据包寻找一条最佳的转发路径。

(2) 转发/过滤功能。负责转发数据包并过滤网络广播，以确保各网络的独立性。通过设定隔离和安全参数，禁止某种数据传输到网络。

(3) 连接功能。支持本地和远程同时连接。

(4) 容错功能。利用如电源或网络接口卡等冗余设备提供较高的容错能力。

(5) 监视功能。监视数据传输，并向管理信息库报告统计数据。

(6) 报警功能。诊断内部或其他连接问题并触发报警信号。

2. 路由器的工作原理

路由器的一个作用是连通不同的网络，另一个作用则是为经过路由器的每个数据帧寻找一条最佳传输路径，并将该数据有效地传送到目的节点。所以，选择最佳路径的策略即路由算法是路由器工作原理的关键。为路由器进行路径选择时提供依据的是路由表(Routing Table)。路由表可以由路由器自动调整，也可以由主机控制，可以由系统管理员固定设置好，也可以由系统动态修改。这里介绍两种不同类型的路由表。

(1) 动态(Dynamic)路由表。动态路由表是路由器根据网络系统的运行情况而自动调整的路由表。路由器根据路由选择协议(Routing Protocol)提供的功能，自动学习和记忆网络运行情况，在需要时自动计算数据传输的最佳路径。在网络规模大、网络拓扑复杂的网络中多用动态路由表。

(2) 静态(Static)路由表。由系统管理员事先设置好的固定路由表称为静态路由表，通常是在系统安装时就根据网络的配置情况预先设定好的。它不会自动随未来网络结构的变化而改变，除非手动改变静态路由表。静态路由表的优点是简单、高效、可靠、优先级高。当动态路由与静态路由发生冲突的时候，以静态路由为准。为了简单地说明路由器的工作原理，现在假设有这样一个简单的网络，如图4-16所示，A、B、C、D四个网络通过路由器连接在一起。

如图4-16所示的网络环境下路由器是这样发挥其路由、数据转发作用的。现假设网络A中一个用户A1要向网络D中的用户D3发送一个请求信号时，信号传递的步骤如下。

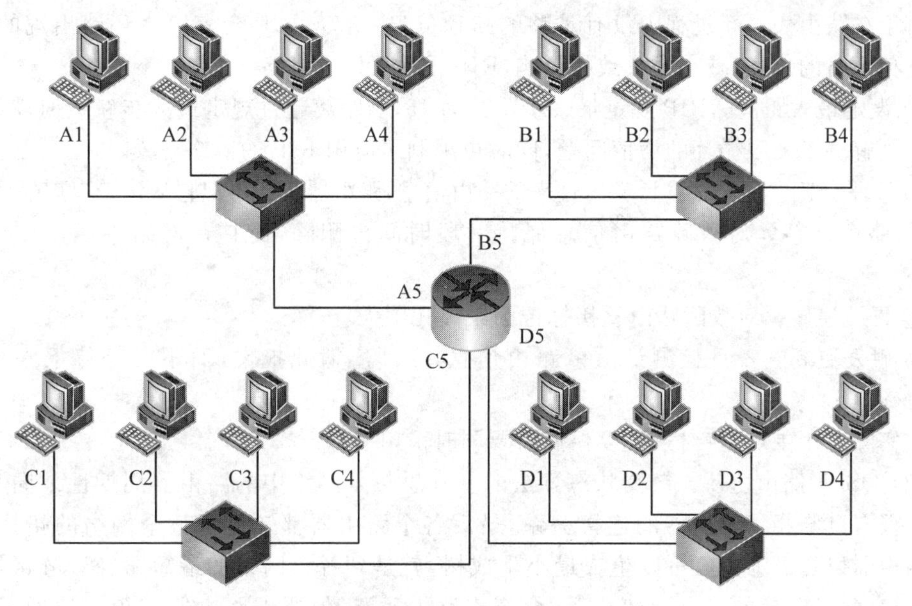

图 4-16　路由器连接 LAN

(1) 用户 A1 将目的用户 D3 的地址 D3，连同数据信息以数据帧的形式通过集线器或交换机以广播的形式发送给同一网络中的所有节点，当路由器 A5 端口侦听到这个地址后，分析得知所发目的节点不在本网段，需要路由转发，就将数据帧接收下来。

(2) 路由器 A5 端口接收到用户 A1 的数据帧后，先从报头中取出目的用户 D3 的 IP 地址，并根据路由表计算出发往用户 D3 的最佳路径。因为从分析得知到 D3 的网络 ID 号与路由器的 D5 网络 ID 号相同，所以由路由器的 A5 端口直接发向路由器的 D5 端口是信号传递的最佳途径。

(3) 路由器的 D5 端口再次取出目的用户 D3 的 IP 地址，找出 D3 的 IP 地址中的主机 ID 号，如果在网络中有交换机，则可先发给交换机，由交换机根据 MAC 地址表找出具体的网络节点位置；如果没有交换机设备，则根据其 IP 地址中的主机 ID 直接把数据帧发送给用户 D3，这样一个完整的数据通信转发过程就完成了。

从上面可以看出，不管网络有多么复杂，路由器在网络中的工作流程以及工作原理都是差不多的。然而，实际网络中路由器的工作会比理论复杂许多，这需要读者实践积累。

3. 路由选择协议和算法

通过路由协议，路由器可动态适应网络结构的变化，并找到到达目的网络的最佳路径。路由协议有很多，其中最常用的是路由信息协议(Routing Information Protocol，RIP)、开放式最短路径优先协议(Open Shortest Path First，OSPF)、增强内部网关路由协议(Enhanced Interior Gateway Routing Protocol，EIGRP)和边界网关协议(Border Gateway Protocol，BGP)。

(1) RIP 路由协议。RIP 规定每 30s 与相邻的路由器交换一次路由信息，如果经过 16 个周期路由还未被更新则认为该路由已无效，将它从路由表中删除。RIP 单纯以“步跳数”的大小衡量路径的好坏，没有综合考虑网络的其他状况，所以，得出的路径不一定是最优路径。

由于在路由表更新过程中没有足够的路径信息，所以，RIP 会有路由环路出现的可能。为了避免环路的形成，减小慢收敛的影响，RIP 采取了以下策略。

① 设定最大距离。RIP 规定最大步跳数为 15，当距离超过规定最大步跳数时就认为不可达。这解决了无限循环的增值问题，同时也限制了应用 RIP 的网络规模。

② 水平分割。从某个接口学习过来的路由信息，路由器不会再把它从该接口广播回去。

③ 路由保持。对故障路由信息保持一段时间再删除，使它在网络中尽量广地传播开去。

④ 毒性逆转。对故障路由直接标记为距离无限大。

⑤ 触发更新。一旦检测到故障路由信息，立即广播此报文，而不必等待下一个更新周期。

在实际应用中，这些对策可以根据需要同时采用多种。

(2) OSPF 路由协议。链路状态算法的基本思想是网络中的路由器周期性地向其他路由器广播自己与相邻路由器的连接关系，最后各个路由器都知道了整个网络的拓扑结构。每个路由器以自己为中心可以生成最小生成树，就是到各个网络的最短路径。链路状态算法收敛速度快，交换的信息量较小，不会产生路由环路，但要求路由器有较高的处理能力。其典型的路由协议代表是 OSPF 路由协议。OSPF 路由协议适合于在大规模、环境复杂的网络环境中使用。

OSPF 的“开放”表明 OSPF 路由协议不受某一家厂商控制，而是公开发表的。OSPF 以链路状态的变化更新路由表，只有当链路状态发生变化时，路由器才用洪泛法向所有路由器发送此信息。OSPF 建立邻接关系，由于各路由器之间频繁地交换链路状态信息，因此所有的路由器最终都能建立一个链路状态数据库，并通过算法选择最优路径。

(3) EIGRP 路由协议是思科(Cisco)路由器的专用协议，是上述两协议的综合。

(4) BGP 路由协议。BGP 是自治系统间的路由协议。BGP 交换的网络可达性信息提供了足够的信息检测路由回路并根据性能优先和策略约束对路由进行决策。特别地，BGP 交换包含全部 AS path 的网络可达性信息，按照配置信息执行路由策略。

4. 路由器的分类

路由器一般按范围级别、使用级别、功能级别和体系构成等分类。

(1) 按范围级别分类。路由器分本地路由器和远程路由器。本地路由器是用来连接网络传输介质的，如光纤、同轴电缆、双绞线；远程路由器是用来连接远程传输介质，并调用相应的设备，如电话线要配调制解调器，无线要通过无线接收机、发送机。

(2) 按使用级别分为接入路由器、企业级路由器和骨干级路由器等。

① 接入路由器。接入路由器连接家庭或 ISP 内的小型企业客户。

② 企业级路由器。企业级路由器连接许多终端系统，其主要目标是以尽量便宜的方法实现尽可能多的端点互联，并且进一步要求支持不同的服务质量。

③ 骨干级路由器。骨干级路由器实现企业级网络的互联。对它的要求是速度和可靠性，而价格则处于次要地位。

同时，还有一些非常先进的路由器，如太比特路由器、多 WAN 路由器。

(3) 按功能级别分为宽带路由器、模块化路由器和非模块化路由器等。

① 宽带路由器。宽带路由器是近几年来新兴的一种网络产品，它伴随着宽带的普及应

运而生。宽带路由器在一个紧凑的箱子中集成了路由器、防火墙、带宽控制和管理等功能，具备快速转发能力、灵活的网络管理和丰富的网络状态等特点。

② 模块化路由器。模块化路由器主要是指该路由器的接口类型及部分扩展功能是可以根据用户的实际需求来配置的路由器。

③ 非模块化路由器。非模块化路由器都是低端路由器，平时家用的即为这类非模块化路由器。该类路由器主要用于连接家庭或 ISP 内的小型企业客户。它不仅提供 SLIP 或 PPP 连接，还支持诸如 PPTP 和 IPSec 等虚拟私有网络协议。

④ 虚拟路由器。最近，一些有关 IP 骨干网络设备的新技术被突破，为将来互联网新服务的实现铺平了道路。虚拟路由器就是这样一种新技术，它使一些新型互联网服务成为可能。

⑤ 核心路由器。核心路由器又称"骨干路由器"，是位于网络中心的路由器。而位于网络边缘的路由器叫接入路由器。核心路由器和边缘路由器是相对概念，它们都属于路由器，但是有不同的大小和容量。某一层的核心路由器是另一层的边缘路由器。

⑥ 无线路由器。无线路由器就是带有无线覆盖功能的路由器，它主要应用于用户上网和无线覆盖。市场上流行的无线路由器一般都支持专线 xDSL、Cable、动态 xDSL 等接入方式。

⑦ 智能流控路由器。智能流控路由器能够自动地调整每个节点的带宽，这样每个节点的网速均能达到最快，不用限制每个节点的速度，这是其最大的特点。智能流控路由器经常用在电信的主干道上。

⑧ 动态限速路由器。动态限速路由器是一种能实时地计算每位用户所需要的带宽，精确分析用户上网类型，并合理分配带宽，达到按需分配、合理利用，还具有优先通道的智能调配功能。这种功能主要应用于网吧、酒店、小区、学校等。

(4) 按体系构成分类。从体系结构上看，路由器可以分为第一代单总线单 CPU 结构路由器、第二代单总线主从 CPU 结构路由器、第三代单总线对称式多 CPU 结构路由器、第四代多总线多 CPU 结构路由器、第五代共享内存式结构路由器、第六代交叉开关体系结构路由器和基于机群系统的路由器等多类。

5. 路由器与交换机的主要区别

用路由器连接的若干个网络是各自独立的。从一个网络访问用路由器连接的另一个网络中的站点，须指定该站点的逻辑地址(IP 地址)。

路由表是一种"端口—网络地址"表，它反映了端口与目的网络地址之间的关系。它是一种从分组中提取 IP 地址，并解析出其中的网络地址进行查表的方式。交换机的转发表是"端口—MAC 地址"表，存放的是端口与目的 MAC 地址之间的关系。

4.3.5　网关

网关(Gateway)实现的网络互联发生在网络层以上，它是网络层以上互联设备的总称。网关可以设在服务器、微型机或大型机上。网关具有强大的功能并且大多数时候都和应用有关，它们比路由器的价格要贵一些。由于网关传输更负责，所以传输数据的速率比交换机或路由器低，有造成堵塞的可能。

网关是软件和硬件的组合，通过使用适当的硬件与软件实现不同协议之间的转换功能。

软件实现不同的互联网协议之间的转换，硬件提供不同网络的接口。由于网关连接的是不同体系结构的网络结构，所以网关往往都是针对某一特定应用的专用连接，没有通用的网关。

常见的网关如下。

(1) 电子邮件网关。通过这种网关，可以从一个系统向另一个系统传输数据，它允许使用不同系统电子邮件的人相互通信。

(2) Internet 网关。这种网关允许并管理局域网和 Internet 的接入。它可以限制某些局域网用户访问 Internet。

(3) WAP 网关。这种网关负责连接无线网和 Internet，同时还作为获取数据的代理服务器。它负责从 Internet 标准协议到 WAP 协议的转换。

(4) IBM 主机网关。通过这种网关，可以在一台个人计算机和 IBM 大型机之间建立通信。

4.3.6 三层交换机

三层交换机就是具有部分路由器功能的交换机。三层交换机最重要的目的就是加快大型局域网内部的数据交换速度，其所具有的路由功能也是为这个目的服务的，能够做到一次路由，多次转发。对于数据包转发等规律性的过程由硬件高速实现，而路由信息更新、路由表维护、路由计算、路由确定等功能由软件实现。

1. 应用背景

出于安全和管理方便的考虑，为了减小广播风暴的危害，必须把大型局域网按功能或地域等因素划分成多个局域网。这就使 VLAN 技术在网络中得以大量应用，而各个不同 VLAN 间的通信都要经过路由器完成转发。随着网间互访信息量的不断增加，单纯使用路由器来实现网间访问。其端口数量有限，路由速度较慢，所以极大地限制了网络的规模和访问速度。基于这种情况三层交换机便应运而生。三层交换机是为 IP 设计的，接口类型简单，拥有很强的二层包处理能力，非常适用于大型局域网内的数据路由与交换。它既可以工作在第三层替代或部分完成传统路由器的功能，同时具有几乎第二层交换机的速度，且价格相对便宜。

在企业网和教学网中，一般会将三层交换机用在网络的核心层，用三层交换机上的吉比特端口或百兆端口连接不同的子网或 VLAN。不过应认识到三层交换机出现最重要的目的是加快大型局域网内部的数据交换，所具备的路由功能也多是围绕这一目的而展开的。所以它的路由功能没有同一档次的专业路由器强，在端口类型、安全、协议支持等方面还有许多欠缺，并不能完全取代路由器的工作。

2. 三层交换机的工作原理

三层交换机使用了三层交换技术。简单地说，三层交换技术就是二层交换技术加上三层转发技术，它解决了局域网中网段划分之后子网之间必须依赖路由器进行管理的局面，解决了传统路由器低速转发包所造成的网络通信瓶颈的主要问题。

三层交换机原理如下，假设两个使用 IP 的站点 A、B 通过第三层交换机进行通信，发送站点 A 在开始发送时，把自己的 IP 地址与 B 站的 IP 地址比较(网络地址比较)，判断 B 站是否与自己在同一子网内。若目的站 B 与发送站 A 在同一子网内，则进行二层的转发。若两个站点不在同一子网内，如发送站 A 要与目的站 B 通信，发送站 A 要向“默认网关”发出 ARP(地址解析)包，而“默认网关”的 IP 地址其实是三层交换机的三层交换模块。当发送站 A 对“默认网关”的 IP 地址广播出一个 ARP 请求时，如果三层交换模块在以前的通信过程中已经知道 B 站的 MAC 地址，则向发送站 A 回复 B 的 MAC 地址。否则三层交换模块根据路由信息向 B 站广播一个 ARP 请求，B 站得到此 ARP 请求后向三层交换模块回复其 MAC 地址。三层交换模块保存此地址并回复给发送站 A，同时将 B 站的 MAC 地址发送到二层交换引擎的 MAC 地址表中。从这以后，A 向 B 发送的数据包便全部交给二层交换处理，信息得以高速交换，即“一次路由，多次转发”。由于仅仅在路由过程中才需要三层处理，绝大部分数据都通过二层交换转发，因此三层交换机的速度很快，接近二层交换机的速度。

3. 三层交换机的使用

目前，在校园网、城域网建设中，核心层、汇聚层、接入层都有三层交换机的应用，尤其是核心层一定要用三层交换机，否则整个网络成百上千台的计算机都在一个子网中，不仅毫无安全可言，也会因为无法分割广播域而无法隔离广播风暴。如果采用传统的路由器，虽然可以隔离广播，但是性能又得不到保障。而三层交换机的出现恰好解决了这一难题。

三层交换机的使用具有以下主要特点。

(1) 高可扩充性。三层交换机在连接多个子网时，子网只是与第三层交换模块建立逻辑连接，不像传统外接路由器那样需要增加端口，从而满足用户 3～5 年网络应用快速增长的需要。

(2) 高性价比。三层交换机具有连接大型网络的能力，功能基本上可以取代某些传统路由器，但是价格较同档次、同样数量接口的路由器要低。

(3) 适合多媒体传输。三层交换机具有 QoS 的控制功能，可以给应用程序分配不同的带宽。例如，在校园网中传输视频流时，就可以专门为视频传输预留一定量的专用带宽，相当于在网络中开辟了专用通道，其他的应用程序不能占用这些预留的带宽，因此能够保证视频流传输的稳定性。而普通的二层交换机就没有这种特性，因此在传输视频数据时，就会出现视频忽快忽慢的卡顿现象。

另外，视频点播(VOD)也是教育网中经常使用的业务。但是由于有些视频点播系统使用广播来传输，而广播包是不能实现跨网段的，这样 VOD 就不能实现跨网段进行。如果采用单播形式实现 VOD，虽然可以实现跨网段，但是支持的同时连接数就非常少，一般几十个连接就占用了全部带宽。而三层交换机具有组播功能，VOD 的数据包以组播的形式发向各个子网，既实现了跨网段传输，又保证了 VOD 的性能。

4.3.7　光纤收发器

光纤收发器是一种将短距离的双绞线电信号和长距离的光信号进行互换的以太网传输媒体转换单元，在很多地方也被称为光电转换器。在一些规模较大的企业，网络建设时直接使用光纤作为传输介质建立骨干网，而内部局域网的传输介质一般为双绞线。光纤收发器将双绞线电信号和光信号进行相互转换，确保了数据包在两个网络间顺畅传输，同时它将网络的传输距离极限从双绞线的 100m 扩展到几十千米甚至上百千米。

目前国外和国内生产光纤收发器的厂商很多，产品也极为丰富。为了保证与其他厂家的网关、集线器和交换机等网络设备互联的兼容性，光纤收发器产品必须严格符合

100BaseTX-FX、1000BaseTX-FX 等以太网标准,其主要分类形式如下。

(1) 按光纤性质分类。按光纤性质来分,光纤收发器可以分为多模光纤收发器和单模光纤收发器。由于使用的光纤不同,收发器所能传输的距离也不一样,多模光纤收发器一般的传输距离在 1km 以内,而单模光纤收发器覆盖的范围是 2~160km,甚至更高。

(2) 按使用光纤数量分类。按使用光纤数量来分,光纤收发器可以分为单纤光纤收发器和双纤光纤收发器。单纤光纤收发器采用了波分多路复用技术,在一根光纤上实现数据的接收和发送,可以节省光纤的使用,在光纤资源紧张的地方十分适用。但由于单纤光纤收发器产品没有统一国际标准,因此,不同厂商产品在互连互通时可能会存在不兼容的情况。另外,由于使用了波分多路复用,单纤光纤收发器产品普遍存在信号衰耗大的特点。目前市面上的光纤收发器多为双纤产品,此类产品较为成熟和稳定。

(3) 按工作层次/速率分类。按工作层次/速率来分,光纤收发器可以分为 10Mbps、100Mbps 的光纤收发器,10/100Mbps 自适应的光纤收发器和 1000Mbps 光纤收发器。其中 10Mbps 和 100Mbps 的光纤收发器产品工作在物理层,在这一层工作的光纤收发器产品是按位来转发数据的。该转发方式具有转发速度快、时延低等方面的优势,适合应用于速率固定的链路上,其兼容性和稳定性较好。10/100Mbps 自适应的光纤收发器工作在数据链路层,在这一层光纤收发器使用存储转发的机制。存储转发可以防止一些错误的帧在网络中传播,占用宝贵的网络资源,同时还可以很好地防止由于网络拥塞造成的数据包丢失,保证了数据传输的可靠性,因此 10/100Mbps 自适应的光纤收发器适用于工作在速率不固定的链路上。1000Mbps 光纤收发器可以按实际需要工作在物理层或数据链路层,市场上这些光纤收发器都有销售。

4.3.8 调制解调器

调制解调器(Modem)是调制器/解调器(Modulator/Demodulator)的缩写。调制解调器是一种计算机硬件,它能把计算机的数字信号翻译成可沿普通电话线传送的模拟信号,而这些模拟信号又可被线路另一端的另一个调制解调器接收,并译成计算机可懂的语言。这一简单过程完成了两台计算机间的通信。

1. 调制与解调概念

计算机内的信息是由"0"和"1"组成的数字信号,而在电话线上传递的却只能是模拟信号。所以,当两台计算机要通过电话线进行数据传输时(比如拨号上网),就需要一个设备负责数模的转换。这个数模转换器就是调制解调器。计算机在发送数据时,先由调制解调器将数字信号转换为相应的模拟信号,这个过程称为"调制"。经过调制的信号通过电话载波传送到另一台计算机之前,也要由接收方的调制解调器负责将模拟信号还原为计算机能识别的数字信号,这个过程称为"解调"。正是通过"调制"与"解调"的数模转换过程,才实现两台计算机之间的远程通信。

利用电话线拨号方式接入 Internet,调制解调器就是一个具有波形变换和波形识别的装置。它负责将计算机输出的数字信号"调制"成可以在普通电话线上传送的脉冲信号;在线路的另一端再被另一个调制解调器"解调"为数字信号。这种上网方式对于互联网服务提供商和上网者而言初期投资比较少,无须改造线路,安装也比较简单,因此早期上网基本都采用这种方式。随着宽带网络的流行,更多的高速调制解调器(也称为基带调制解调器)会越来越多地进入人们的生活。

2. 调制解调器分类

(1) 调制解调器的分类有多种，按照安装方式可分为内置式、外置式和 PCMCIA 卡式三种。

① 内置式调制解调器其实就是一块计算机的扩展卡，插入计算机内的一个扩展槽即可使用，它不占用计算机的串行端口。

② 外置式调制解调器则是一个放在计算机外部的盒式装置，它会占用计算机的一个串行端口，还需要连接单独的电源才能工作。

③ PCMCIA 卡式调制解调器是笔记本电脑专用产品，功能同普通调制解调器相同。

(2) 按照调制信号的类型，调制解调器可分为基带调制解调器和频带调制解调器两大类。

① 基带调制解调器又称为短程调制解调器，是在相对短的距离内，如楼宇、校园内部或市内，连接计算机、网桥、路由器和其数字通信设备的装置。

② 频带调制解调器是利用给定线路中的频带（如一个或多个电话所占用的频带）进行数据传输，它的应用范围比基带广泛得多，传输距离也较基带要长。

任务 4.4　工程实践——双绞线的制作与端接

双绞线俗称“网线”，由 8 根不同颜色的线分成 4 对绞合在一起。成对扭绞的作用是尽可能减少电磁辐射与外部电磁干扰的影响。在 EIA/TIA—568 标准中，将双绞线按电气特性区分为三类线、四类线和五类线。网络中最常用的是三类线和五类线。

网络设备（网卡、集线器、交换机）之间一般采用双绞线进行连接。双绞线有 4 组共 8 根线，用颜色区分：橙白、橙、蓝白、蓝、绿白、绿、棕白、棕。它们两两扭绞在一起，常用于星形拓扑结构的网络中。双绞线的 8 根线要接入 RJ-45 连接头（俗称水晶头）。本任务将详细介绍网线的制作方法以及端接测试。

4.4.1　双绞线的制作

双绞线按照制作时的线序可以制作成直通线和交叉线两类，分别适用于不同场合设备之间的连接。

直通线：两端排线标准是一致的，两端都按照 EIA/TIA568B 标准连接水晶头。通常用来连接两种不同种类的网络设备。

交叉线：两端排线标准不同，一端是按照 EIA/TIA568A 标准连接，另一端按照 EIA/TIA568B 标准连接。通常用来连接两个相同种类的网络设备。

EIA/TIA 的布线标准中规定的 568A 与 568B 排线顺序分别如下所示。

T568B：橙白、橙、绿白、蓝、蓝白、绿、棕白、棕。

T568A：绿白、绿、橙白、蓝、蓝白、橙、棕白、棕。

用户可根据实际需要选用直通线或交叉线，直通线与交叉线的线路如图 4-17 所示。

双绞线的制作相对比较简单，下面具体介绍双绞线的制作过程。

准备设备：压线钳和 RJ-45 插头，如图 4-18 所示。首先利用压线钳的剪线刀口剪裁出计划需要使用到的双绞线长度。

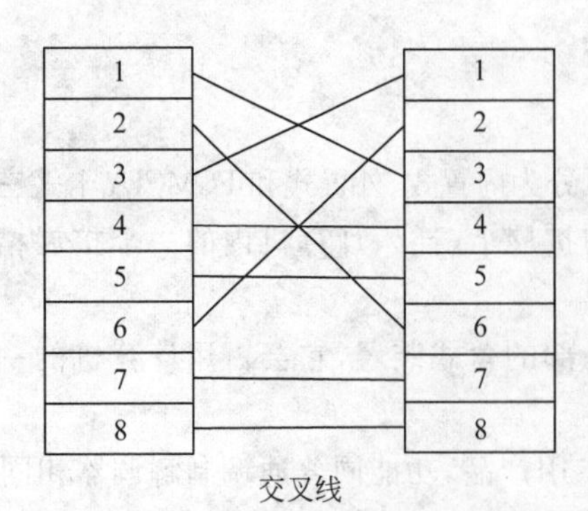

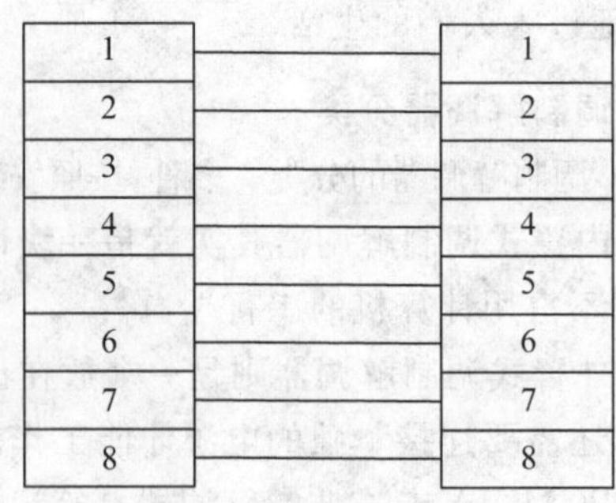

图 4-17　直通线与交叉线

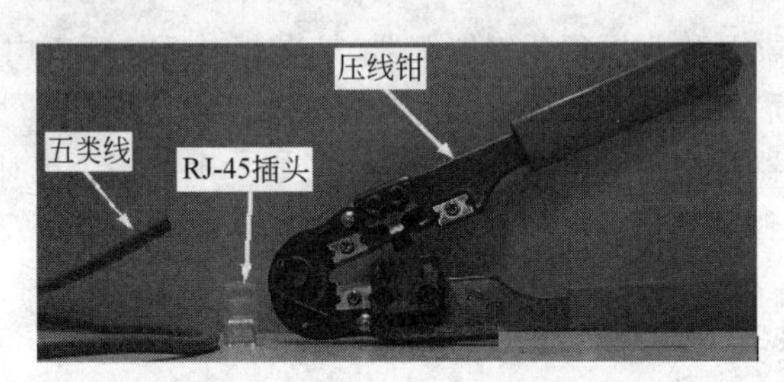

图 4-18　压线钳、水晶头、网线等工具

然后需要把双绞线的保护层剥掉，可以利用压线钳的剪线刀口将线头剪齐，再将线头放入剥线刀口，稍微用力握紧压线钳慢慢旋转，让刀口划开双绞线的保护胶皮，注意不要将里面的芯线表皮刮破。为便于操作，一般剥开表皮 5cm 左右，再把切割后的保护胶皮去掉，露出 4 对线，如图 4-19 所示。

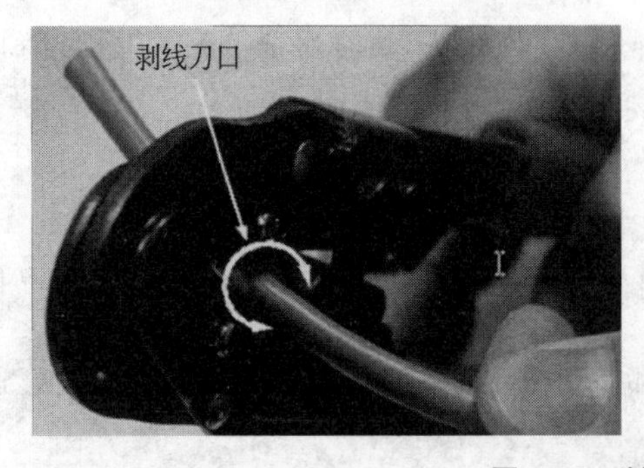

图 4-19　制作网线

把每对都是相互缠绕在一起的线缆逐一解开。解开后则根据需要接线的规则把几组线缆依次地排列好并理顺，排列的时候应该注意尽量避免线路的缠绕和重叠，如图 4-20 所示。

把线缆依次排列并理顺之后，由于线缆之前是相互缠绕着的，因此线缆会有一定的弯曲，因此应该把线缆尽量拉直并尽量保持线缆平扁。之后利用压线钳的剪线刀口把线缆顶部裁剪成合适的长度，一般线缆预留的长度是 1.5cm 左右，如图 4-21 所示。

一个简单的方法就是：压线钳挡位离剥线刀口长度通常恰好为水晶头长度。剥线过长或过短都会造成问题，若剥线过长不但不美观，反而由于网线表层不能进入水晶头内被卡

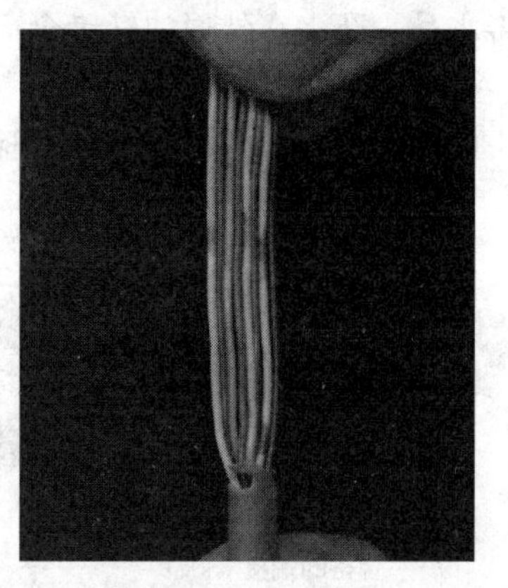

图 4-20　排列整齐

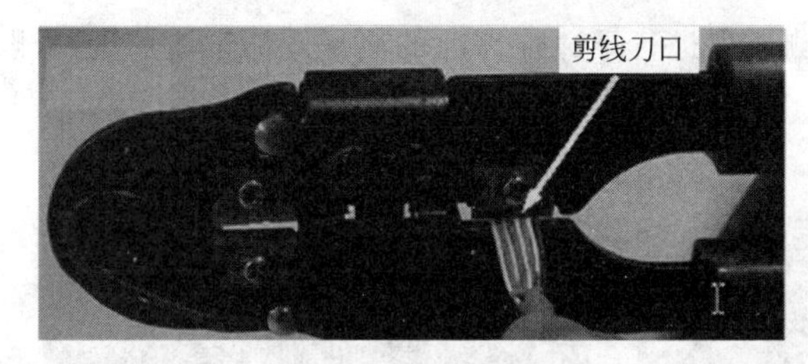

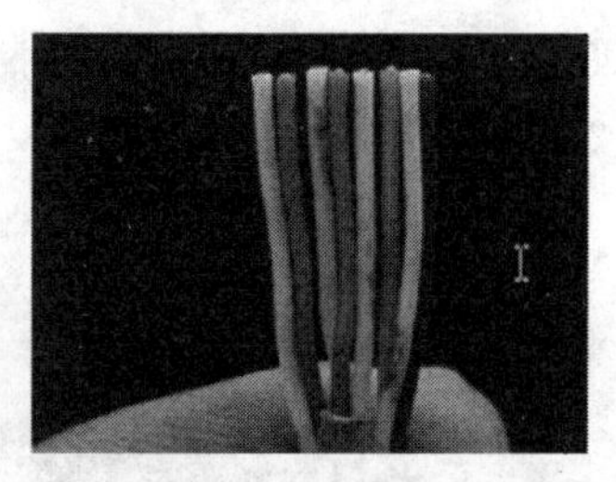

图 4-21　剪线

住，在平时使用时容易造成线芯松动；若剥线过短，则因有保护层塑料的存在，不能完全插到水晶头底部，造成水晶头插针不能与网线芯线完好接触，有可能造成网线无法接通。

裁剪之后，应该尽量把线缆按紧，不要松手，并且应该避免大幅度的移动或者弯曲网线，否则也可能会导致几组已经排列且裁剪好的线缆出现不平整的情况。

接下来要做的就是把整理好的线缆插入水晶头内。需要注意的是，要将水晶头有塑料弹簧片的一面向下，有针脚的一方向上，水晶头有方形孔的一端对着自己。此时，最左边的是第 1 脚，最右边的是第 8 脚。插入的时候需要注意缓缓地用力把 8 条线缆同时沿 RJ-45 头内的 8 个线槽插入，一直插到线槽的顶端，如图 4-22 所示。

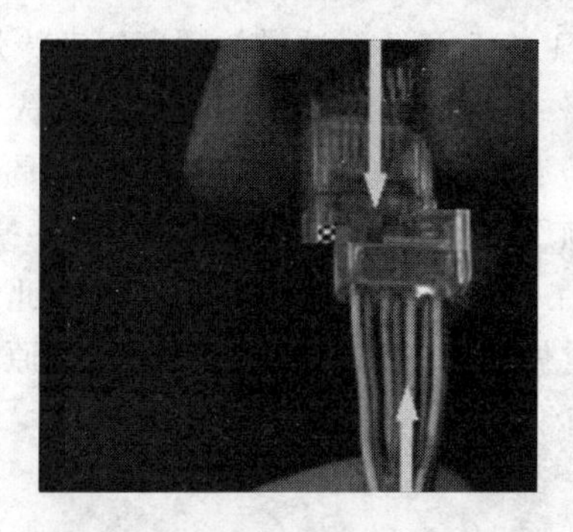

图 4-22　准备压线

确认无误之后就可以把水晶头插入压线钳的 8P 槽内压线了。把水晶头插入后，抓网线的手不要松开，要用点力使网线向压力钳方向顶，防止网线从 8P 槽内退出。另一只手用力握紧线钳，这样挤压的过程使得水晶头凸出在外面的针脚全部压入水晶头内，受力之后听到轻微的“啪”一声即可。

完成并测试，可以从水晶头的顶部检查，看看是否每一组线缆都紧紧地顶在水晶头的末端，如图 4-23 所示。

图 4-23 做好的网线头

压好后的网线水晶头需要使用测试仪进行导通性情况的测试。测试使用网线测试仪，如图 4-24 所示。

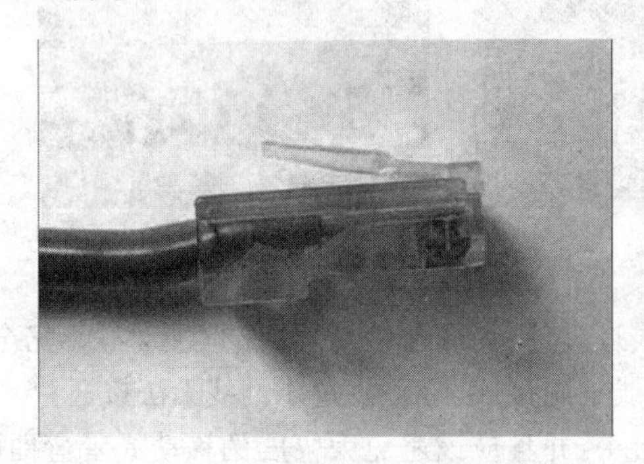

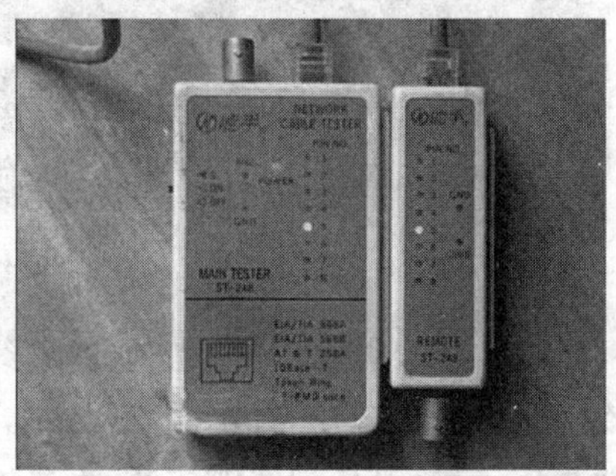

图 4-24 双绞线测试

测试仪的使用，根据测试仪不同的接口情况，可决定该测试仪可以测试的线缆类型。把在 RJ-45 两端的接口插入测试仪的两个接口之后，打开测试仪可以看到测试仪上的两组指示灯都在闪动。若测试的线缆为直通线，在测试仪上的 8 盏指示灯应该依次为绿色闪过，证明了网线制作成功，可以顺利完成数据的发送与接收。若测试的线缆为交叉线，其中一侧同样是依次由 1～8 闪动绿灯，而另外一侧则会根据 3、6、1、4、5、2、7、8 这样的顺序闪动绿灯。

若出现任何一盏灯为红灯或黄灯，都证明存在断路或者接触不良现象，此时最好先对两端水晶头再用压线钳压一次再测，如果故障依旧，请检查一下两端芯线的排列顺序是否一样。如果不一样，请剪掉一端重新按另一端芯线排列顺序制作水晶头。如果芯线顺序一样，但测试仪仍显示红色灯或黄色灯，则表明其中肯定存在对应芯线接触不好的问题。此时选择其中一个头重做，然后再测，如果故障消失，则不必重做另一端水晶头，否则还得把原来的另一端水晶头也剪掉重做。直到测试全为绿色指示灯闪过为止。

4.4.2 双绞线的端接

为了连接 PC、集线器、交换机和路由器，双绞线电缆的两端需要端接连接器。在以太网中，网卡、集线器、交换机、路由器用双绞线连接需要两对线，一对用于发送；另一对用于接收。

根据 EIA/TIA—T568 标准的规定，PC 的网卡和路由器使用 1、2 线对用作发送端，3、6 线对用于接收端。交换机和集线器与之相反，使用 3、6 线对作为发送端，1、2 线对作为接收端。

为此，当把一台 PC 与交换机或集线器连接时，使用如图 4-25 所示的直通线。

使用如图 4-26 所示的交叉线，可以把两台计算机互联。使用交叉线把两台计算机连接在一起的方法是最简单的网络连接。

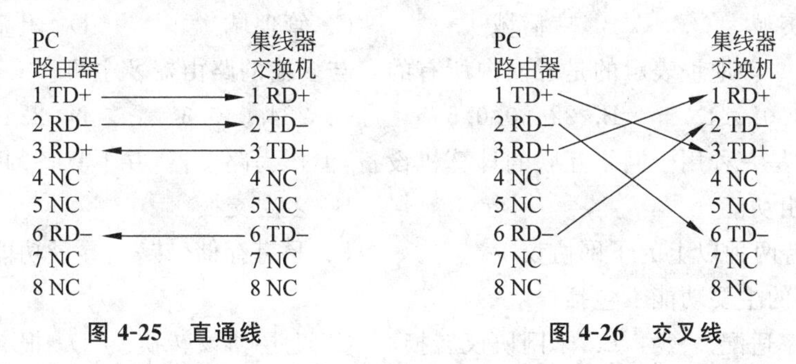

图 4-25 直通线　　图 4-26 交叉线

交换机和集线器有时候为了扩充端口的数量，或者延伸网络的长度（双绞线电缆 UTP 和 STP 的最大连接长度是 100m），需要多台交换机和集线器级联。由于交换机和集线器的发送端与接收端设置相同，所以它们自己之间的互联需要使用交叉线，交换机之间的级联也使用交叉线。

交换机和集线器的发送端口与接收端口的设置与计算机网卡的设置正好相反的目的是使计算机与交换机和集线器的连接线缆的端接简化。因为制作 UTP 的直通线要比制作交叉线简单。尤其是需要先在建筑物内布线，再用 UTP 跳线将计算机与交换机连接在一起的场合，直通线的使用可以避免线序的混乱。

课后练习

一、填空题

1. 网络中采用的传输媒体可分为(　　)和(　　)两大类。

2. (　　)、(　　)和(　　)是常用的三种有线传输介质；无线电通信、微波通信、红外通信以及激光通信的信息载体等都属于无线传输介质。

3. 使用(　　)作为传播媒体需要完成电信号和光信号之间的转换。

4. 在计算机网络中，双绞线、同轴电缆及光纤等用于传输信息的载体被称为(　　)。

5. 无线传输媒体除通常的无线电波外，通过空间直线传输的还有三种技术：(　　)、(　　)和(　　)。

6. 同轴电缆可分为(　　)和(　　)两种基本类型。

7. 光纤按模式可分为(　　)和(　　)两类。

二、选择题

1. 交换机如何知道将帧转发到哪个端口的？(　　)

A. 用 MAC 地址表　　B. 用 ARP 地址表

C. 读取源 ARP 地址　　D. 读取源 MAC 地址

2. 两台以太网交换机之间使用了两根五类双绞线相连，要解决其通信问题，避免产生环路问题，需要启用(　　)技术。

A. 源路由网桥　　B. 生成树网桥

C. MAC 子层网桥　　D. 介质转换网桥

3. 以太网交换机的每一个端口可以看作一个(　　)。

A. 冲突域　　B. 广播域　　C. 管理域　　D. 阻塞域

4. 下面(　　)地址表示的是子网内所有的参与多播的路由器及主机。

A. 224.0.0.1　　B. 224.0.0.5　　C. 224.0.0.6　　D. 224.0.0.9

5. 路由器是一种用于网络互联的计算机设备，但作为路由器，并不具备的是(　　)。

A. 路由功能　　B. 多层交换

C. 支持两种以上的子网协议　　D. 具有存储、转发、寻径功能

6. 路由器的主要功能不包括(　　)。

A. 速率适配　　B. 子网协议转换　　C. 七层协议转换　　D. 报文分片与重组

7. 路由器网络层的基本功能是(　　)。

A. 配置 IP 地址　　B. 寻找路由和转发报文

C. 将 MAC 地址解释成 IP 地址　　D. 协议转换

三、操作题

1. 根据实际制作结果填写交叉线两端的连线情况。连线是否正确？如不正确，为什么？

连接号	第 1 对	第 2 对	第 3 对	第 4 对	第 5 对	第 6 对	第 7 对	第 8 对
A 端 RJ-45								
B 端 RJ-45								

2. 根据实际制作结果填写直通线两端的连线情况。连线是否正确？如不正确，为什么？

连接号	第 1 对	第 2 对	第 3 对	第 4 对	第 5 对	第 6 对	第 7 对	第 8 对
A 端 RJ-45								
B 端 RJ-45								

3. 描述直通线和交叉线在测试仪上两端指示灯怎样闪亮，网线才算制作合格。

项目 5

局域网技术

自 20 世纪 80 年代以来，随着计算机硬件价格不断下降，用户共享需求增强，使得局域网技术得到了飞速发展。局域网应用范围非常广泛，从简单的分时服务到复杂的数据库系统、管理信息系统、事务处理系统等。它的网络结构简单、经济、功能强且灵活性大。本项目主要介绍局域网的基本知识、局域网的模型和标准、介质访问控制方法、虚拟局域网技术，重点阐述以太网技术及其应用。

任务 5.1　局域网技术概述

局域网技术对计算机信息系统的发展有很大影响，人们借助于局域网这一资源共享平台可以很方便地实现以下功能：共享存储和打印等硬件设备；共享公共数据库等各类信息和软件；向用户提供诸如电子邮件传输等高级服务。因此，它不仅广泛应用于办公自动化、企业管理信息处理自动化以及金融、外贸、交通、商业、军事、教育等部门，而且随着通信技术的发展，它在相关的领域中所起的作用也会越来越大。

5.1.1　局域网的特点

局域网(LAN)和广域网(WAN)一样，也是一种连接各种设备的通信网络，并为这些设备间的信息交换提供相应的路径。局域网和广域网相比，有其自身的特点，它的主要特点如下。

(1) 规划、建设、管理与维护的自主性强。局域网通常为一个单位或一个部门所有，不受其他网络规定的约定，易于进行设备的更新和技术的更新，也易于扩充，但要自己负责网络的管理和维护。

(2) 覆盖地理范围小。局域网的分布地理范围小，如一所学校、工厂、企事业单位，各节点距离一般较短。

(3) 综合成本低。局域网覆盖范围有限，通信线路较短，网络设备相对较少，从而使得网络建设、管理和维护的成本相对较低。

(4) 传输速率高。局域网通信线路较短，故可选用较高性能的传输介质作为通信线路，并通过较宽的频带，可以大幅度提高通信速率，缩短延迟时间。目前，局域网的传输速率均在 100Mbps 以上。

(5) 误码率低、可靠性高。局域网通信线路短，其信息传输可以避免时延和干扰，因此，时延低、误码率低。

(6) 通常由微型机和中小型服务器构成。由于局域网的功能和应用，其构成主要是微型机和中小型服务器等。

由于局域网的以上特点，在局域网的设计过程中，其关键技术为网络拓扑、传输介质与介质访问控制方法。

5.1.2 局域网的关键技术

1. 局域网的网络拓扑结构

局域网在网络拓扑结构上主要分为总线拓扑结构、环形拓扑结构与星形拓扑结构 3 种基本结构，后面会详细说明。

2. 局域网的传输介质

局域网常用的传输介质有同轴电缆、双绞线、光纤和无线通信信道。早期(20 世纪 80 年代到 90 年代中期)应用最多的是同轴电缆。随着计算机通信技术的飞快发展和网络应用的日益普及，双绞线与光纤产品发展很快，尤其是双绞线产品的发展更快、应用更广泛，已普及应用于数据传输速率为 100Mbps、1Gbps 的高速局域网中，因此，双绞线越来越受到大家的欢迎。

3. 局域网的介质访问控制方法

对于介质访问控制(Media Access Control，MAC)方法来说，传统的局域网采用“共享介质”的工作方法。为了实现对多节点使用共享介质发送和接收数据的控制，经过人们多年的研究，提出了多种不同的介质访问控制方法。IEEE 802 标准主要定义了以下 3 种类型的 MAC 方法。

(1) 带有冲突检测的载波监听多路访问(CSMA/CD)方法的总线拓扑结构局域网。

(2) 令牌总线(Token Bus)方法的总线拓扑结构局域网。

(3) 令牌环(Token Ring)方法的环形拓扑结构局域网。

5.1.3 局域网的体系结构

局域网是计算机网络系统的一种，与一般的网络相比，在信息的传输上具有两个特点：①数据是以帧寻址方式工作的；②局域网内一般不存在中间转换问题。对于局域网来说，物理层是用来建立物理连接的，数据链路层把数据以帧为基本单位进行传输，并实现帧的顺序控制、差错控制和流量控制功能，使不可靠的链路变成可靠的链路。因此，根据 OSI 参考模型，结合局域网本身的特点，IEEE 802 委员会制定了具体的局域网模型和标准。图 5-1 所示为 OSI 参考模型与 LAN 参考模型的对应关系。

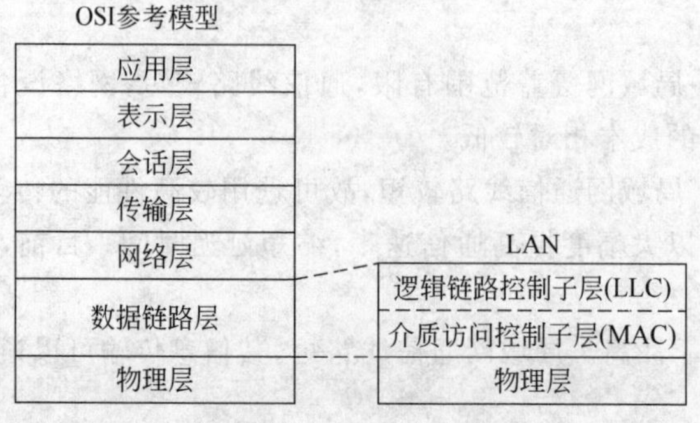

图 5-1 OSI 参考模型与 LAN 参考模型的对应关系

局域网不提供 OSI 网络层及以上高层的主要原因是：首先，局域网属于通信网，它只涉及与通信有关的功能，因此，它至多与 OSI 中的低三层有关；其次，由于局域网基本上采用共享信道技术和第二层交换技术，因此，可以不设单独的网络层。可以这样理解，对于不同的局域网技术来说，它们的主要区别体现在物理层和数据链路层，当这些不同的局域网需要网络层互联时可以借助现有的网络层协议，如 TCP/IP 中的 IP，而不需要单独定义网络层。

局域网各层功能如下。

(1) 物理层。物理层负责物理连接管理以及在介质上传输比特流。其主要任务是描述传输介质接口的一些特性，如接口的机械特性、电气特性、功能特性、规程特性等。这与 OSI 参考模型的物理层相同，但由于 LAN 可以采用多种传输介质，各种介质的差异很大，这使得物理层的处理过程较为复杂。

(2) 数据链路层。数据链路层的主要作用是通过一些数据链路层协议，负责帧的传输、管理和控制，在不太可靠的传输信道上实现可靠的数据传输。

在 LAN 中，由于各节点共享网络公共信道，因此，首先必须解决如何避免信道争用的问题，即数据链路层必须有介质访问控制功能。又由于 LAN 采用的拓扑结构不同，传输介质各异，相应的介质访问控制方法也存在差异，因此数据链路层存在与介质有关的和无关的两部分。在数据链路功能中，将与介质有关的部分和无关的部分分开，可以降低不同类型介质接口设备的费用，所以又可将 LAN 的数据链路层划分为两个子层：逻辑链路控制(Logic Link Control，LLC)子层和介质访问控制(Medium Access Control，MAC)子层。

① LLC 子层。LLC 子层集中了与介质无关的部分，并将网络层服务访问点 SAP 设在 LLC 子层与高层的交界面上。LLC 具有帧传输、接收功能，并具有帧顺序控制、流量控制等功能。在不设网络层时，此子层还负责通过 IS 务访问点(SAP)向网络层提供服务。

② MAC 子层。MAC 子层集中了与介质有关的部分，负责在物理层的基础上进行无差错通信，维护数据链路功能，并为 LLC 子层提供服务，支持 CSMA/CD、Token-Bus、Token-Ring 等介质访问控制方式；发送信息时负责把 LLC 帧组装成带有 MAC 地址(也称为网卡的物理地址或二层地址)和差错校验的 MAC 帧，接收数据时对 MAC 帧进行拆卸、目标地址识别和 CRC 校验。

5.1.4 局域网的拓扑结构

局域网在网络拓扑结构上主要分为总线拓扑结构、环形拓扑结构与星形拓扑结构 3 种基本结构。

(1) 总线拓扑结构是局域网主要的拓扑结构之一，是一种基于公共主干信道的广播式拓扑形式，常见的总线结构局域网有由粗细同轴电缆做总线的 10Base-5 和 10Base-2 以太网等。

(2) 环形拓扑结构是一种基于公共环路的拓扑形式，其控制方式可集中于某一节点，其信息流一般是单向的，路径选择较为简单。FDDI 网即是环形拓扑结构。

(3) 星形拓扑结构是一种集中控制的拓扑形式，在出现了交换式以太网后，才真正出现了物理结构与逻辑结构一致的星形拓扑结构。常见的星形局域网有基于集线器的 10/100/1000Base-T 共享式以太网和基于各种交换机的交换式以太网。

5.1.5 常见局域网技术

1. FDDI 技术

FDDI(Fiber Distributed Data Interface)采用光纤介质和双环形结构,数据传输速率为100Mbps,环路长度最长为100km,最多可连接500个节点,节点间的最大距离为2km,可以使用多模光纤或单模光纤,具有动态分配带宽的能力,能支持同步和异步数据传输。它是最早推出的高速令牌环网,因此,一些早期的校园网、园区网都采用FDDI方案。

FDDI所采用的介质访问控制方法与IEEE 802.5标准的对应部分相似,使用单令牌的环网介质访问控制MAC协议。所不同的是在IEEE 802.5中采用单数据帧访问方法,而在FDDI中则采用多数据帧访问方法,即允许在环路中同时存在多个数据帧,以提高信道利用率。在IEEE 802.5标准中规定,占有令牌的源节点把数据帧送入目的节点后,并不立即释放令牌,而是要等待数据帧绕环路传输一周返回源节点后,才释放令牌。在环路上始终只有一个数据帧在传输,这种方法降低了数据的传输速率。而FDDI采用令牌释放技术,即在源节点把数据帧发送出去后,立即释放令牌,提高了数据传输速率。FDDI基本结构是由两根光纤同时将网上所有节点串接成两个封闭的环路,其中,一个环为主环,另一个环为备用环。当主环上的设备失效或光缆发生故障时,通过主环向备用环的切换可继续维持FDDI的正常工作。这种故障容错能力是其他网络所没有的。

2. ATM 技术

ATM以信元为基本数据传输单元,信元是一种很短的固定长度的数据分组,每个信元长53字节。信元头的5字节用来承载该信元的控制信息;48字节的信元体用来承载用户数据。

ATM采用统计复用的方式可以有效地利用带宽。以信元为单位传送用户信息,实时性好,在多媒体信息的传输上具有较大优势。其特点主要表现在以下7个方面。

(1) ATM采用了分组交换中统计复用、动态按需分配带宽的技术。

(2) ATM将信息分成固定长度的交换单元——信元。信元长度为53字节,其中5字节用来标识虚通道(VPI)和虚通路(VCI),检测信元正确性,标识信元的负载类型。由于采用固定长度的信元,可用硬件逻辑完成对信元的接收、识别、分类和交换,保证155～622Mbps的高速通信。

(3) ATM网内不处理纠错重发、流量控制等一系列复杂的协议,以减少网络开销,提高网络资源利用率。

(4) ATM网中可承载不同类型的业务,如语音、数据、图像、视频等,这在其他网络中是不可能实现的。

(5) ATM是面向连接的。

(6) ATM是目前唯一具有QoS(服务质量)特性的技术。

(7) ATM在专网、公网和LAN上都可以使用。

3. WLAN 技术

无线局域网(Wireless Local Area Network,WLAN)是利用无线通信技术在一定的局部范围内建立的网络,是计算机网络与无线通信技术相结合的产物。它以无线多址信道作为传输介质,提供传统有线局域网的功能,能够使用户真正实现随时、随地、随意地接入宽带网络。

由于 WLAN 是计算机网络与无线通信技术的结合，在计算机网络结构中，逻辑链路控制子层及其之上的应用层对不同的物理层的要求可以是相同的，也可以是不同的。因此，WLAN 标准主要是针对物理层和介质访问控制层，涉及所使用的无线频率范围、空中接口通信协议等技术规范与技术标准，其中主要包括 IEEE 802.11、IEEE 802.11b、IEEE 802.11a、IEEE 802.11g、IEEE 802.11n 等几种。

任务 5.2 局域网的模型与标准

5.2.1 IEEE 802 参考模型

20 世纪 80 年代初期，美国电气和电子工程师协会 IEEE 802 委员会结合局域网自身的特点，参考 ISO 的 OSI/RM，提出了局域网的参考模型（LAN/RM）——IEEE 802 参考模型，制定了局域网体系结构。因 IEEE 802 标准诞生于 1980 年 2 月，故称为 IEEE 802 标准。由于计算机网络的体系结构和国际标准化组织（ISO）提出的开放系统互联参考模型（OSI/RM）已得到广泛认同，并提供了一个便于理解、易于开发的统一计算机网络体系结构。因此，IEEE 802 参考模型在参考了 OSI 参考模型的基础上，根据局域网的特征定义的局域网的体系结构仅包含了 OSI 参考模型的最低两层：物理层和数据链路层。目前，许多 IEEE 802 标准现已成为 ISO 的国际标准。

5.2.2 IEEE 802 标准

电子工程师协会 IEEE 802 委员会为局域网制定了一系列标准，它们统称为 IEEE 802 标准，IEEE 802 各标准之间的关系如图 5-2 所示，表 5-1 为 IEEE 802 已经公布的标准。

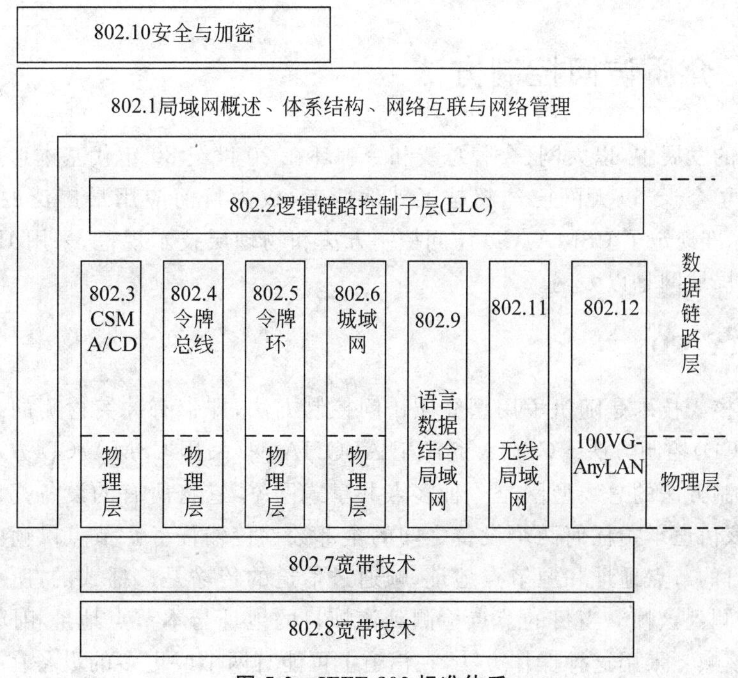

图 5-2 IEEE 802 标准体系

表 5-1　IEEE 802 为局域网制定的一系列标准

标　准	研究内容
IEEE 802.1 标准	定义了局域网体系结构、寻址、网络互联以及网络管理
IEEE 802.2 标准	定义了逻辑链路控制子层(LLC)功能与服务协议
IEEE 802.3 标准	定义了 CSMA/CD 访问控制方法及物理层技术规范
IEEE 802.4 标准	定义了令牌总线访问控制方法及物理层技术规范
IEEE 802.5 标准	定义了令牌环访问控制方法及物理层技术规范
IEEE 802.6 标准	定义了城域网络(MAN)访问控制方法及物理层技术规范
IEEE 802.7 标准	定义了宽带网络规范
IEEE 802.8 标准	定义了光纤网络传输规范
IEEE 802.9 标准	定义了综合业务局域网接口
IEEE 802.10 标准	定义了可互操作的 LAN 的安全性规范
IEEE 802.11 标准	定义了无线 LAN 规范
IEEE 802.12 标准	定义了 100VG-AnyLAN 规范
IEEE 802.13 标准	定义了交互式电视网规范
IEEE 802.14 标准	定义了电缆调制解调器规范
IEEE 802.15 标准	定义了个人无线网络标准规范
IEEE 802.16 标准	定义了宽带无线局域网标准规范

随着局域网技术的发展，该体系还在不断地增加新的标准与协议。例如，目前常用的以太网(Ethernet)IEEE 802.3 家族出现了 802.3u(快速以太网)、802.3z(吉比特光纤以太网)、802.3ab(吉比特双绞线以太网)、802.3ae(十吉比特光纤以太网)、802.3ak(十吉比特铜缆以太网，铜缆距离小于 15m)、802.3an(十吉比特双绞线以太网，六类/七类双绞线)。

任务 5.3　介质访问控制方法

在局域网的发展中，以太网、令牌总线和令牌环在 20 世纪 80 年代基本形成三足鼎立的局面。但是到了今天，以太网已经超越了其他两者，成为目前应用最广泛的局域网标准。IEEE 802.3 标准规定了 CSMA/CD 访问控制方法和物理层技术规范，采用 IEEE 802.3 协议标准的典型局域网是以太网。

5.3.1　CSMA/CD

以太网的核心技术是随机争用型介质访问控制方法，即带有冲突检测的载波监听多路访问(CSMA/CD)控制方法。CSMA 起源于 ALOHA 网，采用 CSMA/CD 方法作为以太网的介质访问控制方法的总线型网是一种多点共享式网络，它将所有的设备都直接连到一条物理信道上，该信道承担任何两个设备之间的全部数据传输任务。节点以帧的形式发送数据，帧中含有目的节点地址和源节点地址，帧通过信道的传输是广播式的，所有连在信道上的设备都能检测到该帧。当目的节点检测到该帧目的地址与本节点地址相同时，就接收该帧，否则丢弃该帧。采用这种操作方法，在信道上可能有两个或更多的设备在同一瞬间都发送帧，从而在信道上造成帧的重叠而出现差错，这种现象称为冲突。

1. CSMA/CD 的发送工作过程

有人将 CSMA/CD 协议的工作过程形象地比喻成很多人在一间黑屋子里举行的讨论会，参加人只能互相听到其他人的声音。参加会议的每个人在说话前必须先侦听，只有等会场安静下来之后，他才能发言。人们把发言之前需要“监听”，以确定是不是已经有人在发言的动作叫作“载波监听”。一旦会场安静，则每个人都有平等的机会讲话的状态叫作“多路访问”。如果在同一时刻有两个人或两个以上的人同时说话，那么大家就无法听清其中任何一个人的发言，这种情况叫作发生“冲突”。发言人在发言过程中需要及时发现是否发生冲突，这个动作叫作“冲突检测”。如果发言人发现冲突已经发生，那么他就需要停止讲话，然后随机等待延迟一段时间，再次重复上述过程，直到讲话成功。如果失败的次数太多，他也许就放弃了这次发言的想法。

CSMA/CD 方法与上面描述的过程非常相似，可以把它的工作过程概括为载波监听、冲突检测、冲突停止、延迟重发。

(1) 载波监听。使用载波监听多路访问(CSMA)协议时，每个节点在使用信道发送信息之前，都会对信道的使用情况进行检测，即检查是否在信道中存在载波。如图 5-3 所示，物理层的收发器可以通过总线的电平跳变情况来判断总线的忙闲情况。这种检测方式可以大大减少信道中发生冲突的可能性。

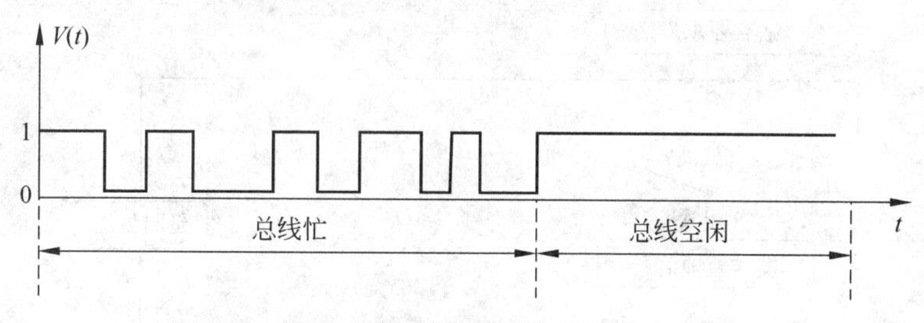

图 5-3 通过对总线电平的跳变判断总线的状态

(2) 冲突检测。载波监听并不能完全消除冲突，数字信号在传输介质中是以一定的速度传输的，速度为 1.95×10^8m/s。如果局域网中的两个节点 A 与 B 相距 2km，那么 A 向 B 发送一帧数据大约需要 10ms 的传输时间，也就是说 B 在 10ms 内并不能接收到 A 传送来的数据，即不能监听到信道上有数据发送，那么它就可能在这段时间内向 A 或者其他节点传送数据。如果出现了这种情况，则产生了“冲突”，即采用载波监听也不可避免。因此，在多个节点共享公共传输介质时，就需要进行“冲突检测”。

例如，可以采用比较法来检测冲突，也就是将发送信号波形和从总线上接收的信号波形进行比较。如果发现从总线上接收的信号与发送出去的信号不一致，说明总线上有多个节点发送了数据，即信号由于叠加改变了原始波形，造成了冲突。

(3) 冲突停止。如果检测到总线上信息与本节点发送的信息不一致，则说明发生了冲突，此次占用总线未成功。这时为了确保其他节点也能够检测冲突，该节点要发送一串短的阻塞信号。阻塞信号是在检测到冲突后向正在尝试发送信息的节点所发出的帧，其目的是避免其他卷入冲突的节点由于没有检测到冲突而继续发送。阻塞信号是一个节点在检测到冲突时通知其他节点的一种有效方法，这样就确保有足够的冲突持续时间，使得网中所有的节点都能检测出冲突，就可以马上丢弃产生冲突的帧并且停止发送，从而减少时间的浪费，提高了信道的利用率。

(4) 延迟重发。停止发送并等待一个随机周期后,该节点再尝试发送信息(该等待的随机时间周期是按一定算法计算出来的)。

在由于检测到冲突而停止发送后,一个节点必须等待一个随机时间段才能重新尝试传输,这一随机等待时间是为了减少再次发生冲突的可能性。通常,人们把这种等待一段随机时间再重传的处理方法称为退避处理,把计算随机时间的方法称为退避算法。一般如果重发次数小于等于16,则允许节点随机延迟一段时间后再重发,连续出现冲突次数越多,计算出的等待时间越长。当冲突次数超过了16次时,表示发送失败,放弃发送该帧。

CSMA/CD的发送工作过程概括如下。

① 先侦听信道,如果信道空闲则发送信息。

② 如果信道忙,则继续侦听,直到信道空闲时立即发送。

③ 发送信息的同时进行冲突检测,如发生冲突,立即停止剩余信息的发送,并向总线上发出阻塞信号,通知总线上各节点冲突已发生,使各节点重新开始侦听与竞争。

④ 已发出信息的各节点收到阻塞信号后,都停止继续发送,各等待一段随机时间(不同节点计算得到的随机时间应不同),重新进入侦听发送阶段。

CSMA/CD的发送过程如图5-4所示。

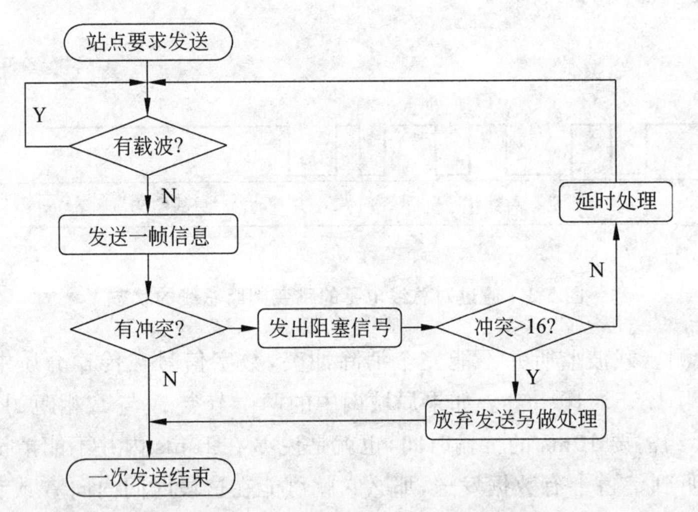

图5-4 CSMA/CD的发送过程

2. CSMA/CD的接收工作过程

CSMA/CD控制方法的数据接收过程相对简单。总线上每个节点随时都在监听总线,如果有信息帧到来,则接收并且得到MAC帧;再分析和判断该帧中的目的地址,如果目的地址与本节点地址相同,则复制接收该帧;否则,丢弃该帧。由于CSMA/CD控制方法的数据发送具有广播性特点,对于具有组地址或广播地址的数据帧来说,同时可被多个节点接收。

CSMA/CD控制方法的优点是每个节点都平等地去竞争传输介质,实现的算法较为简单;要发送的节点可以直接获得对介质的访问权,实现数据发送操作,效率较高。但该方法的缺点是不具有优先权;总线负载重时,容易出现冲突,使传输速率和有效带宽大大降低。

5.3.2 令牌环

IEEE 802.5 标准协议规定了令牌环访问控制方法和物理层技术规范，采用 IEEE 802.5 标准协议的网络称作令牌环网(Token Ring)。环形网是由几段点到点链路连接起来的闭合环路，信息沿环路单向地逐点传输。每个节点都具有地址识别能力，一旦发现环上所传输的信息帧的目的地址与本站地址相同，便立即接收此信息帧；否则，继续向下一节点转发。令牌环网主要介质访问控制方法是令牌环访问控制方法。

令牌环访问控制方法是由 IEEE 在 IBM 公司 Token Ring 协议的基础上发展与形成的，后来将其确定为国际标准，这就是 IEEE 802.5 标准。

令牌环采用的是一种适用于环形网结构的分布式访问控制方法，它采用一种称为令牌的特殊的帧控制各个节点对介质的访问。所谓令牌(Token)，就是一个特殊结构的控制帧，用来控制节点对总线的访问权。令牌帧沿着环形网单向依次通过各个节点。当一个节点要发送数据时，必须等待空闲令牌帧通过本节点，然后获取该令牌帧，将令牌的状态位置设为“忙”，并将要发送的数据组成的数据帧发送到环形网上。当数据帧环行通过各个节点时，这些节点都要比较数据帧的目的地址是否与本节点地址相匹配。如果地址匹配，说明是传送给本节点的；否则将复制该数据帧，同时再将数据帧转发给下一个节点，使之继续沿着环路传输；如果地址不匹配，只要将数据帧转发给下一个节点即可。数据帧在环上循环一周后再回到发送节点，由发送节点校验无错后，将数据帧从环上取下，释放令牌(将令牌状态位置设为“闲”，传送给下一个节点)。这样，令牌帧沿着环形网通过各节点时，给每个节点获得传送数据的机会，没有得到令牌帧的节点则不能传送数据。由于环上只有一个令牌，故解决了对传输介质的争用问题。令牌环网的传送过程如图 5-5 所示。图 5-5(a)表示空令牌在环路中移动；图 5-5(b)表示节点 A 获得令牌，并将令牌状态设置为“忙”，然后发送数据给节点 C；图 5-5(c)表示节点 C 接收传来的数据并转发数据；图 5-5(d)表示节点 A 收回所发数据后，释放令牌，即将令牌状态设置为“闲”，并将其传送给下一个节点。

通过图 5-5 可知，令牌环正常的稳态操作主要可分为如图 5-6 所示的 3 个步骤。

令牌环访问控制方法的优点是它能保证要发送数据的节点在一个确定的时间间隔内访问传输介质，并可以建立访问的优先级。它的主要缺点是令牌维护比较复杂，令牌的丢失将会降低环形网的利用率，而令牌重复也会破坏环形网的正常进行。

5.3.3 令牌总线

IEEE 802.4 标准协议规定了令牌总线访问控制方法和物理层技术规范，采用 IEEE 802.4 标准协议的网络称作令牌总线(Token-Bus)网。从物理结构上看，令牌总线网是一种总线拓扑结构的 LAN，各节点共享传输信道。但从逻辑上看，它又是一种环形 LAN。连接在总线上的各节点组成一个逻辑环，各逻辑环通常按工作节点地址的递减(或递增)顺序排列，与节点的物理位置并无固定关系。因此，令牌总线网上每个节点都设置了标识寄存器来存储上一个节点地址(PS)、本节点地址(TS)和下一个节点地址(NS)，最后一个节点与第 1 个节点序号相连，上一个节点地址和下一个节点地址可以动态地设置和保持。利用节点指针构成逻辑环，令牌传递规定由高地址向低地址，最后由最低地址向最高地址依次循环传递，从而在一个物理总线上形成一个逻辑环。图 5-7 所示的逻辑环为 A→B→E→C→D→A。

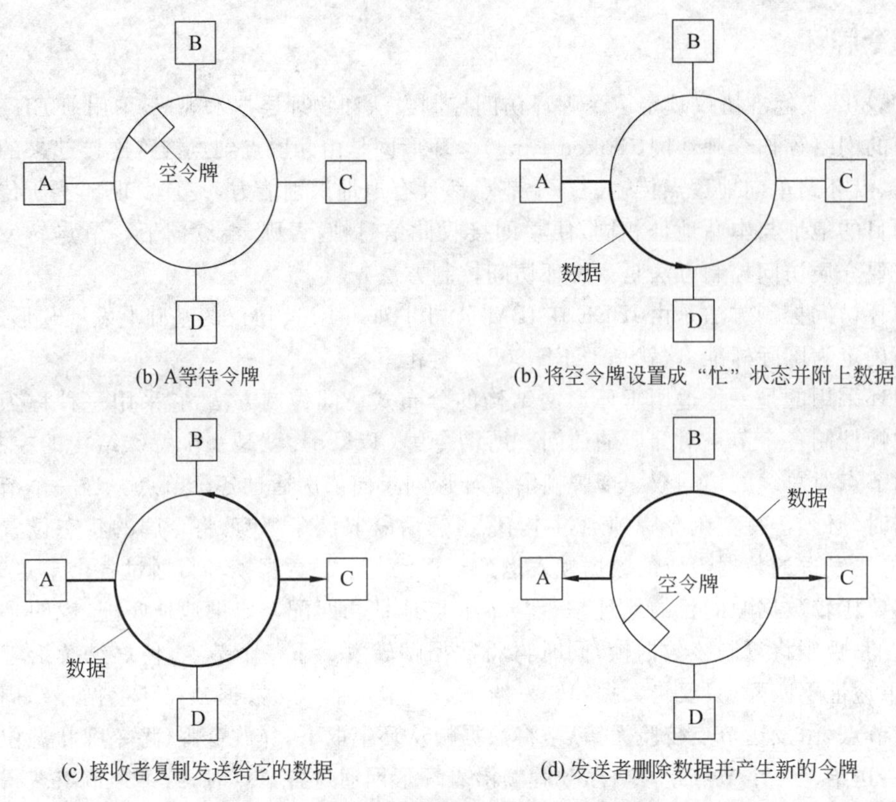

B
A
空令牌
C
D
(b) A等待令牌
B
A
C
数据
D
(b) 将空令牌设置成“忙”状态并附上数据
B
A
C
数据
D
(c) 接收者复制发送给它的数据
B
数据
A
空令牌
C
D
(d) 发送者删除数据并产生新的令牌

图 5-5　令牌环网的传送过程

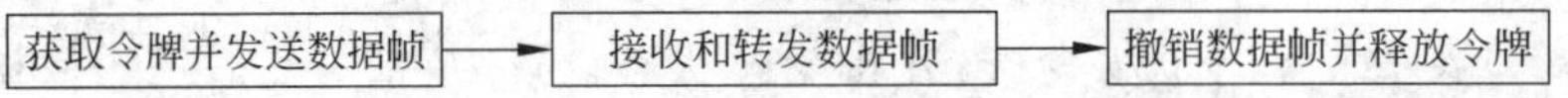

获取令牌并发送数据帧
接收和转发数据帧
撤销数据帧并释放令牌

图 5-6　令牌环正常的稳态操作步骤

节点A
节点B
节点C
令牌总线
节点D
节点E
节点A
节点D
令牌
节点B
令牌总线
节点C
节点E

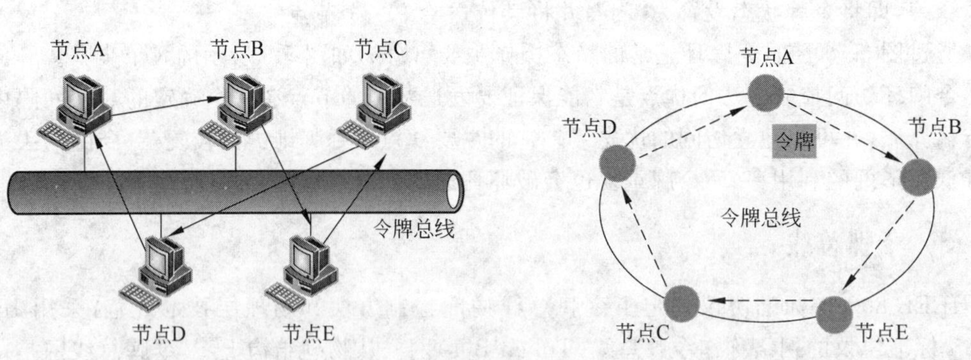

图 5-7　令牌总线的工作原理

令牌总线的介质访问控制方法的原理与令牌环的介质访问控制方法相同。通过在网络中的令牌来控制各节点对总线的访问，只有得到了令牌的节点才有权向总线上发送数据，而其余没有得到令牌的各节点只能监听总线或从总线上接收数据。由于在逻辑环上只有一个令牌，在任意时刻最多只有一个节点访问总线，因此不会出现冲突。令牌按逻辑环顺序循环传递，给每个节点传输数据的机会；各个节点有公平的访问权。当一个节点得到令牌后，若有数据发送，则立即向总线上传输数据，数据传输完毕，再将令牌传递给下一个节点；若无数据传输，则立即把令牌送给下一个节点。

令牌总线方法比较复杂，需要大量的环维护工作，主要有以下几点：环初始化、新节点加入环、节点从环中撤出、环的恢复和访问优先级。

逻辑环网与物理环网相比，由于后者数据必须按固定环路进行，而前者传输数据有直接通路，所以逻辑环网延迟时间短。逻辑环网与以太网相比，随着网络负载的增加，后者的冲突将随之增加，系统开销也随之增大。另外，以太网在访问竞争中各节点平等，访问和响应都具有随机性，不能满足实时性要求。而逻辑环网可以引入优先权策略实现数据的优先传输，且响应和访问时间都具有确定性，因而具有良好的实时性。

任务 5.4 以太网技术

1975 年，由美国 DEC、Intel 和 Xerox3 家公司联合研制成功并公布了以太网的物理层与数据链路层的规范。以太网最初采用总线拓扑结构，用同轴电缆作为总线传输信息，现在也采用星形拓扑结构。尤其是在 20 世纪 90 年代，IEEE 802.3 标准中的物理层标准 10Base-T 的产生，使得以太网性价比大大提高，并在各种局域网产品竞争中占有明显的优势。目前，不仅吉比特、十吉比特以太网已经进入主流应用，在实验室中，业界已经在开发和制定 100Gbps 的以太网产品。

5.4.1 传统以太网技术

传统以太网其典型速率是 10Mbps。在其物理层定义了多种传输介质(同轴电缆、双绞线以及光纤)和拓扑结构(总线拓扑结构、星形拓扑结构和混合形拓扑结构)，形成了一个 10Mbps 以太网标准系列，主要包括 10Base-2、10Base-5、10Base-T 等标准。

1. 10Base-2

10Base-2 网络采用总线拓扑结构。在这种网络中，各节点一般通过 RG-58/U 形细同轴电缆连接成网络。根据 10Base-2 网络的总体规模，它可以分割为若干个网段，每个网段的两端要用 50Ω 的终端器端接，同时要有一端接地。图 5-8 所示为一段 10Base-2 网络。

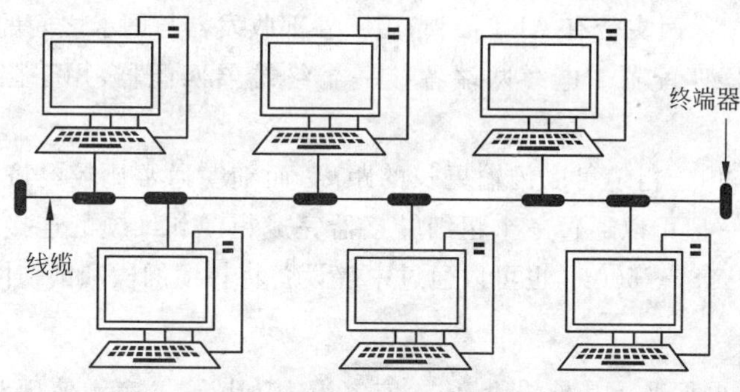

图 5-8 10Base-2 网络

10Base-2 网络所使用的硬件有以下 4 种。

(1) 带有 BNC 接口的以太网卡(内收发器)。它插在计算机的扩展槽中，使该计算机成为网络的一个节点，以便连接入网。

(2) 50Ω 细同轴电缆。这是 10Base-2 网络定义的传输介质。

(3) T 形连接器。用于细同轴电缆与网卡的连接。

(4) 50Ω 终端器。电缆两端各接一个终端器,用于阻止电缆上的信号反射。

2. 10Base-5

10Base-5 网络也采用总线介质和基带传输,速率为 10Mbps,单个网段最大长度为 500m。10Base-5 网络采用的电缆是 50Ω 的 RG-8 粗同轴电缆。10Base-5 网络并不是将节点直接连到粗同轴电缆上,而是在粗同轴电缆上接一个外部收发器。外部收发器中有一个附加装置接口(AUI),由一段收发器电缆将外部收发器与网卡连接起来,收发器电缆长度不得超过 50m。

10Base-5 网络的安装比细同轴电缆复杂,但它能更好地抗电磁干扰,防止信号衰减。在每个网段的两端也要用 50Ω 的终端器进行连接,同时要有一端接地。图 5-9 所示为一段 10Base-5 网络。

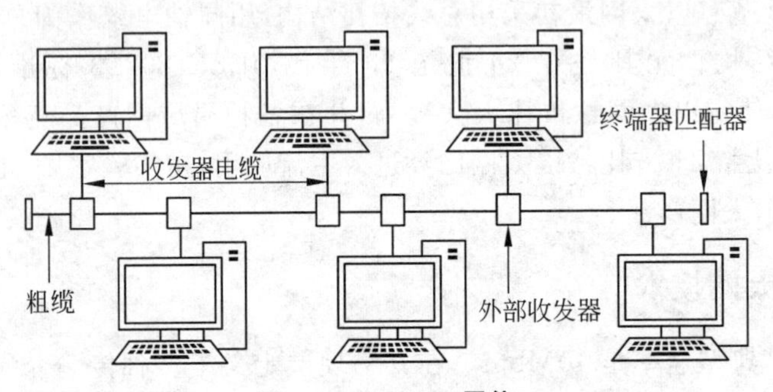

图 5-9　10Base-5 网络

10Base-5 网络所使用的硬件有以下 5 种。

(1) 带有 AUI 接口的以太网卡。它插在计算机的扩展槽中,使该计算机成为网络的一个节点,以便连接入网。

(2) 50Ω 同轴电缆。这是 10Base-5 网络定义的传输介质。

(3) 外部收发器。两端连接粗同轴电缆,中间经 AUI 接口由收发器电缆连接网卡。

(4) 收发器电缆。两头带有 AUI 接头,用于外部收发器与网卡之间的连接。

(5) 50Ω 终端器匹配器。电缆两端各接一个终端器匹配器,用于阻止电缆上的信号反射。

在实际应用中,由于粗缆可以传输更长的距离,而细缆通常比较经济,可以将粗缆和细缆结合起来使用。一般可以通过一个粗细转接器完成粗缆和细缆的连接,粗细缆混合使用时,网络干线长度在 185～500m,也可以通过中继设备将粗缆网段和细缆网段相连接。

3. 10Base-T

10Base-T 网络也是采用基带传输,传输速率为 10Mbps,T 表示使用双绞线作为传输介质。10Base-T 网络的技术特点是使用已有的 802.3 MAC 子层,通过一个介质连接单元(MAU)与 10Base-T 物理相连接。典型的 MAU 设备是集线器或交换机,常用的 10Base-T 物理介质是 2 对 3 类 UTP,UTP 电缆内含 4 对双绞线,收发各用一对。连接器是符合 ISO 标准的 RJ-45 接口,所允许的最大 UTP 电缆长度为 100m,网络拓扑结构为星形,如图 5-10

所示,这是一段 10Base-T 网络的物理连接。

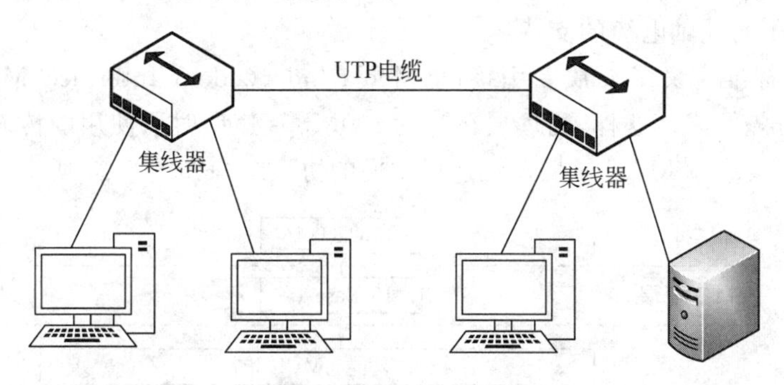

图 5-10 10Base-T 网络

10Base-T 网络所使用的硬件有如下 4 种。

(1) 带有 RJ-45 接口的以太网卡。通过插在计算机的扩展槽中的以太网卡,使该计算机成为网络的一个节点,与网内其他节点通信。

(2) RJ-45 接头。电缆两端各压接一个 RJ-45 接头,一端连接网卡,另一端连接集线器。

(3) 3 类以上的 UTP 电缆。这是 10Base-T 网络定义的传输介质。

(4) 10Base-T 集线器。10Base-T 集线器是 10Base-T 网络技术的核心。集线器是一个具有中继器特性的有源多口转发器,其功能是接收从某一端口发送来的广播信号,并将接收到的数据转发到网中的每个端口。

10Base-T 标准中规定的网络指标和参数如表 5-2 所示。

表 5-2 几种以太网络的指标和参数

网 络 参 数	10Base-2	10Base-5	10Base-T
单网段最大长度/m	185	500	100
网络最大长度(跨距)/m	925	2500	500
节点间最小距离/m	0.5	2.5	
单网段的最多节点数/个	30	100	
拓扑结构	总线结构	总线结构	星形
传输介质	细同轴电缆	粗同轴电缆	双绞线
连接器	BNC、T	AUI'U 筒	RJ-45
最多网段数/段	5	5	5

5.4.2 快速以太网技术

随着局域网应用的深入,传统以太网 10Mbps 的传输速率在很多方面都限制了其应用,人们对局域网带宽提出了更高的要求。1995 年 9 月,IEEE 802 委员会正式公布了快速以太网标准——IEEE 802.3u。该标准在 MAC 子层使用了 CSMA/CD 控制方法,在 LLC 子层使用了 IEEE 802.2 标准,定义了新的物理层标准,提供了 100Mbps 的传输速率,100Base-T 作为以太网 IEEE 802.3 标准的扩充条款。快速以太网的传输速率比普通以太网快 10 倍,数据传输速率达到了 100Mbps。快速以太网基本保留了传统以太网的基本特征,即相同的帧格式、介质访问控制方法与组网方法。但是,为了实现 100Mbps 的传输速率,它在物理层做了一些重要改进，将原来编码效率较低的曼彻斯特编码改为效率更高的4B/5B编码，在传输介质上，取消了对同轴电缆的支持。

100Base-T标准定义了介质专用接口（Media Independent Interface，MII），它将MAC子层与物理层分隔开来。这样，物理层在实现100Mbps速率时所使用的传输介质和信号编码方式的变化不会影响MAC子层。快速以太网的协议结构如图5-11所示。

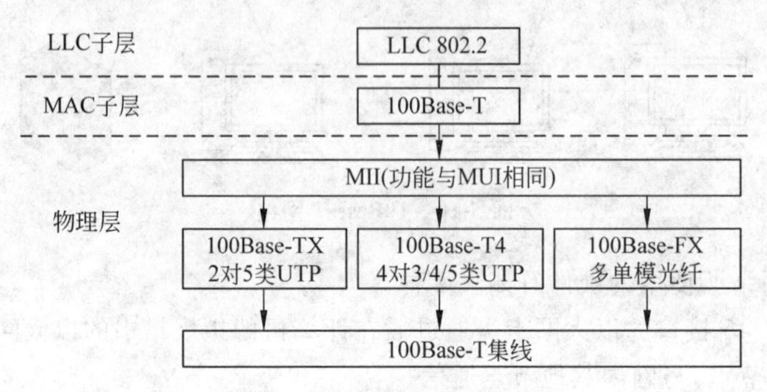

图5-11　快速以太网的协议结构

通过图5-11可以看到以下内容。

(1) 100Base-TX。100Base-TX支持2对5类非屏蔽双绞线UTP或2对1类屏蔽双绞线STP，其中1对5类UTP或1对1类STP用于数据的发送，另1对双绞线用于接收。

(2) 100Base-T4。100Base-T4支持4对3/4/5类非屏蔽双绞线UTP，其中，3对UTP用于数据的传输，另1对UTP用于检测冲突。

(3) 100Base-FX。100Base-FX支持2芯的多模(62.5/125)或单模(8/125)光纤。100Base-FX主要用作高速主干网。

5.4.3　吉比特以太网技术

以太网标准是一个古老而又充满活力的标准。自1982年以太网协议被IEEE采纳成为标准以来，以太网技术作为局域网数据链路层标准战胜了令牌总线、令牌环、ATM、FDDI等技术，成为局域网的事实标准。以太网技术当前在局域网市场占有率超过90%。

以太网由最初10Mbps发展到目前广泛应用的100Mbps、1000Mbps(1Gbps标准)和10000Mbps(10Gbps标准)，以及不久将出现的40Gbps、100Gbps以太网标准。

在以太网技术中，100Base-T是一个里程碑，确立了以太网技术在桌面局域网技术的统治地位。吉比特(1Gbps)以及随后出现的十吉比特以太网(10Gbps)标准是两个比较重要的标准，以太网技术通过这两个标准从桌面的局域网技术延伸到校园网以及城域网。

1. 吉比特以太网

为了适应网络应用对网络更大带宽的需求，特别是数据仓库、三维图形与桌面电视会议等应用，快速以太网已不能满足人们的需求，人们不得不寻求更高带宽的局域网。3Com公司和其他一些生产商成立了吉比特以太网联盟，积极研制和开发1000Mbps以太网，IEEE已将吉比特以太网标准作为IEEE 802.3家族中的新成员予以公布。

吉比特以太网标准分成两类：IEEE 802.3z和IEEE 802.3ab。IEEE 802.3z吉比特以太网标准是由IEEE标准组织于1998年6月出台的，它分别定义了3种传输媒质的标准：

1000Base-SX、1000Base-LX、1000Base-CX。IEEE 802.3ab 定义如何在5类UTP上运行吉比特以太网的物理层标准。一年之后，IEEE 标准化委员会在1999年6月批准了1000Base-T标准。

(1) IEEE 802.3z。IEEE 802.3z 定义了基于光纤和短距离铜缆的1000Base-X标准，采用8B/10B编码技术，传输速率为1000Mbps。IEEE 802.3z 具有下列吉比特以太网标准。

1000Base-SX。1000Base-SX 只支持多模光纤，可以采用多模光纤工作在全双工模式，工作波长范围在770～860nm，最大传输距离在220～550m。

1000Base-LX。1000Base-LX 既可以驱动多模光纤，也可以驱动单模光纤。

多模光纤。1000Base-LX 可以采用多模光纤工作在全双工模式，工作波长范围在1270～1355nm，最大传输距离为550m。

单模光纤。1000Base-LX 可以支持单模光纤工作在全双工模式，工作波长范围在1270～1355nm，最大传输距离为5km。

1000Base-CX。采用150Ω屏蔽双绞线(STP)，传输距离为25m。

(2) IEEE 802.3ab。IEEE 802.3ab 定义的传输介质为5类UTP电缆，信息沿4对双绞线同时传输，传输距离为100m，与10Base-T、100Base-T完全兼容。

吉比特以太网标准对MAC子层规范进行了重新定义，以维持适当的网络传输距离，但介质访问控制方法仍采用CSMA/CD协议，又重新制定了物理层标准，使之能提供1000Mbps的带宽。吉比特以太网仍采用CSMA/CD协议，能够非常方便地从传统以太网向吉比特以太网升级。

吉比特以太网提供了一种高速主干网的解决方案，以改变交换机与交换机之间及交换机与服务器之间的传输带宽，对原有主干网(如ATM、交换式以太网或FDDI等)解决方案提供有力补充。然而，吉比特以太网仍和其他以太网一样，没有提供多媒体应用所需的服务质量的支持，这对于多媒体应用来说，仍然是一种缺陷。

一种简单的升级方案是将交换机和交换机之间的链路传输速率由100Mbps升级到1000Mbps。这种升级方案需要在交换机和服务器上分别安装吉比特以太网网络端口模块和吉比特以太网网卡，以实现1000Mbps的链路的连接，为用户提供更快的数据访问能力。

吉比特以太网是局域网里出现的新技术，与ATM技术相比具有价格低廉、实现简单的优点，与原有的以太网相比不需要协议转换，易为原以太网用户所接受，目前已得到广泛应用。

2. 十吉比特以太网

以太网采用CSMA/CD机制，即带碰撞检测的载波监听多重访问。吉比特以太网接口基本应用在点到点线路，不再共享带宽，冲突检测、载波监听和多重访问已不再重要。吉比特以太网与传统低速以太网最大的相似之处在于采用相同的以太网帧结构。十吉比特以太网技术与吉比特以太网类似，仍然保留了以太网帧结构。

十吉比特以太网能够使用多种光纤介质，具体表示方法为10GBase-[光纤介质类型][编码方案][波长数]，或更加具体些表示为10GBase-[E/L/S][R/W/X][/4]。

(1) 光纤介质类型。S为短波长(850nm)，用于多模光纤短距离(约为35m)传送数据；L为长波长，用于在校园的建筑物之间或大厦的楼层进行数据传输，可以使用多模光纤或单模光纤。在使用多模光纤时，传输距离为90m，而当使用单模光纤时可支持10km的传输距离；E为特长波长，用于单模光纤的广域网或城域网中的数据传送，当使用1550nm波长的单模光纤时，传输距离可达40km。

(2) 编码方案。X 为局域网物理层中的 8B/10B 编码,R 为局域网物理层中的 64B/66B 编码,W 为广域网物理层中的 64B/66B 编码(简化的 SONET/SDH 封装)。

(3) 波长数。波长数可以为 4,使用的是宽波分多路复用(WWDM)。在进行短距离传输时,WWDM 要比密集波分多路复用(DWDM)适宜得多。如果不使用波分多路复用,则波长数是 1,可将其省略。为了解决因现有多模光纤模式带宽过低而造成传输距离过短这一问题,又开发出一种高带宽多模光纤(HDMMF),可以使多模光纤支持的最远传输距离达到 300m。

十吉比特以太网与传统以太网的不同之处主要有三点: ①十吉比特以太网在数据链路层和物理层上包括了专供城域网和广域网使用的新接口; ②十吉比特以太网只以全双工模式运行,而其他类型的以太网都允许半双工运行模式; ③十吉比特以太网不支持自动协商。自动协商功能的目的是方便用户,但在实际中证明却是造成连接性障碍的主要原因,去除自动协商可简化故障的查找。

5.4.4 交换式以太网技术

以太网交换技术是在多端口网桥的基础上于 20 世纪 90 年代初发展起来的。交换式以太网的核心是交换式集线器(即交换机),其主要特点是: 所有端口平时都不连通;当站点需要通信时,交换机才同时连通许多对端口,使每一对相互通信的站点都能像独占通信信道那样,无冲突地传输数据,即每个站点都能独享信道速率;通信完成后就断开连接。因此,交换式以太网技术是提高网络效率、减少拥塞的有效方案之一。

1. 交换式以太网概述

在传统的共享式以太网中,网络中各个节点共享总线,这使得任一时刻在传输介质上只能有一个数据包传输,其他想同时发送数据的节点只能退避、等待,否则就会造成冲突,等待时间较长。共享式以太网在实际应用中会存在以下问题。

(1) 多个节点共享传输介质,当网络负载较重(节点多)时,冲突和重发事件的大量发生,使得网络的信息传输效率变得很低,导致网络性能急剧下降。

(2) 随着 Client/Server 体系结构的发展,客户端需要更多地与服务器交换信息,导致网络的通信信息量成倍地增加,共享式网络所提供的网络带宽越来越难以满足不断增长的数据传输需求。

(3) 随着多媒体信息的广泛使用,特别是多媒体信息的实时传输,需要占用大量的网络带宽,共享式局域网难以给予充分的网络带宽支持。

交换式以太网(Switched Ethernet)的核心部件是以太网交换机(Ethernet Switch)。以太网交换机可以有多个端口,每个端口可以单独与一个节点连接,也可以与一个共享介质式的以太网集线器(Hub)连接。以 10Mbps 以太网交换机为例,如果一个端口只连接一个节点,那么这个节点就可以独占 10Mbps 的带宽,这类端口通常被称为“专用 10Mbps 的端口”;如果一个端口连接一个 10Mbps 的以太网,那么这个端口将被以太网中的多个节点所共享,这类端口就被称为“共享 10Mbps 的端口”。图 5-12 所示为典型的交换式以太网的结构,交换式以太网从根本上改变了“共享介质”的工作方式,它通过以太网交换机支持交换机端口节点之间的多个并发连接,实现多节点之间数据的并发传输。因此,交换式以太网可以增加网络带宽,改善局域网的性能与服务质量。

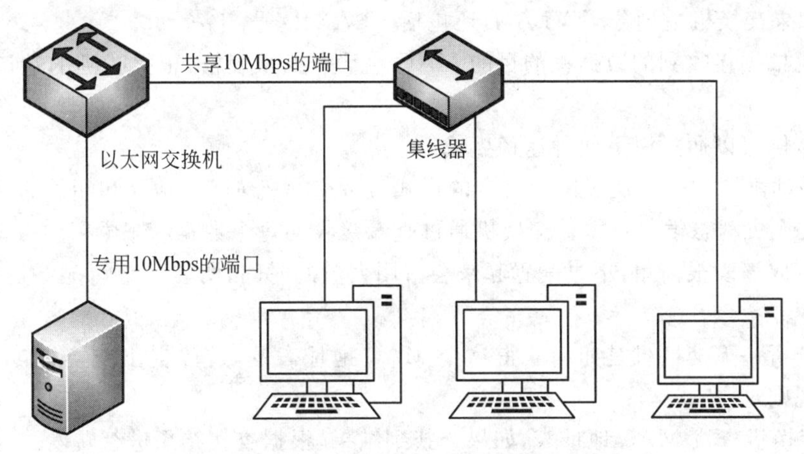

图 5-12 交换式以太网的结构

2. 交换机的转发方式

交换机的实现技术主要有以下 3 种。

(1) 存储转发技术。存储转发技术要求交换机在接收到全部数据包后再决定如何转发。这样一来,交换机可以在转发之前检查数据包的完整性和正确性。其优点是没有残缺帧(碎片)和错误帧的转发,可靠性高。另外,它还支持不同速率的端口之间的数据交换。其缺点是转发速率比直接交换技术慢。

(2) 直接交换技术。交换机一旦解读到帧的目的地址,就开始向目的端口发送数据包。通常,交换机在接收到帧的前 6 字节时,就已经知道目的地址,从而可以决定向哪个端口转发这个数据包。直接转发技术的优点是转发速率快、延时小及网络整体吞吐率高等。其缺点是交换机在没有完全接收并检查帧的正确性之前就已经开始了数据转发,浪费了宝贵的网络带宽。另外,它不提供数据缓存,因此,它不支持不同速率的端口之间的数据交换。

(3) 改进的直接交换技术。改进的直接交换是直接交换和存储转发的一种折中方案。根据以太网的帧结构可以知道,一个正常的以太网的帧长度至少是 64 字节,小于 64 字节的帧是错误的,称为帧碎片。改进的直接交换方式中,交换机读取并检测帧的长度,当满足 64 字节要求时就转发出去。这种方法与直接交换相比有一定的差错检测能力(主要是帧碎片的检测),和存储转发方式相比,延迟又较小,所以说是一种折中的方案。

3. 以太网交换机工作过程

交换机跟集线器的最大区别就是能做到端口到端口的转发。比如,接收到一个数据帧以后,交换机会根据数据帧头中的目的 MAC 地址发送到适当的端口。而集线器则不然,它把接收到的数据帧向所有端口广播转发。交换机之所以能做到根据 MAC 地址进行选择端口,完全依赖内部的一个重要的数据结构——MAC 地址表。交换机接收到一个数据帧,依靠该数据帧的目的 MAC 地址来查找 MAC 地址表,查找的结果是一个或一组端口,根据查找的结构,把数据包送到相应端口的发送队列。

MAC 地址表包含以下 3 项内容。

(1) MAC 地址。

(2) 一个或一组端口号。

(3) 如果交换机上划分了 VLAN,还包括 VLANID 号。

交换机根据接收到的数据帧的目的 MAC 地址查找该表格,根据找到的端口号,把数据发送出去。

这个表格可以通过以下两种途径生成。

(1) 手动配置加入。通过配置命令的形式告诉交换机 MAC 地址和端口的对应。

(2) 交换机动态学习获得。交换机通过查看接收的每个数据帧来学习生成该表。

手动生成该表很简单,不过配置起来会占用大量的时间,所以通常情况下是交换机自动获得的。

下面分析一下交换机是如何获得这个 MAC 地址表的,首先提出交换机转发数据帧的以下基本规则。

(1) 交换机查找 MAC 地址表,如果查找到结果,根据查找结果进行转发。

(2) 如果交换机在 MAC 地址表中查找不到结果,则根据配置进行处理。通常情况下是向所有的端口发送该数据帧,在发送数据帧的同时,学习到一条 MAC 地址表项。

开始的时候,交换机的 MAC 地址表是空的,如图 5-13 所示。当交换机接收到第 1 个数据帧的时候,查找 MAC 地址表失败,于是向所有端口转发该数据帧。在转发数据帧的同时,交换机把接收到的数据帧的源 MAC 地址和接收端口进行关联,形成一项记录,填写到 MAC 地址表中,这个过程就是学习的过程,如图 5-14 所示。

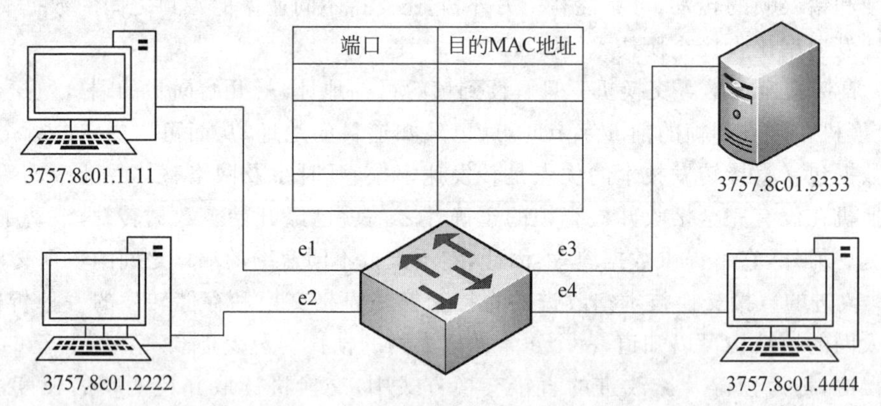

图 5-13 交换机 MAC 地址表为空

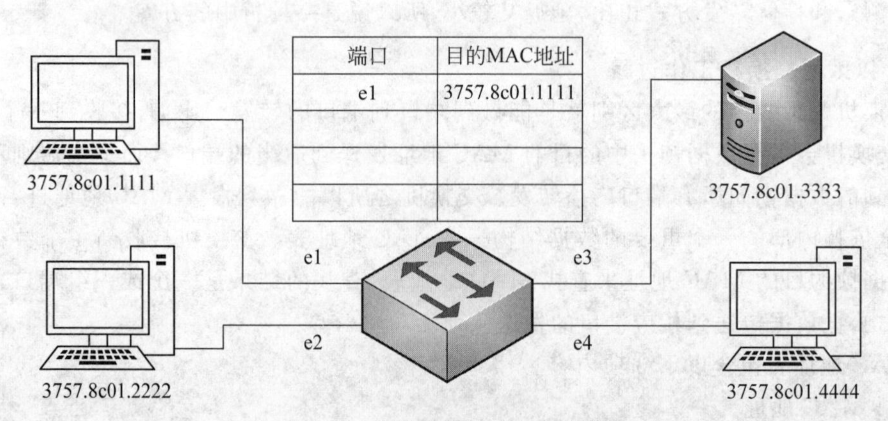

图 5-14 交换机的地址学习过程

学习过程持续一段时间之后，交换机基本上把所有端口跟相应端口下终端设备的 MAC 地址都学习到了，于是进入稳定的转发状态。这时候，对于接收到的数据帧，总能在 MAC 地址表中查找到一个结果。于是数据帧的发送是点对点的，达到了理想的状态，如图 5-15 所示。

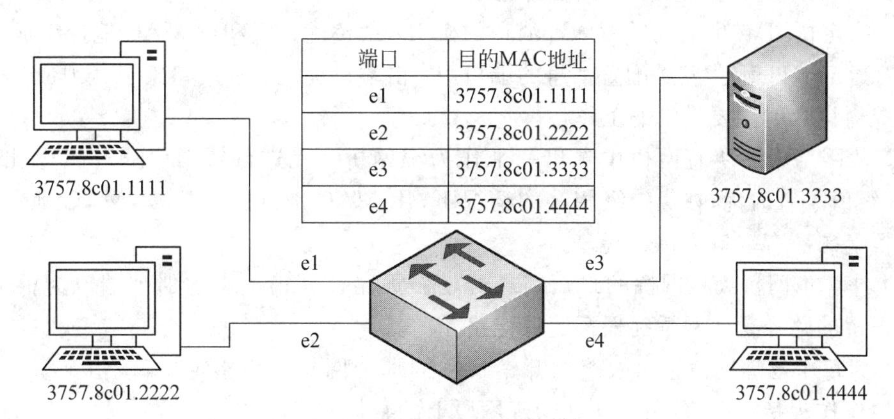

图 5-15　交换机的单点转发

交换机还为每个 MAC 地址表项提供了一个定时器，该定时器从一个初始值开始递减，每当使用了一次该表项(接收到了一个数据帧，查找 MAC 地址表后用该项转发)，定时器被重新设置。如果长时间没有使用该 MAC 地址表的转发项，则定时器递减到零，该 MAC 地址表项将被删除。

4. 交换式以太网的特点

与共享式以太网相比，交换式以太网具有以下优点。

(1) 端口独占带宽。以太网交换机的每个端口既可以链接站点，也可以链接一个网段，该站点或网段均独占该端口的带宽。

(2) 具有较高的系统带宽。一台交换机的总带宽等于该交换机所有端口带宽的总和。

(3) 网络的逻辑分段和安全功能。交换机的每个端口都是一个独立的网段，均属于不同的冲突域，既可隔离随意的广播，又具有一定的安全性。因此，共享式以太网的广播域等于冲突域，而交换式以太网的广播域大于冲突域。

5. 生成树协议

以太网交换机可以按照水平或树形的结构进行级联，但是不能形成环路。因为，用以太网交换机构成的网络属于同一广播域，如果出现环路，则数据会无休止地在网中循环，形成广播风暴，造成整个网络瘫痪。

在一些可靠性要求较高的网络中，采用物理环路的冗余备份是常用的方法之一，所以，保证网络不出现环路是不现实的。IEEE 提供了一个很好的解决办法，那就是 802.1D 协议标准中规定的生成树协议(Spanning Tree Protocol，STP)。STP 能够通过阻断网络中存在的冗余链路消除网络可能存在的路径环路，并且在当前活动路径发生故障时，激活被阻断的冗余备份链路恢复网络的连通性，保障业务的不间断服务。

生成树协议在交换机之间传递配置消息以完成生成树的计算。配置消息主要包括以下 4 个重要信息。

(1) 根桥 ID。由根桥的优先级和 MAC 地址组成。STP 通过比较配置消息中的根桥 ID 最终决定谁是根桥。

(2) 根路径开销。到根桥的最小路径开销。根桥的根路径开销为 0,非根桥的根路径开销为到达根桥的最短路径上所有路径开销的和。

(3) 指定桥 ID。生成或转发配置消息的桥 ID,由桥优先级和桥 MAC 地址组成。

(4) 指定端口 ID。发送配置消息的端口 ID,由端口优先级和端口索引号组成。

生成树计算时主要做以下工作。

(1) 从网络中的所有网桥中选出一个作为根网桥。在进行桥 ID 比较时,先比较优先级,优先级值小者为优;在优先级相等的情况下,用 MAC 地址进行比较,MAC 地址小者为优。根桥上的所有端口为指定端口。

(2) 计算本网桥到根网桥的最短路径开销。根路径开销最小的那个端口为根端口,该端口到根桥的路径是此网桥到根桥的最佳路径。

(3) 为每个物理网段选出根路径开销最小的那个网桥作为指定桥,该指定桥到该物理网段的端口作为指定端口,负责所在物理网段上的数据转发。

(4) 既不是根端口也不是指定端口的端口就置于阻塞状态,不转发以太网数据帧,避免环路形成。

为了使配置消息在网络中能有充分的时间传播,避免由于配置消息丢失而造成的 STP 的计算错误导致环路的可能,STP 给端口设定了 5 种状态:Disable、Blocking、Listening、Learning 和 Forwarding。其中 Listening 和 Learning 是不稳定的中间状态。

在实际应用中,STP 也有很多不足之处。最主要的缺点是当网络拓扑发生变化时,收敛速度慢,需要约 50s 的时间才能恢复连通性,这对有些用户来说无法忍受。为了在拓扑变化后网络能尽快恢复连通性,在 STP 的基础上又发展出快速生成树协议(RSTP)以及多生成树(MST)。RSTP 和 STP 的基本思想一致,具备 STP 的所有功能。RSTP 通过使根端口快速进入转发状态、采用握手机制和设置边缘端口等方法,提供了更快的收敛速度,更好地为用户服务。多生成树(MST)使用修正的快速生成树协议(RSTP),叫作多生成树协议(MSTP)。MSTP 将环路网络修剪成为一个无环的树形网络,避免报文在环路网络中的增生和无限循环,同时还提供了数据转发的多个冗余路径,在数据转发过程中实现 VLAN 数据的负载均衡。MSTP 兼容 STP 和 RSTP,并且可以弥补 STP 和 RSTP 的缺陷。它既可以快速收敛,也能使不同 VLAN 的流量沿各自的路径分发,从而为冗余链路提供了更好的负载分担机制。

任务 5.5 虚拟局域网

虚拟局域网(Virtual Local Area Network,VLAN)是一种通过将局域网内的设备逻辑地而不是物理地划分成一个个网段从而实现虚拟工作组的新兴技术。IEEE 于 1999 年颁布了用以标准化 VLAN 实现方案的 802.1q 协议标准草案。

VLAN 技术允许网络管理者将一个物理的 LAN 逻辑地划分成不同的广播域,每一个 VLAN 都包含一组有着相同需求的计算机工作站,与物理上形成的 LAN 有着相同的属性。但由于它是逻辑地而不是物理地划分,所以同一个 VLAN 内的各个工作站无须被放置在同一个物理空间里，即这些工作站不一定属于同一个物理 LAN 网段。一个 VLAN 内部的广播和单播流量都不会转发到其他 VLAN 中，从而有助于控制流量、减少设备投资、简化网络管理、提高网络的安全性。

VLAN 是为解决以太网的广播问题和安全性而提出的一种协议。它在以太网帧的基础上增加了 VLAN 头，用 VLANID 把用户划分为更小的工作组，限制不同工作组间的用户两层互访，每个工作组就是一个虚拟局域网。

5.5.1 VLAN 的特征与特点

1. VLAN 的特征

同一个 VLAN 中的所有成员共同拥有一个 VLANID，组成一个虚拟局域网络；同一个 VLAN 中的成员均能收到同一个 VLAN 中的其他成员发来的广播包，但收不到其他 VLAN 中成员发来的广播包；不同 VLAN 成员之间不可直接通信，需要通过路由支持才能通信，而同一个 VLAN 中的成员通过二层交换机可以直接通信，不需路由支持。

2. VLAN 的特点

(1) 增强网络管理。采用 VLAN 技术、使用 VLAN 管理程序可对整个网络进行集中管理，能够更容易地实现网络的管理性。用户可以根据业务需要快速组建和调整 VLAN。VLAN 还能减少因网络成员变化所带来的开销。在添加、删除和移动网络成员时，不用重新布线，也不用直接对成员进行配置。若采用传统局域网技术，那么当网络达到一定规模时，此类开销往往会成为管理员的沉重负担。

(2) 控制广播风暴。网络管理必须解决因大量广播信息带来的带宽消耗问题。VLAN 作为一种网络分段技术，可将广播风暴限制在一个 VLAN 内部，避免影响其他网段。与传统局域网相比，VLAN 能够更加有效地利用带宽。在 VLAN 中，网络被逻辑地分割成广播域，由 VLAN 成员所发送的信息帧或数据包仅在 VLAN 内的成员之间传送，而不是向网上的所有工作站发送。这样可减少主干网的流量，提高网络速度。

(3) 提高网络的安全性。共享式 LAN 上的广播必然会产生安全性问题，因为网络上的所有用户都能监测到流经的信息，用户只要插入任一活动端口就可访问网段上的广播包。采用 VLAN 提供的安全机制，可以限制特定用户的访问，控制广播组的大小和位置，甚至锁定网络成员的 MAC 地址。这样就限制了未经安全许可的用户和网络成员对网络的使用。

5.5.2 VLAN 的划分方法

VLAN 有以下 5 种不同的划分方法。

(1) 按交换机端口划分。基于端口的 VLAN 的划分是最简单、有效的 VLAN 划分方法，它按照局域网交换机端口定义 VLAN 成员。比如某局域网交换机端口 1～4 号端口以及 10 号端口组成 VLAN1，端口 5、6 和 12 组成 VLAN2 等。VLAN 也可以跨越多个交换机，比如甲局域网交换机的 2、3、6 端口和乙交换机的 1、5、6 端口组成 VLAN1，甲交换机 1 的 1、4、5 端口和乙交换机的 2、3 和 4 端口组成 VLAN2。

端口定义 VLAN 的缺点：当用户从一个端口移动到另一个不属于同一 VLAN 的端口时，网络管理者必须对 VLAN 成员重新进行配置。

(2) 按 MAC 地址划分。这种方法使用节点的 MAC 地址定义 VLAN。它的优点是：由于节点的 MAC 地址是与硬件相关的地址，所以，用节点的 MAC 地址定义的 VLAN 允许节点移动到网络的其他物理网段。由于节点的 MAC 地址不变，所以该节点将自动保持原来的 VLAN 成员地位。从这个角度看，基于 MAC 地址定义的 VLAN 可以视为基于用户的 VLAN。

用 MAC 地址定义 VLAN 的缺点：要求所有用户在初始阶段必须配置到至少一个 VLAN 中，初始配置通过人工完成，随后就可以自动跟踪用户。但是在较大规模的网络中，初始化时把上千个用户配置到某个 VLAN 中显然是很麻烦的。

(3) 按网络层地址划分。这种方法使用节点的网络层地址定义 VLAN。例如，用 IP 地址定义 VLAN。这种方法具有自己的优点。首先，它允许按照协议类型来组成 VLAN，这有利于组成基于服务或应用的 VLAN；其次，用户可以随意移动工作节点而无须重新配置网络地址，这对于 TCP/IP 的用户是特别有利的。

与用 MAC 地址定义或用端口地址定义的方法相比，用网络层地址定义 VLAN 的方法的缺点是性能比较差，检查网络层地址要比检查 MAC 地址花费更多的时间，因此用网络层地址定义 VLAN 的速度会比较慢。

(4) 按网络协议划分。VLAN 按网络层协议划分，可分为 IP、IPX、DECnet、AppleTalk、Banyan 等 VLAN 网络。这种按网络层协议组成的 VLAN 可使广播域跨越多个 VLAN 交换机。这对于希望针对具体应用和服务来组织用户的网络管理员来说是非常具有吸引力的，而且，用户可以在网络内部自由移动，但其 VLAN 成员身份仍然保留不变。这种方式不足之处在于，使广播域跨越多个 VLAN 交换机，容易造成某些 VLAN 站点数目较多，产生大量的广播包，使 VLAN 交换机的效率降低。

(5) 按策略划分。基于策略组成的 VLAN 能实现多种分配方法，包括 VLAN 交换机端口、MAC 地址、IP 地址、网络层协议等。网络管理人员可根据自己的管理模式和本单位的需求决定选择哪种类型的 VLAN。

5.5.3 VLAN 的干道传输

所谓的 VLAN 干道传输用来在不同的交换机之间进行连接，以保证跨越多台交换机建立的同一个 VLAN 的成员能够相互通信，其中，交换机之间级联用的端口就称为主干道端口。两台交换机通过主干道(Trunk)接口互联，使得处于不同交换机，但具有相同 VLAN 定义的主机可以互相通信。如图 5-16 所示，两台交换机通过各自的 24 端口级联起来构成主干道，用来在两台交换机之间传输各 VLAN 的数据。

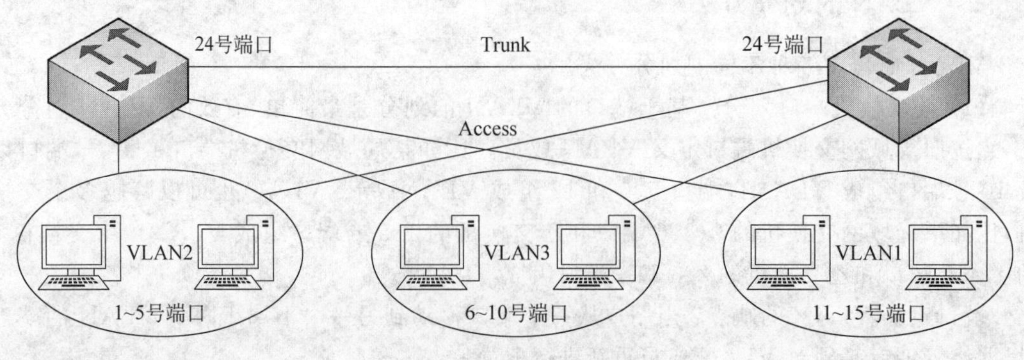

图 5-16 VLAN 的干道传输

有两种 VLAN 中继协议可供选择：ISL 和 IEEE 802.1q。

1. ISL(交换机间链路)

这是一种 Cisco 专用的协议，用于连接多台交换机。当数据在交换机之间传递时负责保持 VLAN 信息的协议。在一个 ISL 干道端口中，所有接收到的数据包被期望使用 ISL 头部封装，并且所有被传输和发送的包都带有一个 ISL 头。从一个 ISL 端口收到的本地帧(Non-tagged)被丢弃，它只用在 Cisco 产品中。

2. IEEE 802.lq

在 VLAN 初始时，各厂商的交换机互不识别，不能兼容。新的 VLAN 标准 IEEE 802.1q 成立后，使不同厂商的设备可同时在同一网络中使用，符合 IEEE 802.1q 标准的交换机可以和其他交换机互通。IEEE 802.1q 标准定义了一种新的帧格式，它在标准的以太网帧的源地址后面增加了 4 字节的帧标记(Tag Header)，其中包含 2 字节的标识协议标识符(TPID)和 2 字节的标签信息段(TCI)，如图 5-17 所示。

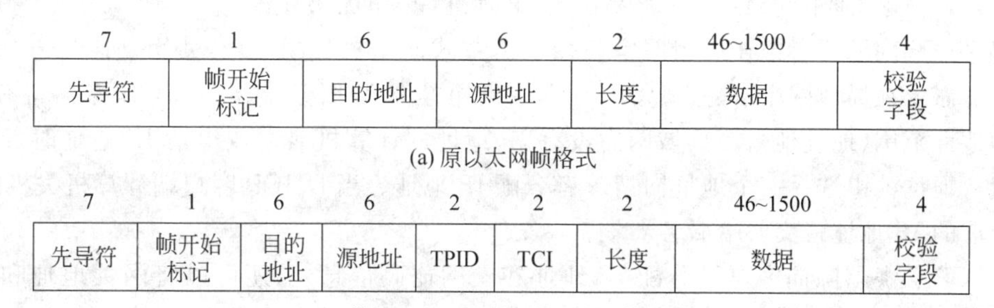

图 5-17 以太网帧格式比较

(1) TPID 字段。这是 IEEE 定义的新的类型，表明这是一个加了 802.1q 标签的帧，TPID 的取值为固定的 0x8100。

(2) TCI 字段。它包含的是帧的控制信息，包含了下面的一些元素。

① Priority：共 3 位，指明帧的优先级，一共有 8 种优先级。

② CFI：共 1 位，CFI 值为 0 说明是以太网络格式，1 为非以太网络格式(令牌环等)。

③ VLANID：共 12 位，指明 VLAN 的 ID 号，取值为 0～4095，每个支持 IEEE 802.1q 协议的交换机发送出来的数据包都会包含这个域，以指明自己属于哪一个 VLAN。

3. 干道的作用

Trunk 链路不属于任何一个 VLAN。Trunk 链路在交换机之间起着 VLAN 管道的作用，交换机会将该 Trunk 端口以外，并且和该 Trunk 端口处于同一个 VLAN 中的其他端口的负载自动分配到该 Trunk 中的其他各个端口中。因为，同一个 VLAN 中的端口之间会相互转发数据包，而位于 Trunk 中的 Trunk 端口被当作一个端口来看待，如果 VLAN 中的其他非 Trunk 端口的负载不分配到各个 Trunk 端口，则有些数据包可能随机发往该 Trunk 端口，从而导致数据帧顺序的混乱。由于 Trunk 端口作为一个逻辑端口看待，因此在设置了 Trunk 后，该 Trunk 将自动加入它的成员端口所属的 VLAN 中，而其成员端口则自动从 VLAN 中删除。

在 Trunk 线路上传输不同的 VLAN 的数据时，有两种方法识别不同的 VLAN 的数据：

帧过滤和帧标记。帧过滤是根据交换机的过滤表检查帧的详细信息。每一台交换机要维护复杂的过滤表，同时对通过干道的每一个帧进行详细检查，这会增加网络延迟时间，目前在VLAN 中该方法已经不使用了。现在使用的是帧标记。数据帧在中继线上传输的时候，交换机在帧头的信息中加标记来指定相应的 VLANID。当数据帧通过中继以后，去掉标记同时把帧交换到相应的 VLAN 端口。帧标记被 IEEE 选定为标准化的中继机制。

当网络中不同 VLAN 间进行相互通信时，需要路由的支持，既可采用路由器，也可采用三层交换机完成。

任务 5.6　工程实践——DHCP 服务与局域网文件共享

通过静态的方式配置 IP 地址存在以下两个主要的问题。

（1）当局域网中的主机数量较多时，手动配置 IP 地址将带来很大的工作量。

（2）当静态地址配置不当时，容易出现 IP 地址冲突的情况。

解决这些问题可考虑在局域网中使用动态方式向主机分配地址，使用动态方式向主机分配地址需要在局域网中搭建 DHCP（动态主机配置协议）服务器。DHCP 服务器持有一个合适的地址范围（地址池），当局域网内没有 IP 地址的计算机启动或申请 IP 地址时，DHCP 服务就从地址池中选择一个地址向请求者分配 IP 地址。当 DHCP 客户端计算机关机时，其自动获取的 IP 地址将交回给服务器端。

DHCP 服务器除向客户机分配 IP 地址和子网掩码信息外，还可以将网关地址和 DNS 服务器地址等信息向请求地址者分配。

在本任务中，将详细介绍 Windows Server 2008 的 DHCP 服务器工作原理、配置过程以及局域网中文件夹的共享以及访问。

5.6.1　DHCP 服务器工作原理

DHCP（Dynamic Host Configuration Protocol，动态主机配置协议）是一个简化主机 IP 地址分配管理的 TCP/IP 协议。只要在网络中安装和配置了 DHCP 服务器，用户就不再需要自行输入任何数据，就可以将一台计算机接入网络中，所有入网的必要参数（包括 IP 地址、子网掩码、默认网关、DNS 服务器的地址等）的设置都可交给 DHCP 服务器负责，它会自动地为用户计算机配置好。

DHCP 基于客户端/服务器端模式，当 DHCP 客户端启动时，它会自动与 DHCP 服务器端通信，由 DHCP 服务器端为 DHCP 客户端提供自动分配 IP 地址的服务。安装了 DHCP 服务软件的服务器称为 DHCP 服务器端，而启用了 DHCP 功能的客户机称为 DHCP 客户端。

DHCP 服务器端是以地址租约的方式为 DHCP 客户端提供服务的，它有以下两种方式。

（1）限定租期。这种方式是一种动态分配的方式，可以很好地解决 IP 地址不够用的问题。

（2）永久租用。采用这种方式的前提是公司中的 IP 地址足够使用，这样 DHCP 客户端就不必频繁地向 DHCP 服务器提出续约请求。

DHCP 客户机申请一个新的 IP 地址的总体过程如图 5-18 所示。

从图 5-18 中可以看出，DHCP 服务工作分为六个阶段。

（1）发现阶段。即 DHCP 客户端寻找 DHCP 服务器端的过程，对应于客户端发送 DHCP

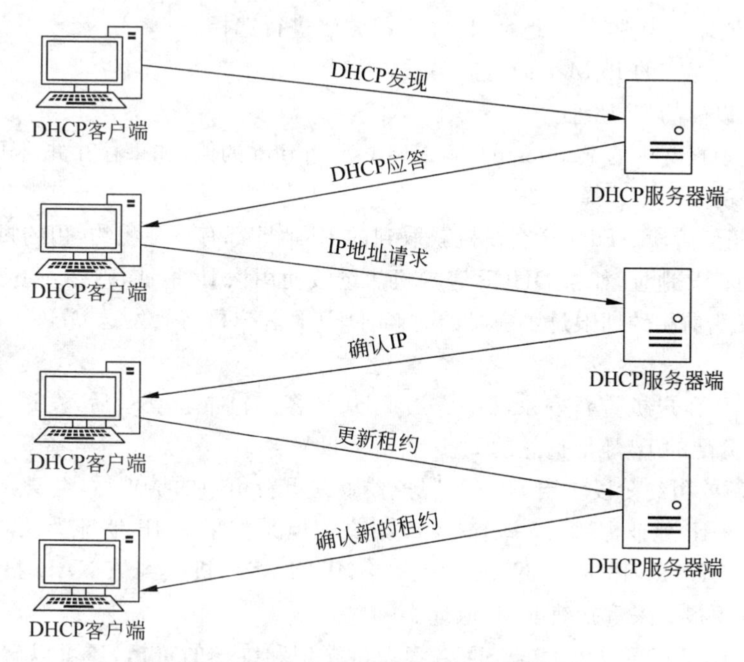

图 5-18 客户机申请 IP 地址的流程图

发现(Discovery)报文,因为 DHCP 服务器对应于 DHCP 客户端是未知的,所以 DHCP 客户端发出的 DHCP 发现(Discovery)报文是广播包,源地址为 0.0.0.0,目的地址为 255.255.255.255。如果同一个网络内没有 DHCP 服务器,而该网关接口配置了 DHCP 中继(Relay)功能,则该接口即为 DHCP 中继,DHCP 中继会将该 DHCP 报文的源 IP 地址修改为该接口的 IP 地址,而目的地址则为 DHCP 中继(Relay)配置的 DHCP 服务器的 IP 地址。

(2) 应答阶段。网络上的所有支持 TCP/IP 的主机都会收到该 DHCP 发现报文,但是只有 DHCP 服务器会响应该报文。如果网络中存在多台 DHCP 服务器,则多台 DHCP 服务器均会回复该 DHCP 发现(Discovery)报文。

(3) 地址请求阶段。DHCP 客户机收到若干个 DHCP 服务器响应的 DHCP 应答报文后,选择其中一个 DHCP 服务器作为目标 DHCP 服务器。选择策略通常为选择第一个响应的 DHCP 应答报文所属的 DHCP 服务器。

然后以广播方式回答一个 DHCP 请求(Request)报文,该报文中包含向目标 DHCP 请求的 IP 地址等信息。之所以是以广播方式发出的,是为了通知其他 DHCP 服务器自己将选择该 DHCP 服务器所提供的 IP 地址。

(4) 确认分配 IP 地址阶段。DHCP 服务器收到 DHCP 请求报文后,解析该报文请求 IP 地址所属的子网。并从 dhcpd.conf 文件中与之匹配的子网(Subnet)中取出一个可用的 IP 地址(从可用地址段选择一个 IP 地址后,首先发送 ICMP 报文来 ping 该 IP 地址,如果收到该 IP 地址的 ICMP 报文,则抛弃该 IP 地址,重新选择 IP 地址继续进行 ICMP 报文测试,直到找到一个网络中没有人使用的 IP 地址,用以达到防止动态分配的 IP 地址与网络中其他设备 IP 地址冲突的目的),设置在 DHCP 发现报文 yiaddress 字段中,表示为该客户端分配的 IP 地址,并且为该租用(Lease)设置该子网(Subnet)配置的选项(Option),例如默认租用租期、最大租期、路由器等信息。

DHCP 从地址池中选择 IP 地址,以如下优先级进行选择。

① 当前已经存在的 Ip Mac 的对应关系。

② 客户端以前的 IP 地址。

③ 读取发现报文中的 Requested Ip Address Option 的值,如果存在并且 IP 地址可用。

④ 从配置的子网中选择 IP 地址。

(5) 更新租约阶段。DHCP 客户机获取到的 IP 地址都有一个租约,租约过期后,DHCP 服务器将收回该 IP 地址,如果 DHCP 客户机想继续使用该 IP 地址,则必须更新租约。更新的方式就是,在当前租约期限过了一半的时候,DHCP 客户机将会发送 DHCP 更新(Renew)报文续约租期。

或者 DHCP 客户机重新登录网络。当 DHCP 客户机重新登录后,发送一个包含之前 DHCP 服务器分配的 IP 地址信息的 DHCP 请求报文。

(6) 确认新的租约阶段。当 DHCP 服务器收到更新租约的请求后,会尝试让 DHCP 客户端继续使用该 IP 地址,并回复一个 ACK 报文。但是如果该 IP 地址无法再次分配给该 DHCP 客户端,DHCP 回复一个 NAK 报文,当 DHCP 客户机收到该 NAK 报文后,会重新发送 DHCP 发现报文来重新获取 IP 地址。

使用 DHCP,不仅可以大大减轻网络管理员管理和维护的负担,还可以解决 IP 地址不够用的问题。

5.6.2 配置 DHCP 服务器

下面将一步步介绍 DHCP 服务器的安装、配置和应用。需要特别注意的是,DHCP 服务器本身必须配置静态 IP 地址,其本身的 IP 地址不能是动态获取的。

单击“开始”菜单,选择“管理工具”下的“服务器管理器”选项,如图 5-19 所示。

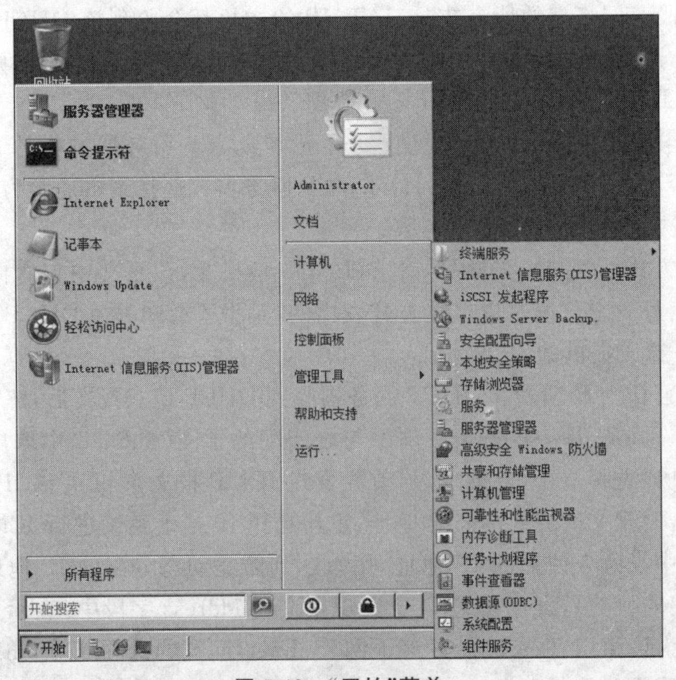

图 5-19 “开始”菜单

打开如图 5-20 所示的“服务器管理器”界面。

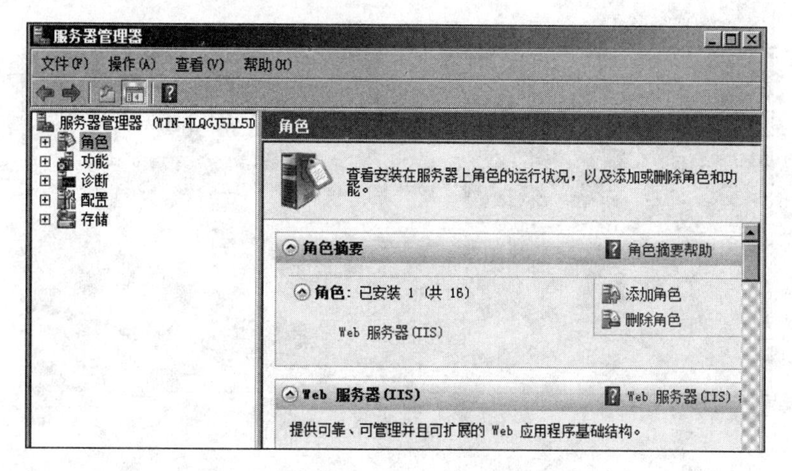

图 5-20　服务器管理器

选中左上角的“角色”，然后单击右边的“添加角色”链接，打开“添加角色向导”对话框，如图 5-21 所示。

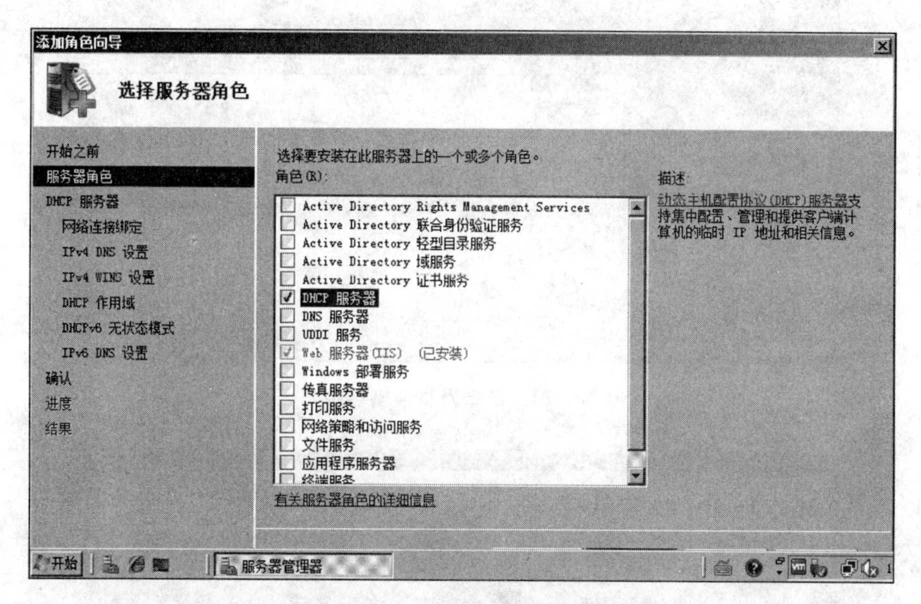

图 5-21　选择服务器角色

选中“DHCP 服务器”复选框，然后单击“下一步”按钮。打开“DHCP 服务器”简介页面，如图 5-22 所示。

此界面是“DHCP 服务器”简介页面，在此页面可以获取 DHCP 有关的一些基本信息。无须任何配置信息。

了解完后单击“下一步”按钮，打开如图 5-23 所示的“选择网络连接绑定”页面。

选择为哪个网络分配 IP 地址的网关地址。

单击“下一步”按钮，打开“指定 IPv4 DNS 服务器设置”页面，如图 5-24 所示。

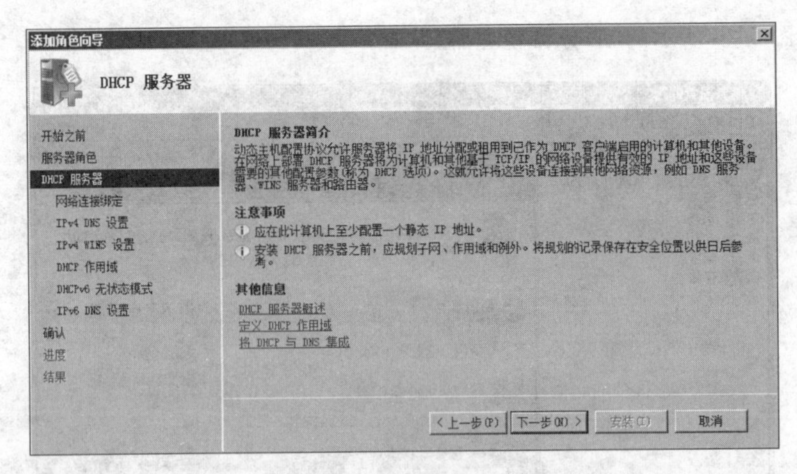

图 5-22　DHCP 服务器简介

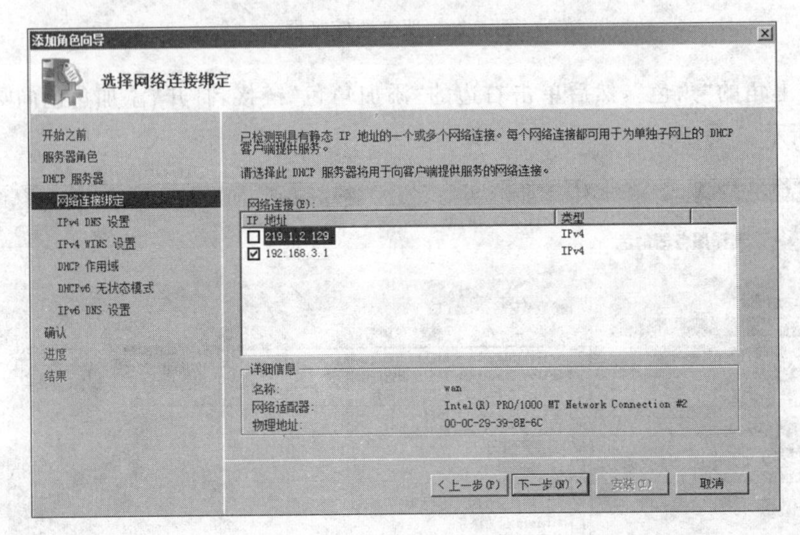

图 5-23　选择网络连接绑定

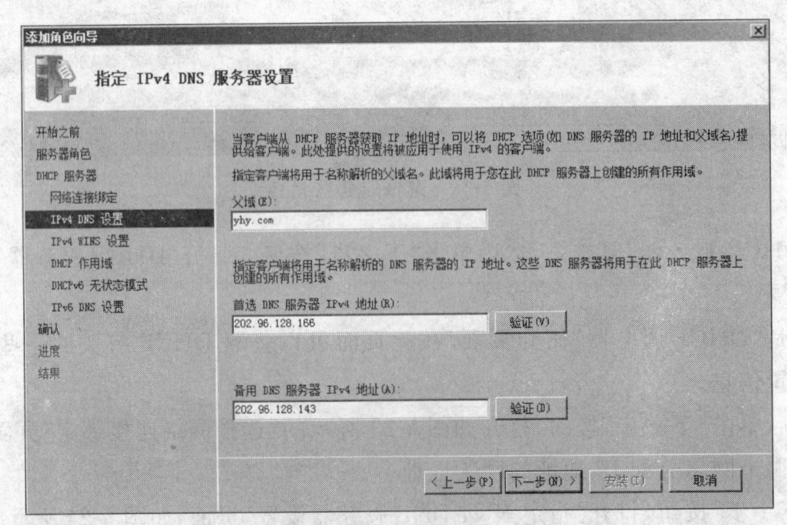

图 5-24　指定 IPv4 DNS 服务器设置

填写分配给客户机的首选 DNS 以及备用 DNS 的 IP 地址。

单击“下一步”按钮，打开“指定 IPv4 WINS 服务器设置”页面，如图 5-25 所示。

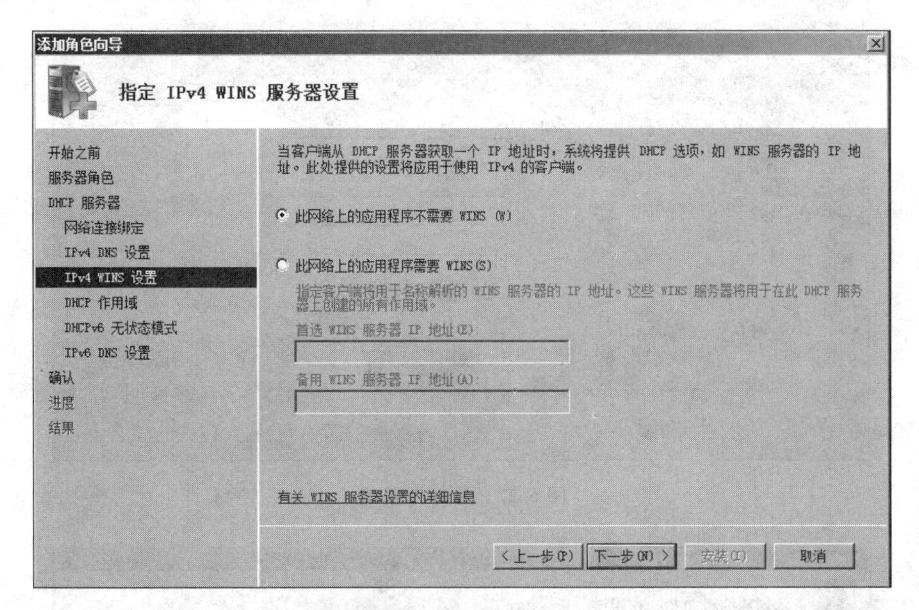

图 5-25 WINS 服务器设置

本任务不使用 WINS 服务器，故选择“此网络上的应用程序不需要 WINS”选项。

单击“下一步”按钮，打开“添加或编辑 DHCP 作用域”页面，如图 5-26 所示。

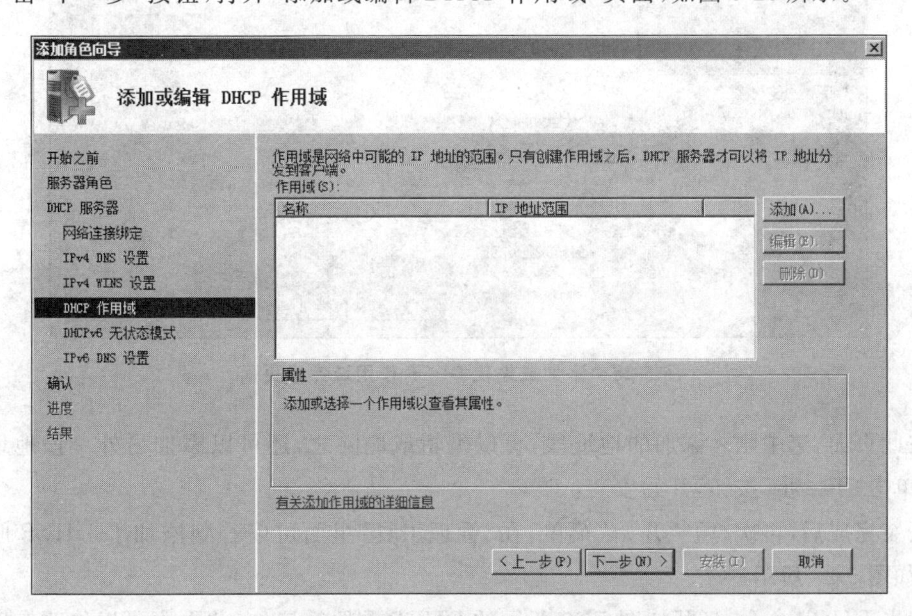

图 5-26 添加或编辑 DHCP 作用域

单击右上角的“添加”按钮，打开“添加作用域”对话框，如图 5-27 所示。

在此页面填写分配给客户机的 IP 地址段以及子网掩码信息、网关信息以及租约的期限。填写好后单击“确定”按钮。返回“添加或编辑 DHCP 作用域”页面，如图 5-28 所示。

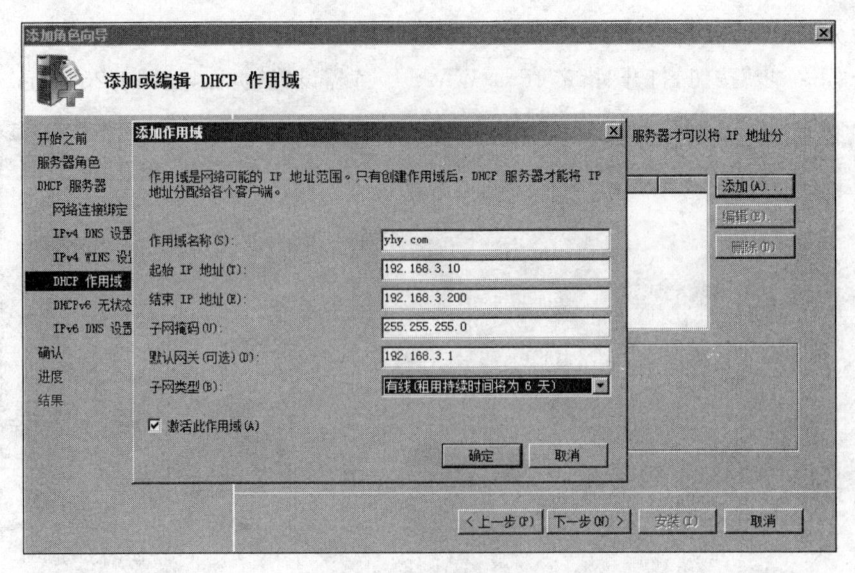

图 5-27　添加作用域

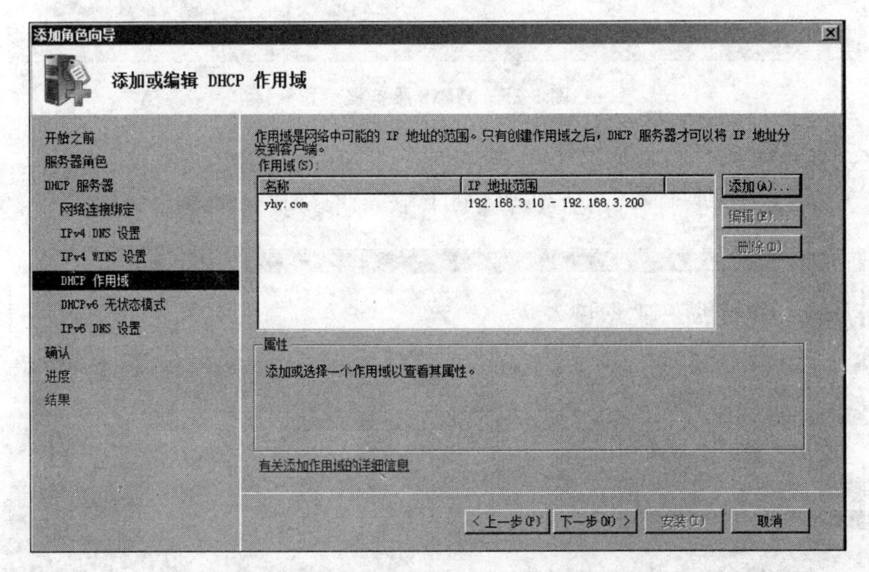

图 5-28　添加或编辑 DHCP 作用域完成页面

在此页面，选中刚才添加的地址段，可以编辑或删除之，还可以添加另外一段地址。确认后，单击“下一步”按钮，开始安装。

安装完成后，再次打开“开始”菜单，在“管理工具”里面可以看到添加了 DHCP 服务器程序，如图 5-29 所示。

单击 DHCP 命令，打开如图 5-30 所示的 DHCP 配置窗口，在此页面可以修改在安装时填写的信息。

还可以在“作用域”的“保留”处“添加保留”，即为某 MAC 地址的主机保留一个 IP 地址，这个 MAC 地址的主机每次都能获取到此保留地址。如为 MAC 地址为 00-0C-29-7A-CA-E8 的主机分配 IP 地址 192.168.3.88，则配置页面如图 5-31 所示。

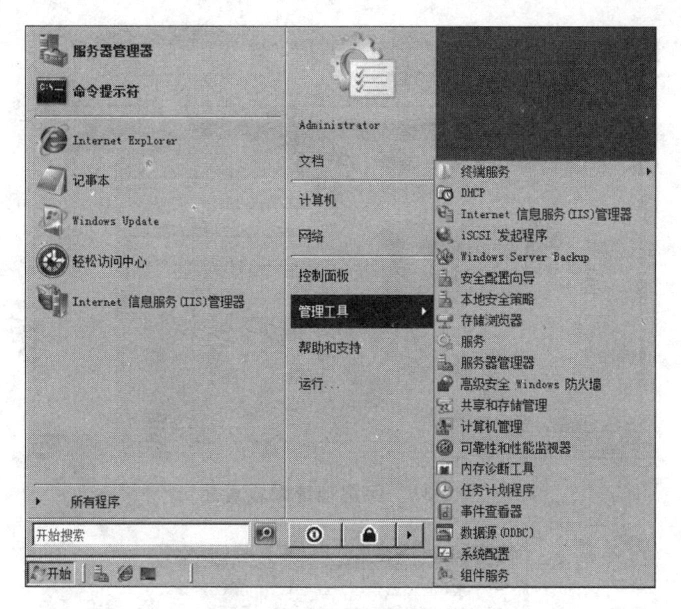

图 5-29　DHCP

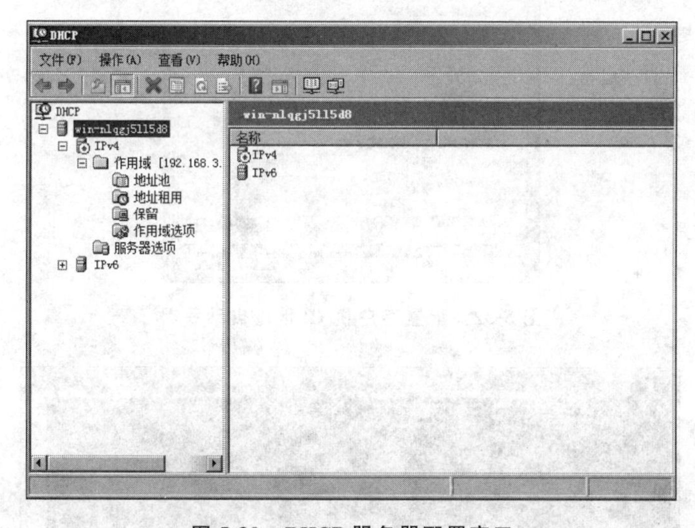

图 5-30　DHCP 服务器配置窗口

至此,包含一个作用域的 DHCP 服务器配置完成。该服务器已经具备为局域中其他客户机提供 IP 地址等信息的功能。

DHCP 客户端获取地址,在局域网内需要自动获取 IP 地址的主机网卡的“TCP/IP 属性”对话框中设置成“自动获得”,如图 5-32 所示。

单击“确定”按钮,稍等片刻,主机将自动获得 IP 地址。管理员可在局域网内每一台需要自动获得 IP 地址的主机上进行这样的配置,则整个局域网内的主机均可以通过 DHCP 服务器自动获得地址。

同时,可在客户机 DOS 窗口使用 ipconfig/all 命令查询获取到的 IP 地址信息,如图 5-33 所示。

至此,本任务成功完成。

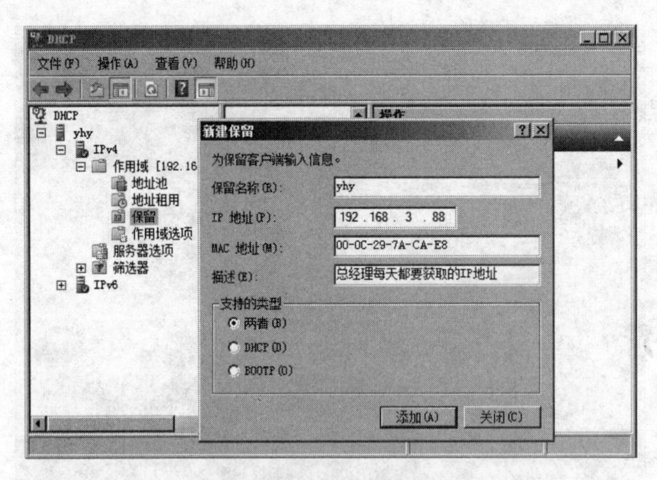

图 5-31　保留地址配置页面

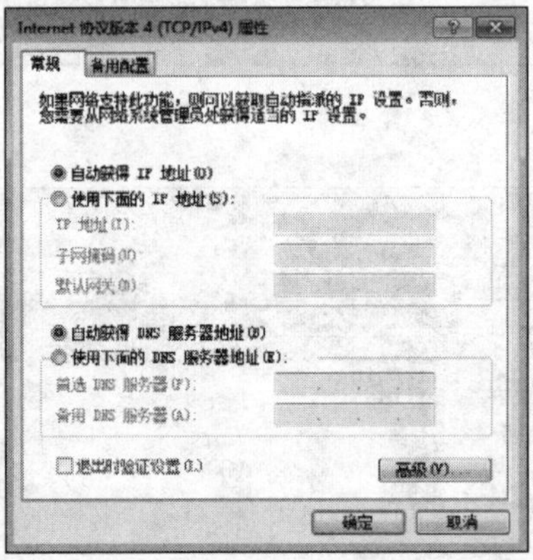

图 5-32　配置客户机 IP 地址自动获得

图 5-33　使用 ipconfig/all 命令查询获取到的 IP 地址信息

5.6.3 局域网文件共享及访问

文件共享是指某台计算机用来和其他计算机间相互分享文件，所谓的共享就是分享的意思。下面将介绍在局域网中设置共享及访问权限，设置隐藏共享和访问共享。

将需要共享出去的文件放进一个文件夹，如图 5-34 所示，现需要将 mywebsite 文件夹共享给别人访问。

图 5-34 欲共享的文件夹

选中文件夹后右击，在弹出的快捷菜单中选择“属性”命令，然后打开“共享”面板，如图 5-35 所示。

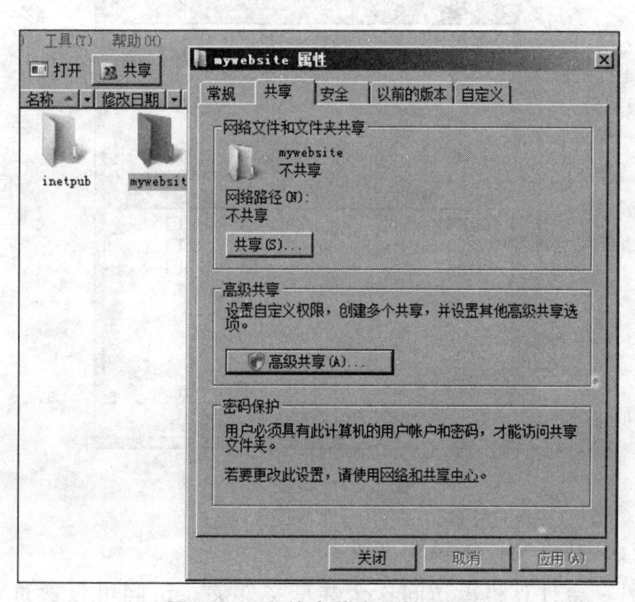

图 5-35 文件夹共享属性页面

设置共享名称与连接。在此页面中，可以设置简单文件共享，单击“共享”按钮，也可以设置高级共享。单击“高级共享”按钮，打开如图5-36所示的页面。

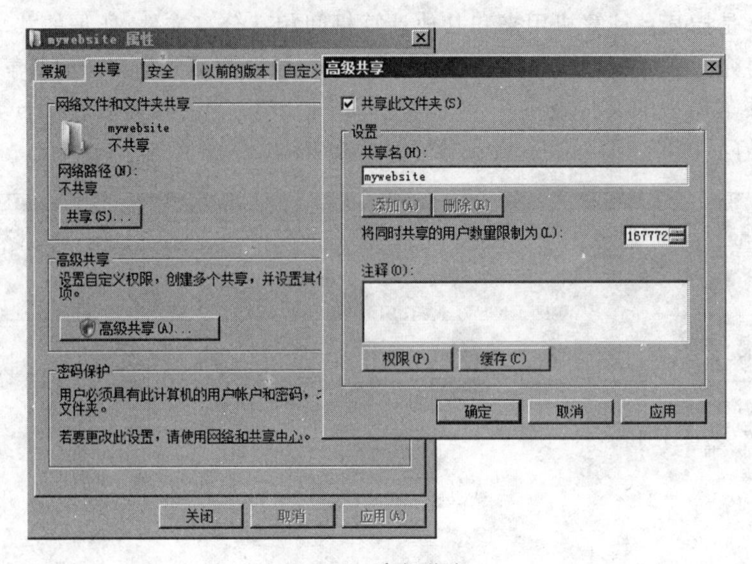

图 5-36　高级共享

在此页面，可以对同时访问此文件夹的用户数做出限制。对于计算机性能不太好或共享资料非常大的情况下，做出同时访问资源的用户数的限制是有必要的。

设置权限。在图5-36的页面中，单击“权限”按钮还可以设置什么用户可以访问此共享文件夹，并且访问的权限如何。图5-37所示设置了Administrator可以“完全控制”此文件夹，Everyone(所有人)都可以“读取”此文件夹，如图5-37所示。

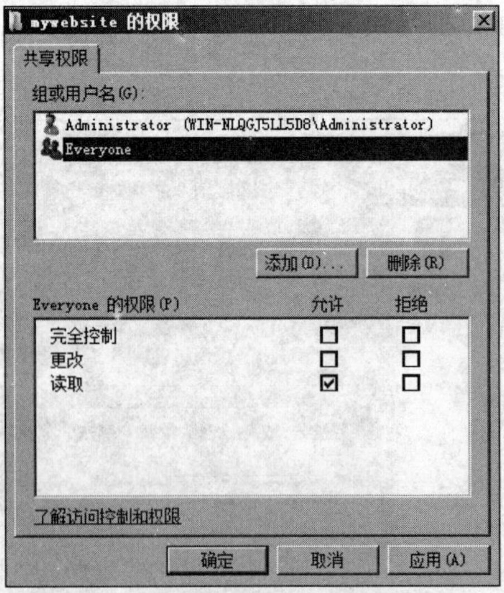

图 5-37　设置权限

单击“确定”按钮，共享文件夹设置完成。

验证配置，在另一台计算机上访问这个共享文件夹。访问可以通过IP地址进行，也可以使用主机名访问。下面以 IP 地址的方式进行访问，如图 5-38 所示。

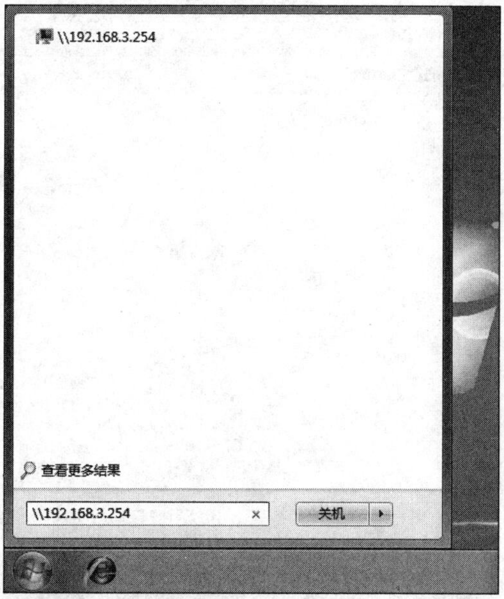

图 5-38　以 IP 地址的方式进行访问

在客户机上确认服务器 IP 地址信息后按 Enter 键确定，稍等片刻，出现提示用户名和密码的对话框，如图 5-39 所示。此时如果输入服务器的用户名 administrator 和密码，则有“完全控制”的权限，如果输入服务器中其他非管理员账户与密码信息，则只能拥有“读取”的权限。

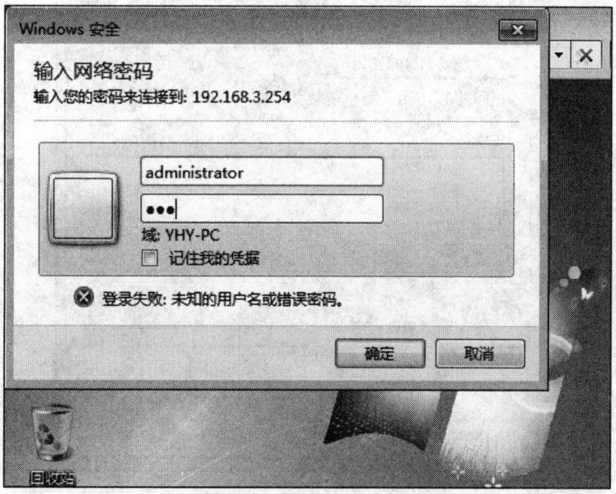

图 5-39　服务器账号与密码提示框

输入服务器的用户名和密码，访问到的页面如图 5-40 所示。

设置隐藏共享。有时为了增加安全性，可以在设置文件夹的共享时采用“隐藏共享”的方法，访问这个共享文件夹时也需要作一些调整。设置“隐藏共享”只需在“共享名”的文件名后加一个“$”符号即可，如图 5-41 所示。

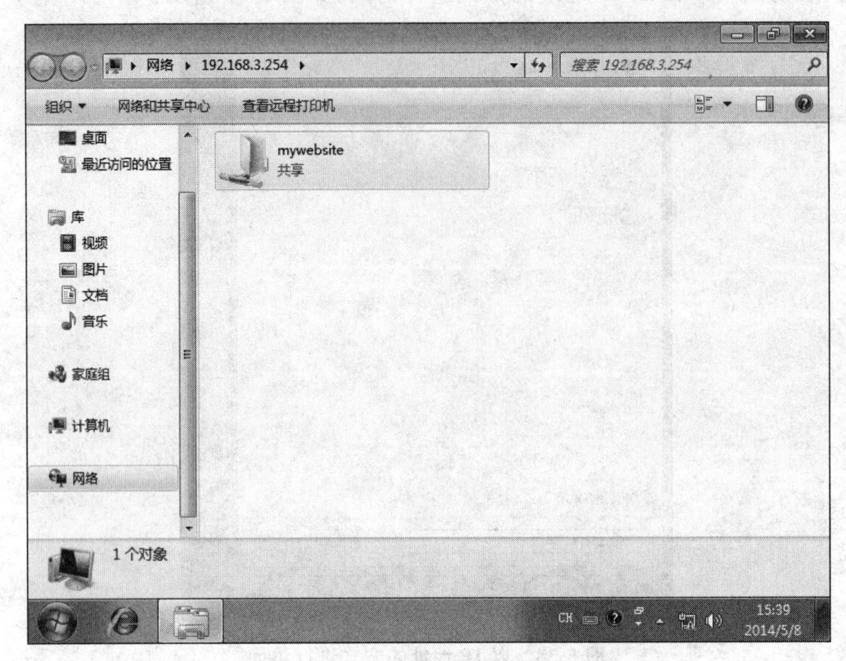

图 5-40　客户机访问服务器共享成功页面

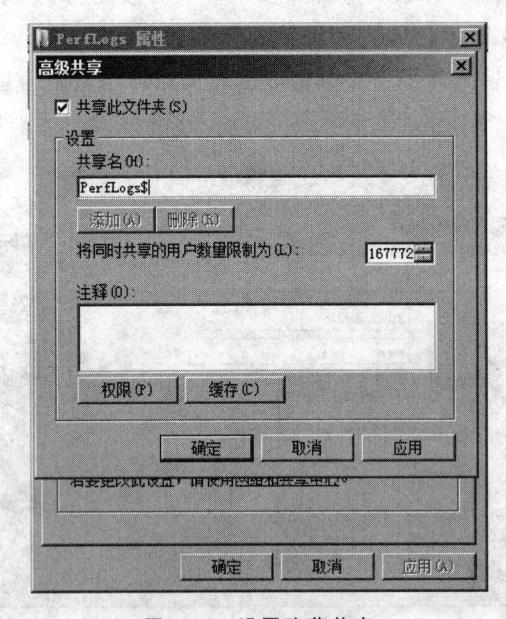

图 5-41　设置隐藏共享

访问隐藏共享。访问这个隐藏的共享文件夹需要在主机名或 IP 地址后再加上“PerfLogs $ ”才能访问，如图 5-42 所示。

至此，共享文件夹的设置已经完成，特别注意“隐藏共享”的设置和访问方法。

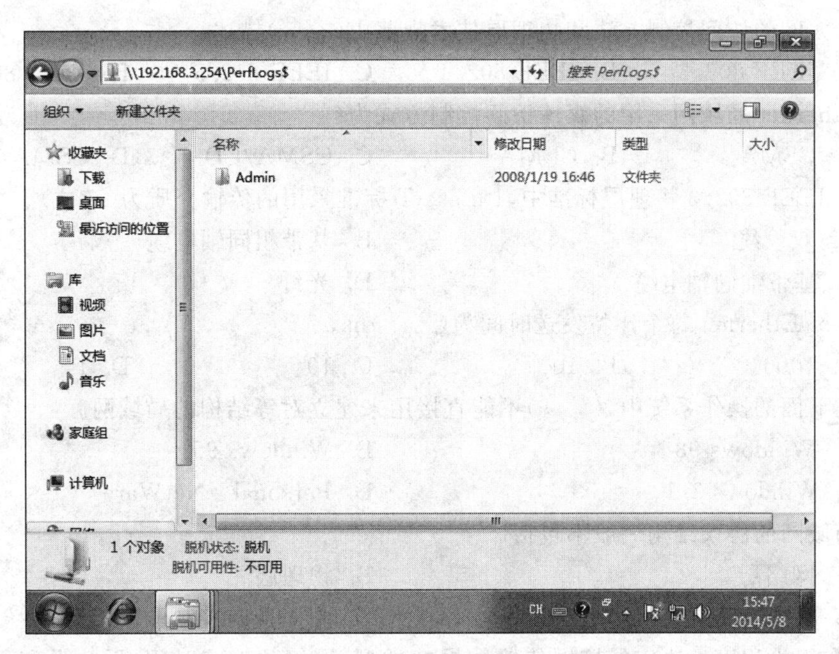

图 5-42 访问隐藏共享

课后练习

一、填空题

1. 按照传输的信号分,局域网可分为(　　)和(　　)。

2. IEEE 802 参考模型由(　　)、(　　)、(　　)和(　　)组成。

3. IEEE 802 参考模型将数据链路层划分为两个子层,即(　　)和(　　)。

4. 10Base-F 是使用(　　)的以太网。

5. IEEE 802.5 定义了两种 MAC 帧的格式:(　　)和(　　)。

6. 在令牌环中,为了解决竞争,使用了一个称为(　　)的特殊标记,只有拥有它的站才有权发送数据。

7. 局域网常用的拓扑结构有总线结构、星形和(　　)三种。

8. 虚拟局域网技术的核心是通过(　　)和(　　)设备,在网络的物理拓扑结构的基础上,建立一个逻辑网络。

二、选择题

1. 令牌环的访问控制方法和物理层技术规范由(　　)描述。

A. IEEE 802.3　　B. IEEE 802.4　　C. IEEE 802.5　　D. IEEE 802.6

2. (　　)是一种总线拓扑结构的局域网技术。

A. Ethernet　　B. FDDI　　C. ATM　　D. DQDB

3. 虚拟网可以有多种划分方式,下列方式中不正确的是(　　)。

A. 基于用户　　B. 基于网卡的 MAC 地址

C. 基于交换机端口　　D. 基于网络层地址

4. 以太网的访问控制方法和物理层技术规范由(　　)描述。

A. IEEE 802.3　　B. IEEE 802.4　　C. IEEE 802.5　　D. IEEE 802.6

5. Ethernet 局域网采用的媒体访问控制方式为(　　)。

A. CSMA　　B. CDMA　　C. CSMA/CD　　D. CSMA/CA

6. 在 IEEE 802.3 物理层标准中,10Base-T 标准采用的传输介质为(　　)。

A. 双绞线　　B. 基带粗同轴电缆

C. 基带细同轴电缆　　D. 光纤

7. Fast Ethernet 每个比特发送时间为(　　)ns。

A. 1000　　B. 100　　C. 10　　D. 1

8. 在下面的操作系统中,(　　)不能直接用来建立对等结构的局域网。

A. Windows 98　　B. Windows 95

C. Windows 3.1　　D. Personal　NetWare

9. 局域网的协议结构一般不包括(　　)。

A. 网络层　　B. 物理层

C. 数据链路层　　D. 介质访问控制子层

10. 在很大程度上决定局域网传输数据的类型、网络的响应时间、吞吐量和利用率,以及网络应用等各种网络特性的技术中,最为重要的是(　　)。

A. 传输介质　　B. 拓扑结构

C. 介质访问控制方法　　D. 逻辑访问控制方法

11. 局域网标准化工作主要是由(　　)制定。

A. OSI　　B. CCITT　　C. IEEE　　D. EIA

12. CSMA/CD 是 IEEE 802.3 所定义的协议标准,它适用于(　　)。

A. 环形网　　B. 网状网　　C. 以太网　　D. 城域网

三、简答题

1. 局域网有哪些特点?如何进行分类?

2. 分别论述 3 种 CSMA/CD 媒体访问控制技术的控制过程、各自的优缺点。

3. 论述令牌环网媒体访问控制技术的控制过程。

项目 6

广域网技术

广域网是进行数据、语音、图像等信息传送的通信网，可以覆盖城市、地区、国家，甚至全球。广域网造价较高，一般都是由国家或较大的电信公司出资建造。组建广域网，必须遵循一定的网络体系结构和协议，以实现不同系统的互联和相互协同工作。

任务 6.1　认识广域网

广域网(Wide Area Networks，WAN)定义为使用本地和国际电话公司或公用数据网，将分布在不同国家、地域，甚至全球范围内的各种局域网、计算机、终端等设备，通过互联技术而形成的大型计算机通信网络。如 Internet 就是最大、最典型的广域网。

广域网是互联网的核心，但广域网不等于互联网。在互联网中，为不同类型、协议的网络"互联"才是它的主要特征。

6.1.1　广域网基本概念

广域网的结构如图 6-1 所示。广域网由许多台交换机组成，广域网交换机也称为节点交换机，其任务是实现节点之间点到点连接。为了提高网络的可靠性，通常一台节点交换机往往与多台节点交换机相连。

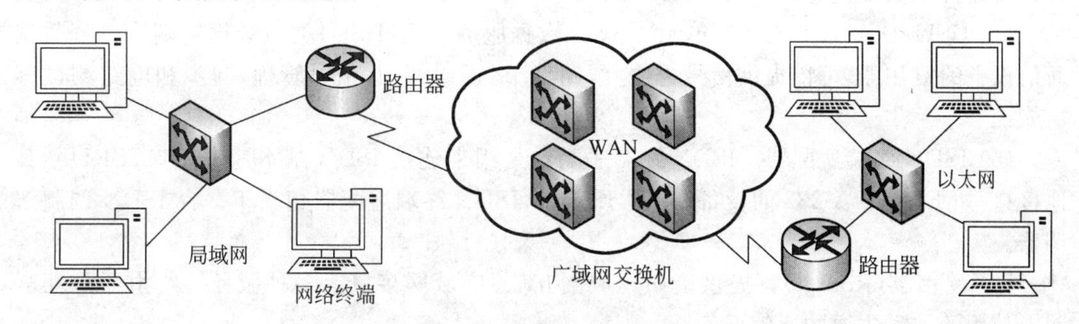

图 6-1　广域网的结构

虽然连接广域网各节点交换机的链路都是高速链路，但广域网的数据传输速率比局域网低，信号的传播延迟比局域网长。广域网的典型速率是 56Kbps～155Mbps，现在已有 622Mbps、1.4Gbps，甚至更高速率的广域网，传播延迟可从几毫秒到几百毫秒(使用卫星信道时)。

1. 广域网的特点

相对局域网，广域网有以下显著的特点。

（1）覆盖的地理区域大，通信的距离远，需要考虑的因素多，如线路的冗余、媒体带宽的利用和差错处理等问题。

（2）广域网连接常借用公用网络。由电信部门或公司负责组建、管理和维护，并全面提供面向通信的有偿服务、流量统计和计费问题。

（3）广域网连接能提供很大的传输速率。从 PSTN 拨号连接的 56Kbps 到全速率 SONET 连接的 10Gbps 的最大传输速率，都可以提供。

（4）不同的广域网技术的可靠性都不一样。广域网的可靠性取决于它所使用的传输介质、拓扑结构和传输方法。

2. 局域网与广域网比较

（1）覆盖范围。广域网一般在几十千米以上，而局域网则在几千米范围内。

（2）连接方式。广域网主要用点对点连接，局域网普遍用广播式多点接入。

（3）协议层次。局域网主要在数据链路层，广域网主要在网络层。局域网不必用 TCP/IP 协议，广域网普遍用 TCP/IP 协议。

（4）路由器连接。广域网与局域网间采用路由器连接。连在一个广域网或一个局域网上的主机在该网络内部进行通信时，只需使用网络的物理地址。

6.1.2 广域网设备

在广域网环境中可以使用多种不同的网络设备，下面介绍一些比较常用的广域网设备。

（1）广域网交换机。广域网交换机是在运营商网络中使用的多端口网络互联设备。广域网交换机工作在 OSI 参考模型的数据链路层，可以对帧中继、X. 25 以及 SMDS 等数据流量进行操作。

（2）广域网接入服务器。接入服务器是广域网中拨入和拨出连接的汇聚点。

（3）调制解调器。调制解调器主要用于数字信号和模拟信号之间的转换，从而能通过语音线路传送数据信息。

（4）CSU/DSU。信道服务单元（CSU）/数据服务单元（DSU）类似数据终端设备到数据通信设备的复用器，可以提供信号再生、线路调节、误码纠正、信号管理、同步和电路测试等功能。

（5）ISDN 终端适配器。ISDN 终端适配器是用来连接 ISDN 基本速率接口（BRI）到其他接口，如 EIA/TIA-232 的设备。从本质上说，ISDN 终端适配器相当于一台 ISDN 调制解调器。

（6）路由器（Router）。提供诸如局域网互联、广域网接口等多种服务。路由器是互联网上使用的一种主要的通信设备。

6.1.3 广域网接入技术

对照 OSI 参考模型，广域网接入技术主要位于低层的三个层次，分别是物理层、数据链路层和网络层。广域网接入技术类型有以下几种。

（1）点对点链路。点对点链路提供的是一条预先建立的，从客户端经过运营商网络到达远端目标网络的广域网通信路径。点对点链路就是一条租用的专线，可以在数据收发双方之间建立起永久性的固定连接。如图 6-2 所示，就是一个典型的跨越广域网的点对点

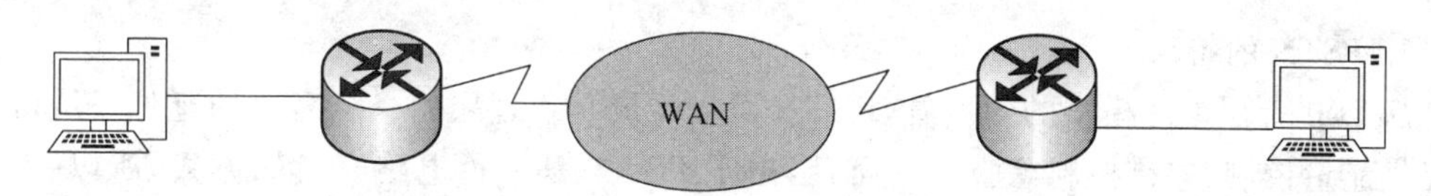

图 6-2　广域网点对点链路

链路。

(2) 电路交换。电路交换是广域网所使用的一种交换方式，可以通过运营商网络为每一次会话过程建立连接、维持和终止一条专用的物理电路。电路交换也可以提供数据包和数据流两种传送方式。电路交换在电信运营商的网络中被广泛使用，其操作过程与普通的电话拨叫过程非常相似。综合业务数字网(ISDN)就是一种采用电路交换技术的广域网技术。

(3) 虚拟电路。虚拟电路是一种逻辑电路，可以在两台网络设备之间实现可靠的通信。虚拟电路有两种不同的形式，分别是交换虚拟电路(SVC)和永久虚拟电路(PVC)。

SVC 是一种按照需求动态建立的虚拟电路，当数据传送结束时，电路将会被自动终止。SVC 主要包括三个阶段：电路创建、数据传送和电路终止。PVC 是一种永久建立的虚拟电路，只有数据传输一种模式。PVC 可以应用于数据传输频繁的网络环境，这是因为 PVC 不需要为创建或终止电路而使用额外的带宽，所以对带宽的利用率更高。

(4) 包交换。包交换也是广域网上经常使用的一种交换技术，通过包交换，网络设备可以共享一条点对点链路并在网络设备之间进行数据包的传递。包交换主要采用统计复用技术在多台设备之间实现电路共享。

任务 6.2　常用广域网接入形式

广域网是利用公共传输系统实现的，常见的公共传输系统有 PSTN、ISDN、N-ISDN、B-ISDN、X.25、DDN、FR 和 ATM 等。

6.2.1　电话网

公共电话交换网(PSTN-Public Switched Telephone Network)，即日常生活中常用的电话网，是以模拟电路交换技术为基础的用于传输模拟语音的网络。在众多的广域网互联技术中，通过 PSTN 进行互联所要求的通信费用最低，但其数据传输质量及传输速率也最差，同时 PSTN 带宽有限，网络资源利用率也比较低，难以实现变速传输。

1. PSTN 概述

尽管 PSTN 在进行数据传输时存在这样或那样的问题，但它仍是一种不可替代的联网介质(技术)。特别是 Bellcore 的发明建立在 PSTN 基础之上的 xDSL 技术和产品的应用，拓展了 PSTN 的发展和应用空间，使得联网速度保持在 9～52Mbps。

PSTN 提供的是一个模拟的专有通道，通道之间经由若干台电话交换机连接而成。当两台主机或路由器设备需要通过 PSTN 连接时，在两端的网络接入侧(即用户回路侧)必须使用调制解调器(Modem)实现信号的模/数、数/模转换。

2. PSTN 的特点

从 OSI 七层参考模型的角度看,PSTN 可以看成是物理层的一个简单的延伸,没有向用户提供流量控制、差错控制等服务。而且,由于 PSTN 是一种电路交换的方式,所以一条通路自建立直至释放,其全部带宽仅能被通路两端的设备使用,即使它们之间并没有任何数据需要传送。所以,这种电路交换的方式不能实现对网络带宽的充分利用。

电话网概括起来主要由三个部分组成:本地回路、干线和交换机。其中,干线和交换机一般采用数字传输和交换技术,而本地回路(也称用户环路)基本上采用模拟线路。由于 PSTN 的本地回路是模拟的,因此当两台计算机想通过 PSTN 传输数据时,中间必须经双方调制解调器(Modem)实现计算机数字信号与模拟信号的相互转换。PSTN 是一种电路交换的网络,可看作是物理层的一个延伸,在 PSTN 内部并没有上层协议进行差错控制。在通信双方建立连接后电路交换方式独占一条信道,当通信双方无信息时,该信道也不能被其他用户所利用。

用户可以使用普通拨号电话线或租用一条电话专线进行数据传输。使用 PSTN 实现计算机之间的数据通信是最廉价的,但由于 PSTN 线路的传输质量较差,而且带宽有限,再加上 PSTN 交换机没有存储功能,因此 PSTN 只能用于对通信质量要求不高的场合。目前,通过 PSTN 进行数据通信的最高速率不超过 56Kbps。

3. PSTN 的入网方式

(1) 通过普通拨号电话线入网。只要在通信双方原有的电话线上并接调制解调器,再将调制解调器与相应的上网设备相连即可。目前,大多数上网设备,如 PC 或者路由器均提供有若干个串行端口,串行端口和调制解调器之间采用 RS-232 等串行接口规范。这种连接方式的费用比较低,适用于通信不太频繁的场合。

(2) 通过租用电话专线入网。与普通拨号电话线方式相比,租用电话专线可以提供更高的通信速率和数据传输质量,但相应的费用也较前一种方式高。使用专线的接入方式与使用普通拨号线的接入方式没有太大的区别,但是省去了拨号连接的过程。通常,当决定使用专线方式时,用户必须向所在地的电信局提出申请,由电信局负责架设和开通。

(3) 经普通拨号或租用专用电话线由 PSTN 转接入公共数据交换网(X. 25 或 Frame-Relay 等)的入网方式。利用该方式实现与远程的连接是一种较好的远程方式,因为公共数据交换网为用户提供可靠的面向连接的服务,其可靠性与传输速率都比 PSTN 强得多。

6.2.2 综合业务数字网

综合业务数字网(Integrated Service Digital Network,ISDN)是各种业务(例如电话、数据、图像等)都以数字信号进行传输和交换的通信网。

1. ISDN 的概念模型

ISDN 起源于 1972 年,但是直到 1980 年才明确定义。CCITT 对 ISDN 是这样定义的:ISDN 是以综合数字电话网(IDN)为基础发展演变而成的多种电信业务,用户能通过有限的一组标准化的多用途用户—网络接口接入网内。根据上述定义,可以将 ISDN 定义归纳为以下几点。

ISDN 是以电话网、IDN 为基础发展而成的通信网;支持端到端(End-to-End)的数字连接;支持各种通信业务、支持语音类及非语音业务提供标准的用户—网络接口(UNI),使得用户能通过一组有限个多用途的UNI接入ISDN。

2. ISDN的业务和结构

ISDN支持范围广泛的各类业务,不仅可以提供语音业务,还能提供数据、图像和传真的各种非语音业务。主要的应用领域有局域网、多点屏幕共享、视频、语音/数据综合、文件交换、远端通信、图像、多媒体文件的存取、基于计算机的主叫用户号码识别等。

ISDN由两种信道B和D组成,B用于数据和语音信息;D用于信号和控制(也能用于数据)。

ISDN有以下两种访问方式。

(1) 基本速率接口(BRI):有两个B信道,每个带宽64Kbps;一个带宽16Kbps的D信道。三个信道设计成2B+D。

(2) 主速率接口(PRI):由很多的B信道和一个带宽64Kbps的D信道组成,B信道的数量取决于不同的国家。

3. ISDN的特点

(1) 通信业务的综合化。利用一条用户线就可以提供电话、传真、可视图文及数据通信等多种业务。

(2) 实现高可靠性及高质量的通信。

(3) 使用方便。信息信道和信号信道分离。在一条2B+D的用户线上可以连接八台终端,且可三台同时工作。用户可以根据需要,在一对用户线上任意组合不同类型的终端,例如,可以将电话机、传真机和PC连接在一起,可以同时打电话、发传真或传送数据。

(4) 标准化的接口。ISDN用户接口有基本速率接口和一次群主速率接口。基本速率接口有两条64Kbps的信息通路和一条16Kbps的信令通路,简称2B+D。一次群主速率接口有30条64Kbps的信息通路和一条64Kbps的信令通路,简称30B+D。

(5) 费用低廉。只需在已有的通信网中增添或更改部分设备即可以构成ISDN通信网。和各自独立的通信网相比,将业务综合在一个网内的费用要低廉得多。

(6) 呼叫速度快。呼叫用ISDN仅需3~10s。

6.2.3 数字数据网

数字数据网(Digital Data Network,DDN)是一种利用数字信道提供数据通信的传输网,它主要提供点到点和点到多点的数字专线或专网,即平时所说的专线上网。它将数十万条以光缆为主体的数字电路,通过数字电路管理设备构成一个传输速率高、质量好、网络延时小、全透明、高流量的数据传输基础网络。

1. DDN概述

DDN由数字通道、DDN节点、网管系统和用户环路组成。DDN的传输介质主要有光纤、数字微波、卫星信道等。DDN采用了计算机管理的数字交叉连接技术,为用户提供半永久性的连接电路。一旦用户提出申请,网络管理员便可以通过软件命令改变用户专线的路由或专网结构,而无须经过物理线路的改造扩建工程,因此DDN极易根据用户的需要,在约定的时间内接通所需带宽的线路。

通过DDN节点的交叉连接，在网络内为用户提供一条固定的，由用户独自完全占有的数字电路物理通道。无论用户是否在传送数据，该通道始终为用户独享，除非网管删除此条用户电路，这是一种电路交换方式。

DDN为用户提供的基本业务是点到点的专线。用户在DDN上租用一条点到点数字专线与租用一条电话专线十分类似。

注意：DDN专线与电话专线的区别在于：电话专线是固定的物理连接，而且是模拟信道，带宽窄、质量差、数据传输率低；而DDN专线是半固定连接，其数据传输率和路由可随时根据需要申请改变。

2. DDN的结构

DDN网是由数字传输电路和相应的数字交叉复用设备组成。主要由六个部分组成：光纤或数字微波通信系统、智能节点或集线器设备、网络管理系统、数据电路终端设备、用户环路、用户端计算机或终端设备。DDN的网络结构如图6-3所示。

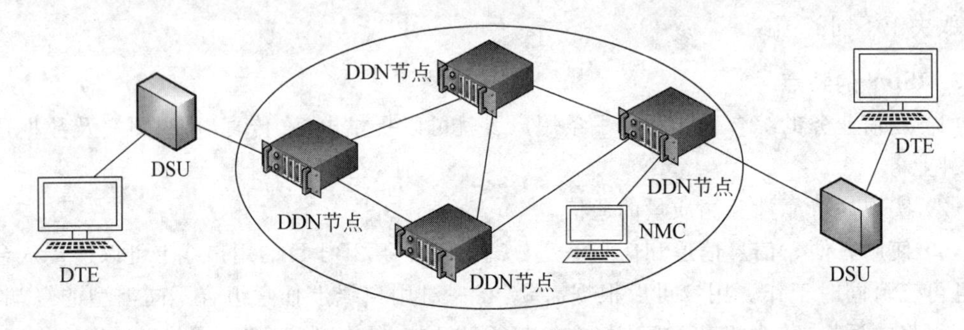

图6-3　DDN的网络结构

其中，数字传输主要以光缆传输电路为主，数字交叉连接。复用设备对数字电路进行半固定交叉连接和子速率的复用。

DTE：数据终端设备。接入DDN网的用户端设备可以是局域网，通过路由器连至对端，也可以是一般的异步终端或图像设备，以及传真机、电传机、电话机等。DTE和DTE之间是全透明传输。DTE是业务的接入。

DSU：数据业务单元，可以是调制解调器或基带传输设备，以及时分复用、语音/数字复用等设备。DSU是业务的接出。

NMC：网管中心。可以方便地进行网络结构和业务的配置，实时地监视网络运行情况，进行网络信息、网络节点报警、线路利用情况等收集、统计报告。

按照网络的基本功能DDN网又可分为核心层、接入层和用户接口层。

核心层：以2Mbps线路构成骨干节点核心，执行网络业务的转接功能，包括帧中继业务的转接功能。

接入层：为DDN各类业务提供子速率复用和交叉连接，帧中继业务用户接入和本地帧中继功能，以及压缩语音/G3传真用户入网。

用户接口层：为用户入网提供适配和转接功能。如小容量时分复用设备等。

3. DDN网特点

(1) 传输速率高。在DDN网内的数字交叉连接复用设备，能提供2Mbps或者$N\times$

64Kbps 速率的数字传输信道。

(2) 传输质量较高。数字中继大量采用光纤传输系统,用户之间专有固定连接,网络时延小。

(3) 协议简单。采用交叉连接技术和时分复用技术,由智能化程度较高的用户端设备完成协议的转换,本身不受任何规程的约束,是全透明网,面向各类数据用户。

(4) 灵活的连接方式。可以支持数据、语音、图像传输等多种业务,它不仅可以和用户终端设备进行连接,也可以和用户进行网络连接,为用户提供灵活的组网环境。

(5) 电路可靠性高。采用路由迂回和备用方式,使电路安全可靠。

(6) 网络运行管理简便。采用网管对网络业务进行调度监控,业务的迅速生成。

当然,DDN 也存在一些缺点。例如,因为 DDN 是专线上网,租用线路费用高,非一般用户能承受。

4. DDN 网提供的业务

DDN 网是一个全透明网络,能提供多种业务来满足各类用户的需求。

(1) 提供速率在一定范围内的中高速数据通信业务。DDN 可向用户提供从 2.4～2048Kbps 的全透明专用电路。

(2) 提供中继电路。如为分组交换网、公用计算机互联网等提供中继电路。

(3) 提供组建专用网。可提供点对点、一点对多点的业务。适用于金融证券公司、科研教育系统、政府部门租用 DDN 专线组建自己的专用网。

(4) 提供语音、G3 传真、图像、智能用户电报等通信。

(5) 提供虚拟专用网业务。可以租用多个方向、较多数量的电路,通过自己的网络管理工作站进行管理,自己分配电路带宽资源,组成虚拟专用网。

中国公用数字数据骨干网(CHINA DDN)于 1994 年正式开通,并已通达全国地市以上城市及部分经济发达县城。它是由中国电信经营的,向社会各界提供服务的公共信息平台。

CHINA DDN 网络结构可分为国家级 DDN、省级 DDN、地市级 DDN。国家级 DDN 网(各大区骨干核心)主要功能是建立省际业务之间的逻辑路由,提供长途 DDN 业务以及国际出口。省级 DDN(各省)主要功能是建立本省内各市业务之间的逻辑路由,提供省内长途和出入省的 DDN 业务。地市级 DDN(各级地方)主要是将各种低速率或高速率的用户复用起来进行业务的接入和接出,并建立彼此之间的逻辑路由。

6.2.4 xDSL

xDSL 是各种类型 DSL(Digital Subscribe Line,数字用户线路)的总称,包括 ADSL、RADSL、VDSL、SDSL、IDSL 和 HDSL 等。xDSL 中"x"表示任意字符或字符串。

1. xDSL 简介

xDSL 是一种现行比较新的传输技术,是在现有的铜质电话线路上采用较高的频率及相应调制技术。

随着 xDSL 技术的问世,铜线从只能传输语音和 56Kbps 的低速数据接入,发展到已经可以传输高速数据信号了(在理论上可达到 52Mbps)。ADSL、HDSL/SHDSL 等基于铜线传输的 xDSL 接入技术已经使铜线成为宽带用户接入的一个重要手段,并成为宽带接入的主流技术。xDSL 特点如下。

以传统电话网络中的铜电话线(铜质双绞线)为传输介质的点对点传输技术,支持对称和非对称的传输模式。

ADSL、HDSL、SDSL、VDSL、IDSL 和 RADSL,它们的区别主要体现在信号传输速率、距离及上行和下行速率的不同上。

数据传输可靠性高、带宽高速,比光纤和同轴电缆更便宜。

建立连接时间短,数据业务不通过语音交换,不会对交换机造成阻塞。

2. ADSL 简介

ADSL(Asymmetric Digital Subscribe Line,非对称数字用户线路)是一种现代家庭宽带网络最流行的数据传输方式,如图 6-4 所示。它的上行和下行带宽不对称,因此称为非对称数字用户线路。

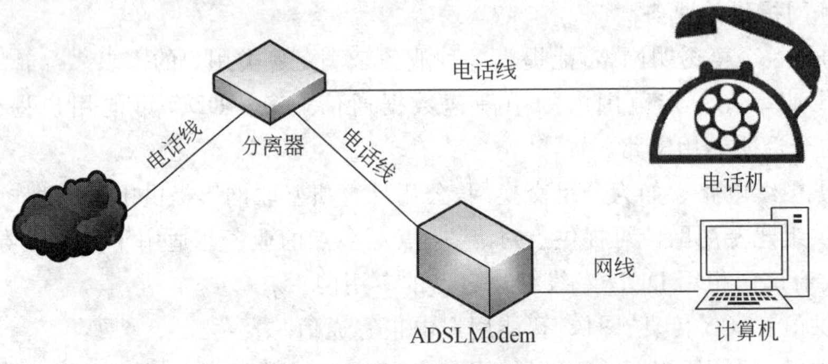

图 6-4　ADSL 接入图

ADSL 采用频分复用技术将普通的电话线分成了电话、上行和下行三个相对独立的信道,从而避免了相互之间的干扰。即使边打电话边上网,也不会发生上网速率和通话质量下降的情况。

ADSL 能在普通电话线上提供高达 8Mbps 的高速下行速率,而上行速率有 1Mbps,传输距离达 3～5km。由于 ADSL 对距离和线路情况十分敏感,随着距离的增加和线路的恶化,速率会受到影响。

传统的电话线系统使用的是铜线的低频部分(4kHz 以下频段)。而 ADSL 采用 DMT(离散多音频)技术,将原来电话线路 0kHz～1.1MHz 频段划分成 256 个频宽为 4.3kHz 的子频带。其中,4kHz 以下频段用于传送 POTS(传统电话业务);20kHz～138kHz 的频段用来传送上行信号;139kHz～1.1MHz 的频段用来传送下行信号。DMT 技术可以根据线路的情况调整在每个信道上所调制的比特数,以便充分地利用线路。

ADSL 技术的主要特点是可以充分利用现有的铜缆网络(电话线网络),在线路两端加装 ADSL 设备即可为用户提供高宽带服务。另外,ADSL 可以与普通电话共存于一条电话线上,在一条普通电话线上接听、拨打电话的同时进行 ADSL 传输而又互不影响。用户通过 ADSL 接入宽带多媒体信息网与互联网,同时可以收看影视节目、举行视频会议,还可以以很高的速率下载数据文件。

ATM(Asynchronous Transfer Mode,异步传输模式,又称为信元中继)是国际电信联盟 ITU-T 制定的标准。它是一种能高速传递综合业务信息、效率高、控制灵活、新颖的信息传递模式，已被 ITU-T 确定为传送和交换语音、图像、数据及多媒体信息的工具。

ATM 是一项数据传输技术，是实现 B-ISDN 的业务的核心技术之一。ATM 是以信元(cell)为基础的一种分组交换和复用技术，也是一种为了多种业务设计的通用的面向连接的传输模式。ATM 适用于局域网和广域网，具有高速数据传输速率和支持许多种类型如声音、数据、传真、实时视频、CD 质量音频和图像的通信。

ATM 将数据分割成固定长度的信元，信元的固定长度为 53Byte，其中 5Byte 为信元头，用来承载该信元的控制信息；48Byte 为信元体，用来承载用户要分发的信息。信头部分包含了选择路由用的 VPI(虚通道标识符)/VCI(虚通路标识符)信息，因而它具有分组交换的特点。

ATM 采用面向连接的传输方式。因包含来自某用户信息的各个信元不需要周期性出现，这种传输模式是异步的，通过虚连接进行交换。交换设备是 ATM 的重要组成部分，它能用作组织内的集线器(Hub)，快速将数据分组从一个节点传送到另一个节点；或者用作广域通信设备，在远程 LAN 之间快速传送 ATM 信元。

由于 ATM 网络由相互连接的 ATM 交换机构成，存在交换机与终端、交换机与交换机之间的两种连接。因此交换机支持两类接口：用户与网络的接口 UNI(通用网络接口)和网络节点间的接口 NNI。对应两类接口，ATM 信元有两种不同的信元头。

ATM 的接入方式如图 6-5 所示。

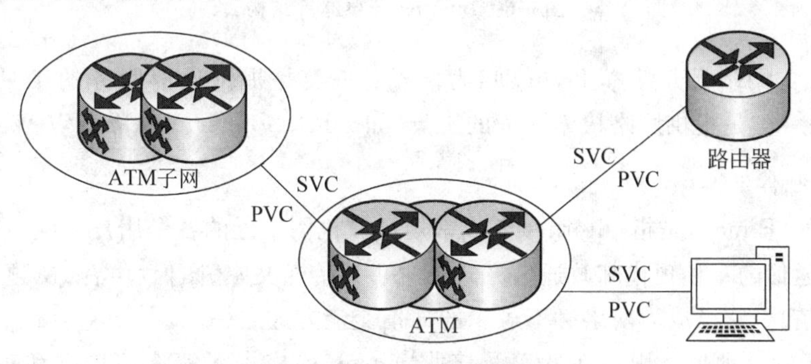

图 6-5 ATM 的接入方式

通过 ATM 技术可完成企业总部与各办事处及公司分部的局域网互联，从而实现公司内部数据传送、企业邮件服务、语音服务等。同时由于 ATM 采用统计复用技术，且接入带宽突破原有的 2Mbps，达到 2～155Mbps，因此适合高带宽、低延时或高数据突发等应用。ATM 是多媒体信息传输的较佳支撑技术，具有吸取电路交换实时性好、分组交换灵活性强的优点。

ATM 的缺点是信元首部开销太大、技术复杂且价格昂贵。

任务 6.3 Internet 接入技术

Internet 以相互交流信息资源为目的，基于一些共同的协议，并通过许多路由器和公共网互联而成，它是一个信息资源和资源共享的集合。

6.3.1 Internet 服务

Internet 是由许多小的网络(子网)互联而成的一个逻辑网,每个子网中连接着若干台计算机(主机),如图 6-6 所示。

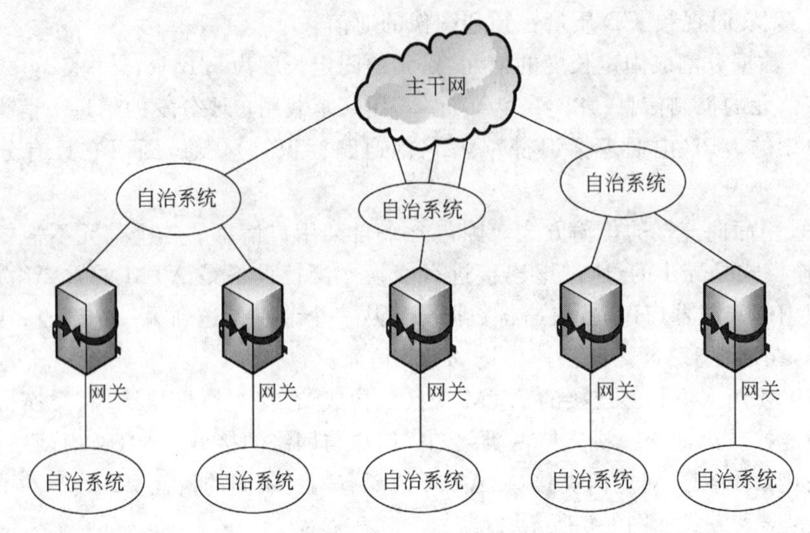

图 6-6 Internet 分层体系结构

Internet 的网络服务基本上可以归为两类:一类是提供通信服务的工具,如 E-mail、Telnet 等;另一类是提供网络检索服务的工具,如 FTP、Gopher、WAIS、WWW 等。

1. 电子邮件

电子邮件(E-mail)是指 Internet 上或常规计算机网络上的各个用户之间,通过电子信件的形式进行通信的一种现代邮政通信方式。它可以传送文本、图像、声音、视频、动画等各种形式的数据信息,它已成为网络必不可少的通信交流方式之一。

(1) 电子邮件地址。用户在发送及接收 E-mail 前应先了解清楚自己和对方的 E-mail 地址。电子邮件地址的格式是固定的。通常 Internet 的电子邮件地址格式是:username@hostname. domain。

username 代表用户名或用户账号。符号"@"是 Ray Tomlinson 提出的,并把它确定为电子邮件地址的分隔符,代表账号(使用者)与主机地址间的联结关系。hostname. domain 代表网络域名,域名可以是一台邮件服务计算机,也可以仅仅是一个域名系统中默认邮件服务器的代名。

(2) 收发电子邮件的方式。一般可以通过以下两种方式进行电子邮件的收发。

① Web 方式。免费邮箱都支持 Web 方式收取信件,并且都提供友好的管理界面,打开浏览器,在网址登录界面输入自己的用户名和密码,就可以收发信件了。

② POP3 方式。这种方式就是利用邮件管理软件来收发邮件,如 Windows 自带的 Outlook Express 和 Foxmail 等。

2. 远程登录 Telnet

Telnet 是 Internet 的远程登录协议,它通过 Internet 登录另一台远程计算机上,这台计算机可以在隔壁的房间里，也可以在地球的另一端。

(1) 远程登录功能。当用户登录远程计算机后，计算机就仿佛是远程计算机的一个终端，此时就可以用自己的计算机直接操纵远程计算机，享受远程计算机本地终端同样的权力。用户可以在远程计算机启动一个交互式程序；检索远程计算机的某个数据库；利用远程计算机强大的运算能力对某个方程式求解。

Telnet 的主要用途还是使用远程计算机上所拥有的信息资源，如果用户的主要目的是在本地计算机与远程计算机之间传递文件，使用 FTP 会方便很多。

(2) Telnet 的工作模型。当用户用 Telnet 登录远程计算机系统时，事实上启动了两个程序，一个叫 Telnet 客户程序，运行在本地计算机上；另一个叫 Telnet 服务器程序，运行在要登录的远程计算机上。远程计算机的“服务”程序通常被称为“精灵”，它平时不声不响地守候在远程计算机上，一接到请求，马上活跃起来，并完成相应的功能。

3. 文件传输协议 FTP

文件传输协议(File Transfer Protocol，FTP)是 Internet 文件传送的基础。当用户需要传送大量的文件时，通过 FTP 可以从一台 Internet 主机向另一台 Internet 主机复制文件。

与大多数 Internet 服务一样，FTP 也是一个客户机/服务器系统。用户通过一个支持 FTP 协议的客户机程序连接到在远程主机上的 FTP 服务器程序。用户通过客户机程序向服务器程序发出命令，服务器程序执行用户所发出的命令，并将执行的结果返回到客户机。

FTP 通过文件传输协议在不同计算机间传送文件，或访问匿名 FTP 服务器中的共享文件，这个过程包括从 FTP 服务器中下载文件到本地计算机上以及从本地计算机中上传文件到 FTP 服务器上。

一般地，可以通过以下两种方式登录 FTP 服务器。

(1) FTP 匿名登录。很多 FTP 服务器都允许匿名登录，即不必经过管理员的允许，不需要有账号，用匿名作为用户名，用 E-mail 地址作为密码就可登录 FTP 服务器。但要将本地的文件上传到服务器上，往往需要管理员授权的账号，不过也有一些 FTP 服务器，允许用户匿名地向主机中的某一个目录上载文件(通常这个目录的名称是 Incoming)。

(2) FTP 登录软件。目前有很多好的 FTP 客户软件，如 CuteFTP、GetRight、“网络吸血鬼”以及 NetAnts 等。除了这些独立的客户软件外，Microsoft 的 InternetExplorer 和 Netscape 的 Navigator 也都将 FTP 功能集成到浏览器中。

FTP 有两种使用模式：主动和被动。主动模式要求客户端和服务器端同时打开并监听一个端口，以建立连接。在这种情况下，客户端会因为安装了防火墙而产生一些问题。而被动模式只要求服务器端建立一个相应的监听端口的进程，这样就可以绕过防火墙。

4. WWW 服务

WWW(World Wide Web，万维网)简称 Web 或 3W，是一种建立在 Internet 上的全球性的、交互的、动态的、多平台的、分布式的图形信息系统，是建立在 Internet 上的一种网络服务。

它是由欧洲粒子物理实验室(CERN)开发的，它遵循 HTTP 协议，默认端口是 80。WWW 并不等于 Internet，但它是 Internet 最常用的网络服务，WWW 以其独特的超媒体“链接”方式、方便的交互式图形界面和丰富多彩的信息内容，在 Internet 的诸多服务功能中发挥着越来越重要的作用。

WWW 的成功在于它制定了一套标准的、易被人们掌握的超文本标记语言 HTML、信息资源的统一定位格式 URL 和超文本传输通信协议 HTTP。

(1) 超文本标记语言(HTML)。HTML(Hyper Text Mark-up Language,超文本标记语言)是 WWW 的描述语言,由 TimBerners-lee 提出。HTML 文本是由 HTML 命令组成的描述性文本。HTML 命令可以说明文字、图形、动画、声音、表格、链接等。

(2) 统一资源定位器(URL)。URL(Uniform Resource Locator,统一资源定位器)是 WWW 的地址,它从左到右组成如下所示。

Internet 资源类型://服务器地址:端口(port)/路径(path)。

WWW 具有以下特点。

(1) 强大的交互性。WWW 通过超文本链接的形式将线性的文本变成可以相互跳转的主题,非常易于导航,只需从一个链接跳转到另一个链接,就可以在各页各站点之间进行浏览。

(2) 多媒体集成。在 Web 之前 Internet 上的信息只有文本,而 Web 可以提供将图形、音频、视频信息集合于一体的特性,真正地实现多媒体。

(3) 分布性。Web 将信息放在不同的站点上。用户只需在浏览器中指明这个站点即可,这样从用户的角度看这些信息是一体的。

(4) 信息动态性。信息的提供者可以经常对网站上的信息进行更新。

5. 搜索引擎

搜索引擎(Search Engines)是某些站点提供的用于网上查询的程序,也可理解为互联网上专门提供查询服务的网站。这些网站通过复杂的网络搜索系统,将互联网上大量网站的页面收集到一起,经过分类处理并保存起来,从而能够对用户提出的各种查询做出响应,提供用户所需的信息。搜索引擎周期性地在 Internet 上收集新的信息,并将其分类储存。这样在搜索引擎所在的计算机上就建立了一个不断更新的"数据库"。用户在搜索特定信息时,实际上是借助搜索引擎在这个数据库中进行查找。

一般来说,搜索引擎基本上由以下三个部分组成。

(1) 信息提取系统。信息提取系统是一些专门设计的程序,在搜索引擎服务器上运行的绰号为"蜘蛛(Spider)"或"机器人(Robots)"的网页搜索软件,用于自动访问 WWW 站点,并提取被访问站点的信息(如标题、关键词等)。

(2) 信息管理系统。由于不同的搜索引擎在搜索结果的数量上和质量上都不太相同,为了保证一个搜索引擎有优良的检索性能,必须对其信息库进行认真审计,这部分工作可以由计算机完成。但对于一些模糊性较强的知识还需要专业人员进行归类,只有经过审计和分类后的信息才是提供给用户最终查询的信息。

(3) 信息检索系统。信息检索系统用于将用户输入的检索词与系统信息进行匹配,并根据内容的相关度对检索结果进行排序。由于不同的搜索引擎所检索到的网页内容和数量不同,所采用的排序方法也不同,所以会产生不同的检索结果。

比较常见的搜索引擎有 Baidu、Google、Yahoo、Altavista、Excite 等。

6.3.2 Internet 地址和域名

互联网中传输信息的起点和终点都是网络中的主机，所以，首先必须解决如何识别网络中主机的问题。Internet 采用一种全球通用的地址格式，为全网络中的每台主机和每个网络都分配一个 Internet 地址，从而解决地址统一和识别网上主机的问题。

1. IP 地址

IP 地址是网络上的通信地址，在 Internet 范围内是唯一的。IP 地址统一由美国国防数据网网络信息中心 DDNNIC 进行分配。

IPv4 地址由 32 位二进制数组成，长度是四个字节，每个字节是 0～255 的十进制数据，字节之间用英文句点作分隔符，标准格式为×××.×××.×××.×××。例如，某台计算机的 IP 地址为 123.124.6.188。

用户的 IP 地址分为静态地址和动态地址两类。

(1) 静态地址。由网络服务商 ISP(Internet Service Provider)提供的一个唯一地址。实际上，只有申请 DDN 专线或 X.25 专线的用户，才可以拥有一个固定的静态地址。拥有这种地址的用户既可以访问 Internet 资源，又可以通过 Internet 网络发布信息。

(2) 动态地址。由于网络服务商拥有的 IP 地址有限，不能保证每个用户都有一个固定的 IP 地址，只能进行动态分配。个人计算机在申请账号并采用 PPP 拨号方式接入 Internet 网后，根据当时的 IP 地址空闲情况，网络服务商随机地将空闲的 IP 地址分配给该用户。

2. 域名地址

域名(Domain Name)是由一串用点分隔的名字组成的 Internet 上某一台计算机或计算机组的名称，用于在数据传输时标识计算机的电子方位(有时也指地理位置)。

(1) 域名组成。每台主机都是属于某一相同组织的计算机组中的一员，即都是属于某域的成员。域由域名标识。

一台主机的域名一般由四部分组成，"主机名.局域网名.网络组织.国家或地区"。例如：www.yhy.com.cn。其中，cn 表示中国，com 表示网络机构，yhy 表示局域网，主机名为 www 服务器。

(2) 域名基本级别。域名可分为不同级别，包括顶级域名、二级域名等。

顶级域名即按照国家的不同分配不同后缀，这些域名即为该国的国内顶级域名。目前 200 多个国家和地区都按照 ISO 3166 国家代码分配了顶级域名，例如，中国是 cn，美国是 us，日本是 jp 等。

注意：国际域名由美国商业部授权的互联网名称与数字地址分配机构即 ICANN 负责注册和管理，国内域名则由中国互联网络管理中心即 CNNIC 负责注册和管理。

二级域名是指顶级域名之下的域名，又分为类别域名和行政区域名两类。类别域名有六个，包括用于科研机构的 ac、用于工商金融企业的 com、用于教育机构的 edu、用于政府部门的 gov、用于互联网络信息中心和运行中心的 net、用于非营利组织的 org。而行政区域名有 34 个，分别对应于我国各省、自治区和直辖市。

三级域名用字母、数字和连接符"-"组成，各级域名之间用实点"."连接，三级域名的长度不能超过 20 个字符，如图 6-7 所示。

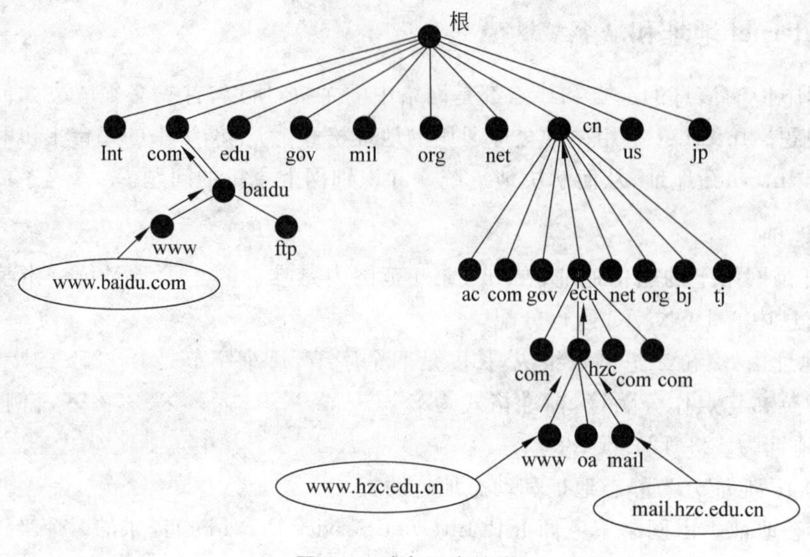

图 6-7　域名层次结构

3. 域名服务器

域名服务器(Domain Name Server，DNS)是整个域名系统的核心，它保存域名空间中部分区域的数据。域名服务器有三种类型：本地域名服务器、根域名服务器和授权域名服务器。

(1) 本地域名服务器。在设置网卡的 Internet 协议(TCP/IP)属性时，设置的首选 DNS 服务器即为本地域名服务器。当所要查询的主机也属于同一本地 ISP 时，该本地域名服务器立即就将所查询的主机名转换为它的 IP 地址，而不需要再去询问其他的域名服务器。

(2) 根域名服务器。目前，互联网上有十几台根域名服务器，大部分都在美国。

当一个本地域名服务器不能立即回答某台主机的查询时，该本地域名服务器就以 DNS 客户的身份向某一根域名服务器查询。通常根域名服务器用来管辖顶级子域名(如. com)。

(3) 授权域名服务器。每一台主机都必须在授权域名服务器处注册登记。通常，一台主机的授权域名服务器就是它的本地 ISP 的一个域名服务器。实际上，为了更加可靠地工作，一台主机最好有至少两台授权域名服务器。许多域名服务器同时充当本地域名服务器和授权域名服务器。

4. 域名解析

计算机的域名地址是便于人们记忆使用的，但是计算机进行网络通信时使用的是 IP 地址，所以在进行网络通信之前，需要将域名地址转换成 IP 地址。域名解析就是将域名重新转换为 IP 地址的过程。一个域名只能对应一个 IP 地址，而多个域名可以同时被解析到一个 IP 地址。域名解析需要由专门的域名解析服务器(DNS)完成。域名解析过程如图 6-8 所示。

6.3.3　Internet 接入技术

普通用户的计算机接入 Internet 实际上是通过线路连接到本地的某个网络上，提供这

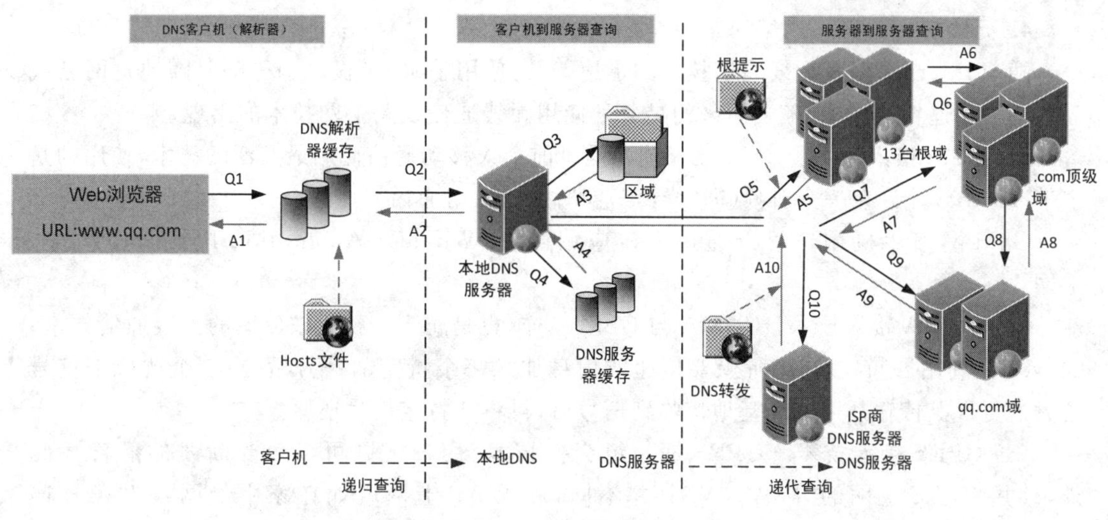

图 6-8 域名解析过程

种接入服务的运营商叫作 ISP。我国最大的 ISP 是中国电信。中国移动、中国联通、CERNET 等也提供网络接入服务。

普通计算机用户有多种方式可以接入 ISP,主要有通过局域网网关接入、通过电话线路接入、通过其他线路接入等。

1. 通过局域网网关接入

在局域网中的计算机,通过本地 IP 网关(路由器)可直接与 Internet 连接,成为 Internet 上的一台主机。局域网网关接入采用光缆+双绞线的方式对社区、校园等进行综合布线,是目前在接入宽带的小区中采用方式较多的一种。

计算机接入 Internet 前需要由局域网的网络管理员分配一个固定的 IP 地址,即网上唯一的 IP 地址。根据局域网 VLAN 的划分情况,还要知道网关的地址以及 DNS 服务器的 IP 地址。

2. 拨号上网

通过电话线路接入是家庭用户最常见的上网方式,现在通过电话线路有拨号上网、ISDN、ADSL 三种接入方式。ISDN 和 ADSL 需要电信局安装专门的交换机,因此不一定所有地区都可以使用,而拨号上网只需有畅通的电话线路。

拨号上网就是使用调制解调器(Modem)拨号和 ISP 的主机连接,自动获得 ISP 动态分配的 IP 地址,可以访问 Internet。PSTN(公用电话交换网)即拨号接入,是指通过普通电话线加上调制解调器上网。

拨号上网的资费主要有:预付费(如电信 163、169,联通 165,吉通 167 等)、直接拨号上网的账号(如 263、96169 等)、购买上网卡上网(如电信的 2901 卡、联通的 163 卡等)。

3. ADSL

ADSL 是一种能够通过普通电话线提供宽带数据业务的技术,需要 ADSL 调制解调设备。主要有两种服务:一种是虚拟拨号,类似于拨号程序;另一种是专线接入,无须拨号,始终在线。

4. 无线接入

随着 Internet 以及无线通信技术的迅速普及，使用手机、平板电脑等随时随地上网已成为移动用户迫切的需求，随之而来的是各种使用无线通信线路上网技术的出现。

(1) GSM 接入技术。GSM 接入技术是目前个人移动通信使用最广泛的技术，使用的是窄带 TDMA，允许在一个射频(即"蜂窝")同时进行八组通话。

GSM 网络手机用户可以通过无线应用协议(Wireless Application Protocol, WAP)上网。

(2) CDMA 接入技术。CDMA 与 GSM 一样，也是属于一种比较成熟的无线通信技术。CDMA 是利用展频技术，将所想要传递的信息加入一个特定的信号后，在一个比原来信号还大的宽带上传输开来。当基地接收到信号后，再将此特定信号还原。

(3) GPRS 接入技术。GPRS 是分组交换技术，用户上网可以免受断线的痛苦。此外，使用 GPRS 上网的方法与 WAP 并不同，用 WAP 上网就如在家中上网，先"拨号连接"，上网后不能同时使用该电话线，但 GPRS 就较为优越，下载资料和通话是可以同时进行的。

我国 GPRS(中国移动)和 CDMA(中国联通)都可以实现上网功能。

(4) 蓝牙技术。蓝牙实际上是一种短距离无线电技术。利用蓝牙技术能有效地简化平板电脑、笔记本电脑和手机等移动通信终端设备之间的通信，并且能实现无线上网。

(5) 3G 通信技术。在上述通信技术的基础之上，无线通信技术出现了 3G 通信技术。该技术又称为国际移动电话 2000。该技术规定，移动终端以车速移动时，其数据传输速率为 144kbps，室外静止或步行时速率为 384kbps，而室内为 2Mbps。

(6) 4G 通信技术。目前的 4G 通信技术已经成熟。该技术就是无线互联网技术，可以肯定，随着互联网的高速发展，4G 乃至 5G 会继续高速发展。

5. 其他接入方式

其他接入技术还有 ISDN、DDN、PDN、LMDS 等。

任务 6.4 TCP 与 UDP

IP 虽然解决了通过 Internet 将分组送到目的主机的问题，但是当分组到达目的主机时，究竟应该将分组交给哪个应用程序，仅仅依靠 IP 本身是不能解决的，这时就需要传输层的帮助了。从传输层的角度看，通信的端点并不是主机，而是主机中的进程，即端到端通信其实是不同主机上的应用进程之间的通信。要实现端到端的通信需要采用传输层的两个协议：TCP 和 UDP，在此任务中将作详细的介绍。

6.4.1 协议端口

由于在计算机中运行的进程是动态的，且可能存在多个同时运行的进程，为了分辨端到端的进程间的通信，在传输层使用了协议端口号，简称为端口。这样，只要把需要传送的报文交到目的主机的一个合适的端口，其余的由传输层完成就行了，这样的设计为软件开发人员提供了很大的便利。

传输层的端口号共有16位，即共有65 536个不同的端口号。端口号只有本地意义，在不同的计算机中，相同的端口号并没有关联。因此，如果让两台计算机中的进程互相通信，不仅需要知道对方的IP地址，还需要知道对方的端口号。通常使用的端口号可分为以下两大类。

(1) 服务器端使用的端口号。首先是知名端口号，数值为0～1023。这些端口是整个Internet中人们所熟知的端口号，可以从www.iana.org中查到。IANA把这些端口分配给了TCP/IP体系中的一些最重要的应用程序，如FTP(21)、Telnet(23)、SMTP(25)、HTTP(80)、DNS(53)等。其次是登记端口号，包括1024～49 151。这类端口是为没有熟知端口的应用程序所使用。

(2) 客户端使用的端口号。数值为49 152～65 535的端口号是留给客户端进程使用的。当服务器端进程收到客户端进程的报文时，就知道了客户端的端口号，就可以把数据发送到客户进程了。

传输层是为应用层服务的，应用层的协议有一些需要可靠的传输服务，也有一些不需要可靠的传输服务。因此，在传输层也提供了两个不同的协议，一个是不提供可靠服务的UDP；另一个是提供可靠服务的TCP。

6.4.2 UDP

UDP是被设计用来为不需要可靠传输服务的应用层协议服务的，由于不需要提供可靠性，因此UDP很简单。总的来讲，UDP具有以下3个特点。

(1) 无连接，即发送数据前不需要建立连接，减少了开销和时延。

(2) 不可靠，即不保证可靠传输，只是尽力交付。

(3) 面向报文，即UDP会原样接收上层交付的报文，而不会做任何拆分或合并等处理。

由于协议很简单，因此UDP的报文结构也很简单，其报文结构如图6-9所示。

0　　　　　　　　15	31
16位的源端口号	16位的目的端口号
16位的长度	16位的校验和
数据	

图6-9 UDP的报文分段结构

如前文所述，源端口号和目的端口号表示的是该分段是由哪一个进程创建的。通常使用的UDP端口号有DNS(53)、TFTP(69)、SNMP(161)等。

数据报的长度是指包括报头和数据部分在内的总的字节数。因为报头长度固定，所以该域主要用来计算数据部分的字节数。数据报的最大长度根据操作环境的不同而不同。理论上，最大长度可以达到65 535位。但是，考虑IP报文的分片与重组需要消耗大量的时间和资源，因此这个值通常不会做得太大，以便于IP协议的处理。

UDP适合用于小数据量、大批次传输的应用，如SNMP。由于UDP不用建立连接，因此UDP可以用于点对点、点对多点、多点对多点等应用，比如视频流等服务。另外，由于UDP无须建立连接，所以一些实时性要求高的应用也考虑采用UDP实现。

6.4.3 TCP

如果应用层协议需要可靠的传输服务,UDP 无法满足,这时就需要 TCP 的支持。由于要提供可靠性,因此 TCP 远比 UDP 要复杂。TCP 具有以下 5 个特点。

(1) TCP 是面向连接的协议。应用程序要使用 TCP 需要先建立连接,传送数据完成后,需要释放连接。

(2) TCP 是点对点协议。每条 TCP 连接只能有两个端点,因此每条 TCP 连接只能是点对点的(即只能是一对一)。

(3) TCP 提供可靠传输服务。TCP 连接可以实现数据的无差错、不丢失、不重复及按序到达的传输。

(4) TCP 提供全双工通信。TCP 连接的两端都有接收缓冲区和发送缓冲区,因此可以实现全双工通信。

(5) TCP 是面向字节流的协议。与 UDP 不同,TCP 将应用程序交下来的数据仅仅看作一连串的无结构的字节流,TCP 并不关心字节流的含义,只保证接收方收到的字节流与发送方发出的字节流一致。

为了实现面向连接的可靠传输,TCP 的分段格式比 UDP 要复杂。下面介绍 TCP 的分段格式及各字段的含义。TCP 的报文分段结构如图 6-10 所示。

<table>
<tr><td colspan="8">0</td><td>15</td><td>31</td></tr>
<tr><td colspan="8">源端口</td><td colspan="2">目的端口</td></tr>
<tr><td colspan="10">序号</td></tr>
<tr><td colspan="10">确认号</td></tr>
<tr><td>数据偏移</td><td>保留</td><td>URG</td><td>ACK</td><td>PSH</td><td>RST</td><td>SYN</td><td>FIN</td><td colspan="2">窗口</td></tr>
<tr><td colspan="8">校验和</td><td colspan="2">紧急指针</td></tr>
<tr><td colspan="10">选项</td></tr>
<tr><td colspan="10">数据</td></tr>
</table>

图 6-10 TCP 的报文分段结构

(1) 源端口和目的端口。这两个字段分别写入源端口号和目的端口号。

(2) 序号。TCP 是面向字节流的,因此在一个 TCP 连接中传输的字节流中的每一个字节都按顺序编号。整个要传输的字节流的起始序号必须在连接建立时设置。首部中的序号字段值指的是本报文段所发送数据的第一个字节的序号。

(3) 确认号。该字段存放期望收到对方下一个报文段的第一个数据字节的序号。其实也就明确地告诉对方该序号以前的数据已经正确接收,因此叫作确认号。

(4) 数据偏移。该字段指出 TCP 报文段的数据起始处距离 TCP 报文段的数据起始处有多远。这个字段实际上指出了 TCP 报文段的首部长度。由于选项字段的长度不固定,因此区别 TCP 报文段的首部与数据部分就要靠该字段了。

(5) 保留。该字段保留为今后使用,目前应置 0。

(6) 控制位。这里的 6 个连续的位是用来做控制用的。它说明了其他字段含有的有意义的数据或说明某种控制功能。ACK 和 URG 说明了确认和紧急数据指针字段是否含有有意义的数据;FIN 指出这是最后的 TCP 数据段,用于连接中止过程;PSH 用于强迫 TCP 提早发送缓冲区中的数据,而不用等待缓冲区填满;RST 用于发送实体指示接收实体,中断传输连接;SYN 用于建立初始连接,允许两实体同步初始序列号。

(7) 窗口。该字段指的是发送本报文段的一方的接收窗口。窗口值告诉对方,从本报文段首部中的确认号开始,接收方目前允许对方发送的数据量。

(8) 校验和。校验和字段检验的范围包括首部和数据两部分。

(9) 紧急指针。该字段在 URG 置位时才有意义,它指出本报文段中紧急数据的字节数(紧急数据结束后就是正常数据)。

(10) 选项。该字段长度可变,最长可达 40 字节,用于实现一些特殊功能。

(11) 数据。用于存放应用层数据。

6.4.4 TCP 连接的建立和释放

TCP 是一个面向连接的可靠的传输控制协议。在每次数据传输之前需要首先建立连接,当连接建立成功后才开始传输数据,数据传输完成后要释放连接,这个过程与打电话类似。由于 TCP 使用的网络层 IP 是一个不可靠的、无连接的协议,为了确保连接的建立和释放都是可靠的,TCP 使用三次握手的方式建立连接,其过程如图 6-11 所示。图 6-11 中的序列号只是作为例子使用,并不意味着每次连接都是从序列号 1 开始。

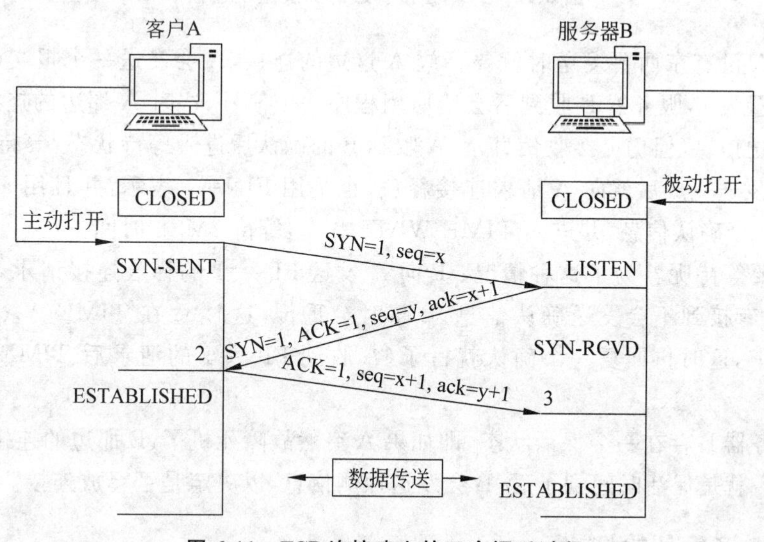

图 6-11 TCP 连接建立的三次握手过程

(1) 首先,由客户机发出请求连接即 SYN=1,ACK=0(如图 6-11 的字段介绍),TCP 规定 SYN=1 时不能携带数据,但要消耗一个序号,因此声明自己的序号是 seq=x。

(2) 其次,服务器进行回复确认,即 SYN=1,ACK=1,seq=y,ack=x+1。

(3) 客户机再进行一次确认,但不用 SYN 了,这时即为 ACK=1,seq=x+1,ack=y+1。

(4) 最后,连接建立。

连接建立后就可以进行数据传输了。当数据传输完毕，该连接需要释放，其过程如图 6-12 所示。

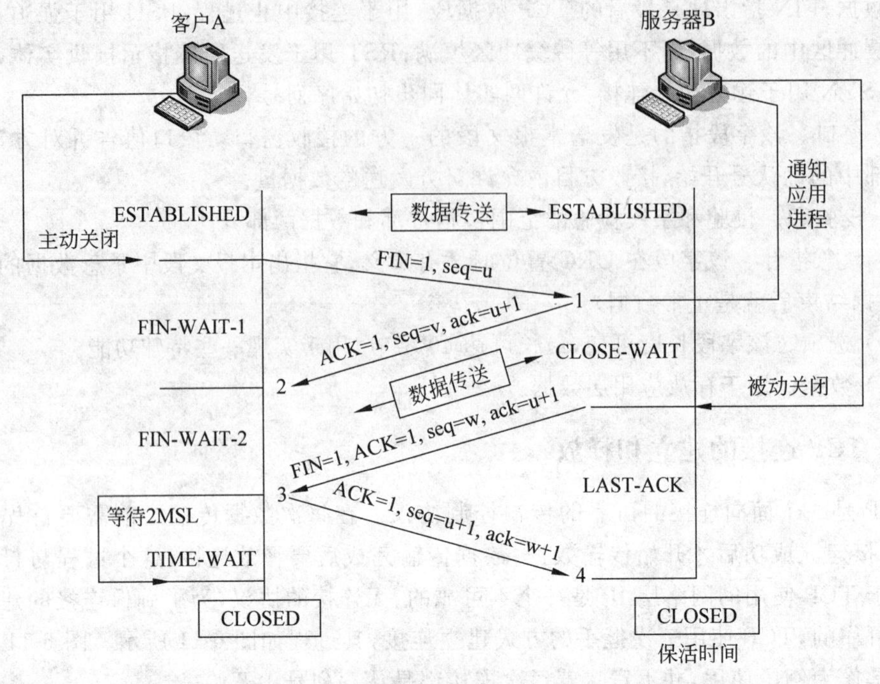

图 6-12　TCP 连接释放的四次握手过程

当客户 A 没有东西要发送时就要释放 A 这边的连接，A 会发送一个报文（没有数据），其中 FIN 设置为 1，服务器 B 收到后会给应用程序一个信号，这时 A 那边的连接已经关闭，即 A 不再发送信息（但仍可接收信息）。A 收到 B 的确认后进入等待状态，等待 B 请求释放连接，B 数据发送完成后就向 A 请求连接释放，也是用 FIN＝1 表示，并且用 ack＝u＋1，A 收到后回复一个确认信息，并进入 TIME-WAIT 状态，等待 2MSL 时间。

为什么要等待呢？为了这种情况：B 向 A 发送 FIN＝1 的释放连接请求，但这个报文丢失了，A 没有接到不会发送确认信息，B 超时会重传，这时 A 在 TIME-WAIT 还能够接收到这个请求，这时再回复一个确认就行了（A 收到 FIN＝1 的请求后 TIME-WAIT 会重新计时）。

另外服务器 B 存在一个保活状态，即如果 A 突然故障死机了，B 那边的连接资源什么时候能释放呢？就是保活时间到了后，B 会发送探测信息，以决定是否释放连接。

6.4.5　TCP 可靠传输技术

在 TCP 连接已经建立之后，为了保证数据传输的正确性，TCP 要求对传输的数据都进行确认。为了保证确认的正常进行，TCP 中对每一个分段都设 H32 位的编号，称为序列号。每一个分段都从起始号递增的顺序进行编号。TCP 通过序号和确认号确保数据传输的可靠性，每一次传输数据时都会标明该段的序号，以便于对方确认。确认并不需要单独发包进行，而是采用捎带确认的方法，即在发送到对方的 TCP 分段中包含确认号。

在 TCP 中，确认并不意味着要明确说明哪些分段已经收到，而是采用期望值的方法告诉对方该期望值以前的分段已经正确接收。如果收到分段后,自己没有分段要马上发送回去。TCP通常采用延时几分之一秒后再确认,而不是收到一个确认一个,这样可以减少确认的次数,增加确认的效率。如果M分段在传输中出错,则确认M之前的序号,从而使发送方明白,需要将M分段及之后的分段重新传送。

6.4.6 TCP流量控制

TCP连接建立后,通信双方就可以进行全双工通信了。一般来说,总是希望数据传输能够更快一些,但是如果发送方把数据发送得过快,接收方可能来不及处理,这就会造成数据的丢失。所谓流量控制,就是控制发送方的发送速率要让接收方来得及处理。TCP采用滑动窗口机制来实现流量控制的功能,其工作过程如图6-13所示。

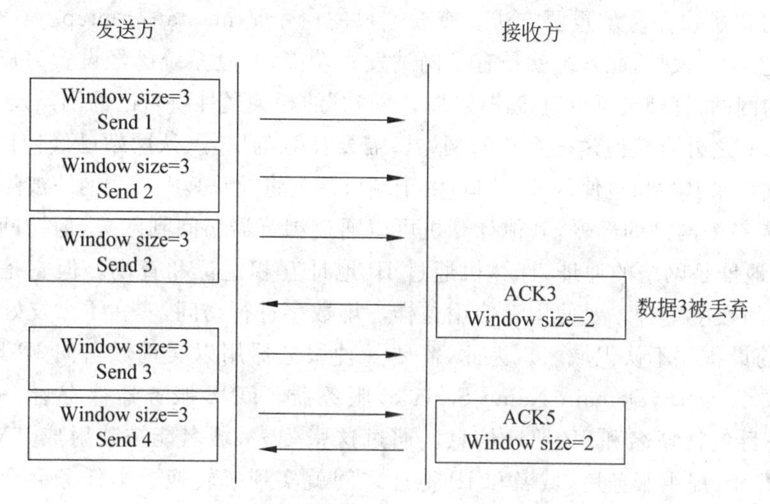

图6-13 滑动窗口工作过程

6.4.7 TCP的拥塞控制

1999年公布的Internet建议标准RFC2581中定义了进行拥塞控制的4种算法,分别是慢启动、拥塞避免、快重传和快恢复。在以后的RFC2582和RFC3390中对这些算法进行了改进。下面以慢启动为例,介绍TCP的拥塞控制。

滑动窗口技术可以实现流量控制,这种控制针对的是发送方和接收方,当拥塞发生在链路中间时,这种方法是无法处理的。因此TCP采用了一种称为慢启动的算法,在这个算法中,除了发送方和接收方的窗口外,还为发送方添加了一个拥塞窗口,拥塞窗口用来描述网络的通行能力。当发送方与另一台网络的主机建立TCP连接时,拥塞窗口被初始化为1个报文段,每收到一个ACK,拥塞窗口就增加一个报文段。发送方取拥塞窗口和接收方窗口中的最小值作为发送上限,开始时发送一个报文段,然后等待ACK。当收到ACK时,拥塞窗口从1增加为2,即可以发送两个报文段。当再次收到这两个报文段的ACK时,拥塞窗口就增加到4。这是一种指数增加的关系,这种增加直到某些中间节点开始丢弃分组为止,这就说明拥塞窗口开得过大了。

之后的控制方法由其他算法进行,相关的算法一直在不断地改进,限于篇幅,在此不再详细描述,读者可以参考RFC文档或其他文献来了解。

任务 6.5 工程实践——搭建 Web 与 DNS 服务器

网页的显示是透过 IE 浏览器完成的。一个网站开发完成保存在一台计算机的某个文件夹内,其他计算机并不能通过浏览器访问这个网站中的网页。为了使这个网站能够被其他计算机通过浏览器进行访问,需要将这个网站“发布”出去。发布网站是网络操作系统的基本功能之一。相比其他的网络操作系统而言,在 Windows 上操作起来极其简单。在 Windows Server 2008 版本中能进行网站发布的组件称为 Internet 信息服务(IIS)。在 IIS 中只需简单指定网站所在计算机的 IP 地址、网站所在的文件夹、网站的首页文件名等信息即可。

网站服务器默认使用 80 端口提供服务,查看服务器是否已经打开 80 端口是判断服务器是否已经可以提供服务的重要方法。查看端口的命令是 netstat-an-ptcp。

IIS 组件安装完成后,此系统就具有了网站发布功能,并且系统已经设置完成了一个称为“默认网站”的网站,管理员可以直接修改“默认网站”的相关属性将自己的网站发布出去,也可以在“默认网站”之外直接创建一个新的网站。需要注意的是,默认网站已经使用了 80 端口,新创建的网站如果其端口也使用 80 端口,由于端口冲突将导致其中一个网站被停用。

当完成了一个网站的部署,其他计算机可以通过浏览器访问到网页,但访问时使用的是 IP 地址。IP 地址是网络的地址,计算机通过 IP 地址互相定位和查询。但它是一组毫无规律、难以记住的数字组合。要使用者使用这样一堆数字进行访问,实在不太友好。

网络上的设备并不认识域名。为此,需要一种服务器用以实现域名向 IP 地址的解释,这种服务器称为 DNS(Domain Name Service)服务器。DNS 服务器保存着一张数据库列表,列表的条目包括域名和 IP 地址信息。通过这张列表,域名能被映射成其对应的 IP 地址。即通过 DNS 提供服务后,域名和 IP 地址之间就实现了转换。本任务会介绍如何通过 DNS 服务器使网页访问变得更为友好。

6.5.1 搭建 Web 服务器发布企业网站

IIS 组件默认没有安装到系统中,需要手动进行安装。安装的方法与 DHCP 组件相同。具体路径如图 6-14 所示。

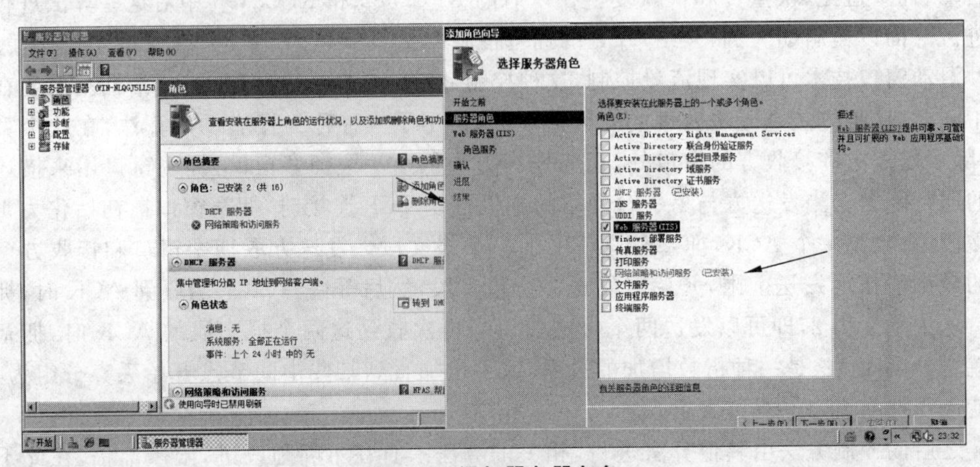

图 6-14 添加服务器角色

单击“下一步”按钮，显示“Web 服务器(IIS)”对话框，列出了 Web 服务器的简要介绍及注意事项。

单击“下一步”按钮，显示如图 6-15 所示的“选择角色服务”对话框，列出了 Web 服务器所包含的所有组件，用户可以手动选择。此处需要注意的是，“应用程序开发”角色服务中的选项尽量都选中，这样配置的 Web 服务器将可以支持相应技术开发的 Web 应用程序。FTP 服务器选项是配置 FTP 服务器需要安装的组件，将在后面的工程实践中做详细介绍。

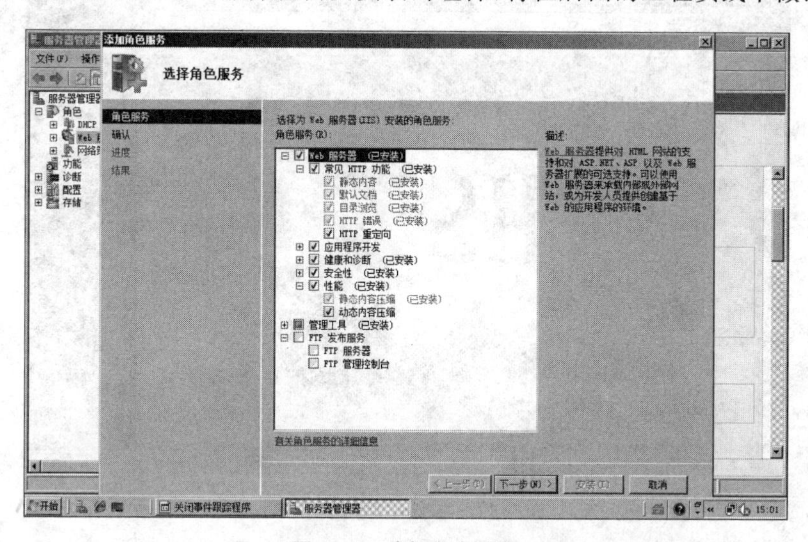

图 6-15 选择角色服务

单击“下一步”按钮，显示“确认安装选择”对话框。列出了前面选择的角色服务和功能，以供核对。

单击“安装”按钮，即可开始安装 Web 服务器。安装完成后，显示“安装结果”对话框。单击“关闭”按钮，Web 服务器安装完成。

选择“开始→管理工具→Internet 信息服务(IIS)管理器”命令，打开 IIS 服务管理器，即可看到已安装的 Web 服务器，如图 6-16 所示。

图 6-16 信息服务(IIS)管理器

测试默认网站。Web 服务器安装完成后，默认会创建一个名字为 Default WebSite 的站点。为了验证 IIS 服务器是否安装成功，单击右边的“启动”按钮，启动服务，打开浏览器，在地址栏输入“http：//localhost”或者“http：//本机 ip 地址”，如果出现如图 6-17 所示的页面，说明 Web 服务器安装成功；否则，说明 Web 服务器安装失败，需要重新检查服务器设置或者重新安装。

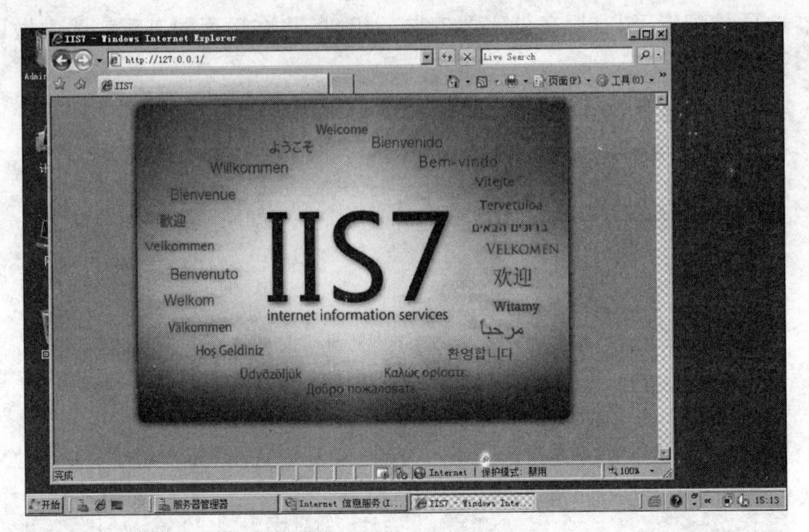

图 6-17　默认网站测试页面

到此，Web 就安装成功并可以使用了。用户可以将做好的网页文件(如 Index. htm)放到 C：\inetpub\wwwroot 这个文件中，然后在浏览器地址栏输入“http：//localhost/Index. htm”或者“http：//本机 ip 地址/Index. htm”就可以浏览做好的网页了。网络中的用户也可以通过 http：//本机 ip 地址/Index. htm 方式访问。

如果想修改网站绑定的 IP 地址，可以选中站点，选择“编辑站点”下的“绑定”命令，如图 6-18 所示。

图 6-18　编辑网站绑定

选中默认站点后单击“编辑”按钮，可以在这里修改 IP 地址，也可以在此填写主机名。

如果想添加、删除或移动网页首页文件名，可以单击中间的“默认文档”，打开如图 6-19 所示的对话框，单击“添加”按钮，添加想要的默认文档名称。

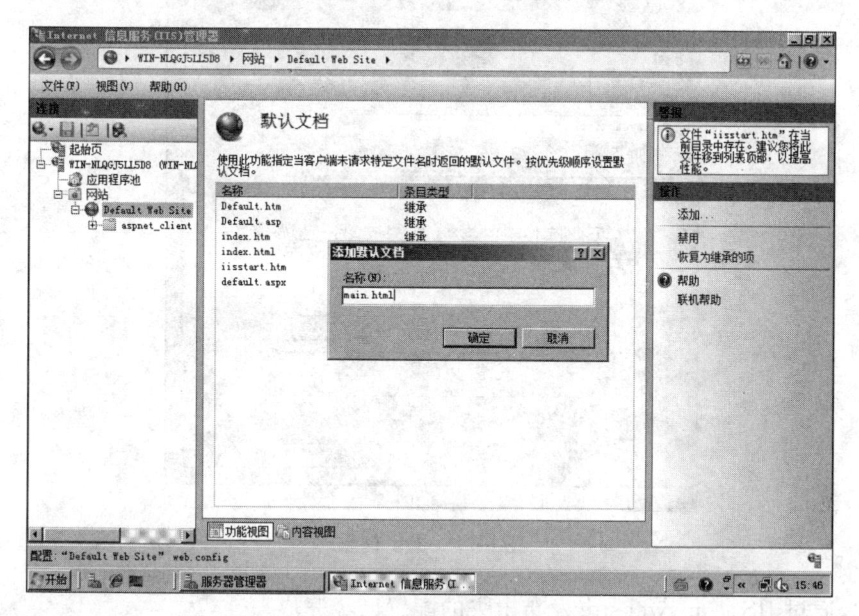

图 6-19 “添加默认文档”对话框

发布网站，右击“网站”，在弹出的快捷菜单中选择“添加网站”命令。

在“添加网站”对话框中的“网站名称”处输入“web1”，将“物理路径”定位到 C:\mywebsite，在“主机名”处先留空，IP 地址下拉菜单选择一张网卡的 IP 地址，单击“确定”按钮，如图 6-20 所示。

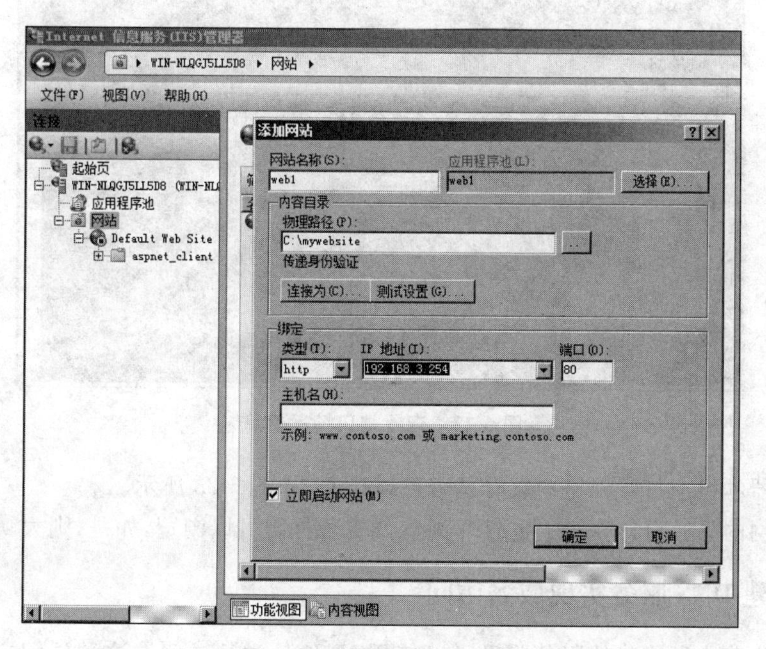

图 6-20 “添加网站”对话框

弹出提示信息，如图 6-21 所示，因为有默认网站在运行，单击“确定”按钮。停止默认网站，然后才能启动此网站，此网站才能生效。

添加网站
网站名称(S):
web1
应用程序池(L):
web1
选择(E)...
内容目录
物理路径(P):
C:\mywebsite
传递身份验证
添加网站
已将绑定“192.168.3.254:80:”指定给另一个网站。如果将同一绑定指定给此网站，则只能启动其中一个网站。确实要添加此重复绑定吗?
是(Y)
否(N)
立即启动网站(M)
确定
取消

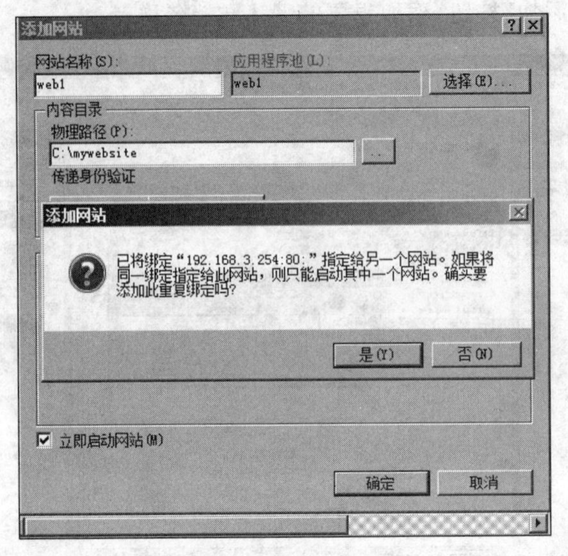

图 6-21　提示信息

至此，通过 IIS 将 mywebsite 发布出去的配置已经完成。

测试网站，为了确保服务器已经正常工作，还需要查看一下端口的打开情况，在 DOS 仿真命令窗口下运行命令：netstat-an-ptcp。如图 6-22 所示，看到 80 端口开放就可以了。

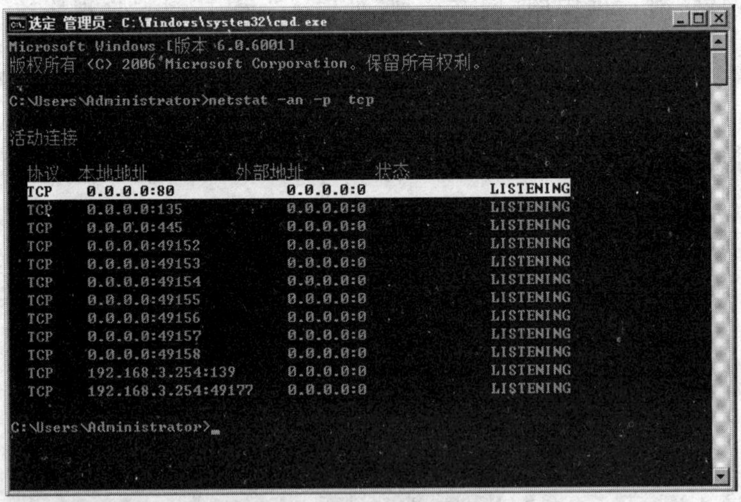

选定 管理员: C:\Windows\system32\cmd.exe
Microsoft Windows [版本 6.0.6001]
版权所有 (C) 2006 Microsoft Corporation。保留所有权利。
C:\Users\Administrator>netstat -an -p tcp
活动连接
协议 本地地址 外部地址 状态
TCP 0.0.0.0:80 0.0.0.0:0 LISTENING
TCP 0.0.0.0:135 0.0.0.0:0 LISTENING
TCP 0.0.0.0:445 0.0.0.0:0 LISTENING
TCP 0.0.0.0:49152 0.0.0.0:0 LISTENING
TCP 0.0.0.0:49153 0.0.0.0:0 LISTENING
TCP 0.0.0.0:49154 0.0.0.0:0 LISTENING
TCP 0.0.0.0:49155 0.0.0.0:0 LISTENING
TCP 0.0.0.0:49156 0.0.0.0:0 LISTENING
TCP 0.0.0.0:49157 0.0.0.0:0 LISTENING
TCP 0.0.0.0:49158 0.0.0.0:0 LISTENING
TCP 192.168.3.254:139 0.0.0.0:0 LISTENING
TCP 192.168.3.254:49177 0.0.0.0:0 LISTENING
C:\Users\Administrator>

图 6-22　查看端口情况信息

在服务器本机上打开浏览器看看是否可以访问，如图 6-23 所示。

在局域网的另一台计算机上也打开浏览器看看是否可以浏览，如是，则大功告成。

6.5.2　搭建 DNS 服务实现域名访问

上一个小节中所构建的服务器只可以使用 IP 地址进行访问。这种访问方式与常规的

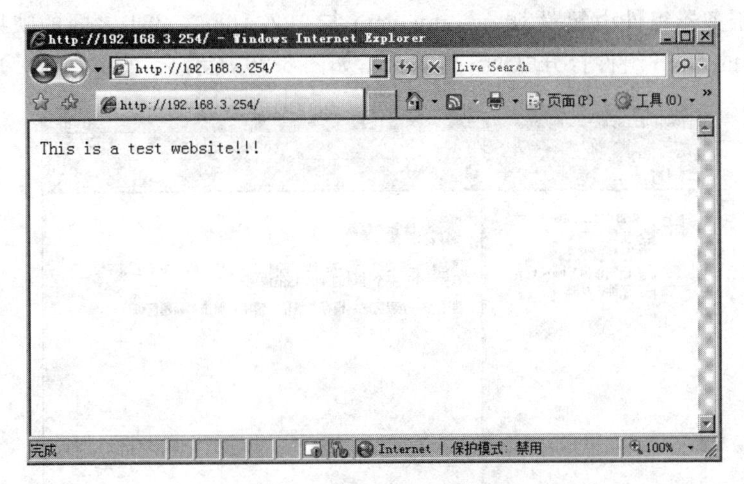

图 6-23 客户端测试成功页面

通过域名进行网页访问的方式不同,访问不便利。本小节通过在局域网内搭建 DNS 服务器,实现可以通过域名进行访问的目的。

本实验选择 www.yhy.com 作为域名,这个域名是没有经过注册的,仅在局域网内做测试用。

1. 创建"正向查找区域"实现域名向 IP 的正向解释

在局域网内 192.168.3.254/24 主机上安装 DNS 服务器组件,安装方法与前述部分相关内容类似。在"服务器管理器"中添加角色,在"选择服务器角色"页面选择"DNS 服务器"选项,如图 6-24 所示。单击"下一步"按钮开始安装 DNS 组件。

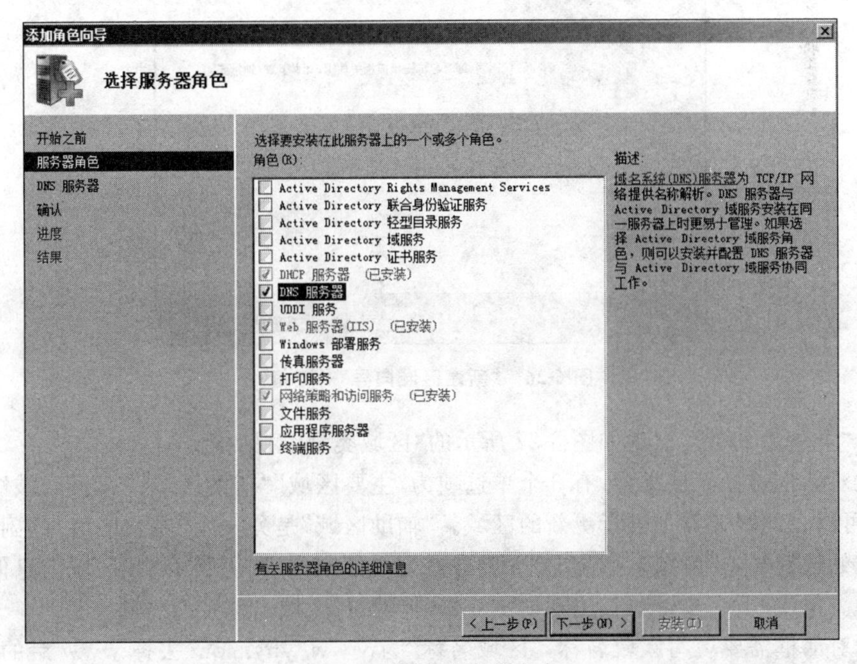

图 6-24 选择服务器角色

在DNS服务器组件中配置www.yhy.com与192.168.3.254之间的映射关系。通过“管理工具”中的DNS组件打开“DNS控制台”，如图6-25所示。

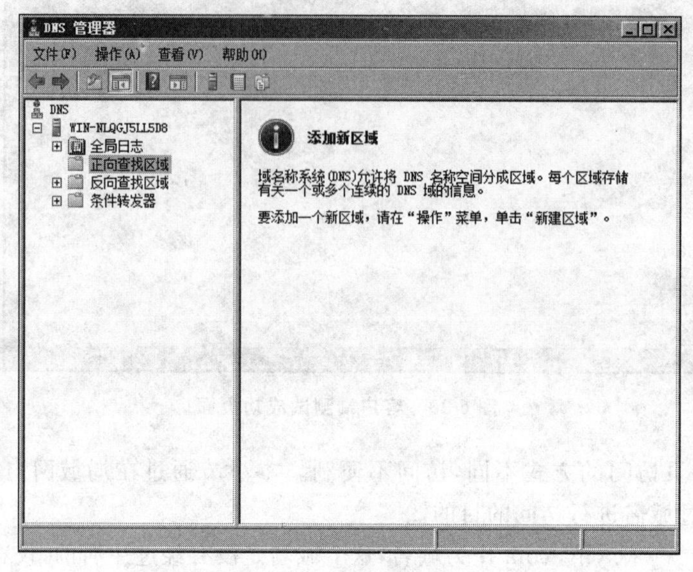

图6-25 DNS管理器

在控制台的“正向查找区域”项目上右击，在弹出的快捷菜单中选择“新建区域”命令，出现如图6-26所示的向导。

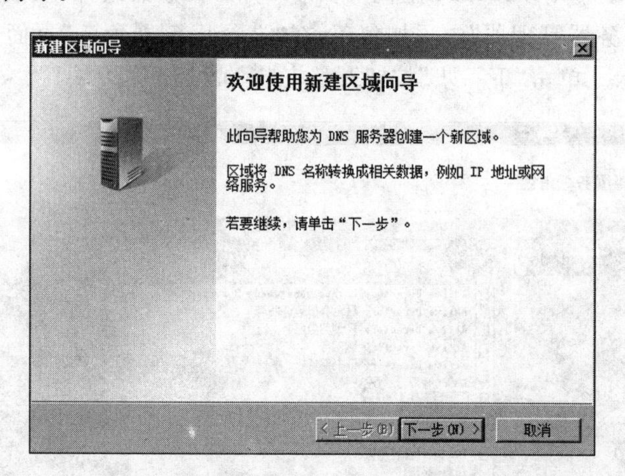

图6-26 “新建区域向导”对话框

单击“下一步”按钮，出现如图6-27所示的“区域类型”对话框。

在此对话框选择区域类型，有3个单选项为“主要区域”“辅助区域”“存根区域”。“主要区域”指可以在此服务器上进行更新的区域。“辅助区域”是另一个“主要区域”的副本，不可更新。此处选择“主要区域”，如果DNS服务器为域控制器，则可将DNS区域信息保存在活动目录中。单击“下一步”按钮，出现如图6-28所示的“区域名称”对话框。

在此对话框需要填写区域名称，“区域名称”为www.yhy.com去掉www后的部分，即yhy.com。在这里特别要说明的是，有些人在配置区域时不注意，直接创建了com这样的区域，根据上述DNS服务器的递归查询的基本原理，如果本地DNS服务器本身构建com区

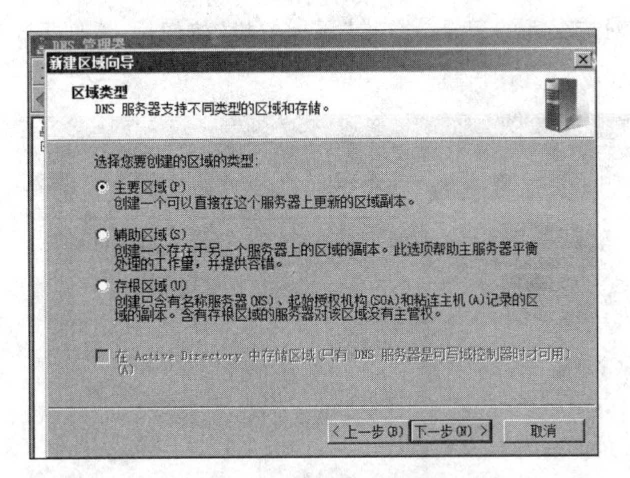

图 6-27 “区域类型”对话框

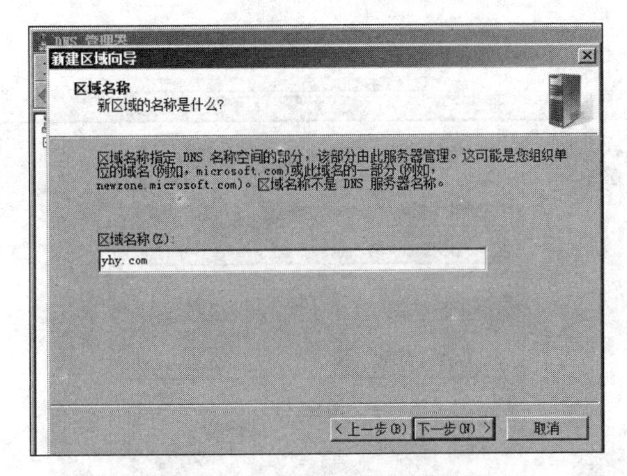

图 6-28 “区域名称”对话框

域,则会屏蔽 Internet 上真正主持 com 解释的 DNS 服务器,造成任何以 com 结尾的域名都无法被解释。更有甚者直接在 DNS 服务器中创建“.”域(根域),这样造成的后果就是 DNS 服务器认为自己就是根域,会屏蔽真正的根域,造成对其他任何域名都无法解释。避免出现这个问题的最佳方法就是选择尽可能长的域名,如 www.ap.hzcs.com.cn 域名,则在创建区域时就选择 ap.hzcs.com.cn,这样就不会出现屏蔽其他域名的情况。

输入 yhy.com,单击三次“下一步”按钮,并单击一次“完成”按钮后,返回如图 6-29 所示的“DNS 管理器”窗口。

在 yhy.com 区域名称上右击,在弹出的快捷菜单中,选择“新建主机”命令,在弹出的“新建主机”对话框中的“名称”文本框内输入 www,在“IP 地址”域内输入对应的 IP 地址。此时要搞清两个概念,“区域名”和“主机”。www.yhy.com 是“主机”,yhy.com 是“区域名”(简称域名)。主机是一个最小的名称表示单位,而域名是可以包含有多个相同后缀的主机的集合,如 www.yhy.com 和 ftp.yhy.com 均是 yhy.com 的主机。如图 6-30 所示的是“新建主机”对话框。

在“IP 地址”文本框内输入 192.168.3.254,则 DNS 服务器完成了一条 www.yhy.com

与 192.168.3.254 对应关系的记录。单击“添加主机”按钮后，返回 DNS 管理器控制台，效果如图 6-31 所示。

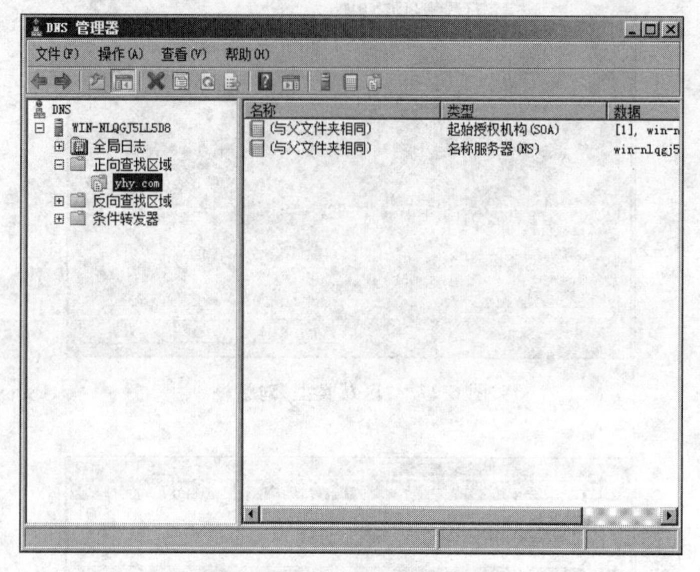

图 6-29 “DNS 管理器”窗口

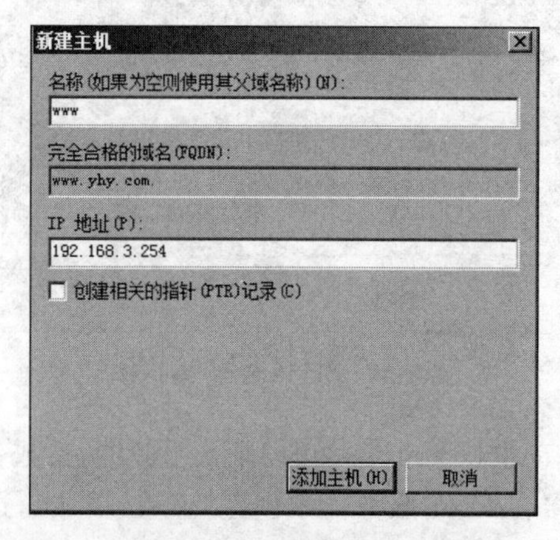

图 6-30 新建主机

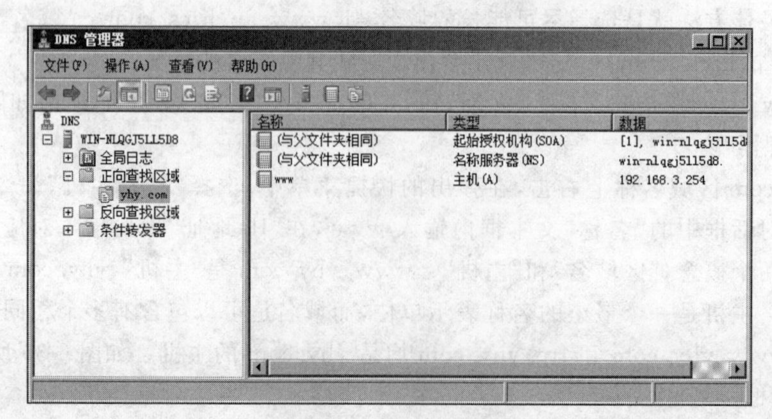

图 6-31 DNS 管理器

至此，DNS 服务器的“正向查找区域”配置完成。“正向查找区域”是用来完成“域名”向“IP 地址”的转换。

2. 创建“反向查找区域”实现 IP 向域名的反向解释

DNS 服务器还可以配置“反向查找区域”，这可以实现“IP 地址”向“域名”转换的功能。以下是关于“反向查找区域”的配置过程。

在“反向查找区域”项目上右击，在弹出的快捷菜单中选择“新建区域”命令，打开“新建区域向导”对话框，单击“下一步”按钮，弹出如图 6-32 所示的“区域类型”对话框。

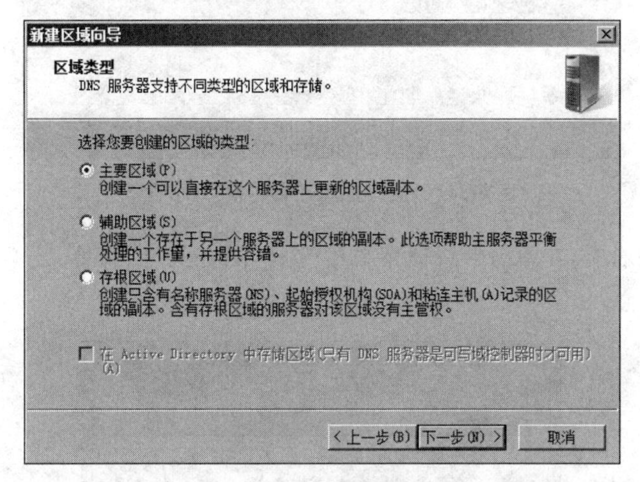

图 6-32　“区域类型”对话框

选中“主要区域”单选按钮，单击“下一步”按钮，弹出“反向查找区域名称”对话框，如图 6-33 所示。

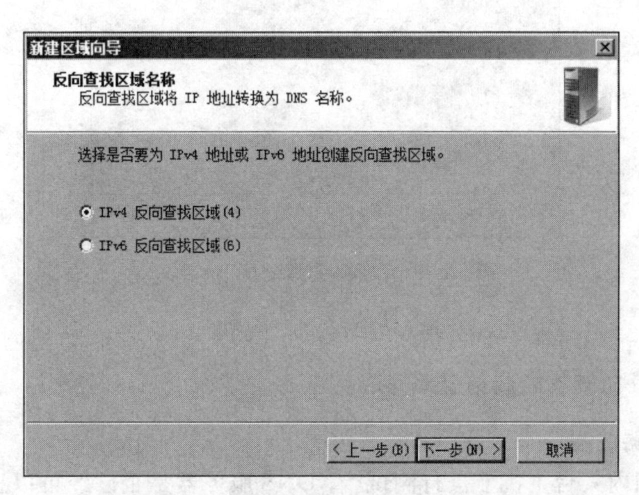

图 6-33　“反向查找区域名称”对话框 1

选中“IPv4 反向查找区域(4)”单选按钮。单击“下一步”按钮，出现如图 6-34 所示的对话框。

选中“网络 ID”单选按钮并输入域名所对应主机的 IP 地址的网络部分，此处是 192.168.3。单击三次“下一步”按钮，再单击“完成”按钮后，返回 DNS 服务器控制台界面。

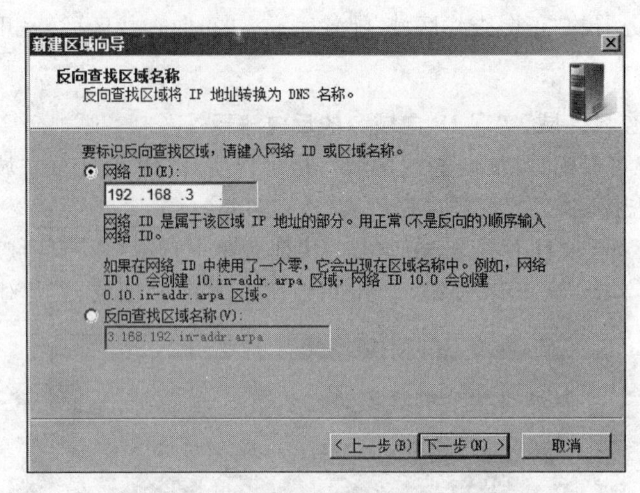

图 6-34 “反向查找区域名称”对话框 2

在右边空白处右击，在弹出的快捷菜单中选择“新建指针”命令，出现如图 6-35 所示的对话框。

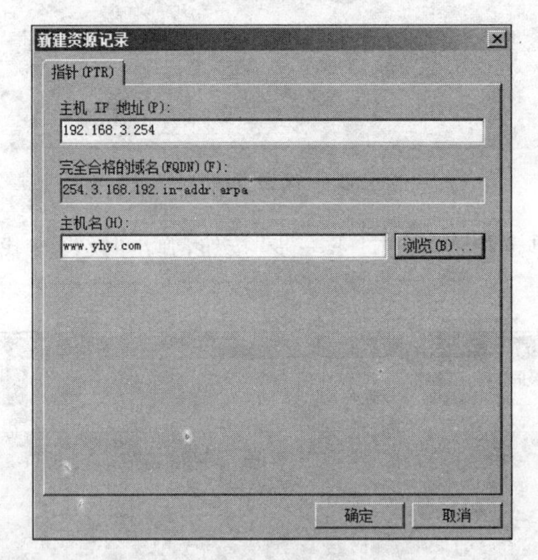

图 6-35 “新建资源记录”对话框

此处创建了一条 IP 地址 192.168.3.254 向 www.yhy.com 转换的映射记录。至此，DNS 服务器的正反向查找区域均全部完成。

3. DNS 服务器的验证

下面在局域网内某台主机上进行测试，看 DNS 服务器是否已经可以正常工作。测试主机应先进行网卡的“TCP/IP 属性”配置，本地的 DNS 服务器地址是 192.168.3.254，将其输入“首选 DNS 服务器”处，留意图 6-36 所示的“首选 DNS 服务器”的位置。

完成配置后，可在 MS-DOS 窗口中使用 ping 命令验证 DNS 服务器是否可以正常工作，如果 ping www.yhy.com 域名能正常返回，说明 DNS 服务器的正向查找功能(域名→IP 地址)正常，验证反向查找功能(IP→域名)是否正常可以使用 nslookup 命令，如图 6-37 所示。

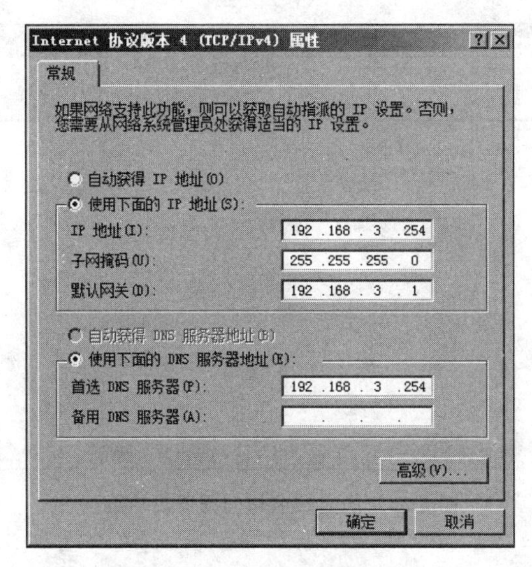

图 6-36 客户机 TCP/IP 属性配置

```
管理员: 命令提示符 - nslookup
C:\Users\Administrator>ping www.yhy.com

正在 Ping www.yhy.com [192.168.3.254] 具有 32 字节的数据:
来自 192.168.3.254 的回复: 字节=32 时间<1ms TTL=128
来自 192.168.3.254 的回复: 字节=32 时间<1ms TTL=128
来自 192.168.3.254 的回复: 字节=32 时间<1ms TTL=128
来自 192.168.3.254 的回复: 字节=32 时间<1ms TTL=128

192.168.3.254 的 Ping 统计信息:
    数据包: 已发送 = 4，已接收 = 4，丢失 = 0 (0% 丢失)，
往返行程的估计时间(以毫秒为单位):
    最短 = 0ms，最长 = 0ms，平均 = 0ms

C:\Users\Administrator>nslookup
默认服务器:  www.yhy.com
Address:  192.168.3.254

> 192.168.3.254
服务器:  www.yhy.com
Address:  192.168.3.254

名称:    www.yhy.com
Address:  192.168.3.254

> _
```

图 6-37 nslookup 命令测试域名服务器

图 6-37 说明 DNS 服务器反向查找功能也正常。至此，对 DNS 服务器的配置已经全部结束，此时已经可以依据域名进行网站服务器的访问。

4. 使用域名访问服务器

至此，已经可以使用域名访问主机了，一个与现实访问互联网网站一致的局域网网站已经构建完成。为了保险起见，可以先使用 IP 地址访问。

关闭浏览器，将浏览器中的缓存文件清除，以确保不会因为缓存而导致非正常的 DNS 解释却得到了正常的结果。再次打开浏览器，在地址栏内使用域名访问，成功的页面如图 6-38 所示。

至此，通过 DNS 服务器进行域名解释，访问者可以通过域名访问 Web 服务器了。

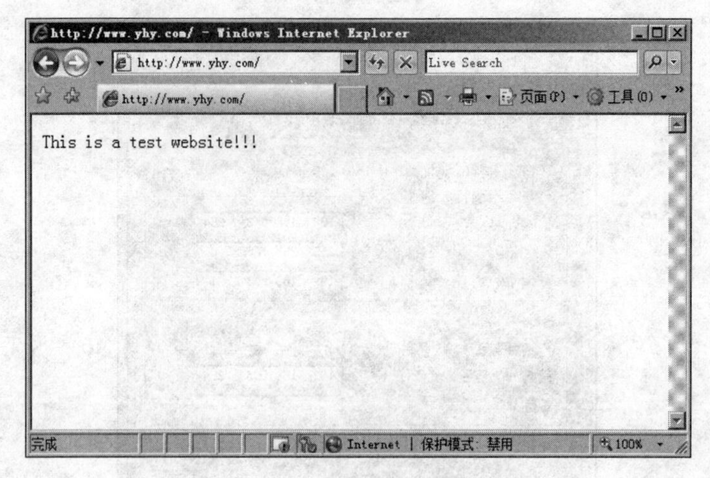

图 6-38 通过域名访问网页成功页面

课后练习

一、填空题

1. 广域网具有(　　)、借用公用网络、(　　)、不同技术可靠性不一样等特点。

2. 以拨号方式连入 Internet，主要有(　　)和 SLIP/PPP 两种方式。

3. 使用中继器连接 LAN 电缆段，任何两个数据终端设备之间最多允许(　　)个中继器。

4. 使用 FTP 可以对(　　)文件和(　　)文件进行传输。

5. URL 的描述格式包括(　　)、主机地址、路径名及文件名。

6. 域名解析的方式有(　　)解析和(　　)解析。

7. 10Base-T 网络，双绞线通过(　　)接口与网卡相连。

8. 在 TCP/IP 参考模型的传输层上，(　　)协议实现的是一种面向无连接的协议，它不能提供可靠的数据传输，并且没有差错检验。

9. 基于 TCP/IP 协议的各种互联网络管理标准，采用(　　)，得到众多网络产品生产厂家的支持，成为实际上的工业标准。

10. Internet 采用的协议集为(　　)。

11. 在 TCP/IP 参考模型中，网络接口层所连接的底层网络可以是(　　)，也可以是(　　)。IP 分组也可以通过广域网传输到目的网络。

12. (　　)是同步传输或异步传输方式线路上路由器与路由器连接，或者主机到网络连接的点对点通信标准协议，它可以适应多种上层协议的网络。

13. 广域网连接一般包括两种类型：一是(　　)的连接；二是(　　)的连接。其中，主机到网络的连接多数是(　　)接入。

二、选择题

1. 网络互联的主要设备是(　　)。

A. 集线器　　B. 交换机　　C. 路由器　　D. 网关

2. WWW 是 Internet 上的一种(　　)。

A. 浏览器　　B. 协议　　C. 协议集　　D. 服务

3. 在电子邮件地址 165393451@qq.com 中,主机域名是(　　)。

A. 165393451　　B. qq.com

C. 165393451@qq.com　　D. qq

4. Internet 所采用的协议集为(　　)。

A. Telnet　　B. TCP/IP　　C. FTP　　D. SMTP

5. 以下可采用对等网络的场所是(　　)。

A. 家庭　　B. 小型办公室　　C. 校园　　D. 金融机构

6. DNS 区域中的正向搜索区的功能是(　　)。

A. 将 IP 地址解析为域名　　B. 将域名解析为 IP 地址

C. 进行域名和 IP 地址的双向解析　　D. 以上都不正确

7. TCP/IP 体系结构中的 TCP 和 IP 所提供的服务分别为(　　)。

A. 数据链路层服务和网络层服务　　B. 网络层服务和传输层服务

C. 运算层服务和应用层服务　　D. 传输层服务和网络层服务

8. 下列关于 TCP 和 UDP 的描述,正确的是(　　)。

A. TCP 是面向连接的,UDP 是无连接的

B. TCP 是无连接的,UDP 是面向连接的

C. TCP 和 UDP 均是面向连接的

D. TCP 和 UDP 均是无连接的

9. TCP/IP 参考模型的网络接口层对应于 OSI 参考模型的(　　)。

A. 物理层和数据链路层　　B. 数据链路层和网络层

C. 物理层、数据链路层和网络层　　D. 仅网络层

10. 在发送 TCP 接收到确认 ACK 之前,由其设置的重传计时器到时,这时发送 TCP 会(　　)。

A. 重传重要的数据段　　B. 放弃该连接

C. 调整传送窗口尺寸　　D. 向另一个目标端口重传数据

11. (　　)关于 UDP 的描述是正确的。

A. UDP 是一种面向连接的协议,用于在网络应用程序间建立虚拟线路

B. UDP 为 IP 网络中的可靠通信提供错误检测和故障恢复功能

C. 文件传输协议 FTP 就是基本 UDP 协议工作的

D. UDP 服务器必须在约定端口收听服务请求,否则该事务可能失败

12. (　　)最恰当地描述了建立 TCP 连接时"第一次握手"所做的工作。

A. "连接发起方"向"接收方"发送一个 SYN-ACK 段

B. "接收方"向"连接发起方"发送一个 SYN-ACK 段

C. "连接发起方"向目标主机的 TCP 进程发送一个 SYN 段

D. "接收方"向源主机的 TCP 进程发送一个 SYN 段作为应答

三、简答题

1. 什么是广域网?它的特点是什么?

2. 网络互联分为几个层次？各有什么特点？

3. 简述 Internet 体系结构框架。

4. 常用的 Internet 的接入方式有哪些？

5. 简述 TCP 与 UDP 之间的相同点和不同点。

6. 在一台网页服务器上部署多个网站，如何实现？

7. 使用 IIS 的安全访问功能，阻止局域网内某台计算机访问网页。

8. 在访问网页时出现提供访问者输入用户账户和密码才能访问的情况，如何解决？请给出故障现象和解决方案并实际操作。

9. 使用 apache 软件发布一个网站，试比较 IIS 和 apache 之间的区别。

四、操作题

1. 现在的拨号 Modem 能当作 ADSL 的 Modem 使用吗？

2. 安装了 ADSL 后，原来的电话号码需要换号吗？

项目 7

IPv4 编址与子网划分技术

与邮政通信一样，网络通信也需要有对传输内容进行封装和注明接收者地址的操作。邮政通信的地址结构是有层次的，要分出城市名称、街道名称、门牌号码和收信人。网络通信中的地址也是有层次的，分为网络地址、物理地址和端口地址。网络地址说明目标主机在哪个网络上；物理地址说明目标网络中哪一台主机是数据报的目标主机；端口地址则指明目标主机中的哪个应用程序接收数据报。这里可以拿计算机网络地址结构与邮政通信的地址结构比较起来理解：网络地址比喻为城市和街道的名称；物理地址则比喻为门牌号码；而端口地址则与同一个门牌下哪个人接收信件很相似。

标识目标主机在哪个网络的是 IP 地址。IPv4 地址用四个点分十进制数表示，如 172.155.32.120。只是 IP 地址是个复合地址，完整地看是一台主机的地址。只看前半部分，表示网络地址。地址 172.155.32.120 表示一台主机的地址，172.155.0.0 则表示这台主机所在网络的网络地址。

IP 地址封装在数据报的 IP 报头中。IP 地址有两个用途：一个用途是网络的路由器设备使用 IP 地址确定目标网络地址，进而确定该向哪个端口转发报文。另一个用途就是源主机用目标主机的 IP 地址查询目标主机的物理地址。

物理地址封装在数据报的帧报头中。典型的物理地址是以太网中的 MAC 地址。MAC 地址在两个地方使用：主机中的网卡通过报头中的目标 MAC 地址判断网络送来的数据报是不是发给自己的；网络中的交换机使用通过报头中的目标 MAC 地址确定数据报该向哪个端口转发。其他物理地址的实例是帧中继网中的 DLCI 地址和 ISDN 中的 SPID。

端口地址封装在数据报的 TCP 报头或 UDP 报头中。端口地址是源主机告诉目标主机本数据报是发给对方的哪个应用程序的。如果 TCP 报头中的目标端口地址指明是 80，则表明数据是发给 WWW 服务程序的；如果是 25130，则数据是发给对方主机的 CS 游戏程序的。

任务 7.1　IPv4 编址

讨论 TCP/IP 时，IP 编址是最重要的主题之一。IP 地址是分配给 IP 网络中每台机器的数字标识符，它指出了设备在网络中的具体位置。

IP 地址是软件地址，不是硬件地址。硬件地址被硬编码到网络接口卡(NIC)中，用于在本地网络中寻找主机。E 地址让一个网络中的主机能够与另一个网络中的主机通信，而不管这些主机所属的 LAN 是什么类型的。

在介绍 IP 编址更为复杂的内容之前，读者需要了解一些基础知识。为此，本任务将首先介绍 IP 地址管理的基本知识；其次阐述层次型 IP 编址方案、公私有 IP 地址以及 IPv4 地址类型。

7.1.1 IP 地址的管理

IP 地址是逻辑地址，也称为虚拟地址，它由负责全球互联网名称与数字地址分配机构 ICANN(Internet Corporation for Assigned Names and Numbers)统一管理。根据 ICANN 的规定，将部分 IP 地址分配给地区级的互联网注册机构(Regional Internet Registry，RIR)，然后由这些 RIR 负责该地区的注册登记服务。

现在，全球一共有五个 RIR。ARIN 主要负责北美地区业务；RIPEN 主要负责欧洲地区业务；LACNIC 主要负责拉丁美洲业务；AFRINIC 主要负责非洲地区的 IP 地址分配；APNIC(Asia Pacific Network Information Center)主要负责亚洲、太平洋地区国家的 IP 地址分配。

在亚太地区，RIR 之下还可以存在一些 IR，如国家级 IR(NIR)、地区级 IR(LIR)，如图 7-1 所示。这些 IR 都可以从 APNIC 得到 Internet 地址及号码，再向其各自的下级进行分配。

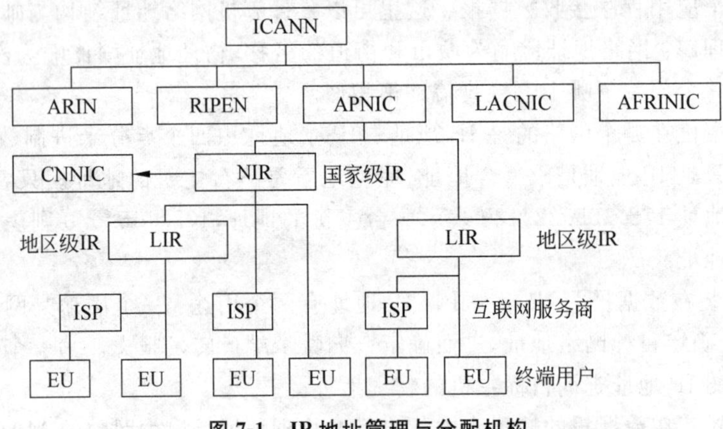

图 7-1 IP 地址管理与分配机构

APNIC 对 IP 地址的分配采用会员制，直接将 IP 地址分配给会员单位。中国互联网络信息中心(China Internet Network Information Center，CNNIC)以国家 NIC 的身份于 1997 年 1 月成为 APNIC 的联盟会员，是我国最高级别的 IP 地址分配机构。

7.1.2 IPv4 的层次型编址方案

IP 地址长 32 位，这些位被划分成 4 组(称为字节或八位组)，每组 8 位。可使用下面 3 种方法描述 IP 地址。

(1) 点分十进制数表示，如 172.16.30.56。

(2) 二进制，如 10101100.00010000.00011110.00111000。

(3) 十六进制，如 AC.10.1E.38。

上述示例表示的是同一个 IP 地址。讨论 IP 编址时，十六进制数表示没有点分十进制数和二进制数那样常用，但某些程序确实以十六进制数形式存储 IP 地址，Windows 注册表就将机器的 IP 地址存储为十六进制数。

32 位的 IP 地址是一种结构化(层次型)地址，而不是平面或非层次型地址。虽然这两种编址方案都可以使用，层次型编址方案的优点在于，它可处理大量的地址，具体来说是 43 亿个(在32位的地址空间中,每位都有0或1这两种可能的取值,因此支持2^{32}个地址,即4 294 967 296个)。平面编址方案的缺点与路由选择有关,这也是没有将其用于IP编址的原因。如果每个地址都是唯一的,互联网上的路由器将需要存储所有机器的地址,这使其几乎无法进行高效的路由选择,即使只使用部分可能的地址也是如此。

对于这种问题,解决方案是使用包含2层或3层的层次型编址方案,即地址由网络部分和主机部分组成,或者由网络部分、子网部分和主机部分组成。

使用2层或3层的层次型编址方案时,IP地址类似于电话号码:第一部分是区号,指定了一个非常大的区域;第二部分是前缀,将范围缩小到本地呼叫区域;最后一部分是用户号码,将范围缩小到具体的连接。IP地址使用类似的分层结构:与平面编址方案将全部32位视为一个唯一的标识符不同,它将其一部分作为网络地址,另一部分作为子网部分和主机部分或节点地址。

接下来将介绍IP网络编址以及各种可用于给网络编址的地址类型。

1. 网络地址

网络地址(也叫网络号)可以唯一地标识网络。在同一个网络中,所有机器的IP地址都包含相同的网络地址。例如,在IP地址172.16.30.56中,172.16为网络地址。

网络中的每台机器都有节点地址,节点地址唯一地标识了机器。这部分IP地址必须是唯一的,因为它标识特定的机器(个体)而不是网络(群体)。这一编号也称主机地址。在IP地址172.16.30.56中,30.56为节点地址。

设计互联网的人决定根据网络规模创建网络类型。对于少量包含大量节点的网络,他们创建了A类网络;对于另一种极端情况的网络,他们创建了C类网络,用来指示大量只包含少量节点的网络;介于超大型和超小型网络之间的是B类网络。还有特殊用途的D类组播地址和用于研究用的E类地址。

网络的类型决定了IP地址将如何划分成网络部分和节点部分。图7-2总结了这五类网络。

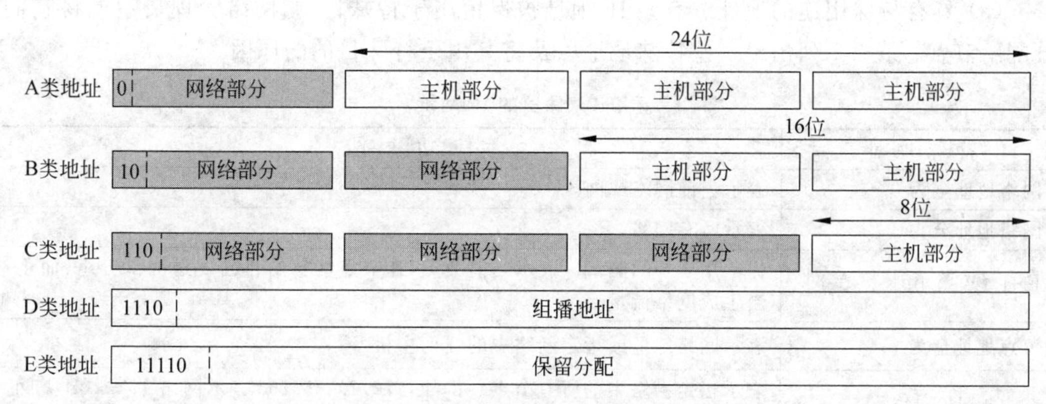

图7-2 IP地址的分类

为确保高效的路由选择,设计互联网的人对每种网络地址的前几位做了限制。例如,由于路由器知道A类网络地址总是以0开头,因此只需阅读地址的第一位,从而提高转发分组的速度。编址方案在此指出了A类、B类和C类地址的差别。在接下来的内容会首先讲述这种差别,然后介绍D类和E类地址(只有A类、B类和C类地址可用于给网络中的主机编址)。

(1) A类网络地址范围。IP编址方案设计师指出,A类网络地址的第一个字节的第一位必须为0,这意味着A类网络地址第一个字节的取值为0～127。

请看下面的网络地址:

0×××××××

如果将余下的7位都设置为0,然后将它们都设置为1,便可获得A类网络地址的范围:

00000000=0

01111111=127

因此,A类网络地址第一个字节的取值范围为0～127(但0和127不是有效的A类网络地址号,稍后将介绍保留地址)。

(2) B类网络地址范围。RFC规定,B类网络地址的第一个字节的第一位必须为1,且第二位必须为0。如果将余下的6位全部设置为0,再将它们全部设置为1,便可获得B类网络地址的范围,如下所示:

10000000=128

10111111=191

所以B类网络地址第一个字节的取值为128～191。

(3) C类网络地址范围。RFC规定,C类网络地址的第一个字节的前两位必须为1,而第三位必须为0。按前面的方法将二进制数转换为十进制数,以找出C类网络地址的范围:

11000000=192

11011111=223

因此,如果IP地址以192～223开头,即可判定它是C类网络地址。

(4) D类和E类网络地址范围。第一个字节为224～255的地址被保留用于D类和E类网络地址。D类(224～239)用作组播地址,而E类(240～255)用于科学用途,暂时不需要了解。

(5) 具有特殊用途的地址。有些IP地址被保留用于特殊目的,网络管理员不能将它们分配给节点。表7-1列出了一些特殊地址以及将其用于特殊目的的原因。

表7-1 保留的IP地址

特殊地址	功能
网络地址全为0	表示当前网络或网段
网络地址全为1	表示所有网络
地址127.0.0.1	保留用于环回测试。表示当前节点,让节点能够给自己发送测试分组,而不会生成网络流量
节点地址全为0	表示网络地址或指定网络中的任何主机
节点地址全为1	表示指定网络中的所有节点。例如,172.2.255.255表示网络172.2(B类网络地址)中的所有节点
整个IP地址全为0	路由器用它来指定默认路由,也可能表示任何网络
整个IP地址全为1 (即255.255.255.255)	到当前网络中所有节点的广播,有时称为"全1广播"或限定广播

2. A 类地址

在A类地址中,第一个字节为网络地址,余下的3个字节为节点地址。A类地址的格式为:网络地址.节点地址.节点地址.节点地址。

例如,在IP地址28.33.111.70中,28为网络地址,33.111.70为节点地址。在该网络中,每台机器的网络地址都为28。

A类网络地址长8位,其中第一位被保留,余下的7位可用于编址。因此,最多可以有128个A类网络。为什么呢?因为在这7位中,每位的可能取值都为0或1,因此可表示2^7(128)个网络。

让问题更复杂的是,全0网络地址(00000000)被保留用于指定默认路由(见表7-1)。另外,地址127被保留用于诊断,也不能使用,这意味着只能使用编号1～126指定A类网络地址。也就是说,实际可以使用的A类网络地址数为128－2＝126(个)。

每个A类地址都有3个字节(24位)用于表示机器的节点地址。这意味着有2^{24}(16 777 216)种组合,因此每个A类网络可使用的节点地址数为16 777 216。由于全0和全1的节点地址被保留,A类网络实际可包含的最大节点数为$2^{24}－2$＝16 777 214。无论如何,这在一个网段都是一个很大的主机数目。

下面的示例演示了如何确定A类网络的合法主机ID。

所有主机位都为0时,得到的是网络地址:10.0.0.0。

所有主机位都为1时,得到的是广播地址:10.255.255.255。

合法的主机ID为网络地址和广播地址之间的地址:10.0.0.1～10.255.255.254。

注意:0和255不是合法的主机ID。确定合法的主机地址时,主机位不能都为0,也不能都为1。

3. B 类地址

在B类地址中,前2个字节为网络地址,余下的2个字节为节点地址,其格式为:网络地址.网络地址.节点地址.节点地址。

例如,在IP地址172.16.30.56中,网络地址为172.16,节点地址为30.56。

在网络地址为2个字节(每字节8位)的情况下,有2^{16}种不同的组合,但设计互联网的人规定,所有B类网络地址都必须以二进制数10开头,只留下14位供人们使用,因此有2^{14}(16 384)个不同的B类网络地址。

B类地址用2个字节表示节点地址,因此每个B类网络有$2^{16}－2$个节点地址(两个保留的地址,即全为1和全为0的地址),即65 534个节点地址。

下面的示例演示了如何确定B类网络的合法主机ID。

所有主机位都为0时,得到的是网络地址:172.16.0.0。

所有主机位都为1时,得到的是广播地址:172.16.255.255。

合法的主机ID为网络地址和广播地址之间的地址:172.16.0.1～172.16.255.254。

4. C 类地址

C类地址的前3个字节为网络部分,余下的1个字节表示节点地址,其格式为:网络地址.网络地址.网络地址.节点地址。

在IP地址192.168.100.88中,网络地址为192.168.100,节点地址为88。

在C类网络地址中，前3位总是为二进制110。计算C类网络数的方法如下：3字节为24位，减去3个保留位后为21位，因此有2^{21}(2 097 152)个C类网络地址。

每个C类网络用1个字节表示节点地址，因此每个C类网络有2^8-2个节点地址(两个保留的地址，即全为1和全为0的地址)，即254个节点地址。

下面的示例演示了如何确定C类网络的合法主机ID。

所有主机位都为0时，得到的是网络地址：192.168.100.0。

所有主机位都为1时，得到的是广播地址：192.168.100.255。

合法的主机ID为网络地址和广播地址之间的地址：192.168.100.1～192.168.100.254。

7.1.3 私有地址与公有地址

1. 私有地址

制订IP编址方案的人还提供了私有IP地址。这些地址可用于私有网络，但在互联网中不可路由。设计私有地址旨在提供一种安全措施，也可帮助节省宝贵的IP地址空间。

如果每个网络中的每台主机都必须有可路由的IP地址，IP地址在多年前就耗尽了。通过使用私有IP地址，ISP、公司和家庭用户只需少量公有IP地址就可将其网络连接到互联网。这是一种经济的解决方案，因为只需在内部网络中使用私有IP地址。

为此，ISP和公司需要使用网络地址转换(Network Address Translation，NAT)。NAT将私有IP地址进行转换，以便在互联网中使用。同一个公有IP地址可供很多人使用，以便将数据发送到互联网。这节省了大量的地址空间，对所有人都有益。表7-2列出了保留的私有地址。

表7-2 私有地址

分类	RFC1918定义的内部私有地址	分类	RFC1918定义的内部私有地址
A	10.0.0.0～10.255.255.255	C	192.168.0.0～192.168.255.255
B	172.16.0.0～172.31.255.255.255		

在组建网络时，应使用A类、B类还是C类私有地址呢？下面以某城市职业学院为例回答这个问题。该学院搬到了新的校址，需要组建全新的网络。该学院有20多个机房，每个机房大约70台计算机。这样的话可以使用一两个C类网络地址，也可使用B类甚至A类网络地址。

业界的一个经验法则是，组建公司网络时，不管其规模多小，都应使用A类网络地址，因为它提供了最大的灵活性和扩容空间。例如，如果使用网络地址10.0.0.0和子网掩码/24，将得到65 536个网络，每个网络最多可包含254台主机。这为网络提供了极大的扩容空间。

然而，组建家庭网络时，最好选择C类网络地址，因为这最容易理解和配置。通过使用默认的C类网络子网掩码，一个网络最多可包含254台主机，这对家庭网络来说足够了。

2. 公有地址

公有地址即实际应用在互联网联网机器中的、可被路由的地址。在A类、B类、C类三类IP地址中，除了上述列示的私有地址外，其余均为公有地址。

随着IPv4地址即将耗尽，新的IP版本已经开发出来，被称为IPv6。IPv6中的IP地址使用 16 个字节即 128 位的地址编码，将可以提供 2^{128} 个 IP 地址，约 3.4×10^{38} 个，IPv6 拥有足够的地址空间迎接未来的商业需要。

7.1.4　IPv4 地址类型

1. 第 2 层广播

第 2 层广播也叫硬件广播，它们只在当前 LAN 内传输，而不会穿越 LAN 边界（路由器）。典型的硬件地址长 6 个字节（48 位），如 45：AC：24：E3：60：A5。使用二进制数表示时，广播地址全为 1，而使用十六进制数表示时全为 F，即 FF：FF：FF：FF：FF：FF。

2. 第 3 层广播

第 3 层也有广播地址。广播消息是发送给广播域中所有主机的，其目标地址的主机位都为 1。

例如，对于网络地址 172.16.0.0/255.255.0.0，其广播地址为 172.16.255.255，即所有主机位都为 1。广播也可以是发送给所有网络中的所有主机的，例如 255.255.255.255。

一种典型的广播消息是地址解析协议（ARP）请求。假设有台主机要发送分组，且知道目的地的逻辑地址（192.168.2.3）。为让分组到达目的地，主机需要将其转发给默认网关（目的地位于另一个 IP 网络中）。如果目的地位于当前网络中，源主机将把分组直接转发到目的地。如果源主机没有转发帧所需的 MAC 地址，它发送广播时，当前广播域中的每台设备都将侦听该广播。该广播相当于在说："如果你拥有 IP 地址 192.168.2.3，请将 MAC 地址告诉我。"

3. 单播地址

单播地址是分配给网络接口卡的 IP 地址，在分组中用作目标地址，换句话说，它将分组传输到特定主机。DHCP 客户端请求很好地说明了单播的工作原理。

例如，LAN 中的主机发送广播（其第 2 层目标地址为 FF：FF：FF：FF：FF：FF，而第 3 层目标地址为 255.255.255.255），在 LAN 中寻找 DHCP 服务器。路由器知道这是发送给 DHCP 服务器的广播，因为其目标端口号为 67（BootP 服务器），因此会将该请求转发到另一个 LAN 中的 DHCP 服务器。因此，如果 DHCP 服务器的 IP 地址为 172.16.10.1，主机只需以广播方式发送 DHCP 请求（其目标地址为 255.255.255.255），路由器将修改该广播，将其目标地址改为 172.16.10.1。为让路由器提供这种服务，需要使用命令"ip helper-address"配置接口。

4. 组播地址

组播与其他通信类型完全不同。它好像是单播和广播的混合体，但实际不是这样。组播确实支持点到多点通信，这类似于广播，但工作原理不同。组播的关键点在于，它让多个接收方能够接收消息，却不会将消息传递给广播域中的所有主机。然而，这并非默认行为，而是在配置正确的情况下使用组播达到的。

组播工作方法是将消息或数据发送给 IP 组播组地址，路由器将分组的副本从每个这样的接口转发（这不同于广播，路由器不转发广播）给订阅了该组播的主机。这就是组播不同于广播的地方，组播通信只会将分组副本发送给订阅主机。从理论上说，指的是主机将收到发送给 224.0.0.10 的组播分组（EIGRP 分组，只有运行 EIGRP 协议的路由器才会读取它)。广播型 LAN(以太网是一种广播型多路访问 LAN 技术)中的所有主机都将接收这种帧,读取其目标地址,然后马上丢弃,除非它是组播组的成员。这节省了 PC 的处理周期,但没有节省 LAN 带宽,有时会导致严重的 LAN 拥塞。

用户和应用程序可加入多个组播组。组播地址的范围为 244.0.0.0～239.255.255.255,这个地址范围位于 D 类 IP 地址空间内。

7.1.5 IP 数据报

ARPANet 建立之初,科学家们并没有预测到后来计算机网络所面临的问题。当大量不同厂商、不同标准的设备进入 ARPANet 的时候就产生了很多问题。大部分计算机相互不兼容,在一台计算机上完成的工作,很难拿到另一台计算机上使用,想让硬件和软件都不一样的计算机联网,也有很多困难。当时科学家们提出这样一个理念:所有计算机生来都是平等的。为了让这些“生来平等”的计算机能够实现“资源共享”,就得在这些系统的标准之上建立一种大家都必须共同遵守的标准,这样才能让不同的计算机按照一定的规则互联、互通。在确定这个规则的过程中,最重要的当数 TCP/IP 的发明。

1983 年 1 月 1 日,运行了较长时期、曾被人们习惯了的 NCP 被停止使用,TCP/IP 成了 Internet 上所有主机间的共同协议,从此以后作为一种必须遵守的规则被肯定和应用。正是由于 TCP/IP,才有了今天 Internet 的巨大发展。

1. IP 数据报的结构

按照 IPv4 的规定,在 IP 层,需要传输的数据首先需要加上 IP 首部信息,封装成 IP 数据报。IP 数据报是 IPv4 使用的数据单元,互联层数据信息和控制信息的传递都需要通过 IP 数据报进行。

IP 数据报的格式(以 IPv4 为例)可分为报头区和数据区两大部分,其结构如图 7-3 所示。数据区包括了高层需要传输的数据,报头区是为了正确传送高层数据而增加的控制信息。

版本(4位)	头部长度(4位)	服务类型(8位)	总长度(16位)
标识(16位)		标志(3位)	片编移(13位)
生存时间(8位)	协议(8位)	头部校验和(16位)	
源地址(32位)			
目的地址(32位)			
选项			
数据区			

图 7-3 IPv4 数据报格式

IP 数据报的报头中各字段的主要功能如下。

(1) 版本。IP 数据报的第一个域就是版本域,长度为 4 位。它表示该数据报对应的 IP 的版本号,不同 IP 版本规定的数据报格式是不同的,目前使用的 IP 协议版本是 IPv4,下一代是 IPv6。版本域的值为 4,表示 IPv4;版本域的值为 6,表示 IPv6。

(2) 长度。IP 数据报报头中有两个表示长度的字段,一个是头部长度,一个是总长度。

头部长度以4字节为单位，指出了该报头区的长度。此域最小值为5，即报头最小长度为20(4×5)字节。如果含有选项域字段，则长度取决于选项域字段长度，协议规定头部长度最大值为15，表示报头最大长度为60字节，所以，IP数据报的头部长度是可变的，在20～60字节。

总长度字段为16位，它定义了数据报的总长度。总长度最大值为65 535字节，其中包括头部长度。这样，数据报的总长度减去头部长度就等于IP数据报中高层协议的数据长度。

(3) 服务类型。服务类型字段长度为8位，它用于规定对IP数据报的处理方式。利用该字段，发送端可为数据报分配优先级，并设定服务类型参数，如延迟、可靠性、成本等，指导路由器对数据报进行传送。当然，处理的效果还要受具体设备及网络环境限制。

(4) 生存时间。IP数据报的路由选择具有独立性，所以各数据报的传输时间也不相同。如果出现选路错误，可能造成数据报在网络中无休止地循环流动。为此，设计了生存时间(Time To Live,TTL)字段控制这种情形的发生。沿途路由器对该字段的处理方法是"先减后查，为0抛弃"。

(5) 协议。协议指的是使用此数据报的高层协议类型，如TCP或UDP等，协议域长度为8bit。

(6) 地址。地址字段包括源地址和目的地址。源地址和目的地址的长度都是32位，分别表示发送数据报的主机和接收数据报的主机的地址。在数据报的整个传输过程中，无论选择什么样的路径，源地址和目的地址始终保持不变。

(7) 标识、标志和片偏移。这3个字段和IP数据报的分片重组相关，将在后面介绍。

(8) 选项。IP选项字段主要用于控制和测试两个目的，用户可以根据需要选择是否使用该字段。但作为IP的组成部分，所有实现IP的设备都要能处理选项字段。在使用选项字段的过程中，可能会造成报头部分长度不是整字节，这时可以通过填充位来处理。

2. IP数据报的分片和重组

(1) 最大传输单元MTU和IP数据报的分片。IP数据报是网络层的数据，它在数据链路层需要封装成帧来传输。不同物理网络使用的技术不同，每种网络都规定了一个帧最多能够携带的数据量，这一限制称为最大传输单元(Maximum Transmission Unit, MTU)。IP数据报的长度不超过网络的MTU值才能在网络中进行传输。互联网包含各种各样的物理网络，不同物理网络的最大传输单元长度也不相同，比如以太网的MTU长度大约为1500字节。

路由器可能连着两个具有不同MTU值的网络，如果数据报来自一个MTU值较大的局域网，要发往一个MTU值较小的局域网，那么就必须把大的数据报分成多个较小的部分，使它们小于局域网的MTU值才能继续传送，这个过程就叫作数据报的分片。一旦进行分片，每片都像正常的IP数据报一样经过独立的路由选择处理，最终到达目的主机。

(2) 分片重组。在接收到所有分片的基础上，把各个分片重新组装的过程叫作IP数据报重组。IP规定，目的主机负责对分片进行重组。这样处理，可以减少路由器的计算量，使路由器可以对分片独立选择路径。另外，由于分片可能经过不同的路径到达目的主机，因此，中间路由器也不可能对分片进行重组。

(3) 分片控制。在IP数据报的报头中，标识、标志和片偏移3个字段与数据报的分片和重组相关。

(4) 标识(Identification)字段。标识是源主机给予IP数据报的标识符,是分片识别的标记。因为数据报是独立传送的,属于同一数据报的各个分片到达目的地时可能会出现乱序,也可能会和其他数据报混在一起。含有同样标识字段的分片属于同一个数据报,目的主机正是通过标识字段来将属于同一数据报的各个分片挑出来进行重装的,所以,分片时标识字段必须被不加修改地复制到各分片当中。

(5) 标志(Flags)字段。标志字段由3个标志位组成。最高位为0,第2位(DF位)是标识数据报能否被分片。当DF位值为0时,表示可以分片;当DF位值为1时,表示禁止分片。第3位(MF位)表示该分片是否是最后一个分片,当MF位值为1时,表示是最后一个分片。

(6) 片偏移(Fragment Offsets)字段。片偏移字段指出本片数据在数据报中的相对位置,片偏移量以8字节为单位。分片在目的主机被重组时,各个分片的顺序由片偏移量提供。

任务7.2　子网划分与子网掩码

前面的内容介绍了如何定义和找出A类、B类和C类网络的合法主机ID范围。其方法是先将所有主机位都设置为0,再将它们都设置为1。但这里有一个问题,如果要使用一个网络地址创建6个网络,该怎么办呢?必须进行子网划分,它能够将大型网络划分成一系列小网络。

进行子网划分的原因很多,其中包括如下好处。

(1) 减少网络流量。无论什么样的流量,人们都希望它少些,网络流量也是如此。如果没有可信赖的路由器,网络流量可能导致整个网络停顿,但有了路由器后,大部分流量都将待在本地网络内,只有前往其他网络的分组将穿越路由器。路由器增加广播域,广播域越多,每个广播域就越小,而每个网段的网络流量也越少。

(2) 优化网络性能。这是减少网络流量的结果。

(3) 简化管理。与庞大的网络相比,在一系列相连的小网络中找出并隔离网络问题更容易。

(4) 有助于覆盖大型地理区域。WAN链路比LAN链路的速度慢得多,且更昂贵;单个大跨度的大型网络在前面说的各个方面都可能出现问题,而将多个小网络连接起来可提高系统的效率。

在本任务中将详细讨论IPv4网络的子网划分。

7.2.1　子网划分

要创建子网,可借用IP地址中的主机位,将其用于定义子网地址。这意味着子网越多,可用于定义主机的位越少。

注意: 网络中所有的主机(节点)都使用相同的子网掩码。介绍变长子网掩码(Variable Length Subnet Mask,VLSM)时,将讨论无类路由选择,这意味着每个网段可使用不同的子网掩码。

创建子网可采取如下步骤。

(1) 确定需要的网络ID数：每个LAN子网一个；每条广域网连接一个。

(2) 确定每个子网所需的主机IP数：每个TCP/IP主机一个；每个路由器接口一个。

(3) 根据上述需求，要确定的内容：一个用于整个网络的子网掩码；每个物理网段的唯一子网ID；每个子网的主机ID范围。

7.2.2 子网掩码

网络中的每台机器都必须知道主机地址的哪部分为子网地址，这是通过给每台机器分配子网掩码实现的。子网掩码是一个长32位的值，让IP分组的接收方能够将IP地址的网络ID部分和主机IP部分区分开来。

网络管理员创建由1和0组成的32位子网掩码，其中的1表示IP地址的相应部分为网络地址或子网地址。

并非所有网络都需要子网，这意味着网络可使用默认子网掩码。这相当于说IP地址不包含子网地址。表7-3列出了A类、B类和C类网络的默认子网掩码。这些默认子网掩码不能修改。换句话说，用户不能将B类网络的子网掩码设置为255.0.0.0。如果试图这样做，主机将认为这是非法的。对于A类网络，用户不能修改其子网掩码的第一个字节，即其第一个字节必须是255。同样，用户不能将子网掩码设置为255.255.255.255，因为它全为1，是一个广播地址。B类网络的子网掩码必须以255.255开头，而C类网络的子网掩码必须以255.255.255开头。

表7-3 三种不同类型网络的默认子网掩码

地址类型	默认子网掩码	地址类型	默认子网掩码
A类地址	255.0.0.0	C类地址	255.255.255.0
B类地址	255.255.0.0		

7.2.3 CIDR

无类域间路由选择(Classless Inter-Domain Routing，CIDR)是因特网服务提供商(Internet Service Provider，ISP)用来将大量地址分配给客户的一种方法。ISP以特定大小的块提供地址。

从ISP那里获得的地址块类似于192.168.10.32/28，这指出了子网掩码。这种斜杠表示法指出了子网掩码中有多少位为1，显然最大为/32，因为一个字节为8位，而IP地址长4个字节(4×8=32)。

注意：最大的子网掩码为/32(不管是哪类地址)，因为至少需要将两位用作主机位。

在A类网络的默认子网掩码255.0.0.0中，第一个字节全为1，即11111111。使用斜杠表示法时需要计算为1的位有多少个。255.0.0.0的斜杠表示法为/8，因为有8个取值为1的位。

B类网络的默认子网掩码为255.255.0.0，其斜杠表示法为/16，因为有16个取值为1的位，如下所示：

11111111.11111111.00000000.00000000

表 7-4 列出了所有可能的子网掩码及其 CIDR 斜杠表示法。

表 7-4　子网掩码及其 CIDR 斜杠表示法

子网掩码	CIDR 值	子网掩码	CIDR 值
255.0.0.0	/8	255.255.240.0	/20
255.128.0.0	/9	255.255.248.0	/21
255.192.0.0	/10	255.255.252.0	/22
255.224.0.0	/11	255.255.254.0	/23
255.240.0.0	/12	255.255.255.0	/24
255.248.0.0	/13	255.255.255.128	/25
255.252.0.0	/14	255.255.255.192	/26
255.254.0.0	/15	255.255.255.224	/27
255.255.0.0	/16	255.255.255.240	/28
255.255.128.0	/17	255.255.255.248	/29
255.255.192.0	/18	255.255.255.252	/30
255.255.224.0	/19		

其中/8～/15 只能用于 A 类网络，/16～/23 可用于 A 类和 B 类网络，而/24～/30 可用于 A 类、B 类和 C 类网络。这就是大多数公司都使用 A 类网络地址的一大原因，因为它们可使用所有的子网掩码，进行网络设计时的灵活性最大。

7.2.4　C 类网络的子网划分

进行子网划分的方法有很多，最适合的方式就是正确的方式。在 C 类地址中，只有 8 位用于定义主机，这意味着只能有如表 7-5 所示的 C 类子网掩码（子网位从左向右延伸，中间不能留空）。

表 7-5　C 类子网掩码

二进制	十进制	CIDR
00000000	=0	/24
10000000	=128	/25
11000000	=192	/26
11100000	=224	/27
11110000	=240	/28
11111000	=248	/29
11111100	=252	/30

这里不能使用/31 和/32，因为至少需要 2 个主机位，才有可供分配给主机的 IP 地址。对于 C 类网络中，以前从不讨论/25，因为以前的路由器一直要求至少有两个子网位，但现在的路由器大多支持 ipsubnet-zero 命令，因此子网位可以只有 1 位。

注意：ipsubnet-zero 命令可以让路由器支持使用第一个子网和最后一个子网。例如，C 类子网掩码 255.255.255.192 提供了子网 64 和 128，但配置命令 ipsubnet-zero 后，将可使用子网 0、64、128 和 192。也就是说，这让每个子网掩码提供的子网多了两个。

1. C类网络的快速子网划分

给网络选择子网掩码后,需要计算该子网掩码提供的子网数以及每个子网的合法主机地址和广播地址。为此要考虑下面五个简单的问题。

(1) 选定的子网掩码将创建多少个子网?

(2) 每个子网可包含多少台主机?

(3) 有哪些合法的子网?

(4) 每个子网的广播地址是什么?

(5) 每个子网可包含哪些合法的主机地址?

在这里,理解并牢记2的幂很重要。下面来看如何解答上面的五大问题。

(1) 选定的子网掩码将创建多少个子网? 答案是 2^x 个,其中 x 为被遮盖(取值为1)的位数。例如,在11000000中,取值为1的位数为2,因此子网数为 2^2(4个)。

(2) 每个子网可包含多少台主机? 答案是 2^y-2 个,其中 y 为未遮盖(取值为0)的位数。例如,在11000000中,取值为0的位数为6,因此每个子网可包含的主机数为 2^6-2(62)个。减去的两个为子网地址和广播地址,因为它们不是合法的主机地址。

(3) 有哪些合法的子网? 块大小(增量)为256减去子网掩码。一个例子是256－192＝64,即子网掩码为192时,块大小为64。从0开始不断增加,直到达到子网掩码值,结果就是子网,即0、64、128和192。

(4) 每个子网的广播地址是什么? 这很容易确定。前面确定了子网为0、64、128和192,而广播地址总是下一个子网前面的数。例如,子网0的广播地址为63,因为下一个子网为64;子网64的广播地址为127,因为下一个子网为128,以此类推。请记住,最后一个子网的广播地址总是255。

(5) 每个子网可包含哪些主机地址? 合法的主机地址位于两个子网之间,但全为0和全为1的地址除外。例如,如果子网号为64,而广播地址为127,则合法的主机地址范围为65～126,即子网地址和广播地址之间的数字。

2. C类网络子网划分示例

下面使用前面介绍的方法练习C类网络的子网划分。这里将从第一个可用的C类子网掩码开始,依次尝试每个可用的C类子网掩码。

【示例1】 C:255.255.255.128(/25)

128的二进制表示为10000000,只有1位用于定义子网,余下7位用于定义主机。这里将对C类网络192.168.10.0进行子网划分。

网络地址＝192.168.10.0

子网掩码＝255.255.255.128

下面来回答前面的五大问题。

(1) 选定的子网掩码将创建多少个子网? 在128(10000000)中,取值为1的位数为1,因此答案为 $2^1=2$。

(2) 每个子网可包含多少台主机? 有7个主机位的取值为0(10000000),因此答案是 $2^7-2=126$ 台主机。

(3) 有哪些合法的子网? 答案是256－128＝128。

(4) 每个子网的广播地址是什么？在下一个子网之前的数字中，所有主机位的取值都为1，是当前子网的广播地址。对于子网0，下一个子网为128，因此其广播地址为127。

(5) 每个子网可包含哪些合法的主机地址？合法的主机地址为子网地址和广播地址之间的数字。要确定主机地址，最简单的方法是写出子网地址和广播地址，这样合法的主机地址就显而易见了。表7-6列出了子网0和128以及它们的合法主机地址范围和广播地址。

表7-6 子网0和128以及它们的合法主机地址范围和广播地址

子网	0	128
第一个主机地址	1	129
最后一个主机地址	126	254
广播地址	127	255

从图7-4可知，两个子网都与路由器接口相连，路由器创建了广播域和子网。

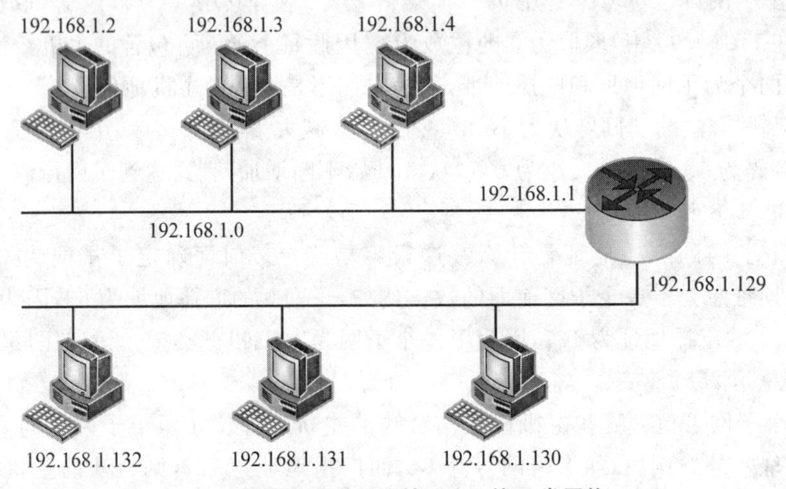

图7-4 实现使用子网掩码/25的C类网络

添加路由器后，为让互联网中的主机能够相互通信，用户必须使用一种逻辑网络编址方案。为此可使用IPv6，但IPv4仍是最流行的，且当前讨论的也是IPv4，因此将使用它。现在回过头来看看图7-4，其中有两个物理网络，因此将实现一种支持两个逻辑网络的逻辑编址方案。展望未来并考虑可能的扩容(包括短期和长期)，就这里而言，使用子网掩码/25就可以了。

【示例2】 C：255.255.255.192(/26)

在第二个示例中，将使用子网掩码255.255.255.192对网络192.168.10.0进行子网划分。

网络地址＝192.168.10.0

子网掩码＝255.255.255.192

下面来回答前面的五大问题。

(1) 选定的子网掩码将创建多少个子网？在192(11000000)中，取值为1的位数为2，因此答案为$2^2=4$个子网。

(2) 每个子网可包含多少台主机？有6个主机位的取值为0(11000000)，因此答案是$2^6-2=62$台主机。

(3) 有哪些合法的子网？答案是 256－192＝64。

(4) 每个子网的广播地址是什么？在下一个子网之前的数字中，所有主机位的取值都为 1，是当前子网的广播地址。对于子网 0，下一个子网为 64，因此其广播地址为 63。

(5) 每个子网可包含哪些合法的主机地址？合法的主机地址为子网地址和广播地址之间的数字。要确定主机地址，最简单的方法是写出子网地址和广播地址，这样合法的主机地址就显而易见了。表 7-7 列出了子网 0、64、128 和 192 以及它们的合法主机地址范围和广播地址。

表 7-7 子网 0、64、128 和 192 以及它们的合法主机地址范围和广播地址

子网(第 1 步)	0	64	128	192
第一个主机地址(最后一步)	1	65	129	193
最后一个主机地址	62	126	190	254
广播地址(第 2 步)	63	127	191	255

同样，现在能够使用子网掩码/26 划分子网了。进入下一个示例前，如何使用这些信息呢？答案是实现子网划分。如图 7-5 所示。

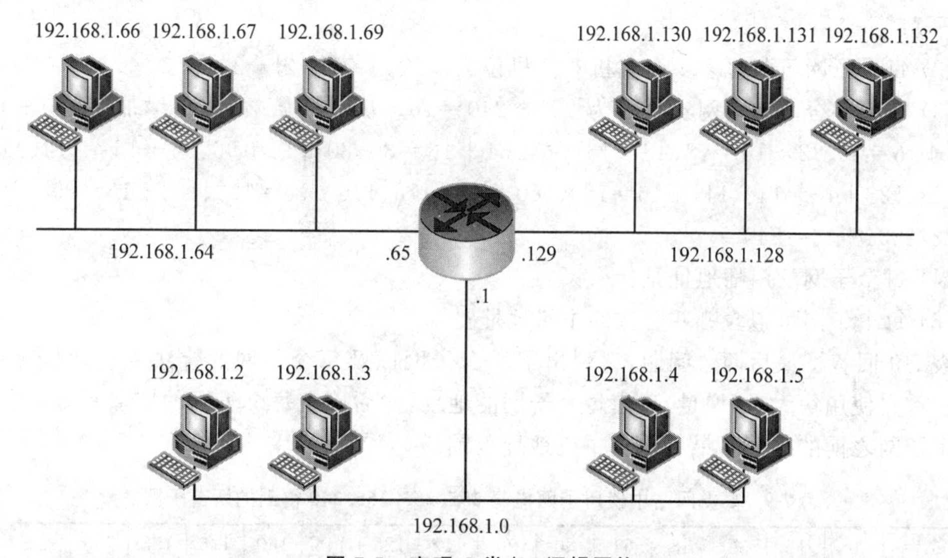

图 7-5 实现 C 类/26 逻辑网络

子网掩码/26 提供了 4 个子网，每个路由器接口都需要一个子网。使用这种子网掩码时，这个示例还有添加另一个路由器接口的空间。

【示例 3】 C：255.255.255.224(/27)

这次将使用子网掩码 255.255.255.224 对网络 192.168.10.0 进行子网划分。

网络地址＝192.168.10.0

子网掩码＝255.255.255.224

(1) 选定的子网掩码将创建多少个子网？224 的二进制表示为 11100000，因此答案为 2^3＝8 个子网。

(2) 每个子网可包含多少台主机？答案为 2^5－2＝30。

(3) 有哪些合法的子网？答案为 256－224＝32。

(4) 每个子网的广播地址是什么(总是下一个子网之前的数字)？

(5) 每个子网可包含哪些合法的主机地址(合法的主机地址为子网地址和广播地址之间的数字)?

要回答最后两个问题,首先写出子网,再写出广播地址,最后填写主机地址范围。表7-8列出了在C类网络中使用子网掩码255.255.255.224得到的所有子网。

表7-8 C类网络中使用子网掩码255.255.255.224得到的所有子网

子网	0	32	64	96	128	160	192	224
第一个主机地址	1	33	65	97	129	161	193	225
最后一个主机地址	30	62	94	126	158	190	222	254
广播地址	31	63	95	127	159	191	223	255

【示例4】 C:255.255.255.240(/28)

网络地址=192.168.10.0

子网掩码=255.255.255.240

(1) 选定的子网掩码将创建多少个子网?240的二进制表示为11110000,答案为$2^4=16$个子网。

(2) 每个子网可包含多少台主机?主机位为4位,答案为$2^4-2=14$。

(3) 有哪些合法的子网?答案为256－240=16。从0开始数,每次增加16:0+16=16、16+16=32、32+16=48、48+16=64、64+16=80、80+16=96、96+16=112、112+16=128、128+16=144、144+16=160、160+16=176、176+16=192、192+16=208、208+16=224、224+16=240。

(4) 每个子网的广播地址是什么?

(5) 每个子网可包含哪些合法的主机地址?

表7-9回答了最后两个问题,它列出了所有子网以及每个子网的合法主机地址和广播地址。首先使用块大小(增量)确定每个子网的地址,然后确定每个子网的广播地址(它总是下一个子网之前的数字),最后填充主机地址范围。

表7-9 C类网络中使用子网掩码255.255.255.240得到的所有子网

子网	0	16	32	48	64	80	96	112	128	144	160	176	192	208	224	240
第一个主机地址	1	17	33	49	65	81	97	113	129	145	161	177	193	209	225	241
最后一个主机地址	14	30	46	62	78	94	110	126	142	158	174	190	206	222	238	254
广播地址	15	31	47	63	79	95	111	127	143	159	175	191	207	223	239	255

【示例5】 C:255.255.255.248(/29)

网络地址=192.168.10.0

子网掩码=255.255.255.248

(1) 选定的子网掩码将创建多少个子网?248的二进制表示为11111000,答案为$2^5=32$个子网。

(2) 每个子网可包含多少台主机?答案为$2^3-2=6$。

(3) 有哪些合法的子网?答案为256－248=8,因此合法的子网为0、8、16、24、32、40、

48、56、64、72、80、88、96、104、112、120、128、136、144、152、160、168、176、184、192、200、208、216、224、232、240 和 248。

(4) 每个子网的广播地址是什么?

(5) 每个子网可包含哪些合法的主机地址?

表 7-10 列出了使用子网掩码 255.255.255.248 时,该 C 类网络包含的部分子网(前 4 个和最后 4 个)以及它们的主机地址范围和广播地址。

表 7-10 C 类网络中使用子网掩码 255.255.255.248 得到的所有子网

子网	0	8	16	24	…	224	232	240	248
第一个主机地址	1	9	17	25	…	225	33	241	249
最后一个主机地址	6	14	22	30	…	230	238	246	254
广播地址	7	15	23	31	…	231	239	247	255

注意:如果给路由器接口配置地址 192.168.10.6,255.255.255.248,并出现错误消息 Bad mask/29for address 192.168.10.6。这表明没有启用命令 ipsubnet-zero。要知道这里使用的地址属于子网 0,用户必须能够划分子网。

【示例 6】 C:255.255.255.252(/30)

网络地址=192.168.10.0

子网掩码=255.255.255.252

(1) 选定的子网掩码将创建多少个子网? 答案为 64。

(2) 每个子网可包含多少台主机? 答案为 2。

(3) 有哪些合法的子网? 答案为 0、4、8、12…252。

(4) 每个子网的广播地址是什么(总是下一个子网之前的数字)?

(5) 每个子网可包含哪些合法的主机地址(子网号和广播地址之间的数字)?

表 7-11 列出了使用子网掩码 255.255.255.252 时,该 C 类网络包含的部分子网(前 4 个和最后 4 个)以及它们的主机地址范围和广播地址。

表 7-11 C 类网络中使用子网掩码 255.255.255.252 得到的所有子网

子网	0	4	8	12	…	240	244	248	252
第一个主机地址	1	5	9	13	…	241	245	249	253
最后一个主机地址	2	6	10	14	…	242	246	250	254
广播地址	3	7	11	15	…	243	247	251	255

3. 根据节点地址确定子网

【示例 7】 C:节点地址=192.168.10.33

子网掩码=255.255.255.224

首先确定该 IP 地址所属的子网以及该子网的广播地址。为此,要回答五大问题中的第 3 个。答案为 256-224=32,因此子网为 0、32、64 等。主机地址 33 位于子网 32 和 64 之间,因此属于子网 192.168.10.32。下一个子网为 64,因此子网 32 的广播地址为 63(别忘了,广播地址总是下一个子网之前的数字)。合法的主机地址范围为 33~62(子网地址和广播地址之间的数字)。

【示例 8】 C：节点地址＝192.168.10.33

子网掩码＝255.255.255.240

该 IP 地址属于哪个子网？该子网的广播地址是什么？答案为 256－240＝16，因此子网为 0、16、32、48 等。主机地址 33 位于子网 32 和 48 之间，因此属于子网 192.168.10.32。下一个子网为 48，因此该子网的广播地址为 47。合法的主机地址范围为 33～46（子网地址和广播地址之间的数字）。

【示例 9】 C：节点地址＝192.168.10.174，子网掩码＝255.255.255.240。合法的主机地址范围是多少呢？

子网掩码为 240，因此将 256 减去 240，结果为 16，这是块大小。要确定所属的子网，只需从 0 开始不断增加 16，并在超过主机地址 174 后停止：0、16、32、48、64、80、96、112、128、144、160、176 等。主机地址 174 位于 160 和 176 之间，因此所属的子网为 160。广播地址为 175，合法的主机地址范围为 161～174。

【示例 10】 C：节点地址＝192.168.10.17，子网掩码＝255.255.255.252，该 IP 地址属于哪个子网？

该子网的广播地址是什么？答案为 256－252＝4，因此子网为 0、4、8、12、16、20 等（除非专门指出，否则总是从 0 开始）。主机地址 17 位于子网 16 和 20 之间，因此属于子网 192.168.10.16，而该子网的广播地址为 19。合法的主机地址范围为 17～18。

4. C 类网络子网划分总结

看到子网掩码或其斜杠表示（CIDR）时，用户应知道如下内容。

(1) 对于/25，用户应知道：

① 子网掩码为 128；

② 1 位的取值为 1，其他 7 位的取值为 0(10000000)；

③ 块大小为 128；

④ 2 个子网，每个子网最多可包含 126 台主机。

(2) 对于/26，用户应知道：

① 子网掩码为 192；

② 2 位的取值为 1，其他 6 位的取值为 0(11000000)；

③ 块大小为 64；

④ 4 个子网，每个子网最多可包含 62 台主机。

(3) 对于/27，用户应知道：

① 子网掩码为 224；

② 3 位的取值为 1，其他 5 位的取值为 0(11100000)；

③ 块大小为 32；

④ 8 个子网，每个子网最多可包含 30 台主机。

(4) 对于/28，用户应知道：

① 子网掩码为 240；

② 4 位的取值为 1，其他 4 位的取值为 0(11110000)；

③ 块大小为 16；

④ 16 个子网，每个子网最多可包含 14 台主机。

(5) 对于/29,用户应知道：

① 子网掩码为248;

② 5位的取值为1,其他3位的取值为0(11111000);

③ 块大小为8;

④ 32个子网,每个子网最多可包含6台主机。

(6) 对于/30,用户应知道：

① 子网掩码为252;

② 6位的取值为1,其他2位的取值为0(11111100);

③ 块大小为4;

④ 64个子网,每个子网最多可包含2台主机。

无论是A类、B类还是C类网络,使用子网掩码/30时,每个子网都只包含2个主机地址。这种子网掩码只适合用于点到点链路。

7.2.5 B类网络的子网划分

首先来看看B类网络可使用的全部子网掩码。与C类网络相比,B类网络可使用的子网掩码多得多,如下所示：

255.255.0.0(/16)
255.255.128.0(/17)　　255.255.255.0(/24)
255.255.192.0(/18)　　255.255.255.128(/25)
255.255.224.0(/19)　　255.255.255.192(/26)
255.255.240.0(/20)　　255.255.255.224(/27)
255.255.248.0(/21)　　255.255.255.240(/28)
255.255.252.0(/22)　　255.255.255.248(/29)
255.255.254.0(/23)　　255.255.255.252(/30)

在B类地址中,有16位可用于主机地址。这意味着最多可将其中的14位用于子网划分,因为至少需要保留2位用于主机编址。使用/16意味着不对B类网络进行子网划分,但它是一个可使用的子网掩码。

B类网络的子网划分过程与C类网络极其相似,只是可供使用的主机位更多——从第三个字节开始。

在B类网络中,子网号和广播地址都用2个字节表示,其中第三个字节分别与C类网络的子网号和广播地址相同,而第四个字节分别为0和255。下面列出了一个B类网络中两个子网的子网地址和广播地址,该网络使用子网掩码240.0(/20)：

子网地址　16.0　32.0
广播地址　31.255　47.255

只需在上述数字之间添加有效的主机地址就可以了!

注意：上述说法仅当子网掩码小于/24时才正确,子网掩码不小于/24时,B类网络的子网地址和广播地址与C类网络完全相同。

1. B类网络子网划分示例

B类网络的子网划分与C类网络的子网划分相同,只是从第三个字节开始,但数字是完全相同的。

【示例 11】 B：255.255.128.0(/17)

网络地址＝172.16.0.0

子网掩码＝255.255.128.0

(1) 选定的子网掩码将创建多少个子网？答案为 $2^1=2$(与C类网络相同)。

(2) 每个子网可包含多少台主机？答案为 $2^{15}-2=32\ 766$(第三个字节7位，第四个字节8位，8+7=15)。

(3) 有哪些合法的子网？答案为256－128＝128，因此子网为0和128。鉴于子网划分是在第3个字节中进行的，因此子网号实际上为0.0和128.0，如表7-12所示。

(4) 每个子网的广播地址是什么？

(5) 每个子网可包含哪些合法的主机地址？

表7-12列出了这两个子网及其合法主机地址范围和广播地址。

表 7-12 B类网络中使用子网掩码 255.255.128.0 得到的所有子网

子网	0.0	128.0
第一个主机地址	0.1	128.1
最后一个主机地址	127.254	255.254
广播地址	127.255	255.255

注意：只需添加第四个字节的最小值和最大值就得到了答案。同样，这里的子网划分与C类网络相同：在第三个字节使用了相同的数字，但在第四个字节添加了0和255，数字没有变，只是将它们用于不同的字节！

【示例 12】 B：255.255.192.0(/18)

网络地址＝172.16.0.0

子网掩码＝255.255.192.0

(1) 选定的子网掩码将创建多少个子网？答案为 $2^2=4$。

(2) 每个子网可包含多少台主机？答案为 $2^{14}-2=16\ 382$(第三个字节6位，第四个字节8位)。

(3) 有哪些合法的子网？答案为256－192＝64，因此子网为0、64、128和192。鉴于子网划分是在第三个字节中进行的，因此子网号实际上为0.0、64.0、128.0和192.0。

(4) 每个子网的广播地址是什么？

(5) 每个子网可包含哪些合法的主机地址？

表7-13列出了这4个子网及其合法主机地址范围和广播地址。

表 7-13 B类网络中使用子网掩码 255.255.192.0 得到的所有子网

子网	0.0	64.0	128.0	192.0
第一个主机地址	0.1	64.1	128.1	192.1
最后一个主机地址	63.254	127.254	191.254	255.254
广播地址	63.255	127.255	191.255	255.255

同样，这与C类网络子网划分完全相同，只是在每个子网的第四个字节分别添加了0

和 255。

【示例 13】 B：255.255.240.0(/20)

网络地址＝172.16.0.0

子网掩码＝255.255.240.0

(1) 选定的子网掩码将创建多少个子网？答案为 2^4＝16。

(2) 每个子网可包含多少台主机？答案为 $2^{12}-2$＝4 094。

(3) 有哪些合法的子网？答案为 256－240＝16，因此子网为 0、16、32、48 等，直到 240。这些数字与使用子网掩码 240 的 C 类子网完全相同，只是将它们用于第三个字节，并在第四个字节分别添加了 0 和 255。

(4) 每个子网的广播址是什么？

(5) 每个子网可包含哪些合法的主机地址？

表 7-14 列出了使用子网掩码 255.255.240.0 时，该 B 类网络包含的前 4 个子网以及这些子网的合法主机地址范围和广播地址。

表 7-14 B 类网络中使用子网掩码 255.255.240.0 得到的前 4 个子网

子网	0.0	16.0	32.0	48.0
第一个主机地址	0.1	16.1	32.1	48.1
最后一个主机地址	15.254	31.254	47.254	63.254
广播地址	15.255	31.255	47.255	63.255

【示例 14】 B：255.255.254.0(/23)

网络地址＝172.16.0.0

子网掩码＝255.255.254.0

(1) 选定的子网掩码将创建多少个子网？答案为 2^7＝128。

(2) 每个子网可包含多少台主机？答案为 2^9-2＝510。

(3) 有哪些合法的子网？答案为 256－254＝2，因此子网为 0、2、4、6、8…254。

(4) 每个子网的广播地址是什么？

(5) 每个子网可包含哪些合法的主机地址？

表 7-15 列出了使用子网掩码 255.255.254.0 时，该 B 类网络包含的前 5 个子网以及这些子网的合法主机地址范围和广播地址。

表 7-15 B 类网络中使用子网掩码 255.255.254.0 得到的前 5 个子网

子网	0.0	2.0	4.0	6.0	8.0
第一个主机地址	0.1	2.1	4.1	6.1	8.1
最后一个主机地址	1.254	3.254	5.254	7.254	9.254
广播地址	1.255	3.255	5.255	7.255	9.255

【示例 15】 B：255.255.255.0(/24)

与大家通常认为的相反，将子网掩码 255.255.255.0 用于 B 类网络时，人们并不将其称为 C 类子网掩码。看到该子网掩码用于 B 类网络时，很多人都认为它是一个 C 类子网掩码。实际上这是一个将 8 位用于子网划分的 B 类子网掩码，从逻辑上说，它不同于 C 类子网掩码。下面的子网划分非常简单：

网络地址＝172.16.0.0

子网掩码＝255.255.255.0

(1) 选定的子网掩码将创建多少个子网？答案为 $2^8=256$。

(2) 每个子网可包含多少台主机？答案为 $2^8-2=254$。

(3) 有哪些合法的子网？答案为 256－255＝1,因此子网为 0、1、2、3…255。

(4) 每个子网的广播地址是什么？

(5) 每个子网可包含哪些合法的主机地址？

表 7-16 列出了使用子网掩码 255.255.255.0 时,该 B 类网络包含的前 4 个和后 2 个子网以及这些子网的合法主机地址范围和广播地址。

表 7-16　B 类网络中使用子网掩码 255.255.255.0 得到的部分子网

子网	0.0	1.0	2.0	3.0	…	254.0	255.0
第一个主机地址	0.1	1.1	2.1	3.1	…	254.1	255.1
最后一个主机地址	0.254	1.254	2.254	3.254	…	254.254	255.254
广播地址	0.255	1.255	2.255	3.255	…	254.255	255.255

【示例 16】 B：255.255.255.128(/25)

这是最难处理的子网掩码之一,它是一个非常适合生产环境的子网掩码,因为它可创建 500 多个子网,而每个子网可包含 126 台主机。因此,千万不要跳过这个示例!

网络地址＝172.16.0.0

子网掩码＝255.255.255.128

(1) 选定的子网掩码将创建多少个子网？答案为 $2^9=512$。

(2) 每个子网可包含多少台主机？答案为 $2^7-2=126$。

(3) 有哪些合法的子网？这是比较棘手的部分。答案为 256－255＝1,因此第三个字节的可能取值为 0、1、2、3 等;但别忘了,第四个字节还有一个子网位。还记得前面如何在 C 类网络中处理只有一个子网位的情况吗？这里的处理方式相同。第三个字节的每个可能取值对应于两个子网,因此总共有 512 个子网。例如,如果第三个字节的取值为 3,则对应的两个子网为 3.0 和 3.128。

(4) 每个子网的广播地址是什么？

(5) 每个子网可包含哪些合法的主机地址？

表 7-17 列出了使用子网掩码 255.255.255.128 时,该 B 类网络包含的前 8 个和后 2 个子网以及这些子网的合法主机地址范围和广播地址。

表 7-17　B 类网络中使用子网掩码 255.255.255.128 得到的部分子网

子网	0.0	0.128	1.0	1.128	2.0	2.128	3.0	3.128	…	255.0	255.128
第一个主机地址	0.1	0.129	1.1	1.129	2.1	2.129	3.1	3.129	…	255.1	255.129
最后一个主机地址	0.126	0.254	1.126	1.254	2.126	2.254	3.126	3.254	…	255.126	255.254
广播地址	0.127	0.255	1.127	1.255	2.127	2.255	3.127	3.255	…	255.127	255.255

【示例 17】 B：255.255.255.192(/26)

现在，B类网络的子网划分变得容易了。在该子网掩码中，第三个字节为255，因此确定子网时，第三个字节的可能取值为0、1、2、3等。然而，第四个字节也用于指定子网，但人们可像C类网络的子网划分那样确定该字节的可能取值。

网络地址＝172.16.0.0

子网掩码＝255.255.255.192

(1) 选定的子网掩码将创建多少个子网？答案为 2^{10}＝1 024。

(2) 每个子网可包含多少台主机？答案为 2^6－2＝62。

(3) 有哪些合法的子网？答案为256－192＝64。

(4) 每个子网的广播地址是什么？

(5) 每个子网可包含哪些合法的主机地址？

表7-18列出了前8个子网以及这些子网的合法主机地址范围和广播地址。

表 7-18　B类网络中使用子网掩码255.255.255.192得到的部分子网

子网	0.0	0.64	0.128	0.192	1.0	1.64	1.128	1.192
第一个主机地址	0.1	0.65	0.129	0.193	1.1	1.65	1.129	1.193
最后一个主机地址	0.62	0.126	0.190	0.254	1.62	1.126	1.190	1.254
广播地址	0.63	0.127	0.191	0.255	1.63	1.127	1.191	1.255

注意：确定子网时，对于第三个字节的每个可能取值，第四个字节都有4个可能取值，分别为0、64、128和192。

2. 根据节点地址确定子网

【问题 1】 172.16.10.33/27属于哪个子网？该子网的广播地址是多少？

答案：这里只需考虑第四个字节。256－224＝32，而32＋32＝64。33位于32和64之间，但子网号还有一部分位于第三个字节，因此答案是该地址位于子网10.32中。由于下一个子网为10.64，该子网的广播地址为10.63。这个问题非常简单。

【问题 2】 IP地址172.16.66.10，255.255.192.0(/18)属于哪个子网？该子网的广播地址是多少？

答案：这里需要考虑的是第三个字节，而不是第四个字节。256－192＝64，因此子网为0.0、64.0、128.0等。所属的子网为172.16.64.0。由于下一个子网为128.0，该子网的广播地址为172.16.127.255。

【问题 3】 IP地址172.16.50.10，255.255.224.0(/19)属于哪个子网？该子网的广播地址是多少？

答案：256－224＝32，因此子网为0.0、32.0、64.0等(别忘了，总是从0开始往上数)。所属的子网为172.16.32，而其广播地址为172.16.63.255，因为下一个子网为64.0。

【问题 4】 IP地址172.16.46.2，255.255.240.0(/20)属于哪个子网？该子网的广播地址是多少？

答案：这里只需考虑第三个字节，256－240＝16，因此子网为0.0、16.0、32.0、48.0等。该地址肯定属于子网172.16.32.0，而该子网的广播地址为172.16.47.255，因为下一个子网为48.0。是的，172.16.46.225确实是合法的主机地址。

【问题5】 IP地址172.16.45.14,255.255.255.252(/30)属于哪个子网？该子网的广播地址是多少？

答案：这里需要考虑哪个字节呢？第四个。256－252＝4,因此子网为0、4、8、12、16等。所属的子网为172.16.45.12,而该子网的广播地址为172.16.45.15,因为下一个子网为172.16.45.16。

【问题6】 IP地址172.16.88.255/20属于哪个子网？该子网的广播地址是多少？

答案：/20对应的子网掩码为255.255.240.0,在第三个字节,该子网掩码提供的块大小为16。由于第四个字节没有子网位,因此子网地址的第四个字节总是0,而广播地址的第四个字节总是2550/20,提供的子网为0.0、16.0、32.0、48.0,64.0、80.0、96.0等,而88位于80和96之间,因此所属子网为80.0,而该子网的广播地址为95.255。

【问题7】 路由器在其接口上收到了一个分组,其目标地址为172.16.46.191/26,请问路由器将如何处理该分组？

答案：将其丢弃。知道为什么吗？在172.16.46.191/26中,子网掩码为255.255.255.192。这种子网掩码创建的块大小为64,因此子网为0、64、128、192等。172.16.46.191是子网172.16.46.192的广播地址,而默认情况下,路由器会丢弃所有的广播分组。

7.2.6 A类网络的子网划分

A类网络的子网划分与B类和C类网络没有什么不同,但需要处理的是24位,而B类和C类网络中需要处理的分别是16位与8位。

下面列出了可用于A类网络的所有子网掩码：

255.0.0.0(/8)

255.128.0.0(/9)	255.255.240.0(/20)
255.192.0.0(/10)	255.255.248.0(/21)
255.224.0.0(/11)	255.255.252.0(/22)
255.240.0.0(/12)	255.255.254.0(/23)
255.248.0.0(/13)	255.255.255.0(/24)
255.252.0.0(/14)	255.255.255.128(/25)
255.254.0.0(/15)	255.255.255.192(/26)
255.255.0.0(/16)	255.255.255.224(/27)
255.255.128.0(/17)	255.255.255.240(/28)
255.255.192.0(/18)	255.255.255.248(/29)
255.255.224.0(/19)	255.255.255.252(/30)

仅此而已,因为至少需要留下两位来定义主机。A类网络的子网划分与B类和C类网络相同,只是主机位更多些。A类网络的子网络划分使用的子网号与B类和C类网络中相同,但从第二个字节开始使用这些编号。

1. A类网络子网划分示例

【示例18】 A：255.255.0.0(/16)

A 类网络默认使用子网掩码 255.0.0.0,这使得有 22 位可用于子网划分,因为至少需要留下两位用于主机编址。在 A 类网络中,子网掩码 255.255.0.0 使用 8 个子网位。

(1) 选定的子网掩码将创建多少个子网?答案为 $2^8=256$。

(2) 每个子网可包含多少台主机?答案为 $2^{16}-2=65\ 534$。

(3) 有哪些合法的子网?需要考虑哪些字节?只有第二个字节。答案为 256－255＝1,因此子网为 10.0.0.0、10.1.0.0、10.2.0.0、10.3.0.0…10.255.0.0。

(4) 每个子网的广播地址是什么?

(5) 每个子网可包含哪些合法的主机地址?

表 7-19 列出了使用子网掩码/16 时,A 类私有网络 10.0.0.0 的前两个和后两个子网以及这些子网的合法主机地址范围和广播地址。

表 7-19 A 类网络中使用子网掩码/16 时得到的部分子网

子网	10.0.0.0	10.1.0.0	…	10.254.0.0	10.255.0.0
第一个主机地址	10.0.0.1	10.1.0.1	…	10.254.0.1	10.255.0.1
最后一个主机地址	10.0.255.254	10.1.255.254	…	10.254.255.254	10.255.255.254
广播地址	10.0.255.255	10.1.255.255	…	10.254.255.255	10.255.255.255

【示例 19】 A:255.255.240.0(/20)

子网掩码为 255.255.240.0 时,12 位用于子网划分,余下 12 位用于主机编址。

(1) 选定的子网掩码将创建多少个子网?答案为 $2^{12}=4\ 096$。

(2) 每个子网可包含多少台主机?答案为 $2^{12}-2=4\ 094$。

(3) 有哪些合法的子网?需要考虑哪些字节?第二个和第三个字节。在第二个字节中,子网号的间隔为 1;在第三个字节中,子网号为 0、16、32 等,因为 256－240＝16。

(4) 每个子网的广播地址是什么?

(5) 每个子网可包含哪些合法的主机地址?

表 7-20 列出了前 3 个和最后一个子网的主机地址范围。

表 7-20 A 类网络中使用子网掩码/20 时得到的部分子网

子网	10.0.0.0	10.0.16.0	10.0.32.0	…	10.255.240.0
第一个主机地址	10.0.0.1	10.0.16.1	10.0.32.1	…	10.255.240.1
最后一个主机地址	10.0.15.254	10.0.31.254	10.0.47.254	…	10.255.255.254
广播地址	10.0.15.255	10.0.31.255	10.0.47.255	…	10.255.255.255

【示例 20】 A:255.255.255.192(/26)

这个例子将第二个、第三个和第四个字节用于划分子网。

(1) 选定的子网掩码将创建多少个子网?答案为 $2^{18}=262\ 144$。

(2) 每个子网可包含多少台主机?答案为 $2^6-2=62$。

(3) 有哪些合法的子网?在第二个和第三个字节中,子网号间隔为 1,而在第四个字节中,子网号间隔为 64。

(4) 每个子网的广播地址是什么?

(5) 每个子网可包含哪些合法的主机地址?

表 7-21 列出了使用子网掩码 255.255.255.192 时，A 类网络 10.0.0.0 的前 4 个子网以及这些子网的合法主机地址范围和广播地址。

表 7-21　A 类网络中使用子网掩码 255.255.255.192 得到的部分子网

子网	10.0.0.0	10.0.0.64	10.0.0.128	10.0.0.192
第一个主机地址	10.0.0.1	10.0.0.65	10.0.0.129	10.0.0.193
最后一个主机地址	10.0.0.62	10.0.0.126	10.0.0.190	10.0.0.254
广播地址	10.0.0.63	10.0.0.127	10.0.0.191	10.0.0.255

表 7-22 列出了最后 4 个子网以及这些子网的合法主机地址范围和广播地址。

表 7-22　A 类网络中使用子网掩码 255.255.255.192 得到的部分子网

子网	10.255.255.0	10.255.255.64	10.255.255.128	10.255.255.192
第一个主机地址	10.255.255.1	10.255.255.65	10.255.255.129	10.255.255.193
最后一个主机地址	10.255.255.62	10.255.255.126	10.255.255.190	10.255.255.254
广播地址	10.255.255.63	10.255.255.127	10.255.255.191	10.255.255.255

2. 根据节点地址确定子网信息

这听起来很难，但使用的数字与 B 类和 C 类网络相同，只是从第二个字节开始。但是只需考虑块大小最大的那个字节(通常称为感兴趣的字节，其取值是 0 或 255 以外的值)。例如，在 A 类网络中使用子网掩码 255.255.240.0(/20)时，第二个字节的块大小为 1，在确定子网时，该字节可以为任何取值。在该子网掩码中，第三个字节为 240，这意味着第三个字节的块大小为 16。如果主机 ID 为 10.20.80.30，它属于哪个子网呢？该子网的合法主机地址范围和广播地址分别是什么？

第二个字节的块大小为 1，因此所属子网的第二个字节为 20，但第三个字节的块大小为 16，因此子网号的第三个字节的可能取值为 0、16、32、48、64、80、96 等，因此所属子网为 10.20.80.0。该子网的广播地址为 10.20.95.255，因为下一个子网为 10.20.96.0。合法的主机地址范围为 10.20.80.1～10.20.95.254，确定块大小后，便能完成子网划分工作。

再来做个练习。

主机 IP 地址：10.1.3.65/23

首先，如果不知道/23 对应的子网掩码，就回答不了这个问题。它对应的子网掩码为 255.255.254.0。这里感兴趣的字节为第三个。256－254＝2，因此第三个字节的子网号为 0、2、4、6 等。在这个问题中，主机位于子网 2.0 中，而下一个子网的广播地址为 3.255。10.1.2.1～10.1.3.254 中的任何地址都是该子网中合法的主机地址。

7.2.7　IPv4 的局限性

互联网的高速发展证明了 IPv4 协议的成功，它也经受了如此大量计算机联网的考验，但是由于历史的原因，当初的设计者并没有想到互联网会发展到今天的地步。从今天和未来一段时间的角度来看 IPv4 时，IPv4 协议所固有的一些问题就很明显了。

(1) IPv4 地址枯竭。IPv4 地址为 32 位，因此 IPv4 的空间具有 40 多亿个的地址。但是，IPv4 地址从设计之初就没有按照这样的顺序进行分配，而是采用了非常不合理、低效率的方法。IP 地址被分为五类，只有三类用于 IP 网络。这导致互联网应用早的国家和地区获得了大量的 A 类和 B 类网络，而发展中国家则没有足够的 IP 地址可用。

同时，互联网规模的扩大也增加了地址的紧缺度，未来将有很多家用电器、工业设备、交通工具等纳入互联网的范围，这更增加了对地址的需求。更为重要的是，截至 2011 年年初，IPv4 地址已经分配完毕。亚太互联网络信息中心（APNIC）重申，转向 IPv6 是维持互联网持续增长的唯一方式。APNIC 呼吁所有互联网行业的成员都向 IPv6 发展。

(2) 互联网骨干路由器路由表的压力过大。IPv4 地址的设计是扁平结构，只有网络 ID 和主机 ID 部分，而且网络 ID 没有考虑地址规划的层次性和地址块的可聚合性，后来才从主机 ID 部分拿出一部分进行子网划分，解决了局部的问题，但是整个互联网骨干路由器不得不维护非常大的路由表。尽管后来又设计了无类域间路由（CIDR）解决这个问题，但是 CIDR 并不能解决所有问题。

(3) 性能问题。IPv4 数据报首部的长度是可变的，因此中间路由器要花费资源判断首部的长度。为弥补 IPv4 地址不足而设计的 NAT 技术破坏了端到端的应用模型，导致网络性能受到影响，也阻止了端到端的网络安全。

(4) IP 安全性不足。由于最初设计的认识不足，导致 IPv4 协议并没有考虑安全的问题，地址中所有的 32 位全部用来表示地址信息了。在其后的使用中，发现了大量的安全问题。为了弥补 IPv4 在安全方面的不足，人们又设计了 IPSec、SSL 等协议，为 IPv4 的安全问题打补丁。由于是分开设计的，所以在使用中就难免出现兼容问题。

(5) 地址配置与使用不够简便。所有用过 IPv4 地址的用户都清楚，如果想连接互联网，必须有一个 IP 地址。然而 IP 地址的知识并不是每个用户都掌握的，对于很多不具备网络知识的用户而言，IP 地址是相当玄妙的。为了方便用户使用，DHCP 服务应运而生，解决了很多用户的问题。然而互联网的发展纳入了更多的智能终端，这些设备希望能够自动完成 IP 地址的配置，而 DHCP 对于这些设备来讲太“奢侈”了，并不利于这些设备的实现。因此自动完成地址配置就成了下一代互联网设计的要求。

(6) QoS 不能满足需要。与安全性问题类似，IPv4 设计之初也没有考虑服务质量的问题。后来为了满足用户对互联网服务质量的要求，而设计了相关的 QoS 协议，但是实现起来并不方便，也难以满足要求。

任务 7.3 工程实践——搭建 FTP 服务器

FTP 是 File Transfer Protocol（文件传输协议）的英文简称。用于 Internet 上控制文件的双向传输。同时，它也是一个应用程序（application）。基于不同的操作系统有不同的 FTP 应用程序，而所有这些应用程序都遵守同一种协议以传输文件。在 FTP 的使用当中，用户经常遇到的两个概念就是“下载”（download）和“上传”（upload）。“下载”文件就是从远程主机复制文件到自己的计算机上；“上传”文件就是将文件从自己的计算机中复制到远程主机上。

本任务的主要内容是熟悉功能强大的 FTP 服务器软件的配置与维护，以及服务器的安全与虚拟用户的实现方法。

7.3.1 通过 FTP 服务器实现文件的匿名上传和下载

FTP 服务器提供文件上传和下载服务，与共享不同的是，FTP 服务器可以在局域网和广域网的环境内实现文件访问，而共享一般只在局域网内才可以访问。除此之外，FTP 还可以实现多样化的权限管理和其他更为精细的控制。同时，FTP 的访问方式与共享访问方式不同，它通过浏览器进行访问。

FTP 服务器的配置组件与 Web 服务器的配置组件是同一个，即“Internet 信息服务(IIS)”。下面将一步步介绍 Windows Server 2008 中搭建 FTP 服务器的方法。

安装 IIS 中的 FTP 组件。默认情况下 FTP 组件并不随 IIS 的安装而安装，管理员必须选择 FTP 组件才能在安装 IIS 时安装。安装位置如图 7-6 所示，在“服务器管理器”下的“Web 服务器(IIS)”中。

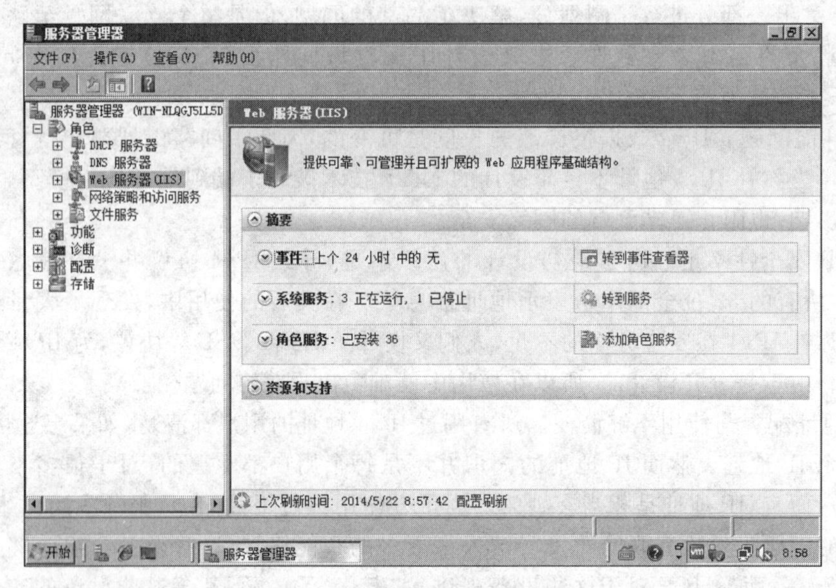

图 7-6 “服务器管理器”窗口

单击“添加角色服务”，弹出如下“选择角色服务”对话框，拉到对话框的最下端“FTP 发布服务”，弹出“添加角色服务”对话框，如图 7-7 所示。

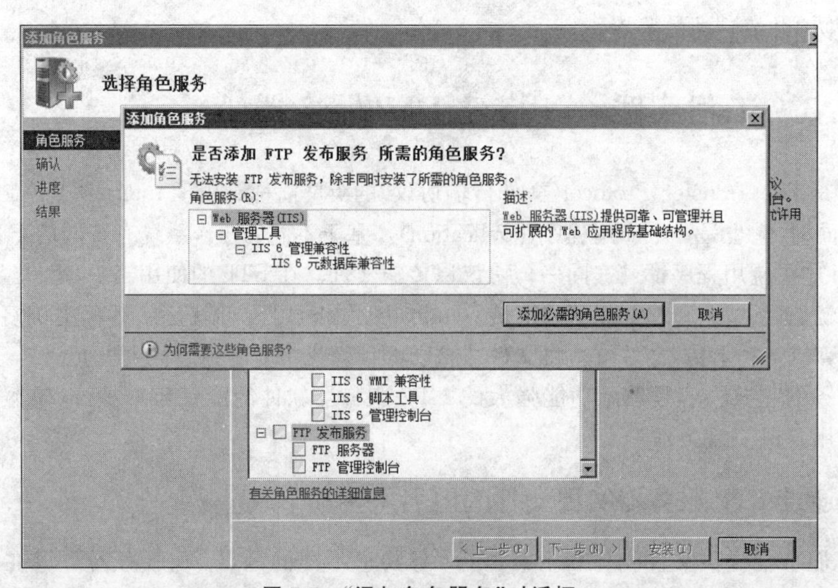

图 7-7 “添加角色服务”对话框

单击“添加必需的角色服务”按钮后，可以看到“FTP 发布服务”已经被选中，如图 7-8 所示。

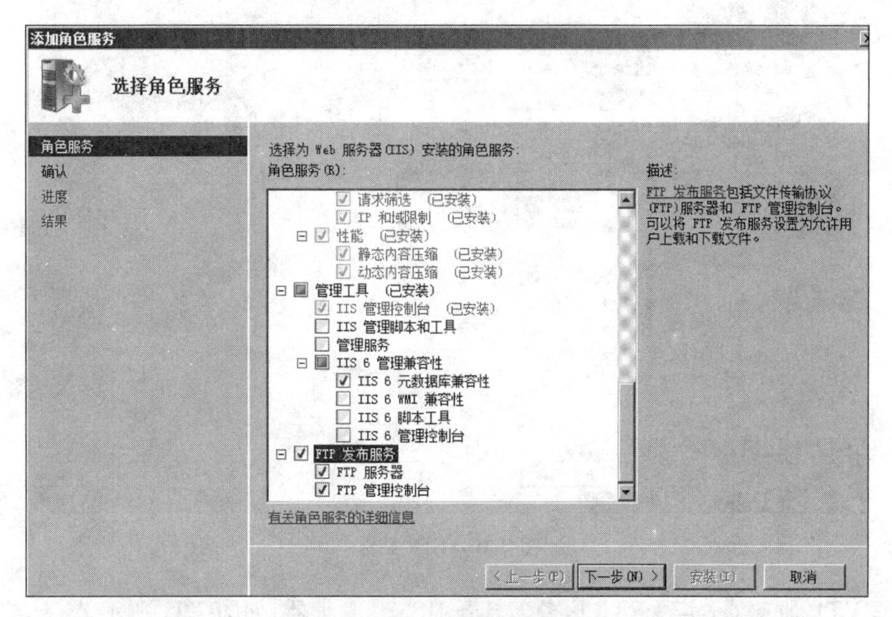

图 7-8 “选择角色服务”对话框

单击“下一步”按钮，弹出“确认安装选择”对话框，如图 7-9 所示。

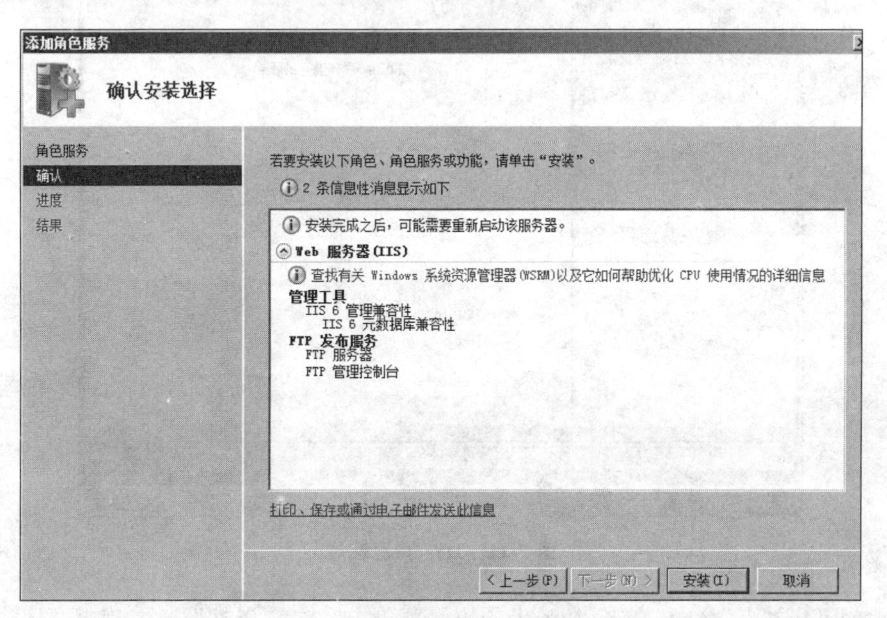

图 7-9 “确认安装选择”对话框

单击“安装”按钮开始 FTP 服务器程序组件的安装。安装完成后，看到新安装的“FTP 站点”，如图 7-10 所示。

在 C 盘的根目录下创建一个文件夹 ftp_root，将需要提供下载的文件放在此文件夹中。与共享文件夹不同的是，FTP 服务器提供文件复制服务并不是通过共享的方式进行的。

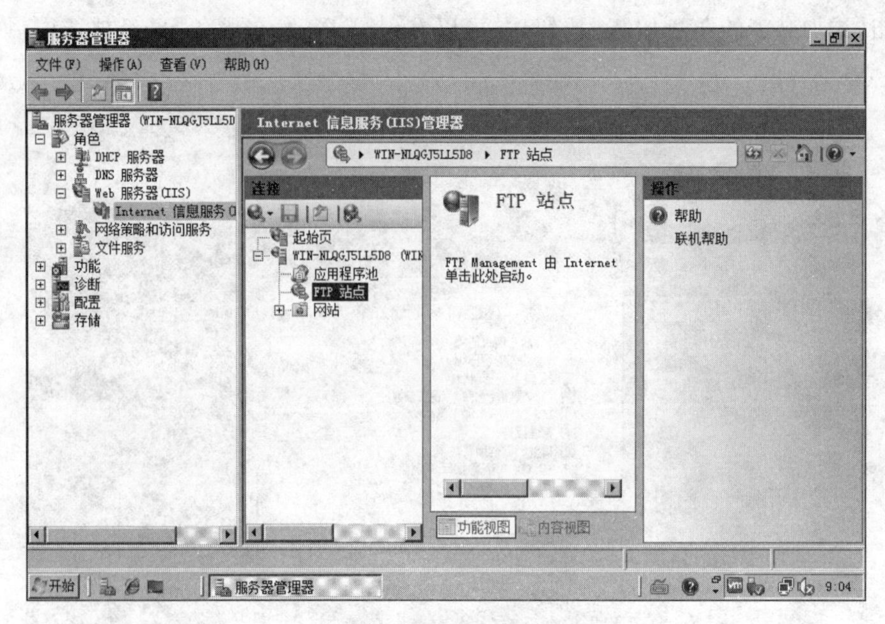

图 7-10　FTP 站点

设置 FTP 服务器,实现 FTP 服务。打开 IIS6.0 管理器,如图 7-11 所示。

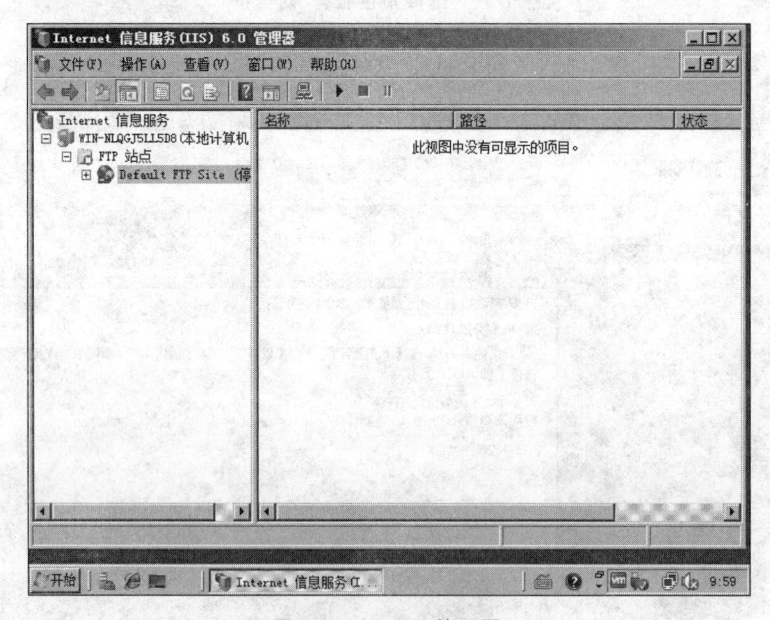

图 7-11　IIS6.0 管理器

选择“FTP 站点”命令,右击,在弹出的快捷菜单中,选择“属性”命令,在“FTP 站点”中,调整 IP 地址为服务器提供服务的网络接口的地址,如图 7-12 所示。

选择“安全账户”选项卡,设置客户端访问 FTP 服务器的方式。默认选中“允许匿名连接”复选框,表示客户端无须经过任何身份认证即可访问此服务器。如果不选中此项目,则表示必须通过输入合法的用户账户和密码才能访问。本次保持默认状态,如图 7-13 所示。

选择“主目录”,调整为 FTP 服务器的根文件夹,如果希望访问者可以往此文件夹写入

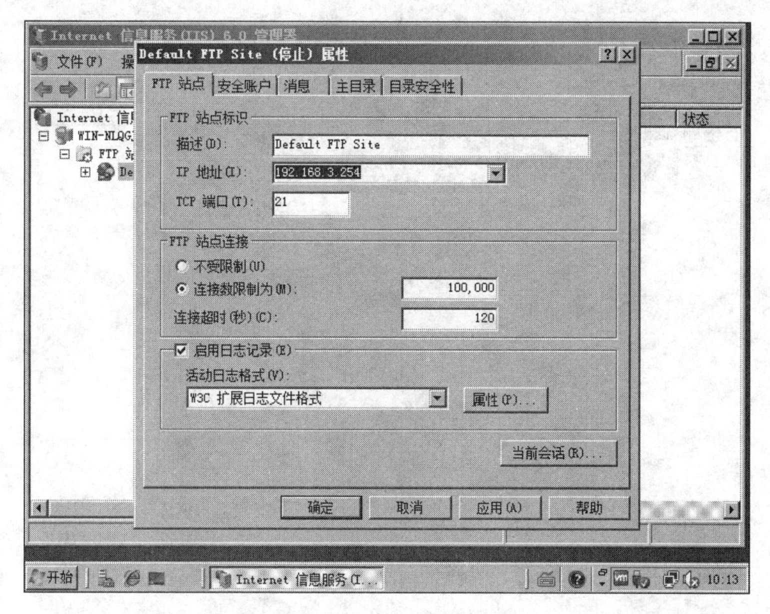

图 7-12　FTP 站点属性

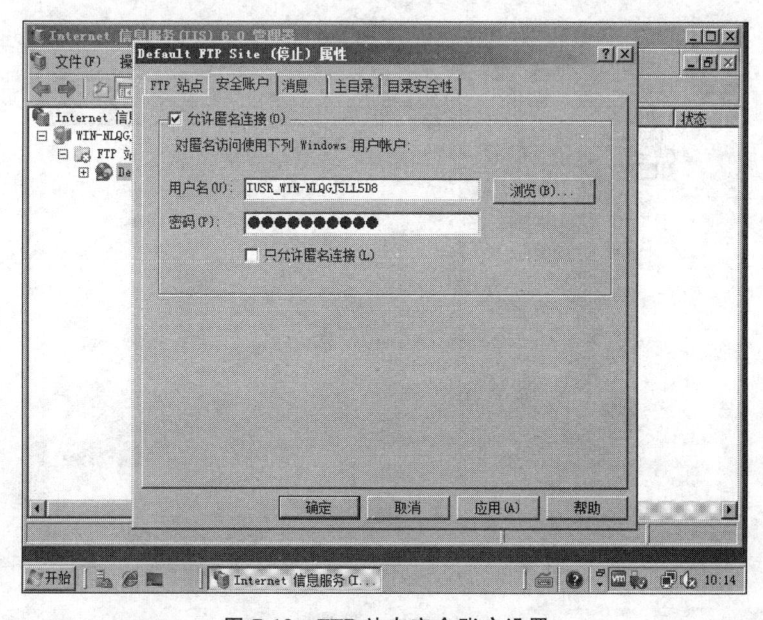

图 7-13　FTP 站点安全账户设置

文件,应该选择“写入”项(此处选择了“写入”权限,访问者是否确实可以写入还要视此文件夹的 NTFS 文件夹属性中是否可以提供写入的权限,关于 NTFS 文件夹访问权限的设置问题,在下一任务中涉及),如图 7-14 所示。

启动服务器,选择站点,右击,如图 7-15 所示。

选择“启动”命令。然后在弹出的对话框中单击“是”按钮,FTP 服务器启动成功后的界面如图 7-16 所示。

验证服务。局域网内其他计算机通过浏览器访问这个 FTP 服务器,访问方法“ftp://

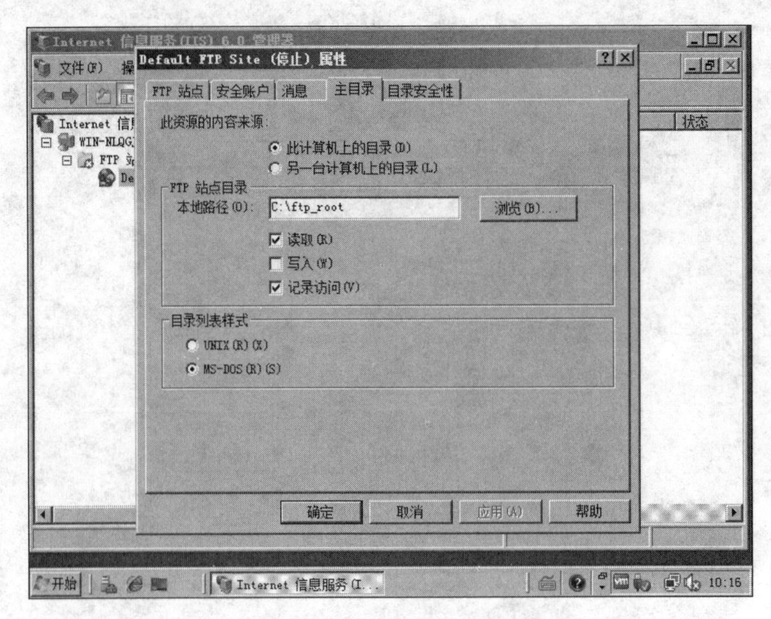

图 7-14　FTP 站点主目录设置

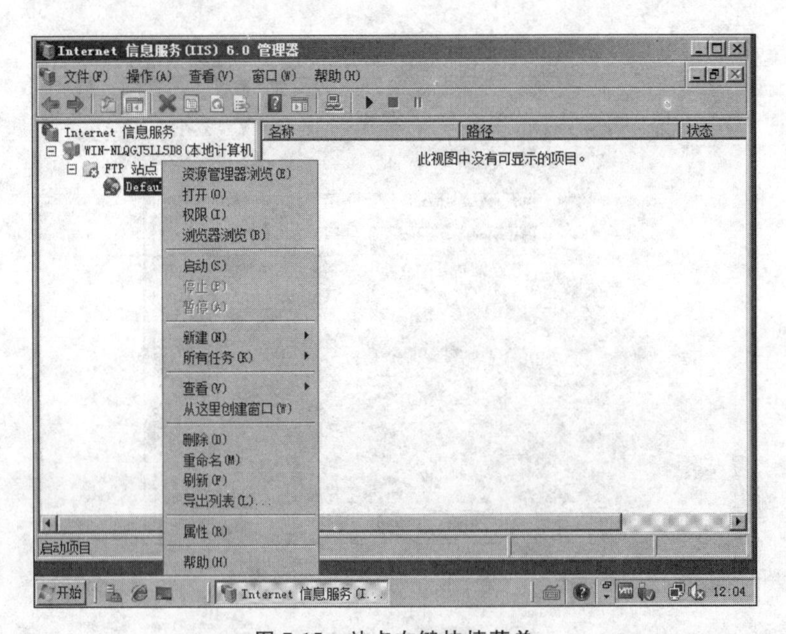

图 7-15　站点右键快捷菜单

IP 地址(192.168.3.254)”,如图 7-17 所示。

由于 FTP 服务器允许匿名访问,因此,在浏览器上输入“ftp://IP”后,页面就自动打开,无须进行身份验证。

7.3.2　实现用户专属文件夹的 FTP 文件服务器

上一任务实现的 FTP 服务器是匿名访问的,即不需要输入任何认证信息就可以访问。但在实际应用中,FTP 服务器很少有不需要认证的。本任务在上一任务的基础上实现需要

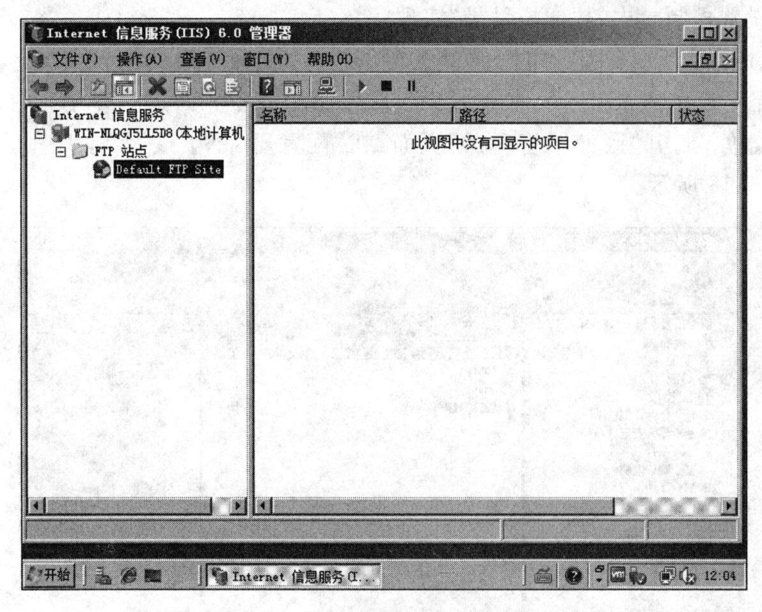

图 7-16 FTP 服务器启动成功界面

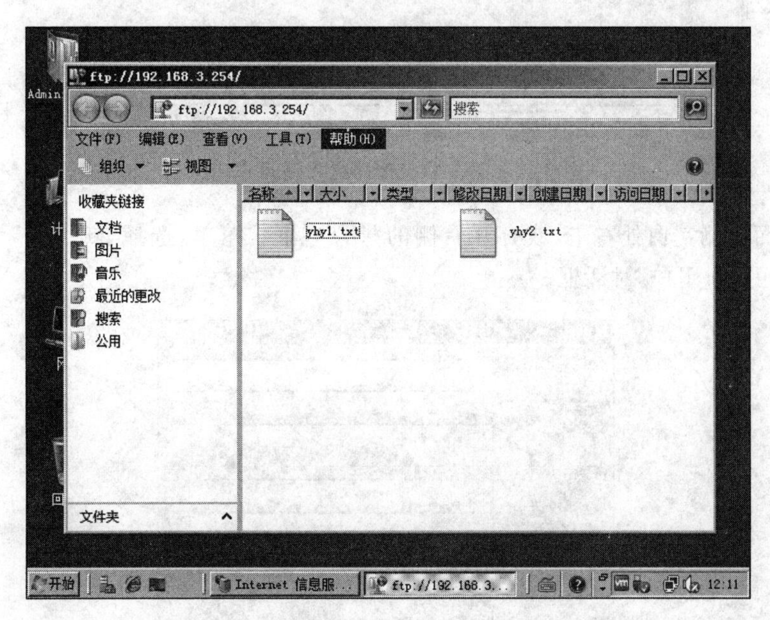

图 7-17 浏览器访问 FTP 服务器成功效果图

通过用户认证才能访问,并且在此基础上,实现每个用户登录均直接进入自己专属文件夹的目标。

在 Windows 上搭建的 FTP 服务器要实现用户认证,必须先在 Windows 上创建不同的用户账户,并且在 FTP 服务器组件的设置上选择不允许匿名访问。通过以上设置,访问该 FTP 服务器就必须通过用户账户进行访问了。

为实现 FTP 服务器的用户专属文件夹,有两个方法:一是 FTP 的根文件夹里面可以创建与访问用户同名的文件夹,使用用户名进行登录就会直接进入同名的文件夹;二是使用

FTP 服务器设置控制台中的“虚拟目录”实现。

创建 Windows 用户和组。本例设置三个用户，分别为 tom、kitty 和 sally，创建用户可以使用图形界面和命令界面。下面分别从图形界面和命令界面进行介绍。右击“计算机”，选择“管理”菜单。打开“服务器管理器”页面，在“配置”菜单下展开“本地用户和组”，选择“用户”，如图 7-18 所示。

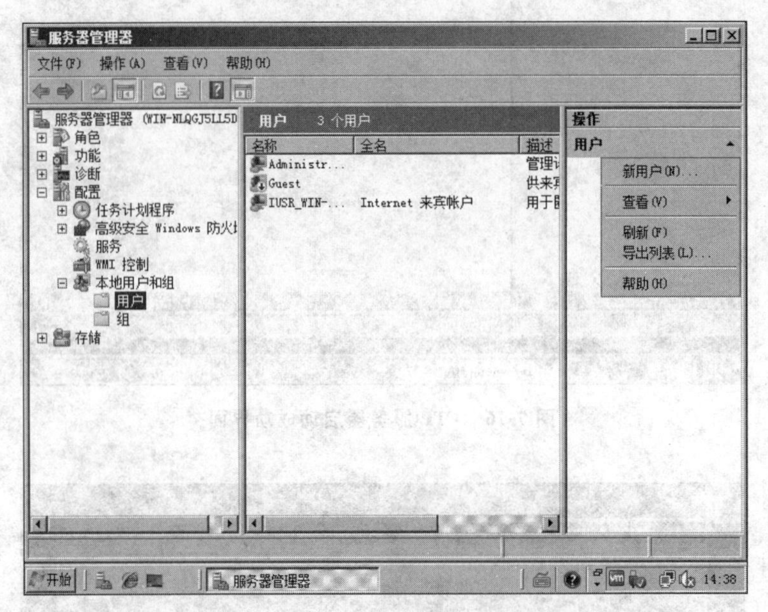

图 7-18 服务器管理器之本地用户和组

在此页面右侧空白处右击，或打开右侧的“用户”下拉菜单，选择“新用户”命令，弹出如图 7-19 所示的“新用户”对话框。

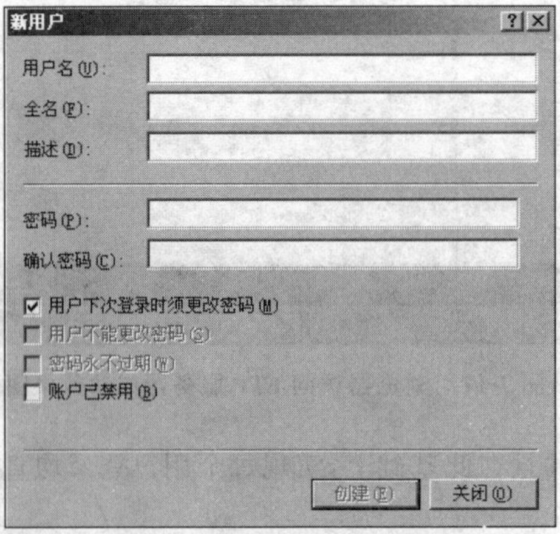

新用户
用户名(U):
全名(F):
描述(D):
密码(P):
确认密码(C):
用户下次登录时须更改密码(M)
用户不能更改密码(S)
密码永不过期(W)
账户已禁用(B)
创建(E) 关闭(O)

图 7-19 新建用户页面

“用户名”就是所建用户的登录名，在“全名”文本框中输入“用户名”所对应的使用者名称，可不填。“描述”则是对这个“用户名”的描述信息，可输入职业信息，如经理或人力资源部主管，也可输入它的使用权限，如“另一个管理员”等。“密码”和“确认密码”两项要输入一致的信息,而且“确认密码”不能从“密码”框中复制。对“密码”有如下几点说明。

(1) 如果系统没有设置与密码相关的规则,则一般用户的密码可以保持为空。

(2) 如果系统设置了密码设置的规则,则一般会对密码的复杂性和长度提出要求,不符合密码复杂性和长度的密码不能设置通过。所谓的复杂密码指的是:密码包含大小写字母、数字和特殊字符的组合。

(3) 现在破解密码的主要方式是暴力破解,就是利用计算机强化大的计算能力,将所有字符的可能组合逐一去试,如果密码长度过短或过于简单,可能很快就被破解出来。

(4) 用户下次登录时须更改密码。此项表示用户第一次使用此账户登录时系统会弹出密码修改框,用户必须修改密码后才能使用系统。进行此项设置可确保用户的密码只有用户一个人知道。

(5) 用户不能更换密码。设置此项表示限制用户不能对密码做出修改。

(6) 密码永不过期。Windows 操作系统的密码一定时间后会过期,系统会要求用户重新输入。如果设置了此项内容,此密码永远不会要求用户更换密码。

(7) 账户已禁用。设置此项目则账户暂时停用,变为不可用状态。一般在用户暂时离开组织时使用此项目。

创建 tom 账户的页面如图 7-20 所示。

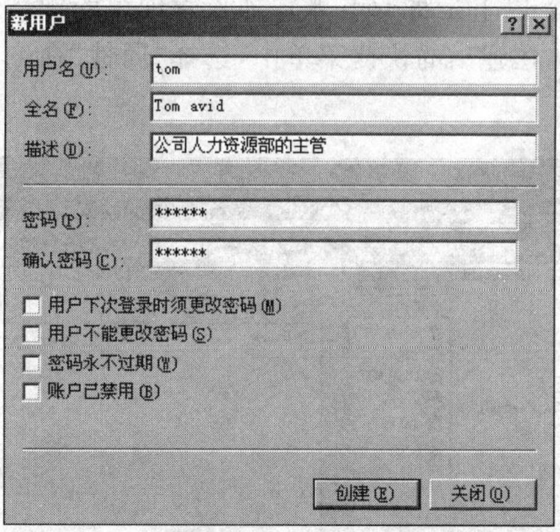

图 7-20 创建 tom 账户的页面

以上是使用窗口页面创建用户的方法,也可以在命令提示符中使用 net user username password /add 命令创建,如图 7-21 所示。

可将这些用户加入 Windows 内置的组中。Windows 内置的组中最重要的组有三个。

(1) Administrators(管理员组)。这个组的用户全部属于管理员,拥有管理系统的完整权限,可以对系统进行任意操作。

(2) Power users(高级用户组)。拥有管理系统的大部分权限,但比管理员组低,例如不能将用户加入管理员组。

(3) Users(一般用户组)。此组的成员具有使用系统已安装软件的权限,但没有管理权限。例如,不能共享、不能修改 IP、不能创建用户、不能安装软件等。

当然,操作员也可以自己创建一些新组,但这些新组就没有权限设置的功能了,只是组

图 7-21　以命令方式创建用户示例

织用户的手段而已。

新建的用户账户默认会加入 Users 组，如果想要赋予此用户管理员的权限，只需将其加入 Administrators 组即可。以下是将 tom 账户加入管理组的操作过程。

在 tom 用户名上右击，在弹出的快捷菜单中，选择“属性”命令，打开如图 7-22 所示的属性窗口。

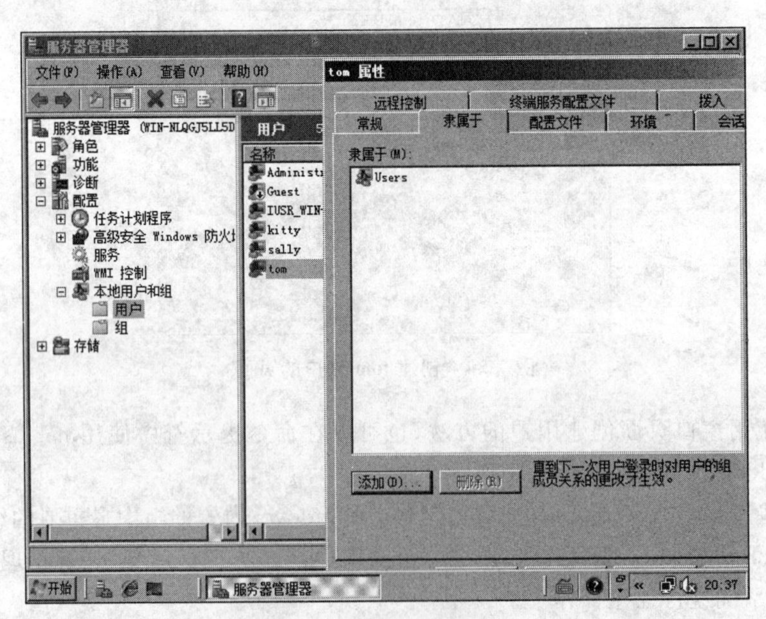

图 7-22　“用户属性”窗口

单击“添加”按钮，在弹出的“选择组”对话框中输入 administrators，也可以通过单击“高级”按钮选择此组，效果如图 7-23 所示。

单击“确定”按钮后，出现如图 7-24 所示的页面，将 tom 用户加入管理员组，此时 tom 已经具有管理员的权限了。

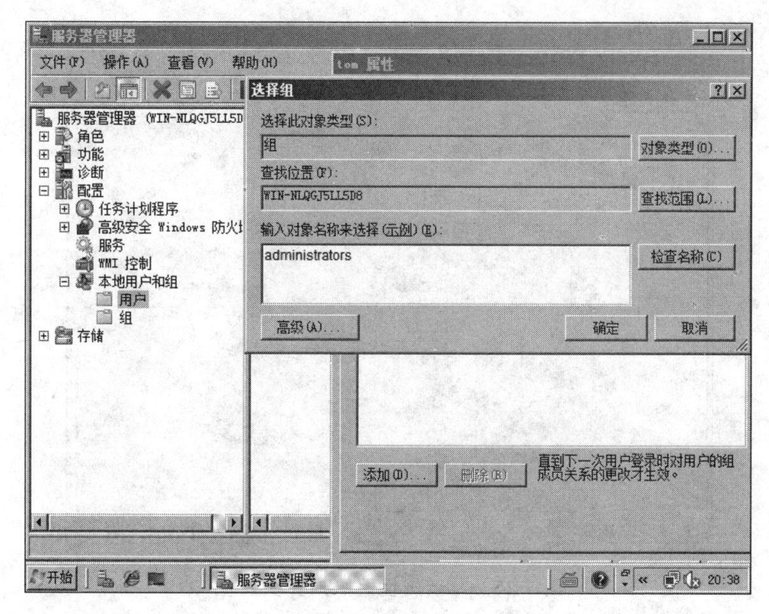

图 7-23 选择组

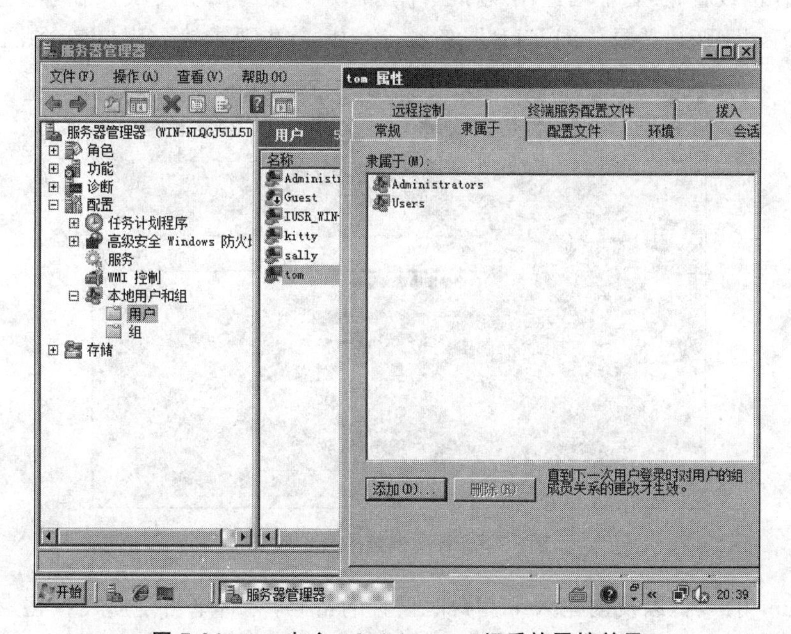

图 7-24 tom 加入 administrators 组后的属性效果

设置 FTP 服务器的根文件夹。此处假设 FTP 服务器只允许 tom、kitty 和 sally 三个用户访问，那么只需在 FTP 的根文件夹内新建三个名为 tom、kitty 和 sally 的子文件夹名即可。

为了演示需要，分别在三个子文件夹里面放一个文本文件，文件名分别为 tom. txt、kitty. txt、sally. txt。

上一个任务中 FTP 服务器被配置成“允许匿名连接”的，如果需要加入用户验证的功能，那么要对配置控制台中的“安全账户”页面中的“允许匿名连接”取消选择，如图 7-25 所示。

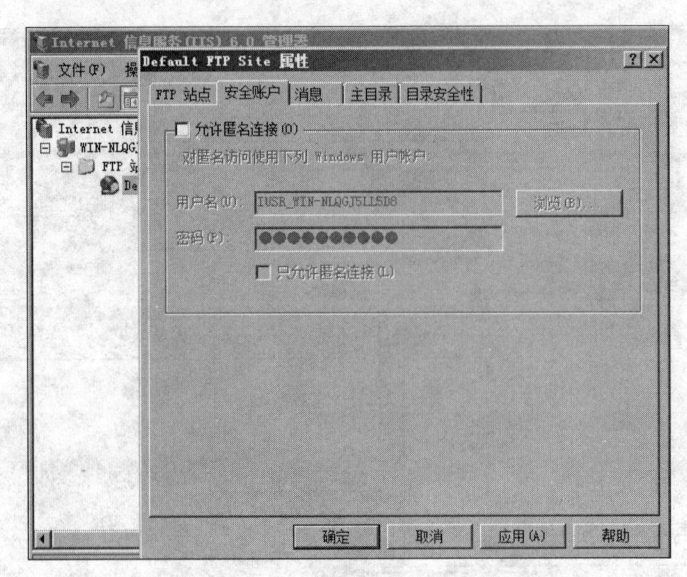

图 7-25　站点属性之账户安全设置

经过这样的设置,实际上已经实现了三个用户账户的专属文件夹。在客户机上分别用 tom、kitty 和 sally 账户登录访问 FTP 服务器,访问时首先要求输入用户名,如图 7-26 所示。

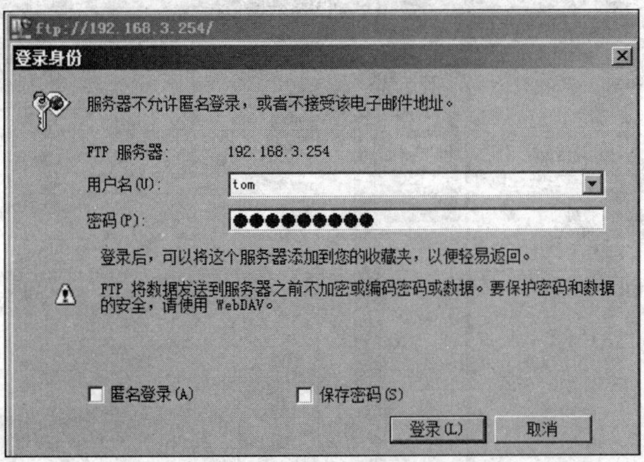

图 7-26　客户端登录身份验证

输入 tom 用户名,以及创建 tom 用户时设置的密码,然后单击"登录"按钮,登录成功的效果如图 7-27 所示。

以上展示的是使用三个同名文件夹直接实现访问用户的专属文件夹的方法。如果使用与文件夹不同名的账户,那结果会是什么呢?如图 7-28 所示。

可以看出,如果使用的用户名与 FTP 服务器的根文件夹内的子文件夹不同名,那么看到的就是整个文件夹的内容。为了使这些用户登录后无法访问这些文件夹,可以对这些文件夹进行安全设置,从而使非授权用户无法打开这些文件夹进行访问。

要设置文件夹的安全属性,必须在用 NFTS 文件系统格式进行格式化的分区上才可以进行。

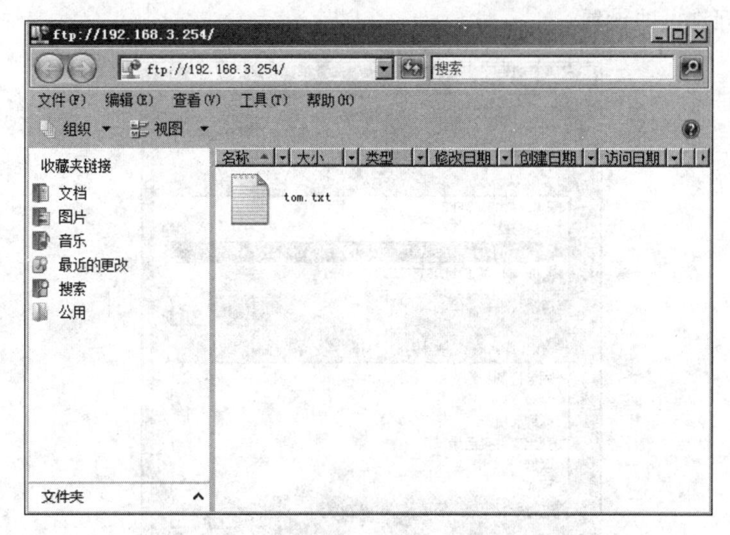

图 7-27 客户机通过 tom 用户登录成功效果图

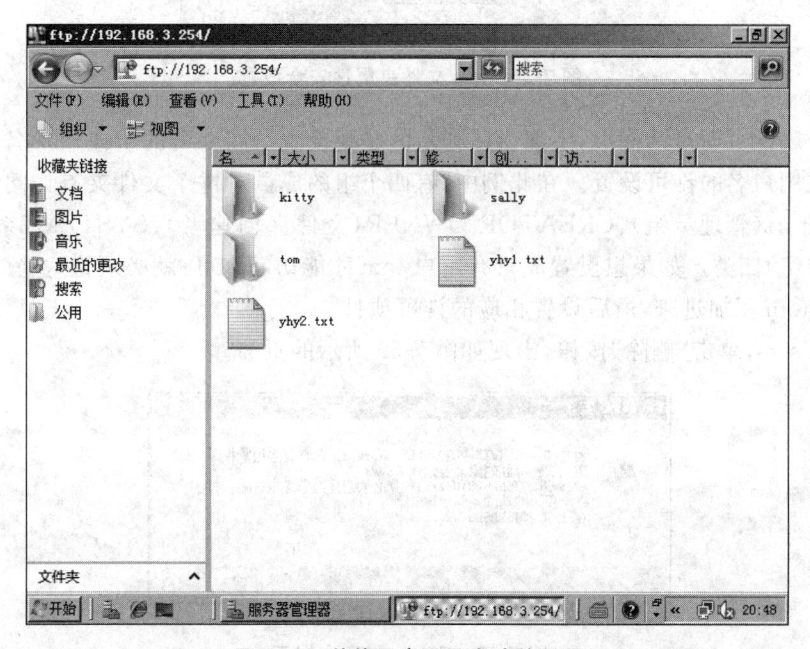

图 7-28 其他用户登录成功效果图

设置文件夹的安全属性是针对某些用户或某些组对该文件夹的访问许可进行设置。许可大体上分成四种：读取、写入、修改、完全控制。读取、写入和修改的许可都很好理解，要注意的是“写入”和“修改”的区别，“写入”指可以将内容写入此文件夹，如果只有“写入”而没有“修改”的许可，一旦写入就再也不可以修改了，包括修改文件的名字等操作都不允许。在这四个许可中，“完全控制”许可是指全部许可都有，不仅包含了读取、写入和修改，还包括了可以取得文件夹的所有权和设置文件夹访问许可的权限。

下面将 tom 文件夹设置成只有用户 tom 可以“完全控制”访问，其他用户均不能访问。

在文件夹 tom 上右击，在弹出的菜单中打开“属性”对话框，如图 7-29 所示，在该对话框中可以进行访问许可的设置。

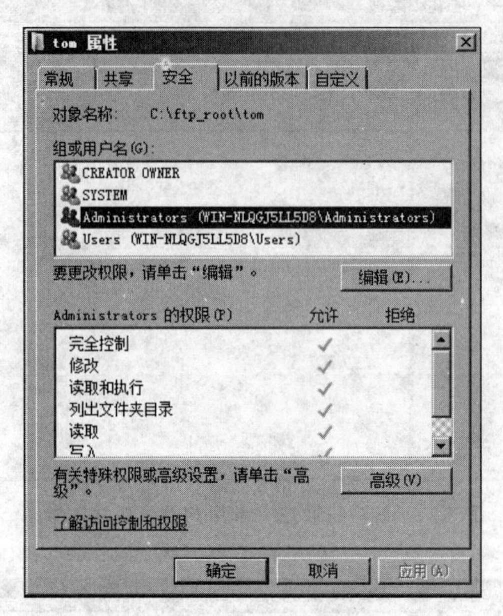

图 7-29　tom 文件夹属性安全设置

在这个属性页面对话框中，上部窗体列示的是要设置访问许可的组或用户名，下部窗体是对应组或用户名的许可设置。在此例中，有四个组的成员对这个文件夹有访问许可，包括Administrators(管理员组)、CREATOR OWNER(文件夹创建者)、SYSTEM(系统进程)、Users(用户组)四类。如果想设置成只有用户 tom 才能访问许可，就必须将这些用户和组先删除，再将 tom 添加进来，最后设置相应的许可项目。

选中 Users，单击"删除"按钮，出现如图 7-30 所示的页面。

图 7-30　Windows 安全提示

提示中解释了为什么无法删除 Users 的原因。因为这个组的许可是从这个文件夹的父系处继承而来的，即这个 tom 文件夹的上级文件夹就是这样的许可，而且这个许可是自动传递到其下级目录中的。这个提示也说明了如何才能删除 Users，那就是"阻止继承"。方法是在 tom 的"属性"对话框右下角单击"高级"按钮，打开 tom 文件夹的高级安全设置页面，如图 7-31 所示。

在弹出的对话框中取消选中"包括可从该对象的父项继承的权限"复选框，即不允许父项的继承权限传播到该对象。系统弹出 Windows 安全提示页面，如图 7-32 所示。

单击"复制"按钮，然后再将 Users 删除即可。最后在 tom 文件夹的权限设置页面添加

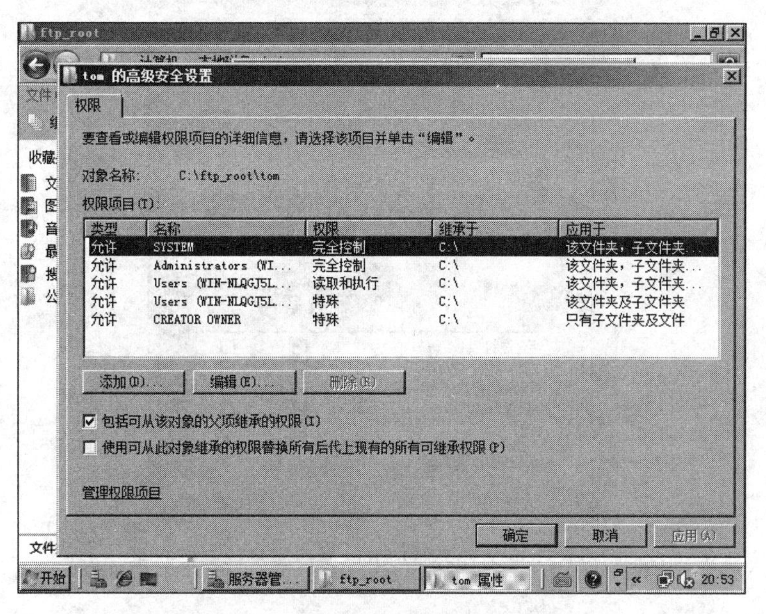

图 7-31　tom 文件夹的高级安全设置

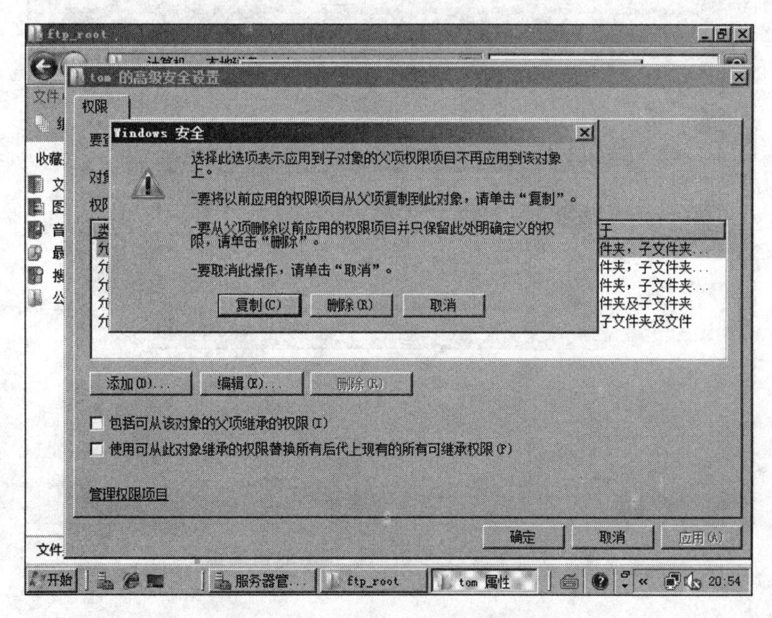

图 7-32　Windows 安全提示页面

用户 tom 并且设置其权限为“完全控制”，如图 7-33 所示。

验证安全属性。经过这样的设置后，就只有 tom 用户可以访问此文件夹了。再用其他用户访问 FTP 服务器就会得到如图 7-34 所示的结果。

至此，实现了 FTP 服务器某用户的专属文件夹，但是这种实现方式有一定的制约，因为它要求文件夹与用户名必须一样才可以。

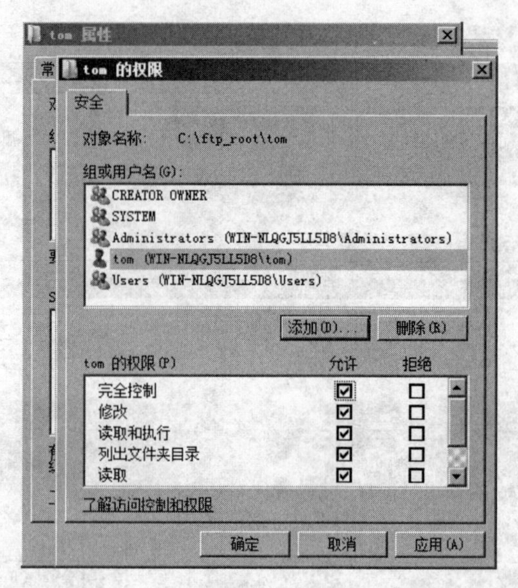

图 7-33　tom 文件夹添加 tom 用户完全控制的权限

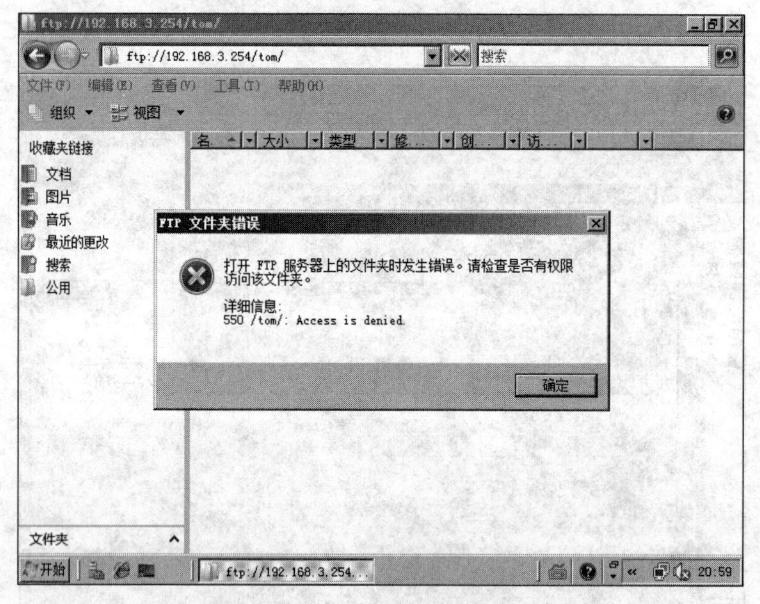

图 7-34　FTP 文件访问被拒绝的错误提示

课后练习

一、选择题

1. 在使用子网掩码 255.255.255.224 的网络中，每个子网最多有(　　)个地址可供分配给主机。

A. 14　　B. 15　　C. 16

D. 30　　E. 31　　F. 62

2. 有个网络需要29个子网，同时要确保每个子网可用的主机地址数最多。为提供正确的子网掩码，必须从主机字段借用(　　)位。

A. 2　　B. 3　　C. 4　　D. 5

3. IP地址为200.10.5.68/28的主机位于(　　)子网中。

A. 200.10.5.56　　B. 200.10.5.32　　C. 200.10.5.64　　D. 200.10.5.0

4. 网络地址172.16.0.0/19提供(　　)个子网和(　　)台主机。

A. 7,30　　B. 7,2046

C. 7,8190　　D. 8,30

E. 8,2046　　F. 8,8190

5. 下面有关IP地址10.16.3.65/23的说法，正确的是(　　)。

A. 其所属子网的地址为10.16.3.0

B. 在其所属子网中，第一个主机地址为10.16.2.1

C. 在其所属子网中，最后一个合法的主机地址为10.16.2.254

D. 其所属子网的广播地址为10.16.3.255

E. 这个网络没有进行子网划分

6. 如果网络中一台主机的地址为172.16.45.14/30，该主机属于(　　)子网。

A. 172.16.45.0　　B. 172.16.45.4　　C. 172.16.45.8

D. 172.16.45.12　　E. 172.16.45.16

7. 为减少对IP地址的浪费，在点到点WAN链路上应使用(　　)子网掩码。

A. /27　　B. /28　　C. /29

D. /30　　E. /31

8. IP地址为172.16.66.0/21的主机属于(　　)子网。

A. 172.16.36.0　　B. 172.16.48.0　　C. 172.16.64.0　　D. 172.16.0.0

9. 假设一台路由器接口的IP地址为192.168.192.10/29，请问在该路由器接口连接的LAN中，有(　　)台主机可以有IP地址(包括该路由器接口在内)。

A. 6　　B. 8　　C. 30

D. 62　　E. 126

10. 你需要配置子网192.168.19.24/29中的一台路由器，让其使用第一个可用的主机地址，应将(　　)地址分配给它。

A. 192.168.19.0　255.255.255.0　　B. 192.168.19.33　255.255.255.240

C. 192.168.19.25　255.255.255.248　　D. 192.168.19.31　255.255.255.248

E. 192.168.19.34　255.255.255.240

11. 一台路由器接口的地址为192.168.192.10/29，在该接口连接的LAN中，主机将使用(　　)广播地址。

A. 192.168.192.15　　B. 192.168.192.31

C. 192.168.192.63　　D. 192.168.192.127

E. 192.168.192.255

12. 需要对一个网络进行子网划分，使其包含5个子网，每个子网至少可包含16台主机。请问使用(　　)子网掩码。

A. 255.255.255.192　　B. 255.255.255.224

C. 255.255.255.240　　D. 255.255.255.248

13. 你给路由器接口配置 IP 地址 192.168.10.62、255.255.255.192 时出现了如下错误：Bad mask/26 for address 192.168.10.62。请问出现这种错误的原因是(　　)。

A. 给接口连接的是 WAN 链路，不能使用这样的 E 地址

B. 这不是合法的主机地址和子网掩码组合

C. 没有在该路由器上启用命令 ipsubnet-zero

D. 该路由器不支持 IP

14. 如果给路由器的一个以太网端口分配了 IP 地址 172.16.112.1/25，该接口将属于(　　)子网。

A. 172.16.112.0　　B. 172.16.0.0

C. 172.16.96.0　　D. 172.16.255.0

E. 172.16.128.0

二、简答题

1. 对于问题(1)～(6)，请确定相应 IP 地址所属的子网以及该子网的广播地址和合法主机地址范围。

(1) 192.168.100.25/30。

(2) 192.168.100.37/28。

(3) 192.168.100.66/27。

(4) 192.168.100.17/29。

(5) 192.168.100.99/26。

(6) 192.168.100.99/25。

2. 假设有一个 B 类网络需要 29 个子网，应使用什么样的子网掩码？

3. 192.168.192.10/29 所属子网的广播地址是什么？

4. 在 C 类网络中使用子网掩码/29 时，每个子网最多可包含多少台主机？

5. 主机 ID 10.16.3.65/23 属于哪个子网？

项目 8

IPv6 技 术

IPv6 被称为“下一代互联网协议”。最初开发它旨在解决 IPv4 面临的地址耗尽问题。开发人员一直在不断改进现有的 IPv4,以满足人们日益增长的需求。相比于 IPv6,IPv4 的容量太小了,这就是 IPv4 终将退出历史舞台的原因所在。

IPv6 报头和地址结构经过了全面的修改。本项目将以 IPv6 协议为核心,详细介绍下一代互联网中所使用的各种不同技术及协议。

任务 8.1　IPv6 地址概述

互联网从产生到现在已经经过了几十年的发展,而当今互联网发展的现状和以前已经大为不同。多年前设计出来的 IPv4 协议已经尽显疲态,难以满足新的互联网的应用需要。为此,人们已经开始了下一代互联网的设计,其中的核心就是 IPv6 协议。在本任务中将简要介绍 IPv6 的发展、必要性、IPv6 的特点与用途等内容。

8.1.1　IPv6 的发展

随着互联网的发展,IPv4 表现出了越来越多的局限性,已经难以满足互联网进一步的发展,人们需要一个新的协议来替代 IPv4。从 20 世纪 90 年代初开始,Internet 工程任务组(IETF)就开始着手进行下一代互联网协议 IPng 的制定工作,并公布了新协议要实现的主要目标。

(1) 支持几乎无限大的地址空间。

(2) 减小路由表的大小。

(3) 简化协议,使路由器能更快地处理数据包。

(4) 提供更好的安全性,实现 IP 级的安全。

(5) 支持多种服务类型,尤其是实时业务。

(6) 支持多点传送,即支持组播。

(7) 允许主机不更改地址实现异地漫游。

(8) 支持未来协议的演变。

(9) 允许新旧协议共存一段时间。

(10) 支持未来协议的演变以适应低层网络环境或上层应用环境的变化。

(11) 支持自动地址配置。

(12) 协议必须能扩展以满足将来互联网的服务需求;扩展不需要网络软件升级就可实现。

(13) 协议必须支持可移动主机和网络。

8.1.2 IPv6的必要性

为何需要IPv6呢？简单地说，是因为人们需要通信，而当前的系统无法真正满足这种需求。

连接到网络的用户和设备每天都在增加，这是好事，它让人们找到了随时与更多人交流的新途径。事实上，这是人类的基本需求。但前景并不乐观，正如开头指出的，目前进行通信依赖的是IPv4，而IPv4地址即将耗尽。从理论上说，IPv4提供的地址只有43亿个左右，但并非每一个地址都能使用。使用无类域间路由选择(CIDR)和网络地址转换(NAT)，确实可以推迟IPv4地址耗尽的时间，但这些地址也会在几年内耗尽。在中国，还存在大量个人和公司未连接到互联网上。

鉴于IPv4的容量，人均一台计算机都不可能，更不用说配备在计算机上的其他IP设备了。笔者自己就拥有几台计算机，别人很可能也是。这还没有包括电话、笔记本电脑、游戏机、传真机、路由器、交换机以及人们日常使用的众多其他设备。

因此人们必须采取措施以免地址被耗尽，而这种措施就是实现IPv6。

8.1.3 相关组织

在IPv6的发展中，国际互联网组织发挥了重要的作用。国际上主要由IETF负责IPv6的标准制定工作。在IETF中，有两个工作组与制定IPv6标准有关：IPng(下一代互联网协议)工作组或称IPv6工作组，主要负责IPv6有关的基础协议的制定；NGtrans(下一代网络演进)工作组，主要负责与下一代网络演进有关的标准制定。

1. IPng(IPv6)工作组

IPng工作组的工作始于1992年。从接收最早的下一代互联网协议提案，到1995年正式确定IPv6基础协议，经过了3年的历程，这也是IPng制定的第一个协议。该协议的作者即该工作组的两个主席：Cisco公司的SteveDeering，以及Nokia公司的R. Hinden。IPng是IETF中比较活跃的工作组之一，每次会议都有许多标准的提案进行讨论。

2. NGtrans工作组

NGtrans工作组的任务：对IPv6演进的方法和工具进行规范；对IPv6演进中如何采用这些方法和工具编制文档；协调6BONE试验床、试验地址分配；协调IETF和其他组织的IPv6活动。

8.1.4 IPv6的新特性

与IPv4相比，IPv6具有许多新的特点，如简化的IP报头格式、主机地址自动配置、认证和加密以及较强的移动支持能力等。概括起来，IPv6的优势体现在以下五个方面。

(1) 地址长度。IPv6的128位地址长度形成了一个巨大的地址空间。在可预见的很长时期内，它能够为所有可以想象出的网络设备提供一个全球唯一的地址。

(2) 移动性。移动IP需要为每个设备提供一个全球唯一的IP地址。IPv4没有足够的地址空间可以为在Internet上运行的每个移动终端分配一个这样的地址。而移动IPv6能够通过简单的扩展，满足大规模移动用户的需求。这样，它就能在全球范围内解决有关网络和访问技术之间的移动性问题。

早在移动通信从2G向3G的发展过程中，IPv6就已经被移动网络标准化组织3GPP所采纳，其发布的第五版标准中规定在IP多媒体核心网中将采用IPv6。这个核心网将处理所有3G网络中的多媒体数据包。到了移动通信的4G时代，随着智能手机的普及，IPv6技术的使用变得更加广泛。

(3) 内置的安全特性。IPv6协议内置安全机制，并已经标准化，可支持对企业网的无缝远程访问。IPv6同IP安全性(IPSec)机制和服务一致。除了必须提供网络层这一强制性机制外，IPSec还提供两种服务。其中，认证报头(AH)用于保证数据的一致性，而封装的安全负载报头(ESP)用于保证数据的保密性和数据的一致性。在IPv6包中，AH和ESP都是扩展报头，可以同时使用，也可以单独使用。此外，作为IPSec的一项重要应用，IPv6还集成了VPN的功能。

(4) 服务质量。在服务质量这方面，IPv6较IPv4有了很大改善。从协议的角度看，IPv6的优点体现在能提供不同水平的服务。这主要是由于IPv6报头中新增加了字段“业务级别”和“流标记”。有了它们，在传输过程中，中间的各节点就可以识别和分开处理任何IP地址流。尽管对这个流标记的准确应用还没有制定出有关标准，但将来它会用于基于服务级别的新计费系统。

另外，在其他方面，IPv6也有助于改进QoS。这主要表现在支持“实时在线”连接、防止服务中断以及提高网络性能方面。同时，更好的网络和QoS也会提高客户的期望值与满意度。

(5) 自动配置。IPv6的另一个基本特性是它支持无状态和有状态两种地址的自动配置方式。无状态地址自动配置方式是获得地址的关键。在这种方式下，需要配置地址的节点使用一种邻居发现机制获得一个局部链接地址。一旦得到这个地址之后，它使用另一种即插即用的机制，在没有任何人工干预的情况下，获得一个全球唯一的路由地址。有状态配置机制如DHCP(动态主机配置协议)需要一台额外的服务器，因此也需要很多额外的操作和维护。

任务8.2 IPv6地址表示、类型以及数据报

用户理解IPv4地址的结构和用法至关重要，对IPv6地址来说也是如此。IPv6地址长128位，这比IPv4地址长得多，因此除了要以新方式使用IPv6地址外，IPv6地址管理起来也更复杂。但不用担心，这里将解释IPv6地址的组成部分、如何书写及其众多常见的用法。

图8-1显示了一个IPv6地址及其组成部分。

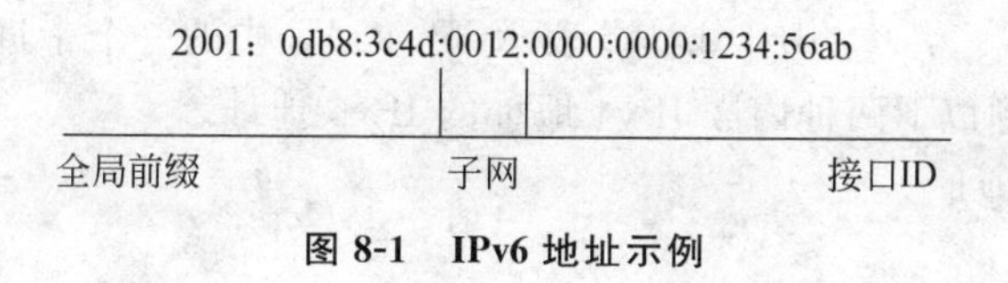

图8-1 IPv6地址示例

IPv6包含8组(而不是4组)数字，且用冒号而不是句点分隔，地址中还有字母。与

MAC 地址一样，IPv6 地址是用十六进制数表示的，因此可以这样说，IPv6 地址包含 8 个用冒号分隔的编组，每组 16 位，并用十六进制数表示。

8.2.1 IPv6 地址的表示

IPv6 地址有 3 种格式：首选格式、压缩格式和内嵌 IPv4 地址的 IPv6 地址格式。

1. 首选格式

由于 128 位地址用二进制数表示会很麻烦，即使用 IPv4 的点分十进制数，也仍然太长，不容易使用和记忆。因此，在实际使用中使用“冒号十六进制数”的方法来表示，格式如下。

×：×：×：×：×：×：×：×（一个×表示一个 4 位的十六进制数）

如下面这个二进制数的 128 位 IPv6 地址：

00100000000000010000010000010000000000000000000000000000000000010000000000
000000000000000000000000000000000000000100010111111111

使用如上的表示方法，就可以写成

2001：0410：0000：0001：0000：0000：0000：45FF

这样写仍然很麻烦，所以设计者又进一步缩减其长度，允许将每一段中的前导 0 省去，但是至少要保证每段有一个数字，这样一来，上面的地址就可以写成

2001：410：0：1：0：0：0：45FF

2. 压缩格式

为了更便于书写和记忆，当一个或多个连续的段内各位全为 0 时，可以用双冒号“::”来表示，但是一个地址中只能使用一次，例如这个地址

2001：0000：0000：0012：0000：0000：1234：56ab

不能将其简化成

2001::12::1234：56ab

相反，最多只能将其简化成

2001::12：0：0：1234：56ab

为什么呢？因为如果替换两次，设备见到该地址后，将无法判断每对冒号代表多少个字段。路由器见到这个错误的地址后，将发出这样的疑问：我是将每对冒号都替换为两个全零字段呢，还是将第一对冒号替换为 3 个全零字段，并将第二对冒号替换为 1 个全零字段？路由器无法回答这个问题。

3. 内嵌 IPv4 地址的 IPv6 地址

在 IPv4 向 IPv6 过渡的过程中，这两种地址不可避免地会共存很长时间，为了让 IPv4 的地址在 IPv6 网络中能够表示，特别设计了这种地址。其表示方法是

×：×：×：×：×：×：d.d.d.d（d 表示 IPv4 地址中的一个十进制数）

在实践中，会用到以下两种内嵌 IPv4 地址的 IPv6 地址。

IPv4 兼容 IPv6 地址：

::d.d.d.d

IPv4 映射 IPv6 地址：

::FFFF：d.d.d.d

IPv6 的地址前缀类似于 IPv4 中的网络 ID，其表示方法与 IPv4 中的 CIDR 表示方法一样，用“地址/前缀长度”来表示，比如：

2001::1/64

对于 URL 地址，如果要表示一个“IP 地址＋端口号”的信息，需要与 IPv4 的方式有所区别，为了避免歧义，IPv6 地址要用[]括起来，为什么呢？因为冒号已被浏览器用来指定端口号。如果不用方括号将地址括起来，浏览器将无法识别地址。

下面是一个这样的例子：

http://[2001:0db8:3c4d:0012:0000:0000:1234:S6ab]/default.html

显然，在可能的情况下，人们更愿意使用名称来指定目的地(如 www.lammle.com)，但必须接受这样的事实。

8.2.2 IPv6 地址类型

IPv4 地址分为单播地址、广播地址和组播地址，它指定了要与哪台设备(至少是多少台设备)通信。IPv6 地址的位数为 128 位，这么长的地址并不只是用来扩充地址数量。根据 IPv6 的设计，其不同的地址将产生不同的应用。总的来讲，IPv6 地址类型也分为单播地址、组播地址和任播地址三类，但是 IPv6 新增了任播；另外，由于广播效率低下，IPv6 不再支持它，其构成如图 8-2 所示。

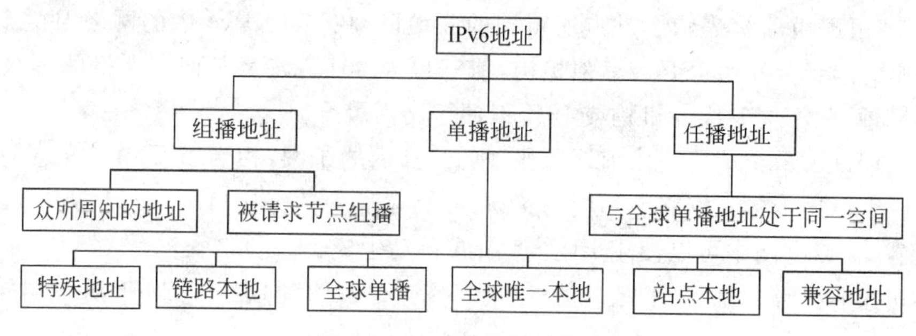

图 8-2 IPv6 的地址的构成

1. 单播地址

IPv6 单播地址只能分配给一个节点上的一个接口。根据其作用范围的不同，又分为多种类型，分别是链路本地地址、站点本地地址、可聚合全球单播地址等，此外，还有一些特殊地址、IPv4 内嵌地址等。

IPv6 单播地址的结构与 IPv4 地址基本类似，同样由网络 ID 和主机 ID 部分构成，所不同的是其名称。其结构如图 8-3 所示。

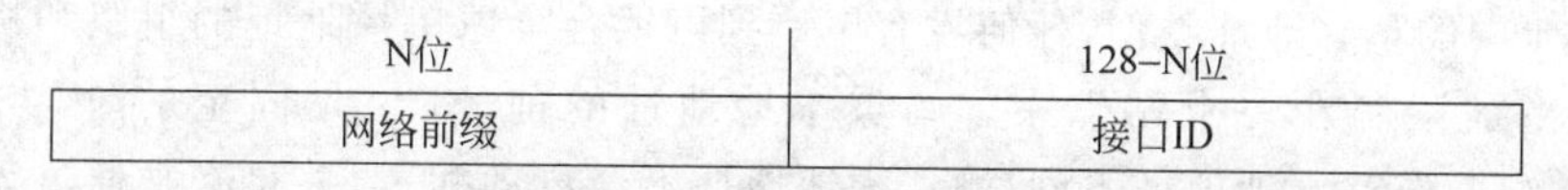

图 8-3 IPv6 单播地址的结构

(1) 链路本地地址。这种地址的应用范围受限，只能在连接到同一本地链路的节点之间使用。该地址在 IPv6 邻居节点之间的通信协议中广泛使用。其固定格式如图 8-4 所示。

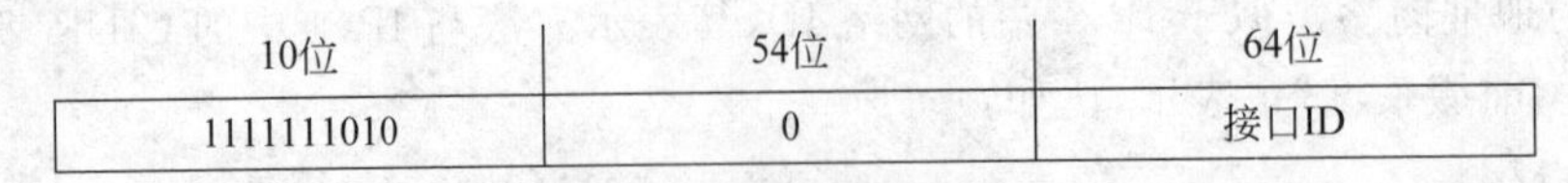

图 8-4 链路本地地址的结构

从图 8-4 可以看出，链路本地地址由一个特定的前缀和接口 ID 部分组成，其中的特定前缀用十六进制数表示为 FE80::/64，接口 ID 则可以由 EUI-64 地址来填充，形成一个完整的链路本地地址。

当一个节点启动 IPv6 协议栈时，启动节点的每个接口都会自动配置一个链路本地地址。该机制可以使同一个链路上的 IPv6 节点不需要进行任何配置，就可以获得一个 IPv6 地址，从而能够进行通信。

(2) 可聚合全球单播地址。该地址就是通俗意义上的 IPv6 公网地址，其应用范围为整个互联网，是 IPv6 寻址结构的最重要部分。因此其吸取了 IPv4 当年过于“慷慨”的教训，具有严格的路由前缀集合，以限制全球骨干路由器路由表的大小。其结构如图 8-5 所示。

N位	M位	128–N–M位
全球可路由前缀	子网ID	接口ID

图 8-5 可聚合全球单播地址的结构

① 全球可路由前缀表示了站点所得到的前缀值，相当于 IPv4 中的网络 ID。该字段由 IANA 下属的组织分配给 ISP 或其他机构，前三位为 001。该字段使用严格的等级结构，以便区分不同地区、不同等级的机构或 ISP，以便于路由聚合。

② 子网 ID 表示全球可路由前缀所代表的站点内的子网，相当于 IPv4 中的子网 ID。

③ 接口 ID 用于标识链路上不同的接口，并具有唯一性。接口 ID 可以由设备随机生成或手动配置，在以太网中可以使用 EUI-64 格式自动生成。

目前可聚合全球单播 IPv6 地址的 3 个部分的长度已经确定，如图 8-6 所示。

48位		16位	64位
001	全球可路由前缀	子网ID	接口ID

图 8-6 目前已确定的可聚合全球单播地址的结构

该地址目前由 IANA 负责进行分配，具体事务由 5 个地方组织来执行：AFCNIC 负责非洲地区，APNIC 负责亚太地区，ARIN 负责北美地区，LACNIC 负责拉美地区，RIPENCC 负责欧洲、中东及中亚地区。

(3) 站点本地地址和唯一本地地址。站点本地地址是另一种应用范围受限的地址，其目的与 IPv4 中的私有地址类似，任何没有申请到可聚合全球单播地址的组织和机构都可以使用，其范围被限制在一个站点中。站点本地地址的前 48 位是固定的，因此其前缀为 FEC0::/64。与链路本地地址不同，站点本地地址不会自动配置，并且必须通过无状态或有状态的地址配置分配。该地址现已废弃，不再使用。

为了能顶替站点本地地址的作用，又能避免产生像 IPv4 私有地址泄露一样的问题，RFC4193 提出了唯一本地地址，其结构如图 8-7 所示。

7位		40位	16位	64位
1111110	L	全球唯一前缀	子网ID	接口ID

图 8-7 唯一本地地址的结构

① 固定前缀为 FC00::/7。

② L 表示地址范围,取 1 表示本地范围,0 为目前保留。

③ 全球唯一前缀为随机生成的网络 ID。

④ 子网 ID 在划分子网时使用。

基于以上划分,唯一本地地址就具有了以下的特性。

① 具有全球唯一前缀(有可能重复,但概率极低)。

② 具有众所周知的前缀,边界路由器很容易过滤。

③ 具有私有地址的特性,可以随意使用。

④ 一旦出现泄露,由于其唯一性,不会对互联网造成影响。

⑤ 在应用中,上层协议将其等同于全球单播地址,简化了协议的设计。

(4) 特殊地址。与 IPv4 一样,在 IPv6 应用中也会用到一些特殊地址。目前主要有两类:未指定地址和环回地址。

① 未指定地址。全"0"即未指定地址,表示某个地址不可用,特别是在报文的源地址还未指定时使用,其不能作为目的地址使用。

② 环回地址。即::1,其作用与 IPv4 中的 127.0.0.1 功能相同,只是这次互联网组织没有那么大方,只使用了一个地址,其作用范围局限在一个主机节点内。

(5) 兼容地址。由于互联网需要从 IPv4 过渡到 IPv6 网络,而这个过程比较长,因此在 IPv6 标准中还定义了几类兼容 IPv4 标准的单播地址类型来满足过渡期的需要。具体内容如下。

① IPv4 兼容地址。用于双栈主机使用 IPv6 进行通信,因此需要将 IPv4 地址表示成 IPv6 的形式。格式为 0:0:0:0:0:0:w.x.y.z,也可以表示为"::w.x.y.z",其中 w.x.y.z 为 IPv4 地址。

② IPv4 映射地址。为了方便 IPv6 网络节点区分 IPv4 网络中的节点,设计了该地址,其格式为 0:0:0:0:0:FFFF:w.x.y.z,也可以表示为"::FFFF:w.x.y.z"。

③ 6 to 4 地址。当 IPv6 网络中的数据包要通过 IPv4 网络传递时,需要将地址表示为该地址类型。

④ 6 over 4 地址。用于 6 over 4 隧道技术的地址,其格式为[64-bitsPrefix]:0:0:wwxx:yyzz。其中 wwxx:yyzz 是十进制 IPv4 地址 w.x.y.z 的十六进制表示。

⑤ ISATAP 地址。用于 ISATAP 隧道技术的地址,其格式为[64-bitsPrefix]:0:5EFE:w.x.y.z。其中 w.x.y.z 是十进制 IPv4 地址。

(6) IEEEEUI-64 接口 ID。EUI-64 接口 ID 是 IEEE 定义的一种 64 位的扩展唯一标识符,其格式如图 8-8 所示。

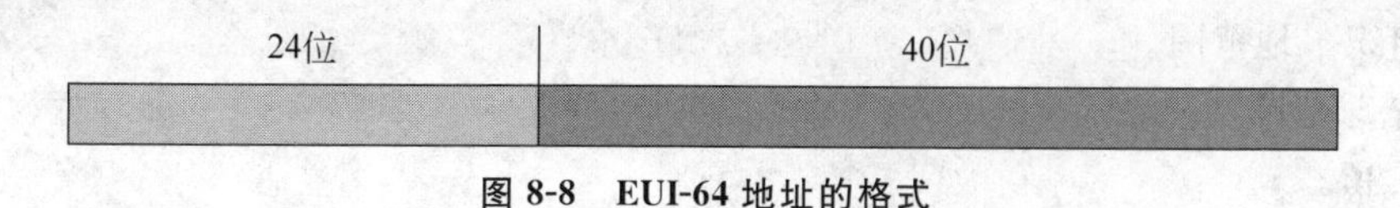

图 8-8 EUI-64 地址的格式

在 IPv6 网络中，为了能够保证接口 ID 的唯一性，使用了这种标识符的形式。EUI-64 和接口的数据链路层地址有关。在以太网中，IPv6 地址的接口标识符由 MAC 地址映射转换而来。由于二者的位数分别为 48 位和 64 位，其间差了 16 位，因此在生成过程中采用的方法是将 48 位的 MAC 地址一分为二，在两部分中间插入 FFFE 这样一个十六进制串。为了确保唯一性，还要将 U/L 位设置为“1”。其过程如下所示。

MAC 地址：

0012：3400：ABCD

二进制表示：

000000000001001000110100000000001010101111001101

插入 FFFE：

0000000000010010001101001111111111111110000000001010101111001101

设置 U/L 位：

0000001000010010001101001111111111111110000000001010101111001101

EUI-64 标识：

0212：34FF：FE000：ABCD

2. 组播地址

(1) 组播地址基本结构。IPv6 标准取消了广播，代之以组播来实现以前广播的功能，因此组播在 IPv6 标准中的作用非常重要。所谓组播指的是一个源节点发送单个数据报文，能够被多个特定的节点接收，适用于一对多的通信场合。

在 IPv4 标准中，D 类地址就是组播地址，其最高 4 位为 1110。在 IPv6 标准中，组播地址也有一个特殊的标志，即前缀 FF：：/8，也就是最高的 8 位为 11111111。图 8-9 所示为组播地址的结构。

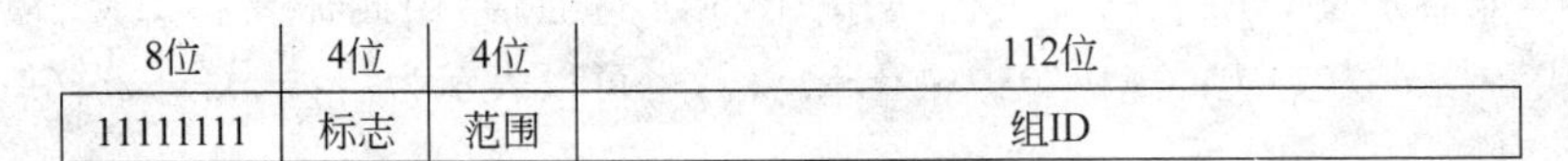

图 8-9　组播地址的结构

各字段的含义如下。

① 标志：有 4 位，目前只用了最后一位。该位取“0”，表示这是 IANA 分配的永久组播地址；该位取“1”，表示这是一个临时组播地址。

② 范围：有 4 位，用来限制组播数据在网络中的传播范围，根据取值不同，所表示的范围如下所示。

0：保留。

1：节点本地范围。

2：链路本地范围。

5：站点本地范围。

8：组织本地范围。

E：全球范围。

F：保留。

由此可见，如果看到 FF02 开头的组播地址，可以判断出这是一个链路本地范围的组播地址。

③ 组ID：长度112位，用来标识组播组。如果全部使用，则可以表示2112个组播组，很显然现在是用不了的，因此目前并没有都用来作为组标识，只是建议使用低32位来标识，剩余的80位保留下来，全部置“0”，以备未来应用。组播地址的结构如图8-10所示。

8位	4位	4位	80位	32位
11111111	标志	范围	0	组ID

图8-10　实际使用的组播地址的结构

由于在IPv6中，组播MAC地址为“33：33：××：××：××：××：××：”，有32位可以用于组ID。因此，在IPv6中每个组ID都可以映射到一个唯一的以太网组播MAC地址上，避免了IPv4组播地址到组播MAC地址映射时的信息丢失。

(2) 被请求节点组播地址。对于节点和路由器的接口上配置的每个单播和任播地址，都会启动一个对应的被请求节点组播地址。这种组播地址主要用于重复地址检测(DAD)和获取邻居节点的链路层地址(作用类似于ARP)。

被请求节点组播地址由前缀FF02::1：FF00：0000/104和单播地址或任播地址的低24位组成，如图8-11所示。

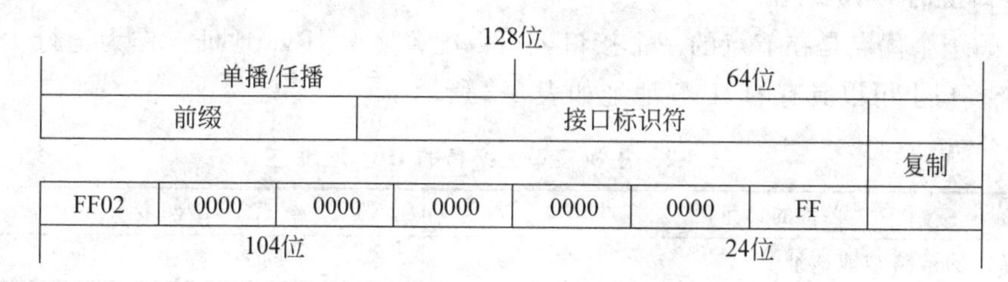

图8-11　被请求节点组播地址的结构

(3) 众所周知的组播地址。与IPv4一样，在IPv6标准中，也有一些众所周知的组播地址，这些地址具有特别的含义，表8-1中是几个常见的组播地址。

表8-1　常见的组播地址

组播地址	范　围	含　义	描　　述
FF01::1	节点本地	所有节点	本地接口范围的所有节点
FF01::2	节点本地	所有路由器	本地接口范围的所有路由器
FF02::1	链路本地	所有节点	本地接口范围的所有节点
FF02::2	链路本地	所有路由器	本地接口范围的所有路由器
FF02::5	链路本地	OSPF路由器	所有OSPF路由器组播地址
FF02::6	链路本地	OSPFDR路由器	所有OSPF的DR路由器组播地址
FF02::9	链路本地	RIP路由器	所有RIP路由器组播地址
FF02::13	链路本地	PIM路由器	所有PIM路由器组播地址
FF05::2	站点本地	所有路由器	在一个站点范围内的所有路由器

3. 任播地址

单播地址和多播地址在IPv4中已经存在，任播地址是IPv6中的新成员。RFC2723将

IPv6 地址结构中的任播地址定义为一系列网络接口(通常属于不同的节点)的标识,其地址从单播地址空间中分配。其特点是发往一个任播地址的分组将被转发到由该地址标识的“最近”的一个网络接口(“最近”的定义是基于路由协议中的距离度量)。

一方面,单播地址是每个网络接口的唯一的标识符,多个接口不能分配相同的单播地址,带有同样目的地址的数据包被发往同一个节点;另一方面,多播地址被分配给一组节点,组中所有成员拥有同样的组播地址,而带有同样地址的数据包同时发给所有成员。类似于多播地址,单一的任播地址被分配给多个节点(任播成员),但和多播机制不同,每次仅有一个分配任播地址的成员与发送端通信。一般与任播地址相关的有三个节点,当源节点发送一个目的地址为任播地址数据包时,数据包被发送给三个节点中的一个,而不是所有的主机。任播机制的优势在于源节点不需要了解服务节点或目前网络的情况,就可以接收特定服务。当一个节点无法工作时,带有任播地址的数据包又被发往其他两个主机节点,从任播成员中如何选择合适的目的地节点取决于任播路由协议。

虽然目前任播技术的定义不是十分清楚,但是终端主机通过路由器是被基于包交换所决定的。任播技术的概念并不局限于网络层,它也可以在其他层实现(例如应用层),网络层和应用层的任播技术均有优点和缺点,其应用有待开发。

4. 接口上的 IPv6 地址

IPv6 的一个优点是在节点的一个接口上可以配置多个 IPv6 地址。作为运行 IPv6 的主机,其一个接口上可以具有的 IPv6 地址如表 8-2 所示。

表 8-2 主机接口上必备的 IPv6 地址

必备的地址	IPv6 标识
每个接口的链路本地地址	FE80::/10
环回地址	::1/128
所有节点的组播地址	FF01::1、FF02::1
分配的可聚合全球单播地址	2000::/3
每个单播/任播地址对应的被请求节点组播地址	FF02::1: FF00: /104
主机所属组的组播地址	FF00::/8

作为运行 IPv6 的路由器,接口上除了具有一台 IPv6 主机所具有的地址外,还需要具有表 8-3 所列的地址,以完成路由功能。

表 8-3 路由器接口必备的 IPv6 地址

必备的地址	IPv6 标识
所有路由器组播地址	FF01::2、FF02::2: FF05::2
子网—路由器任播地址	UNICASTPREFIX0000
其他任播配置地址	2000-73

8.2.3 IPv6 报文结构

IPv4 报文的首部长度介于 20～60 字节,其中 20 字节是固定长度,其余是变长部分。这种设计对于中间路由器来讲是一个负担,路由器在处理报文时不得不对首部长度进行计算,然后才能处理，这样就消耗了路由器宝贵的资源。IPv6 报文在设计时考虑了这种情况，将报文首部划分成了基本首部和扩展首部两部分。其中基本首部的长度固定，为 40 字节，扩展首部作为可选部分，按照一定顺序放在基本首部之后。其格式如图 8-12 所示。

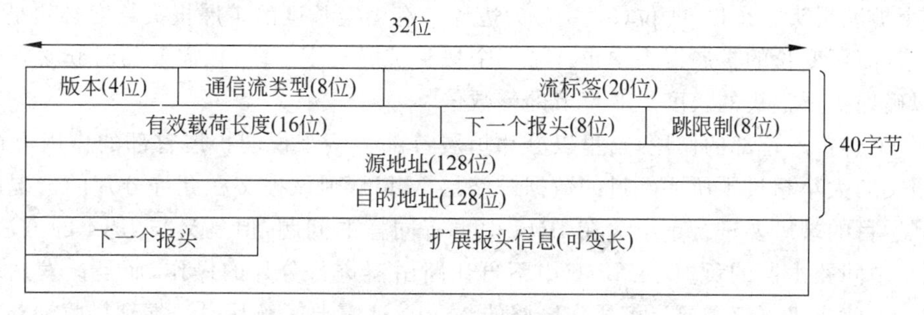

图 8-12 IPv6 首部结构

版本：该字段规定了 IP 报文的版本。长度 4 位。

通信流类型：表示本数据报的类或者优先级，类似于 IPv4 的服务类型字段。长度 8 位。

流标签：表示这个数据报属于源节点和目标节点之间的一个特定序列。这个字段需要 IPv6 的路由器进行特殊处理。对于默认的路由器处理，这个字段为 0，但目的地址与源地址有多个源时，这个值会不同。长度为 20 位。

有效载荷长度：有效载荷长度包括扩展报头和上层 PDU。如果长度大于 65 535，这个值为 0。长度为 16 位。

下一个报头：表示紧跟在 IPv6 报头后的第一个扩展报头的类型或者上层 PDU 的协议类型。长度为 8 位。

跳限制：同 TTL 值，当值被减至 0 时，路由器会丢掉本数据报，并返回 ICMP 信息。长度为 8 位。

源地址：表示 IPv6 发送端的地址，长度为 128 位。

目标地址：表示 IPv6 接收端的地址，长度为 128 位。

8.2.4 IPv6 扩展报头

在 IPv4 的报头中包含了所有的选项，因此每个中间路由器必须检查这些选项是否存在，如果存在就必须处理。这就会降低路由器转发 IPv4 报文的性能。在 IPv6 中发送和转发选项被移到了扩展报头中，每个中间路由器必须处理的唯一一个扩展报头就是逐跳选项扩展报头。RFC2460 建议 IPv6 报头之后的扩展报头以如下顺序排列。

(1) 逐跳选项报头。

(2) 目标选项报头(当存在路由报头时，用于中间目标)。

(3) 路由报头。

(4) 分片报头。

(5) 认证报头。

(6) 封装安全有效载荷报头。

(7) 目的选项报头(用于最终目标)。

扩展报头按其出现的顺序被处理，除认证报头和封装安全有效载荷报头之外，上面所有的扩展报头都在 RFC2460 中定义。

在典型的 IPv6 数据报中,并没有那么多扩展报头。在中间路由器或者目标需要一些特殊处理时发送主机才会添加一个或多个扩展报头。

每个扩展报头必须以 64 位(8 字节)为边界。有固定长度的扩展报头长度必须是 8 字节的整数倍,而可变长的扩展报头中包含了一个报头扩展长度字段,在需要的时候必须使用填充位,以确保扩展报头的长度是 8 字节的整数倍。

为了了解扩展首部的作用,这里以分片扩展首部为例来说明扩展首部的作用。在 IPv4 中,当报文的大小超过了所要经过的数据链路层 MTU,则该报文在允许分片的情况下将被分片,到达目的端后要进行重组。在 IPv6 中也有同样的问题,但是又与 IPv4 的方法不同。为了减小中间路由器的负担,在 IPv6 中不再让路由器进行分片的操作,而是让发送端的主机完成。为此主机不仅需要了解所在链路的 MTU,还需要了解从发送端到接收端整个路径上的 MTU 的情况,要从所有链路的 MTU 中找出一个最小的 MTU,这种 MTU 被称为路径 MTU,简称 PMTU。当需要分片时则按照 PMTU 进行。

在 IPv6 基本首部中是不包含用于分片的字段的,而是在需要分片时,由源端在基本首部的后边插入一个分片扩展首部,其格式如图 8-13 所示。

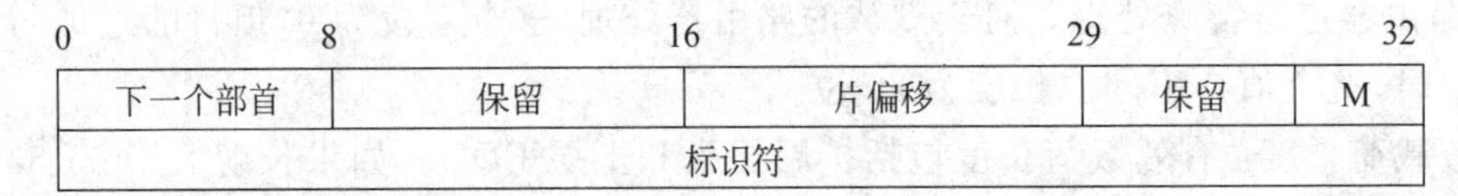

图 8-13 IPv6 分片扩展首部的结构

由于分片和重组的操作与 IPv4 相似,IPv6 的分片扩展报头中相应字段与 IPv4 的相应字段大同小异。其作用如下。

下一个首部(8 位):指明紧接着这个扩展首部的下一个首部,所有扩展首部通过这个字段相连,形成了一个链式结构。

片偏移(13 位):指明本数据报文分片在原来报文中的偏移量,以 8 字节为单位。

M:M=1 表示后面还有数据报分片;M=0 则表示这已经是最后一片。

标识符(32 位):由源点产生,用来唯一标识数据报文的 32 位数,以便于将来分片重组时作为依据。

任务 8.3 IPv6 在互联网中的运行方式

现在介绍如何给主机分配地址以及主机如何找到网络中的其他主机和资源。此外,本任务还会演示设备的自动编址功能(无状态自动配置)以及另一种类型的自动配置(有状态自动配置)。请记住,有状态自动配置使用 DHCP 服务器,与 IPv4 极其类似。另外,本任务还会介绍 IPv6 网络中互联网控制消息协议(ICMP)和组播的工作原理。

8.3.1 自动配置

自动配置是一种很有用的解决方案,让网络中的设备能够给自身分配链路本地单播地址和全局单播地址。它首先从路由器那里获悉前缀信息,再将设备自身的接口地址用作接口 ID。但接口 ID 是如何获得的呢？以太网中的每台设备都有一个 MAC 地址，该地址会被用作接口 ID。然而，IPv6 址中的接口 ID 长 64 位，而 MAC 地址只有 48 位，多出来的 16 位是如何来的呢？在 MAC 地址中间插入额外的位，即 FFFE。

例如，假设设备的 MAC 地址为 0060：d673：1987，插入 FFFE 后，结果为 0260：d6FF：FE73：1987。

为何开头的 00 变成了 02 呢？插入时将采用改进的 EUI-64（扩展唯一标识符）格式，它使用第 7 位标识地址是本地唯一的还是全局唯一的。如果这一位为 1，则表示地址是全局唯一的；如果为 0，则表示地址是本地唯一的。在这个例子中，最终的地址是全局唯一的还是本地唯一的呢？答案是全局唯一的。自动配置可节省编址时间，因为主机只需与路由器交流就可完成这项工作。

为完成自动配置，主机执行两个步骤。

(1) 为配置接口，主机需要前缀信息（类似于 IPv4 地址的网络部分），因此它会发送一条路由器请求（Router Solicitation，RS）消息。该消息以组播方式发送给所有路由器。这实际上是一种 ICMP 消息，并用编号进行标识。消息的 ICMP 类型为 133。

(2) 路由器使用一条路由器通告（RA）进行应答，其中包含请求的前缀信息。RA 消息也是组播分组，被发送到表示所有节点的组播地址，其 ICMP 类型为 134。RA 消息是定期发送的，但主机发送 RS 消息后，可立即得到响应，因此无须等待下一条定期发送的 RA 消息就能获得所需的信息。图 8-14 说明了这两个步骤。

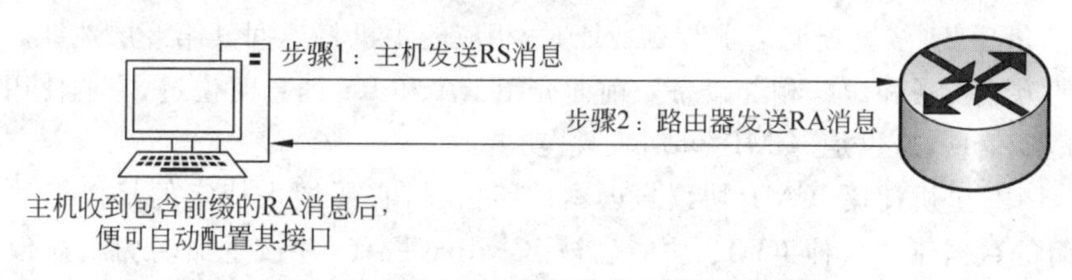

图 8-14 IPv6 自动配置过程中的两个步骤

这种类型的自动配置称为无状态自动配置，因为无须进一步与其他设备联系以获悉额外的信息。后面讨论 DHCPv6 时，将介绍有状态自动配置。

8.3.2 DHCPv6

DHCPv6 的工作原理与 DHCPv4 极其相似，但有一个明显的差别，那就是支持 IPv6 新增的编址方案。DHCP 提供了一些自动配置没有的选项。在自动配置中，根本没有涉及 DNS 服务器、域名以及 DHCP 提供的众多其他选项。这是在大多数 IPv6 网络中使用 DHCP 的重要原因。

在 IPv4 网络中，客户端启动时将发送一条 DHCP 发现消息，以查找可给它提供所需信息的服务器。但在 IPv6 中，首先发生的是 RS 和 RA 过程。如果网络中有 DHCPv6 服务器，返回给客户端的 RA 将指出 DHCP 是否可用。如果没有找到路由器，客户端将发送一条 DHCP 请求消息，这是一条组播消息，其目标地址为 FF02：：1：2，表示所有 DHCP 代理，包括服务器和中继器。

一般的路由器提供了一定的 DHCPv6 支持，但仅限于无状态 DHCP 服务器。这意味着它没有提供地址池管理功能，且可配置的选项仅限于 DNS、域名、默认网关和 SIP 服务器。

这意味着必要时需要提供其他服务器,以提供所有必要的信息并管理地址分配。

8.3.3 ICMPv6

IPv4 可以使用 ICMP 做很多事情,诸如目的地不可达等错误消息以及 ping 和 traceroute 等诊断功能。ICMPv6 也提供了这些功能,但不同的是,它不是独立的第 3 层协议。ICMPv6 是 IPv6 不可分割的部分,其信息包含在基本 IPv6 报头后面的扩展报头中。ICMPv6 新增了一项功能:默认情况下,可通过 ICMPv6 过程"路径 MTU 发现"避免 IPv6 对分组进行分段。

路径 MTU 发现过程的工作原理:源节点发送一个分组,其长度为本地链路的 MTU。在该分组前往目的地的过程中,如果链路的 MTU 小于该分组的长度,中间路由器就会向源节点发送消息"分组太大"。这条消息向源节点指出了当前链路支持的最大分组长度,并要求源节点发送可穿越该链路的小分组。这个过程不断持续下去,直到到达目的地,此时源节点便知道了该传输路径的 MTU。接下来,传输其他数据分组时,源节点将确保分组不会被分段。

ICMPv6 接管了发现本地链路上其他设备地址的任务。在 IPv4 中,这项任务由地址解析协议负责,但 ICMPv6 将这种协议重命名为"邻居发现"。这个过程是使用被称为请求节点地址(solicited node address)的组播地址完成的,每台主机连接到网络时都会加入这个组播组。为了生成请求节点地址,要在 FF02:0:0:0:0:1:FF/104 末尾加上目标主机的 IPv6 地址的最后 24 位。查询请求节点地址时,相应的主机将返回其第 2 层地址。网络设备也以类似的方式发现和跟踪相邻设备。前面介绍 RA 和 RS 消息时说过,它们使用组播来请求和发送地址信息,这也是 ICMP"邻居发现"功能。

在 IPv4 中,主机使用 ICMP 协议告诉本地路由器,它要加入特定的组播组并接收发送给该组播组的数据流。这种 ICMP 功能已被 ICMPv6 取代,并被重命名为组播侦听者发现(multicast listener discovery)。

在 IPv6 协议中,有很多机制和功能使用 ICMPv6 消息。除了大家熟悉 ping 和 traceroute 之外,常见的应用如下所示。

(1) 替代地址解析协议(ARP)。一种用在本地链路区域取代 IPv4 中 ARP 协议的机制。节点和路由器保留邻居信息。

(2) 无状态自动配置。自动配置功能允许节点自己使用路由器在本地链路上公告的前缀配置它们的 IPv6 地址。

(3) 重复地址检测(DAD)。启动时和在无状态自动配置过程中,每一个节点都先验证临时 IPv6 地址的存在性,然后使用它。这个功能也使用新的 ICMPv6 消息。

(4) 前缀重新编址。前缀重新编址是当网络的 IPv6 前缀改变为一个新前缀时使用的一种机制。

(5) 路径 MTU 发现(PMTUD)。源节点检测到目的主机的传送路径上最大 MTU 值的机制。

其中替代 ARP(在 IPv6 中 ARP 被去掉了)、无状态自动配置和路由器重定向(路由器向一个 IPv6 节点发送 ICMPv6 消息,通知它在相同的本地链路上存在一个更好的到达目的网络的路由器地址)都属于邻居发现协议(NDP)所使用的机制,前缀重新编址则是为了方便实施网络重新规划而设计的机制。

(6) IPv6 路径 MTU 发现(PMTUD)。PMTUD 的主要目的是发现路径上的 MTU(最大传输单元),当数据包发向目的地时为避免中间路由器分段。源节点可以使用发现的最小 MTU 与目的节点通信。当数据包比数据链路层 MTU 大时,分段可能在中途的路由中发生。而 IPv6 中的分段不是在中间路由器上进行的。仅当路径 MTU 比传送的数据包小时,源节点自己才可以对数据包分段。发送数据包前,源节点先用 PMTUD 机制发现传输路径中的最小 MTU,根据结果,源节点对数据进行分段处理,再发送。这样在中间路由器上就不用再参与分段了,这样的好处是降低了开销。

其发现最小 MTU 的过程如图 8-15 所示。

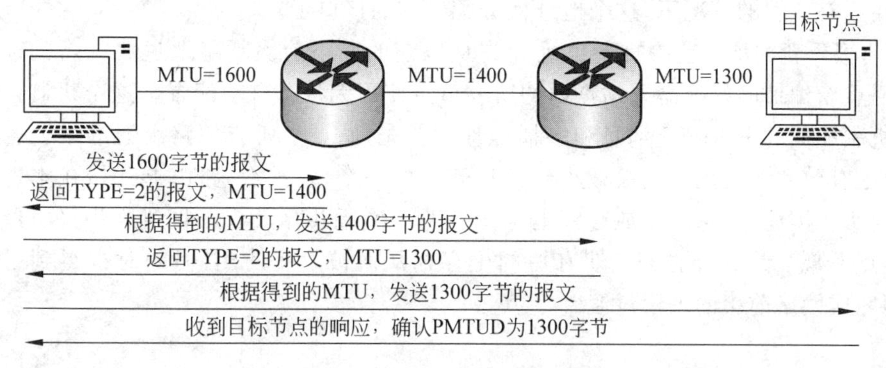

图 8-15 PMTUD 检测的过程

(7) 邻居公告和请求。假设有两个节点 A 和 B,使用地址 FEC0::1:0:0:1:A 的节点 A 要传送数据包到相同本地地址链路上的使用 IPv6 地址 FEC0::1:0:0:1:B 的目的节点 B。但节点 A 不知道节点 B 的数据链路层地址。节点 A 发送类型为 135 的 ICMPv6 消息(邻居请求)到本地链路,它的本地站点地址 FEC0::1:0:0:1:A 作为 IPv6 源地址,与 FEC0::1:0:0:1:B 对应的被请求节点组播地址 FF02::1:FF01:B 作为目的地址,发送节点 A 的源数据链路层地址 00:50:3E:E4:4C:00 作为 ICMPv6 消息的数据(被请求节点组播地址与本地站点地址是有对应关系的)这个帧的目的数据链路层地址 33:33:FF:01:00:0B 是 IPv6 目的地址 FF02::1:FF01:B 的组播映射。侦听本地链路上组播地址的节点 B 获取这个邻居请求消息,因为目的 IPv6 地址 FF02::1:FF01:B 代表它的 IPv6 地址 FEC0::1:0:0:1:B 相对应的被请求节点组播地址(被请求节点组播地址是本项目"IPv6 地址概述"讲的每个节点必须拥有的地址之一,目的就在于此)。节点 B 发送一个邻居公告消息应答,用它的本地站点地址 FEC0::1:0:0:1:B 作为 IPv6 源地址,本地站点地址 FEC0::1:0:0:1:A 作为目的 IPv6 地址,并在消息中包含它的数据链路层地址。这样,在接收到邻居请求和邻居公告消息后,节点 A 和节点 B 互相知道了对方的数据链路层地址,就可以在本地链路上通信了。

无状态自动配置是 IPv6 最有吸引力和最有用的新特性之一,它允许本地链路上的节点根据路由器在本地链路上公告的信息自己配置单播 IPv6 地址。这要涉及 3 个机制:前缀公告、重复地址检测(DAD)和前缀重新编址。

① 前缀公告。路由器周期性地发送路由器公告消息(ICMPv6 类型 134),用它的本地链路地址作为源地址,所有节点的多播地址 FF02::1 作为目的 IPv6 地址。监听本地链路多

播地址 FF02::1 的节点得到路由器公告消息,就可以自己配置它们的 IPv6 地址了。

② 重复地址检测。DAD 用邻居请求消息(ICMPv6 类型 135)和请求节点的多播地址完成这个任务。这个操作要求节点在本地链路上发送邻居请求消息,用未指定地址作为源 IPv6 地址,用临时单播地址的请求节点多播地址作为目的 IPv6 地址。如果在此过程中发现了一个重复地址,这个临时地址就不能配置给接口,否则,这个临时地址就配置到接口。

例如,一个节点 A 想在它的接口上配置临时地址 2001:250:C00:1::1。节点 A 发送一个邻居请求消息,用未指定地址作为源 IPv6 地址,用临时单播地址 2001:250:C00::1 的被请求节点多播地址 FF02::1:FF01:1 作为目的地址。只要这个邻居请求被发送到本地链路上,如果一个节点对这个请求应答,就说明这个临时单播 IPv6 地址已被另外一个节点使用。在没有应答的情况下,这个地址就分配给它的接口了。

③ 前缀重新编址。前缀重新编址允许从以前的网络前缀平稳地过渡到新的前缀。要得到透明重新编址的好处需要站点内的所有节点使用无状态自动配置。这个机制使用与前缀公告机制相同的 ICMPv6 消息和多播地址。首先,站点中所有的路由器继续公告当前的前缀,但是有效和首选生存期被减小到接近于 0 的一个值;其次,路由器开始在本地链路公告新的前缀。因此,在每个本地链路上至少有两个前缀共存。节点收到这些路由器公告消息后,节点发现当前前缀的生存期有短的生存期从而被停止使用,但同时也得到了新的前缀,从而完成网络前缀的平稳过渡。

任务 8.4 IPv6 路由选择协议

与 IPv4 一样,在 IPv6 网络中数据报文的转发也需要路由器。由于底层的 IP 协议已经变化,此处的路由器运行的路由协议也必须进行相应的改变。本任务对 IPv6 基础上的路由协议简单介绍,详细的内容读者可以参考相关的教材或资料。

8.4.1 IPv6 路由概述

IPv6 的路由可以通过 3 种方式生成。

(1) 直连路由。直连路由是指路由器自身接口的主机路由和所属前缀的路由,在路由表中其优先级为最高,类型也会被标识为 Direct。

(2) 静态路由。静态路由是由管理员手动配置的路由,往往用于小规模的网络或特殊目的。

(3) 动态路由。动态路由由各种路由协议生成。根据其作用范围,路由协议可以分为以下两种。

① 内部网关协议(IGP)。在一个自治系统内部运行。常见的 IGP 包括 RIPng、OSPFv3 和 IPv6 IS-IS。

② 外部网关协议(EGP)。运行于不同自治系统之间,在 IPv6 网络中是 BGP4+。

根据所使用的算法,路由协议可以分为以下两种。

① 距离矢量协议。包括 RIPng 和 BGP4+。其中 BGP4+也被称为路径矢量协议。

② 链路状态协议。包括 OSPFv3 和 IPv6 IS-IS。

8.4.2 RIPng 协议

1. RIPng 协议概况

RIPng(RIP next generation,下一代 RIP)协议的工作机制与 RIPv2 的机制基本上是一样的。相邻的 RIPng 路由器通过彼此交换路由信息报文来完成自身路由信息的完善,不同的是 RIPng 协议使用的是 UDP 协议的 521 端口。RIPng 使用跳数计算到达目标网络的距离,当跳数大于或等于 16,目标主机或网络就认为不可达。

RIPng 工作中的一些参数与 RIPv2 也是一致的,在默认情况下,每隔 30s 向邻居发送一次更新报文。如果在 180s 内没有收到邻居的更新报文,则认为从邻居所学的路由为不可达;如果再过 120s 还没有收到邻居的更新报文,RIPng 将从路由表中删除这些路由。

RIPv2 所具有的缺点 RIPng 同样具备。众所周知,基于距离矢量算法的路由协议会产生慢收敛和无限计数问题,这样就引发了路由的不一致。RIPng 使用水平分割技术、毒性逆转技术、触发更新技术解决这些问题。

2. 与 RIPv2 的不同

根据上面的介绍,应该看到 RIPng 的目标并不是创造一个全新的协议,而是对 RIP 进行必要的改造以使其适应 IPv6 下的选路要求。因此 RIPng 的基本工作原理同 RIP 是一样的,其主要的变化在地址和报文格式方面。RIP 与 RIPng 之间的主要区别如下。

(1) 地址版本。RIP 是基于 IPv4 的,地址域只有 32 位,而 RIPng 是基于 IPv6 的,使用的所有地址均为 128 位。

(2) 子网掩码和前缀长度。RIPng 被设计成用于无子网的网络,因此没有子网掩码的概念,这就决定了 RIPv1 不能用于传播变长的子网地址或用于 CIDR 的无类型地址。RIPv2 增加了对子网选路的支持,因此使用子网掩码区分网络路由和子网路由。IPv6 的地址前缀有明确的含义,因此 RIPng 中不再有子网掩码的概念,取而代之的是前缀长度。同样也是由于使用了 IPv6 地址,RIPng 中也没有必要再区分网络路由、子网路由和主机路由。

(3) 协议的使用范围。RIPv1、RIPv2 的使用范围被设计成不只局限于 TCP/IP 协议集,还能适应其他网络协议集的规定。因此报文的路由表项中包含有网络协议字段,但实际的实现程序很少被用于其他非 IP 的网络,因此 RIPng 中去掉了对这一功能的支持。

(4) 对下一跳的表示。RIPv1 中没有下一跳的信息,接收端路由器把报文的源 IP 地址作为到目的网络路由的下一跳。RIPv2 中明确包含了下一跳信息,便于选择最优路由和防止出现环路及慢收敛问题。与 RIPv2 不同,为防止路由表项(RTE)过长,同时也是为了提高路由信息的传输效率,RIPng 中的下一跳字段是作为一个单独的路由表项(RTE)存在的。

(5) 报文长度。RIPv1、RIPv2 中对报文的长度均有限制,规定每个报文最多只能携带 25 个 RTE。而 RIPng 对报文长度、RTE 的数目都不做规定,报文的长度是由介质的 MTU 决定的。RIPng 对报文长度的处理,提高了网络对路由信息的传输效率。

(6) RIPng 使用 FF02::9 这个地址进行组播更新。因为在 RIPv2 中,使用的组播地址为 224.0.0.9,而 IPv6 使用的组播地址也以 9 结尾。事实上,大多数路由选择协议都保留了 IPv4 版本的类似特征。

3. RIPng 在思科体系路由器中的具体配置

RIPng(以及所有 IPv6 路由选择协议)最大的变化之一是在接口配置模式下启用网络通

告,而不是在路由器配置模式下使用 network 命令。因此,使用 RIPng 时可直接在接口上启用该路由选择协议,这将创建一个 RIPng 进程(而无须在路由器配置模式下启动 RIPng 进程),如下所示:

```
Router(config-if)#ipv6 router rip 1 enable
```

其中的 1 是一个标记(也可使用名称而不是编号),标识了 RIPng 进程。也就是说,这会启动一个 RIPng 进程,而无须进入路由器配置模式来启动它。

但如果要进入路由器配置模式配置重分发等功能,也可以这样做,如下所示:

```
Router(config)#ipv6 router rip 1
Router(config-rtr)#
```

总之,RIPng 的工作原理与 IPv4 极其相似,最大的差别在于通告接口连接的网络,只需在接口上启用 RIPng,而无须使用 network 命令。

8.4.3 OSPFv3 协议

1. OSPF 协议的介绍

OSPF 路由协议是链路状态型路由协议,这里的链路即设备上的接口。链路状态型路由协议基于连接源和目标设备的链路状态做出路由的决定。链路状态是接口及其与邻接网络设备的关系的描述,接口的信息即链路的信息,也就是链路的状态(信息)。这些信息包括接口的 IPv6 前缀、网络掩码、接口连接的网络(链路)类型、与该接口在同一网络(链路)上的路由器等信息。这些链路状态信息由不同类型的 LSA 携带,在网络上传播。

路由器把收集到的 LSA 存储在链路状态数据库中,然后运行 SPF 算法计算出路由表。链路状态数据库和路由表的本质不同在于:数据库中包含的是完整的链路状态原始数据,而路由表中列出的是到达所有已知目标网络的最短路径的列表。

OSPF 协议是为 IP 协议提供路由功能的路由协议。前面介绍的 OSPFv2 是支持 IPv4 的路由协议与 IPv4 关系紧密,难以像 RIPng 一样通过较少的改变来适应 IPv6,为了让 OSPF 协议支持 IPv6,技术人员几乎重新开发了 OSPFv3。OSPFv3 由 RFC2740 定义,其改变比 RIPng 相对于 RIP 要大得多。但是无论是 OSPFv2 还是 OSPFv3,OSPF 协议的基本运行原理是没有区别的。然而,由于 IPv4 和 IPv6 协议意义的不同,地址空间大小的不同,它们之间的不同之处也很明显,其中最重要的变化在于 OSPFv3 采用了 TLV(类型、长度、值)这样的三元结构来存放信息。TLV 是一个模块化的结构,任何需要处理的信息均可以按照这种结构存放,这就使 OSPFv3 具有了更广的适用范围和更强的能力。

2. OSPFv3 在思科体系路由器中的具体配置

在 OSPFv3 中,邻接关系和下一跳属性是使用链路本地地址指定的,它还使用组播来发送更新和确认。它用组播地址 FF02::5 表示 OSPF 路由器,并用组播地址 FF02::6 表示 OSPF 指定路由器。在 OSPFv2 中,与这些组播地址对应的分别是 224.0.0.5 和 224.0.0.6。

不同于其他不那么灵活的 IPv4 路由选择协议,OSPFv2 能够将特定网络和接口加入 OSPF 进程,但这也是在路由器配置模式下进行的。与前面说到的其他 IPv6 路由选择协议一样,在 OSPFv3 中,也可在接口配置模式下将接口及其连接的网络加入 OSPF 进程。

OSPFv3 的配置类似于下面这样：

```
Router(config)#ipv6 router ospf 10
Router(config-rtr)#router-id 1.1.1.1
```

要配置汇总和重分发等，必须进入路由器配置模式；但配置 OSPFv3 时，可不在这种模式下进行，而在接口模式下进行配置。

配置完接口后，将自动创建 OSPF 进程。接口配置类似于下面这样：

```
Router(config-if)#ipv6 ospf 10 area 0.0.0.0
```

因此，只需进入每个接口，并指定进程 ID 和区域即可。

任务 8.5 IPv6 的过渡技术

IPv4 协议是当前互联网的基础。IPv6 作为新生协议，要想取代 IPv4 还需要经历一个比较长的时期才能完成。因此可以预计从 IPv4 发展到 IPv6 大致会经过以下 3 个时期。

（1）IPv6 孤岛跨过 IPv4 网络互联。

（2）IPv6 网络与 IPv4 网络旗鼓相当。

（3）IPv4 孤岛跨过 IPv6 网络互联。

在这个过渡期内，人们必须解决两个问题，才能够实现 IPv4 网络与 IPv6 网络的互联。一个是如何让 IPv6 孤岛跨过 IPv4 网络互联？另一个是如何让 IPv6 网络内的主机与 IPv4 网络内的主机实现互访？

过渡技术有很多种，大致可以分为三类：双栈技术、隧道技术和网络地址转换/协议转换技术。上面的两个问题是主要的，本任务从上文所述的两个方面来简要介绍过渡期内常采用的相关技术。

8.5.1 IPv6 孤岛跨过 IPv4 网络实现互联

要实现 IPv6 孤岛跨过 IPv4 网络实现互联的目的，可以采用的方法有很多，其中主要是隧道技术。所谓隧道就是将一种协议报文封装在另一种协议报文中，这样，一种协议就可以通过另一种协议的封装进行通信。这里就几个主要的隧道技术进行介绍。

1. GRE 隧道

顾名思义，这种隧道技术就是利用标准的 GRE 隧道技术来实现的。GRE 隧道是两点之间的链路，把 IPv6 作为乘客协议放置于 GRE 隧道中进行传递，其原理如图 8-16 所示。其中边缘路由器隧道口的 IPv6 地址为手动配置的全局 IPv6 地址。IPv6 孤岛的数据报文到

图 8-16 GRE 隧道原理

达边缘路由器时，边缘路由器可以按照配置的静态路由将对应的报文封装在 GRE 报文中，然后通过 IPv4 网络，将其传送到另一边的边缘路由器。这个路由器再进行解封装过程，获得 IPv6 数据报文。最后在 IPv6 网络中正常传送到目的地。

GRE 隧道是基于成熟的 GRE 技术实现的，其通用性好，也易于理解。但 GRE 隧道是一种手动隧道，如果站点数量多，管理员的工作就很复杂了。因此用户希望能有自动隧道技术来减轻管理员的负担。

2. IPv4 兼容 IPv6 自动隧道

自动隧道，就是不用管理员参与，路由器自动进行配置的隧道技术。一个隧道需要一个起点和一个终点。当起点定义好后，让路由器自动找到终点，不就可以自动形成一个隧道了吗？但问题是路由器怎么知道隧道的终点是什么。要解决这个问题就需要在目的地址的结构上做一些工作。在这种自动隧道技术中使用了一种特殊的 IPv6 地址，即 IPv4 兼容 IPv6 地址。在这种地址中，前缀是 0：0：0：0：0：0，最后的 32 位是 IPv4 地址，路由器就是利用最后的 32 位地址来形成隧道终点的。这时管理员只需指定隧道起点即可。其原理如图 8-17 所示。

图 8-17 IPv4 兼容 IPv6 隧道原理

虽然隧道可以自动生成，但是这种方法有一个很明显的缺陷，就是所有参与自动隧道的 IPv6 主机都要使用 IPv4 兼容 IPv6 地址，而且由于前缀相同，意味着所有主机都要处于同一个 IPv6 网段中，这就限制了这种技术的使用范围。为了解决这个问题，有人提出了 6T04 隧道技术。

3. 6T04 隧道

6T04 隧道技术可以把多个孤立的 IPv6 网络连接起来，其工作方式和上文的隧道类似，也要使用一种特殊的地址：6T04 地址。它的写法是“2002：a. b. c. d：××××：××××：××××：××××：××××”，前 64 位为网络前缀，其中前 48 位（2002：a. b. c. d）由 IPv4 地址决定，用户不能改变，后 16 位由用户自己定义。这样一来，边缘路由器就可以接一组前缀不同的网络了。其原理如图 8-18 所示。

图 8-18 6T04 自动隧道原理

为了能够让6T04网络中的主机和纯IPv6网络中的主机进行通信，在这种隧道技术中设置了6T04中继路由器。中继路由器负责在6T04和纯IPv6网络之间传输报文和通告路由，其实现的原理如图8-19所示。

图8-19 6T04中继路由器的原理

从上文可见，6T04隧道较好地解决了多个孤立IPv6网络之间的通信问题，而且能够让6T04网络与纯IPv6网络之间实现互通。因此6T04隧道是一种非常好的隧道技术，但其缺点是必须使用6T04地址。

4. ISATAP 隧道

ISATAP隧道不仅是一种隧道技术，而且这种隧道技术解决了IPv4网络中双栈主机的地址自动配置问题，在ISATAP隧道的两端设备之间可以运行ND协议。与其他隧道技术一样，ISATAP隧道也要使用一种特定的地址形式，其接口ID部分必须如下。

::0：5EFE：a. b. c. d

其中，"0：5EFE"是IANA规定的格式；"a. b. c. d"是单播IPv4地址。ISATAP 地址的前64位是主机通过向ISATAP 路由器发送请求，使用ND协议自动获得的。其原理如图8-20所示。

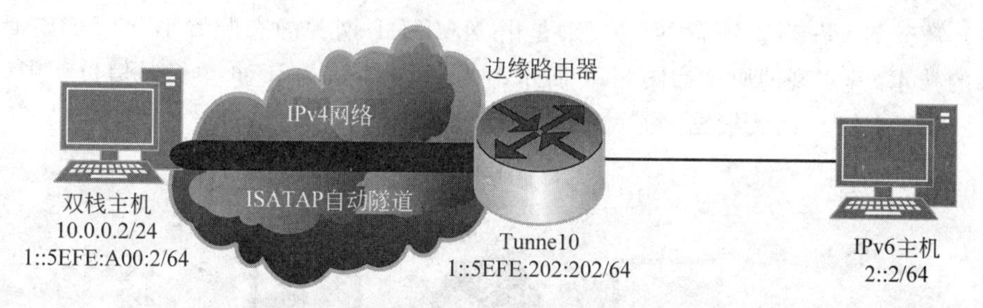

图8-20 ISATAP自动隧道原理

ISATAP隧道的特点主要是把IPv4网络看作一个下层链路，ND协议通过IPv4网络承载，实现了跨IPv4网络的IPv6地址自动配置。这样分散在IPv4网络中的双栈主机就有机会获得自动生成的全局IPv6地址，从而能够与IPv6网络中的主机进行通信。

除了上文所述的几种隧道技术以外还有很多隧道技术，其中6PE隧道技术在ISP的网络中获得了大量的使用，其实现的基础是使用了MPLS技术。由于其比较复杂，这里不再讲述，感兴趣的读者可以参考相关的资料来了解其详细的细节。

8.5.2 IPv6网络与IPv4网络之间的互通

IPv6网络在发展过程中，必然要实现与IPv4网络的互通，否则目前大量的互联网资源无法为IPv6主机提供服务,就会限制IPv6技术的发展。IPv6网络与IPv4网络之间互通的方法也有很多种,这里主要介绍常见的双栈技术和NAP-PT技术。

1. 双栈技术

顾名思义,双栈技术就是主机同时实现IPv4和IPv6两个协议栈,具备同时访问IPv4网络和IPv6网络的能力。但是有两个主要问题必须考虑:一个是双栈节点的地址配置问题;另一个是如何通过DNS获得对端的地址。

双栈节点的地址配置要求节点必须支持双栈,必须同时配置IPv4和IPv6地址,两个地址之间不必有关联。如果节点是支持自动隧道的双栈节点,必须配置两个地址之间的映射关系。

对于从DNS获取通信对端的地址,这就要求DNS服务器必须具有这样的功能,即要求DNS服务器既能解析IPv4地址,也能解析IPv6地址。IPv4的解析已经不是问题了,对于IPv6地址,定义了新的记录类型A6和AAAA,解决了IPv6地址解析的问题。

双栈技术使主机具有了双网通信的能力,但是由于每个IPv6节点都要有一个IPv4地址,这样不能避免IPv4地址耗尽的问题,所以双栈技术总体来讲只能是一个临时的过渡技术。

2. NAT-PT 技术

当双栈技术面临的问题几乎不能解决的时候,可以尝试NAT技术。所不同的是原来的NAT实现的是公有地址和私有地址之间的转换,现在是用NAT来实现IPv4和IPv6协议首部之间的转换,也就是说IPv4网络中的主机用IPv4地址来表示IPv6网络中的主机;反之亦然。NAT-PT技术分为以下3种:静态NAT-PT、动态NAT-PT、结合DNSALG的动态NAT-PT。

(1) 静态NAT-PT。静态NAT-PT是由NAT-PT网关静态配置IPv6和IPv4地址绑定关系的技术,其实现的原理如图8-21所示。当IPv4主机和IPv6主机通信过程中,报文经过NAT-PT网关时,网关根据静态配置的绑定关系进行转换。

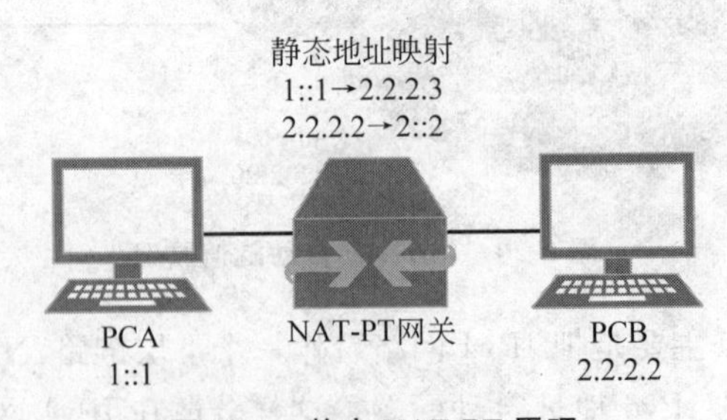

图 8-21　静态 NAT-PT 原理

静态NAT-PT原理很简单,但是由于要让IPv6地址与IPv4地址一一对应,所以当地址很多时,管理员的工作量比较大,而且要消耗大量的IPv4地址。

(2) 动态NAT-PT。动态地址映射可以避免静态映射的缺点。其实现的原理如图8-22所示。

NAT-PT网关要向IPv6网络中通告一个96位的前缀(Prefix),该前缀再加上一个32位的IPv4地址构成一个在IPv6网络中表示的IPv4主机。在IPv6网络中,凡是目的地

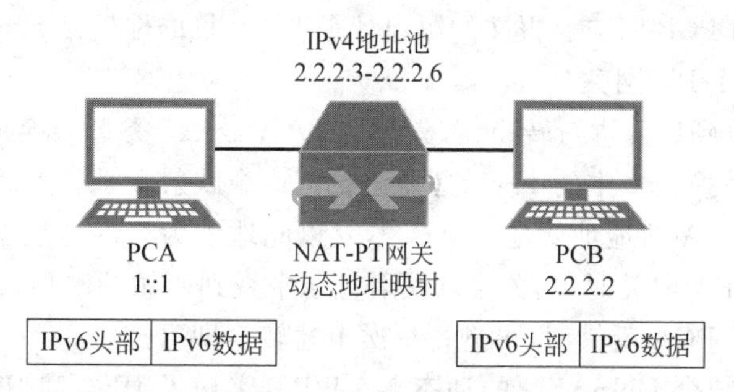

图 8-22 动态 NAT-PT 原理

址是这个前缀的报文都会被路由到 NAT-PT 网关，由网关将其转换成 IPv4 地址。对于源地址，IPv6 主机的地址在报文通过网关时要从地址池中找一个未被使用的 IPv4 地址来代替，而且网关要记录下二者之间的映射关系，从而完成了 IPv6 地址到 IPv4 地址的转换，让 IPv6 网络中的报文能够接着在 IPv4 网络中传递。

动态 NAT-PT 改进了静态 NAT-PT 的缺点，而且由于其采用了上层协议映射的方法，可以用一个 IPv4 地址支持大量的 IPv6 地址的转换，避免了 IPv4 地址不足的问题。但是这种转换只能由 IPv6 一侧先发起，如果让 IPv4 一侧先发起，IPv4 主机并不知道 IPv6 主机的 IPv4 地址，所以是行不通的。

(3) 结合 DNSALG 的动态 NAT-PT。通过与 DNS 的结合实现结合 DNSALG 的动态 NAT-PT，就能够实现让双方都可以主动发起连接的功能。其实现的原理如图 8-23 所示。这里以 PCB 主动发起为例来简要解释。

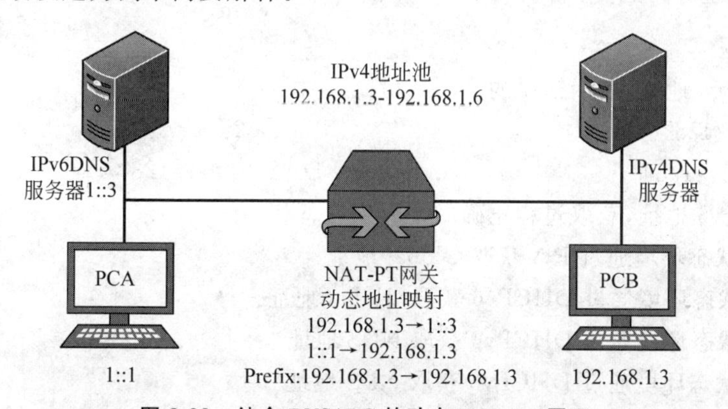

图 8-23 结合 DNSALG 的动态 NAT-PT 原理

假如 PCB 想要和 PCA 进行通信，PCB 目前只知道 PCA 的域名，PCB 就可以向 IPv6 网络中的 DNS 服务器请求解析 PCA 的名字。此时 PCB 只知道 IPv6 网络中的 DNS 服务器的地址是 1.1.1.3(此映射在 NAT-PT 中已经配置)。因此报文的源地址就是 22.2.2，目的地址就是 1.1.1.3。

该请求被 NAT-PT 网关收到后，NAT-PT 网关会进行转换，2.2.2.2—Prefix：2.2.2.2(这里的 Prefix 是 NAT-PT 网关中配置的代表 IPv4 网络的 IPv6 网络前缀)，1.1.1.3—1::3。同时要将 IPv4 的 A 类 DNS 请求改为 IPv6 的 AAAA 或 A6 类请求，并发送到 IPv6DNS 服务器。

服务器解析后向PCB回应。报文的源地址是1::3,目的地址是Prefix:2.2.2.20,这个报文会被路由到NAT-PT网关。

NAT-PT网关收到后要进行转换,首先把AAAA或A6类型转换成A类型,并从地址池中找到2.2.2.3,替换报文中的1::1,还要记录下这个映射关系。然后把报文转给PCB。

PCB此时认为PCA的地址就是2.2.2.3,就以此地址为目的地址发起到PCA的连接。当该报文到达NAP-PT网关时,网关会从映射记录中查到所做的映射,进行转换后,在IPv6网络中进行传递。当PCA反馈时,再进行一次上述转换即可。

由此可以看出,结合DNSALG的动态NAT-PT实现了IPv6和IPv4网络的互通。但是需要明确,这种技术与NAT的缺点是一样的,其改变了报文首部,因此对于很多应用会无法使用,而且这种技术破坏了端到端的安全性。

课后练习

一、填空题

1. 在IPv6协议中,一台主机通过一个网卡接入网络,该网卡所具有的IPv6地址数量至少为(　　)个。

2. IPv6地址长度为(　　)个二进制位。

3. IPv6接口标识符用EUI-64方式形成,如接口的MAC地址为0011.a1b0.cd20,那接口的标识符是(　　)。

4. IPv6地址分为三类:(　　)、(　　)和(　　)。

二、选择题

1. 下面IPv6地址,表示错误的是(　　)。

A. ::1/128　　B. 1:2:3:4:5:6:7:8:/64

C. 1:2::1/64　　D. 2001::1/128

2. 下面IPv6地址,获取过程正确的是(　　)。

A. 无状态环境通过RA获取Global地址

B. 无状态环境通过DHCPv6获取Global地址

C. 有状态环境通过DHCPv6获取NDS地址

D. 无状态环境通过DHCPv6获取NDS地址

3. 如果环境是无状态,那么RA(路由公告)报文(　　)。

A. M位为1　　B. M位为0　　C. O位为0　　D. O位为1

4. (　　)报文不是DHCPv6过程报文。

A. Discover　　B. Solicit　　C. Request　　D. Advertise

5. IPv6将首部长度变为固定的(　　)个字节。

A. 6　　B. 12　　C. 16　　D. 24

6. 下列关于IPv6协议优点的描述中,准确的是(　　)。

A. IPv6协议支持光纤通信

B. IPv6协议支持通过卫星链路的Internet连接

C. IPv6协议具有128个地址空间,允许全局IP地址出现重复

D. IPv6 协议解决了 IP 地址短缺的问题

7. 在 RFC 2460 中为 IPv6 定义了一些扩展首部，其中不包括(　　)。

A. 分片　　B. 鉴别

C. 封装安全有效载荷　　D. 移动头选项

8. IPv6 协议栈中取消了(　　)协议。

A. DHCP　　B. ARP　　C. ICMP　　D. UDP

9. 关于 IPv6 地址的描述中，不正确的是(　　)。

A. IPv6 地址为 128 位，解决了地址资源不足的问题

B. IPv6 地址中包容了 IPv4 地址，从而可保证地址向前兼容

C. IPv4 地址存放在 IPv6 地址的高 32 位

D. IPv6 中自环地址为 0：0：0：0：0：0：0：10

三、简答题

1. 简述 IPv6 报文首部与 IPv4 报文首部的不同。
2. 简述 IPv6 报文首部中下一个报头的作用。
3. IPv6 扩展报头都有哪些？
4. 分片扩展首部的结构是什么样的？
5. 2001：0321：5300：0000：0000：0000：0010：2AF0 的压缩格式是什么？

项目 9

信息安全技术

计算机网络技术的发展,尤其是 Internet 在社会各领域的广泛应用,使计算机安全的概念发生了根本的变化。传统的计算机安全着眼于单台计算机,主要强调计算机病毒对于计算机运行和信息安全的危害,在安全防范方面主要研究计算机病毒的防治。当前,人们正处在全球信息化、网络化的知识经济时代,离开网络的单台计算机应用即将退出历史舞台。网络才是计算机的概念已经建立起来,计算机安全着眼于网络,其安全的保护不仅要通过技术手段,而且要利用法律的武器。本项目介绍计算机信息系统安全的相关知识和法规,并通过实际案例的介绍来加强法律意识。

任务 9.1 计算机信息系统安全范畴

计算机信息系统的安全保护,应当保障计算机及其相关的配套的设备、设施(含网络)的安全,运行环境的安全,保障信息的安全,保障计算机功能的正常发挥,以维护计算机信息系统的安全运行。计算机信息系统安全范畴包括实体安全、运行安全、信息安全和网络安全。

9.1.1 实体安全

计算机信息系统的实体安全是整个计算机信息系统安全的前提。因此,保证实体的安全是十分重要的。计算机信息系统的实体安全是指计算机信息系统设备及相关设施的安全、正常运行。其内容包括以下三个方面。

1. 环境安全

环境安全是指计算机和信息系统的设备及相关设施所放置的机房的地理环境、气候条件、污染状况以及电磁干扰等对实体安全的影响。在国标 GB50173—1993《电子计算机机房设计规范》、GB2887—1989《计算机站场地技术条件》、GB9361—1988《计算机站场地安全要求》中对有关的环境条件均做了明确的规定。根据上述国标规定,在选择计算机信息系统的站场地时应遵守以下原则。

(1) 远离滑坡、危岩、泥石流等地质灾害高发地区。

(2) 远离易燃、易爆物品的生产工厂及存储库房。

(3) 远离环境污染严重的地区。例如,不要将场地选择在水泥厂、火电厂及其他有毒气体、腐蚀性气体生产工厂的附近。

(4) 远离低洼、潮湿及雷击区。

(5) 远离强烈震动、强电场及强磁场所在地。

（6）远离飓风、台风及洪涝灾害高发地区。

2. 设备安全

设备安全是指计算机信息系统的设备及相关设施的防盗、防毁以及抗电磁干扰、静电保护、电源保护等几个方面。

（1）防盗、防毁保护。防盗、防毁主要是防止犯罪分子偷盗和破坏计算机信息系统的设备、设施及重要的信息和数据。这方面的安全保护主要通过安装防盗设备和建立严格的规章制度来实现。普通的防盗设备有防盗铁门、铁窗，主要作用是阻止非法人员进入计算机信息系统机房。对于重要的计算机信息系统应安装技术先进的报警系统、闭路电视监视系统，甚至安排专门的保安人员昼夜值班。在规章制度的建设方面：一是严格控制进入计算机信息系统机房人员的身份；二是严格控制机房钥匙的管理；三是严格控制系统口令和密码。

（2）抗电磁干扰。计算机信息系统的设备在受到电磁场的干扰后，使其设备电路的噪声加大，导致设备的工作可靠性降低，严重时会致使设备不能工作。在站场地选择时已经强调应远离强电磁场设备，实在无法避免时，可以通过接地和屏蔽来抑制电磁场干扰的影响。

（3）静电保护。计算机机房内主要有三个静电来源：一是计算机机房用地板，人行走时鞋底与其摩擦时会引起静电；二是机房内使用的设施，如工作台、工作柜及机架等，不可避免地与之摩擦而产生静电；三是工作人员的服装，尤其是化纤制品的服装，在穿着过程中因摩擦而产生静电并传给人体，在一定的温湿度条件下会产生高达40kV的静电，人体带电电压也高达20kV左右。静电会引起计算机的误操作，严重时会损坏计算机器件，尤其是以MOS为主组成的存储器件，静电放电时产生的火花也可能产生火灾。

应根据静电来源和条件采取防止与消除措施：一是采用一套合理的接地和屏蔽系统；二是采用防静电地板作为地面材料；三是工作人员的工作服装要采用不易产生静电的衣料制作，鞋底用低阻值的材料制作；四是控制室内温湿度在规定范围之内。静电对计算机的危害已引起了人们的重视，在目前的机房工程中，普遍使用了抗静电地板和接地系统，但在静电的防护方法和措施上还存在很多需要进一步研究的课题。

（4）电源保护。为计算机提供能源的供电及其电源质量直接影响到计算机运行的可靠性。在我国，供电系统采用三相四线制，单相电压为220V，三相电压为380V，额定供电频率为50Hz。供电系统的上述参数因国别不同而有所差异，因此，在引进国外设备安装时，必须弄清它对供电系统的要求，当与我国的供电系统参数不同时应采取相应的措施。

电气干扰超过设备规定值时会影响设备正常工作，降低可靠性，严重时会烧坏计算机。

发生停电时致使计算机及设备不能工作。电源的保护一般采用下列措施：一是采用专线供电，以避免同一线路上其他用电设备产生的干扰；二是保证电源的接地满足要求；三是采用电源保护装置。常用的是不间断供电电源，即UPS。UPS又分为两种类型：一种是后备式；另一种是在线式。后备式UPS在供电系统正常供电时，由供电系统直接供电，只有当供电系统停电时才由UPS提供电源。在线式UPS在任何时候都不由供电系统直接供电，当供电系统有电时，它通过交流电→整流→逆变器的方法向计算机及其设备提供电源；供电系统停电时由蓄电池→逆变器的方式提供电源。

3. 媒体安全

媒体安全是指对存储有数据的媒体进行安全保护。在计算机信息系统中，存储信息的媒体主要有纸介质、磁介质(硬盘、软盘、磁带)、半导体介质的存储器以及光盘。媒体是信息和数据的载体,媒体损坏、被盗或丢失,损失最大的不是媒体本身,而是媒体中存储的数据和信息。

9.1.2 运行安全

运行安全的保护是指计算机信息系统在运行过程中的安全必须得到保证,使之能对信息和数据进行正确处理,正常发挥系统的各项功能。影响运行安全主要有下列因素。

(1) 工作人员的误操作。工作人员的业务技术水平、工作态度及操作流程的不合理都会造成误操作,误操作带来的损失可能是难以估量的。常见的误操作有:误删除程序和数据、误移动程序和数据的存储位置、误切断电源以及误修改系统的参数等。

(2) 硬件故障。造成硬件故障的原因很多,如电路中的设计错误或漏洞、元器件的质量、印刷电路板的生产工艺、焊接工艺、供电系统的质量、静电影响及电磁场干扰等均会导致在运行过程中硬件发生故障。硬件故障轻则使计算机信息系统运行不正常、数据处理出错,重则导致系统完全不能工作,造成不可估量的巨大损失。

(3) 软件故障。软件故障通常是由于程序编制错误而引起。随着程序容量的加大,出现错误的地方就会越多。这些错误对于很大的程序来说是不可能完全排除的,因为在对程序进行调试时,不可能测试所有的硬件环境和处理数据。这些错误只有当满足它的条件时才会表现出来,平时是不能发现的。众所周知,微软的 Windows95、Windows98 均存在几十处程序错误,发现这些错误后均通过打补丁的形式来解决,以至于"打补丁"这个词在软件产业界已经习以为常。程序编制中的错误尽管不是恶意的,但仍会带来巨大的损失。例如,"2000 年问题"是一个因设计缺陷而引起的涉及范围最广,损失最大的案例,各国均花费了巨额资金和大量人力、物力来解决此问题。

(4) 计算机病毒。计算机病毒是破坏计算机信息系统运行安全的最重要因素之一。Internet 在为人们提供信息传输和浏览方便的同时,也为计算机病毒的传播提供了方便。1999 年,人们刚从"美丽杀手"的阴影中解脱出来,紧接着的 4 月 26 日,全球便遭到了当时被认为最厉害的病毒 CIH 的洗劫,全球至少有数百万台计算机因 CIH 而瘫痪,它不但破坏 BIOS 芯片,而且破坏硬盘中的数据,所造成的损失难以用金钱的数额估计。后来 CIH 病毒的第二次大爆发,尽管人们已经吸取了教训,仍有大量计算机遭到了 CIH 的破坏。计算机病毒已经进入了 Internet 时代,它主要以 Internet 为传播途径,传播速度快,波及面广,造成的损失特别巨大。计算机病毒一旦发作,轻则造成计算机运行效率降低,重则使整个系统瘫痪,既破坏硬件,也破坏软件和数据。

(5) 黑客。"黑客"一词是网络时代产生的新名词,它是英文 Hacker 的音译,原意是指有造诣的计算机程序设计者,现在专指那些利用所学计算机知识,利用计算机系统偷阅、篡改或偷窃他人的机密资料,甚至破坏、控制或影响他人计算机系统运行的人。

"黑客"具有高超的技术,对计算机软硬件系统的安全漏洞非常了解。他们的攻击目的具有多样性,一些是恶意的犯罪行为,一些是玩笑性的调侃行为,也有一些是政治性的攻击行为,如黑客对政府网站的攻击。随着 Internet 的发展和普及,黑客的攻击会越来越多。

(6) 恶意破坏。恶意破坏是一种犯罪行为,包括对计算机信息系统的物理破坏和逻辑破坏两个方面。物理破坏只要犯罪分子能足够接近计算机便可实施,通过暴力对实体进行毁坏。逻辑破坏是利用冒充身份、窃取口令等方式进入计算机信息系统，改变系统参数、修改有用数据、修改程序等，造成系统不能正常运行。物理破坏容易发现，而逻辑破坏具有较强的隐蔽性，常常不能及时发现。

9.1.3 信息安全

信息安全是指防止信息财产被故意或偶然泄露、破坏、更改，保证信息使用完整、有效、合法。信息安全的破坏性主要表现在如下几个方面。

(1) 信息可用性遭到破坏。信息的可用性是指用户的应用程序能够利用相应的信息进行正确处理。计算机程序与信息数据文件之间都有约定的存放磁盘、文件夹、文件名的关系，如果将某数据文件的文件名称进行了改变，对于它的处理程序来说这个数据文件就变成了不可用，因为它不能找到要处理的文件。同样，将数据文件存放的磁盘或文件夹进行了改变后，数据文件的可用性也遭到了破坏。另一种情况是在数据文件中加入一些错误的或应用程序不能识别的信息代码，导致程序不能正常运行或得到错误的结果。

(2) 对信息完整性的破坏。信息的完整性包含信息数据的多少、正确与否、排列顺序几个方面。任何一个方面遭到破坏均破坏了信息的完整性。例如，在一个学生学籍管理系统中，数据库文件中缺少了"出生年月"这个字段中的数据，或者出现了错误的数据，这显然破坏了学生信息的完整性。同样，在数据库中缺少了一个或多个学生的记录，或者学号排列顺序被打乱均破坏了信息的完整性。

信息完整性的破坏可能来自多个方面，人为的因素、设备的因素、自然的因素及计算机病毒等均可能破坏信息的完整性。在信息的输入或采集过程中可能产生错误的数据，已有的数据文件也可能被人有意或无意地修改、删除或重排。计算机病毒是威胁信息安全的重要因素，它不但可以轻易破坏信息的完整性，而且通过对文件分配表和分区表的破坏，使信息完全丢失。

(3) 保密性的破坏。在国民经济建设、国家事务、国防建设及尖端科学技术领域的计算机信息系统中，有许多信息具有高度的保密性，一旦其保密性遭到破坏，其损失是极其重大的，它可能关系到战争的成败，甚至国家和民族的存亡。当然，对于普通的民用或商业计算机信息系统同样有许多保密信息，保密性的破坏对于企业来说，同样是致命的。

对保密性的破坏一般包括非法访问、信息泄露、非法复制、盗窃以及非法监视、监听等方面。非法访问指盗用别人的口令或密码等对超出自己权限的信息进行访问、查询、浏览。信息泄露包含人为泄露和设备、通信线路的泄露。人为泄露是指掌握有机密信息的人员有意或无意地将机密信息传给了非授权人员，这是一种犯罪行为；设备、通信线路的泄露主要有电磁辐射泄露、搭线侦听、废物利用几个方面；电磁辐射泄露是指计算机及其设备、通信线路及设备在工作时所产生的电磁辐射，利用专门的接收设备可以在很远的地方接收到这些辐射信息。在西方比较发达的国家，利用电磁辐射窃取有价值信息的案例很普遍，他们可以从容地坐在汽车中或计算机机房附近的某个房间里轻松地得到所要的机密信息。另一种泄露的方式是被搭线侦听，当信息的传输是依靠电话线路、电缆时，由于线路长、铺设地理环境复杂，在一些偏僻无人的地方完全可以在线路上搭线侦听，从而获取机密信息。如果信息是用无线信道传输，侦听变得更加容易，只需一台相应的无线接收机即可。废物利用也是犯罪分子获取机密信息的一个主要手段，有机密信息的各类媒体因各种原因要进行销毁时，不能随便扔掉了事，必须进行粉碎性处理或烧毁，即便对于已经损坏了的信息媒体也应如此。坏了的磁盘，不是所有的存储区域都损坏了，通过一些专门的软件，仍可读出许多信息。更不要认为对机密信息文件进行了删除，或对磁盘进行了格式化就已经安全了，删除文件实际上并没有删掉文件的内容，删除的仅仅是文件名。磁盘被格式化多次仍能恢复其数据。

9.1.4 网络安全

计算机网络是把具有独立功能的多个计算机系统通过通信设备和通信信道连接起来，并通过网络软件(网络协议、信息交换方式及网络操作系统)实现网络中各种资源的共享。网络从覆盖的地域范围大小可分为局域网、区域网及广域网。从完成的功能上看，网络由资源子网和通信子网组成。计算机网络的安全包括两个部分：一是资源子网中各计算机系统的安全性；二是通信子网中的通信设备和通信线路的安全性。对它们安全性的威胁主要有以下几种形式。

(1) 计算机犯罪行为。计算机犯罪行为包括故意破坏网络中计算机系统的硬软件系统、网络通信设施及通信线路；非法窃听或获取通信信道中传输的信息；假冒合法用户非法访问或占用网络中的各种资源；故意修改或删除网络中的有用数据等。

(2) 自然因素的影响。自然因素的影响包括自然环境和自然灾害的影响。自然环境的影响包括地理环境、气候状况、环境污染状况及电磁干扰等多个方面。自然灾害有地震、水灾、大风、雷电等，它们可能给计算机网络带来致命的危害。

(3) 计算机病毒的影响。计算机网络中的病毒会造成重大的损失，轻则造成系统的处理速度下降，重则导致整个网络系统瘫痪，既破坏软件系统和数据文件，也破坏硬件设备。

(4) 人为失误和事故的影响。人为失误是非故意的，但它仍会给计算机网络安全带来巨大的威胁。例如，某网络管理人员违章带电拔插网络服务器中的板卡，导致服务器不能工作，整个网络瘫痪，这期间可能丢失了许多重要的信息，延误了信息的交换和处理，其损失可能是难以弥补的。

网络越大，其安全问题就越突出，安全保障的困难就越大。近年来，随着计算机网络技术的飞速发展和应用的普及，国际互联网的用户大幅度增加。人们在享受互联网给工作、生活、学习带来各种便利的同时，也承受了因网络安全性不足而造成的诸多损失。互联网上黑客横行、病毒猖獗、有害数据泛滥、犯罪事件不断发生，暴露了众多的安全问题，引起了各国政府的高度重视。

任务 9.2 计算机信息系统安全保护

在信息时代，信息化将是21世纪综合国力较量的重要因素，是振兴经济、提高工业竞争力、提高人类生活质量的有力手段。各行业计算机信息系统的建设和应用已取得了可喜的成绩，但其安全问题总是常常困扰着人们，甚至难以权衡利弊。在这样的情况下，我国政府将计算机信息系统的安全保护提到了议事日程，明确规定公安机关为计算机信息系统安全保护的主管部门，各地公安机关成立了计算机安全监察部门，行使其计算机安全监察的职权。由此可见，计算机信息系统的安全保护已受到了政府的高度重视，并步入了科学化、规范化的轨道。

9.2.1 计算机信息系统安全保护的一般原则

计算机信息系统的安全保护难度大，投资高，甚至远远超过计算机信息系统本身的价格。

因此，实施安全保护时应根据计算机信息系统的重要性，划分出不同的等级，实施相应的安全保护。按照计算机信息系统安全保护的基本思想，计算机信息系统安全保护的基本原则有以下几个。

(1) 价值等价原则。这里讲的是价值等价，而不是价格等价。计算机信息系统硬软件费用的总和代表了价格，而它的价值与它处理的信息直接相关。例如，花1万元购进的一台普通计算机，用于一般的文字处理服务，它的价值基本上与价格相等；若将这台计算机用于国防或尖端科学技术信息管理，那么它的价值远远高于它的价格。计算机系统的价值与系统的安全等级有关，安全等级是根据价格与处理信息的重要性来综合评估的，是计算机信息系统实际价值的关键性权值。因此，在对计算机信息系统实施安全保护时，要看是否值得，对一般用途的少投入，对于涉及国家安全、社会安定等的重要系统要多投入。

(2) 综合治理原则。计算机信息系统的安全保护是一个综合性的问题，一方面，要采用各种技术手段来提高安全防御能力，如数据加密、口令机制、电磁屏蔽、防火墙技术及各种监视、报警系统等；另一方面，要加强法制建设和宣传，对计算机犯罪行为进行打击。同时也要加强安全管理和安全教育，建立、健全计算机信息系统的安全管理制度，通过多种形式的安全培训和教育，提高系统使用人员的安全技术水平，增强他们的安全意识。

(3) 突出重点的原则。计算机信息系统的安全保护工作，重点维护国家事务、经济建设、国防建设、尖端科学技术等重要领域的计算机信息系统的安全。

(4) 同步原则。同步原则是指计算机信息系统安全保护在系统设计时应纳入总体进行考虑，避免在今后增加安全保护设施时造成应用系统和安全保护系统之间的冲突与矛盾，达不到应该达到的安全保护目标。同步的另一层意思是计算机信息系统在运行期间应按其安全保护等级实施相应的安全保护。

9.2.2 计算机信息系统安全保护技术

计算机信息系统安全保护技术是通过技术手段对实体安全、运行安全、信息安全和网络安全实施保护，是一种主动的保护措施，增强计算机信息系统防御攻击和破坏的能力。

1. 实体安全技术

实体安全技术是为了保护计算机信息系统的实体安全而采取的技术措施，主要有以下几个方面。

(1) 接地要求与技术。接地分为避雷接地、交流电源接地和直流电源接地等多种方式。避雷接地是为了减少雷电对计算机机房建筑、计算机及设备的破坏，以及保护系统使用人员的人身安全，其接地点应深埋地下，采用与大地良好相通的金属板为接地点，接地电阻应小于10Ω，这样才能为遭到雷击时的强大电流提供良好的放电路径。交流电源接地是为了保护人身及设备的安全，安全正确的交流供电线路应该是三芯线，即相线、中线和地线，地线的接地电阻值应小于4Ω。直流电源为各个信号回路提供能源，常由交流电源经过整流变换而来，它处在各种信号和交流电源交汇的地方。直流电源良好的接地是去耦合、滤波等，其接地电阻要求在 4Ω 以下。

(2) 防火安全技术。从国内外的情况分析，火灾是威胁实体安全最大的因素。因此，从技术上采取一些防火措施是十分必要的。

建筑防火：建筑防火是指在修建机房建筑时采取一些防火措施。一般隔墙应采用耐火等级高的建筑材料，室内装修的表面材料应采用符合防火等级要求的装饰材料，应设置两个以上的出入口，并应考虑排烟孔，以减轻火势的蔓延。为了防止电气火灾，应设置应急开关，以便快速切断电源。

设置报警装置：设置报警装置的目的是尽早发现火灾，在火灾的早期进行扑救以减小损失，通常在屋顶或地板之下安放烟感装置。

设置灭火设备：灭火设备包括人工操作的灭火器和自动消防系统两大类。灭火器适合于安全级别要求不高的小型计算机信息系统，灭火器应选择灭火效率高，且不损伤计算机设备的种类。特别注意的是，不能采用水去灭火，水有很好的导电性能，会使计算机设备因短路而烧坏。自动消防系统造价高，它能自动监测火情、自动报警并能自动切断电源，同时启动预先安好的灭火设备进行灭火，适合于重要的、大型的计算机信息系统。

(3) 防盗技术。防盗技术是防止计算机设备被盗窃而采取的一些技术措施，分为阻拦设施、报警装置、监视装置及设备标记等方面。阻拦设施是为了防止盗窃犯从门窗等薄弱环节进入计算机机房进行偷盗活动，常用的做法是安装防盗门窗，必要时配备电子门锁。报警装置是窃贼进入计算机机房内，接近或触摸被保护设备时自动报警，有光电系统、微波系统、红外线系统几大类。监视装置是利用闭路电视对计算机机房的各部位进行监视保护，这种系统造价高，适合于重要的计算机信息系统。设备标记是为了设备被盗后查找赃物时准确、方便，在为设备制作标记时应采用先进的技术，使标记便于辨认，且不能清除。

2. 运行安全技术

运行安全技术是为了保障计算机信息系统安全运行而采取的一些技术措施和技术手段，分为风险分析、审记跟踪、应急措施和容错技术几个方面。

(1) 风险分析。风险分析是对计算机信息系统可能遭到攻击的部位及其防御能力进行评估，并对攻击发生的可能性进行预测。风险分析的结果是确定安全保护级别和措施的重要依据，既避免了盲目进行保护造成的经济损失，也使应该保护的地方得到强有力的保护。风险分析分为四个阶段：即系统设计前的风险分析、系统运行前的风险分析、系统运行期间的风险分析及系统运行后的风险分析。风险分析过程中应对可能的风险来源进行估计，并对其危害的严重性、可能性做出定量的评估。

(2) 审记跟踪。审记跟踪是采用一些技术手段对计算机信息系统的运行状况及用户使用情况进行跟踪记录。其主要功能包括：一是记录用户活动，记录下用户名、使用系统的起始日期和时间，以及访问的数据库等。二是监视系统的运行和使用状况，可以发现系统文件和数据正在被哪些用户访问，硬件系统运行是否处于正常状态，有故障及时报警。三是安全事故定位，如某用户多次使用错误口令试图进入系统，试图越权访问或删除某些程序和文件等，这时审记跟踪系统会记录下用户的终端号及使用时间等定位信息。四是保存跟踪日志，日志是计算机信息系统一天的运行状况及使用状况的一个记录，它直接保存在磁盘上，可以通过阅读日志发现很多安全隐患。

(3) 应急措施。无论如何进行安全保护，计算机信息系统在运行过程中都可能发生一些突发事件，导致系统不能正常运行，甚至整个系统瘫痪。因此，在事前要做一些应急准备，事后实施一些应急措施。应急准备包括关键设备的整机备份、设备主要配件备份、电源备份、软件备份及数据备份等。一旦事故发生，应立即启用备份，使计算机信息系统尽快恢复正常工作。此外，对于应付火灾、水灾这类灾害，应制订人员及设备的快速撤离方案，规划好撤离线路，并落实到具体的工作岗位。事故发生后，应根据平时的应急准备，快速实施应急措施，尽快使系统恢复正常运行，减少损失。

(4) 容错技术。容错技术是使系统能够发现和确认错误，给用户错误提示信息，并试图自动恢复。容错能力是评价一个系统是否先进的重要指标，容错的第一种方式是通过软件设计来解决。例如，在学生管理系统中输入学生的性别时，只有男、女两个选择，当输入其他汉字时应该给出错误提示，并等待新的输入。第二种容错方式是对数据进行冗余编码，常用的有奇偶校码、循环冗余码、分组码及卷积码等。这些编码方式使信息占用的存储空间加大、传输时间加长，但它们可以发现和纠正一些数据错误。第三种容错方式是采用多个磁盘来完成，如磁盘冗余阵列、磁盘镜像、磁盘双工等。

3. 信息安全技术

为了保障信息的可用性、完整性、保密性而采用的技术措施称为信息安全技术。为了保护信息不被非法地使用或删改，对其访问必须加以控制，如设置用户权限、使用口令、密码以及身份验证等。为了使信息被窃取后不可识别，必须对数据按一定的算法进行处理，这称为数据加密。加密后的数据在使用时必须进行解密后才能阅读，其关键的是加解密算法和加解密密钥。

防止信息通过电磁辐射而泄露的技术措施主要有四种：一是采用低辐射的计算机设备，这类设备辐射强度低，但造价高；二是采用安全距离保护，辐射强度是随着距离的增加而减弱的，在一定距离之后，场强减弱，使接收设备不能正常接收；三是利用噪声干扰方法，在计算机旁安放一台噪声干扰器，使干扰器产生的噪声和计算机设备产生的辐射混杂在一起，使接收设备不能正确复现计算机设备的辐射信息；四是利用电磁屏蔽使辐射电磁波的能量不外泄，方法是采用低电阻的金属导体材料制作一个表面封闭的空心立体把计算机设备罩住，辐射电磁波遇到屏蔽体后产生折射或被吸收，这种屏蔽体被称为屏蔽室。

4. 网络安全技术

计算机网络的目标是实现资源的共享，也正因为要实现共享资源，网络的安全遭到多方面的威胁。网络分为内部网和互联网两个类型，内部网是一个企业、一个学校或一个机构内部使用的计算机组成的网络。互联网是将多个内部网络连接起来，实现更大范围内的资源共享，众所周知的 Internet 是一个国际范围的互联网。

9.2.3 内部网的安全技术

对内部网的攻击主要来自内部，据有关资料统计，其比例高达 85%。因此，内部网的安全技术是十分重要的，其实用安全技术有如下几个方面。

(1) 身份验证。身份验证是对使用网络的终端用户进行识别的验证，以证实他是否为声称的那个人，防止假冒。身份验证包含识别和验证两个部分，识别是对用户声称的标识进行对比，看是否符合条件；验证是对用户的身份进行验证，其验证的方法有口令、信物及人类生物特征。真正可靠的是利用人的生物特征，如指纹、声音等。

(2) 报文验证。报文验证包括内容的完整性、真实性、正确的验证以及报文发送方和接收方的验证。报文内容验证可以通过在报文中加入一些验证码，收到报文后利用验证码进行鉴别，符合的接收，不符合的拒绝。对于报文是否来自确认发送方的验证，一是对发送方加密的身份标识解密后进行识别；二是报文中设置加密的通行字。确认自己是否为该报文的目的接收方的方法与确认发送方的方法类似。

(3) 数字签名。签名的目的是为了确信信息是由签名者认可的，这在人们的日常生活及工作中是常见的现象。电子签名作为一种安全技术使签名者事后不能否认自己的签名，且签名不能被伪造和冒充。电子签名是一种组合加密技术，密文和用来解码的密钥一起发送，而该密钥本身又被加密，还需要另一个密钥来解码。由此可见，电子签名具有较好的安全性，是电子商业中首选的安全技术。

(4) 信息加密技术。加密技术是密码学研究的主要范畴，是一种主动的信息安全保护技术，能有效地防止信息泄露。在网络中主要是对信息的传输进行加密保护，在信息的发送方利用一定的加密算法将明文变成密文后在通信线路中传送，收方收到的是密文，必须经过一个解密算法才能恢复为明文，这样就只有确认的通信双方才能进行正确的信息交换。加密算法的实现既可以通过硬件，也可以通过软件。

9.2.4 Internet 的安全技术

Internet 经过多年的发展，已成为世界上规模最大、用户最多、资源最丰富的网络系统，覆盖了160多个国家和地区，其内约有10万个子网，有1亿多个用户。它引起了人类生活及工作方式的深刻变革。Internet 是一个无中心的分布式网络，在安全性方面十分脆弱。近年来大型网站遭到“黑客”攻击的事件频频发生，因此，了解和掌握一些 Internet 的安全技术是十分有益的。

1. 防火墙概述

防火墙是在内部网和外部网之间实施安全防范的系统(含硬件和软件)，也可被认为是一种访问控制机制，用于确定哪些内部服务可被外部访问。防火墙有两种基本保护原则：第一种原则是未被允许的均为禁止，这时防火墙封锁所有的信息流，然后对希望的服务逐项开放。这种原则安全性高，但使用不够方便；第二种原则是未被禁止的均为允许，这时防火墙转发所有的信息流，再逐项屏蔽可能有害的服务。这种原则使用方便，但安全性容易遭到破坏。

2. 防火墙的分类

防火墙根据功能的特点分为包过滤型、代理服务器及复合型三种。

(1) 包过滤型。包过滤型通常安装在路由器上，多数商用路由器都提供包过滤功能。包的过滤是根据信息包中的源地址、目标地址及所用端口等信息与事先定好的进行比较，相同的允许通过；反之则被拒绝。这种防火墙的优点是使用方便、速度快且易于维护，缺点是易于欺骗且不记录有谁曾经通过。

(2) 代理服务器。代理服务器也称应用级网关，它把内部网和外部网进行隔离，内部网和外部网之间没有了物理连接，不能直接进行数据交换，所有数据交换均由代理服务器完成。例如,内部用户对外发出的请求要经由代理服务器审核,当符合条件时,代理服务器为其到指定地址取回信息后转发给用户。代理服务器还对提供的服务产生一个详细的记录,也就是说,提供日志及审记服务。这种防火墙的缺点是使用不够方便,且易产生通信瓶颈。

(3) 复合型。复合型防火墙是包过滤型防火墙和代理服务器防火墙相结合的产物,它具有两种防火墙的功能,有双归属网关、屏蔽主机网关和屏蔽子网防火墙三种类型。

9.2.5 计算机信息系统的安全管理

安全管理是计算机信息系统安全保护中的重要环节。计算机信息系统的使用单位应当建立、健全安全管理制度,负责本单位计算机信息系统的安全保护工作。各单位应根据本单位计算机信息系统的安全级别,做好组织建设和制度建设。

1. 组织建设

计算机信息系统安全保护的组织建设是安全管理的根本保证,单位领导必须主管计算机信息系统的安全保护工作,成立专门的安全保护机构,根据本单位系统的安全级别设置多个专兼职岗位,做好工作的分工和责任落实,绝不能只由计算机信息系统的具体使用部门一家来独立管理。在安全管理机构的人员构成上应做到领导、保卫人员和计算机技术人员的“三结合”。在技术人员方面还应考虑各个专业的适当搭配,如系统分析人员、硬件技术人员、软件技术人员、网络技术人员及通信技术人员等。安全管理机构应该定期组织人员对本单位计算机信息的安全情况进行检查,发现问题应及时解决;组织建立健全各项安全管理制度,并经常监督其执行情况;对各种安全设施设备定期检查其有效性,保证其功能的正常发挥。除此以外,还应对当前易遭到的攻击进行分析和预测,并采取适当措施加以防备。

2. 制度建设

只有搞好制度建设,才能将计算机信息管理系统的安全管理落到实处,做到各种行为有章可循,职责分明。安全管理制度应该包含以下几个方面的内容。

(1) 保密制度。对于有保密要求的计算机信息系统,必须建立此项制度。首先应对各种资料和数据按有关规定划分为绝密、机密、秘密三个保密等级,制定出相应的访问、查询及修改的限制条款,并对用户设置相应的权限。对于违反保密制度规定的应做出相应处罚,直至追究刑事责任,移送公安机关。

(2) 人事管理制度。人事管理制度是指对计算机信息管理系统的管理与使用人员调出和调入做出一些管理规定。主要包括政治审查、技术审查及上网安全培训、调离条件及保密责任等内容。

(3) 环境安全制度。环境安全制度应包括机房建筑环境、防火防盗防水、消防设备、供电线路、危险物品以及室内温度等建立相应的管理规定。

(4) 出入管理制度。包括登记制度、验证制度、着装制度以及钥匙管理制度等。

(5) 操作与维护制度。操作规程的制定是计算机信息系统正确使用的纲领,在制定它时应科学化、规范化。系统的维护是正常运行的保证,通过维护及早发现问题,避免很多安全事故的发生。在制定维护制度时,应对重点维护、全面维护、维护方法等做出具体规定。

(6) 日志管理及交接班制度。日志是计算机信息系统一天的详细运行情况的记载,分为人工记录日志和计算机自动记录日志两部分。制定该制度时,在保证日志的完整性、准确性及可用性等方面做出详细的规定。交接班制度是落实责任的一种管理方式，应对交接班的时间、交接班时应交接的内容做出规定，交接班人应在记录上签名。

(7) 器材管理制度。器材，尤其是应急器材是解决安全事故的物质保证，应对器材存储的位置、环境条件、数量多少、进货渠道等方面做出详细的规定。

(8) 计算机病毒防治制度。计算机病毒已经成为影响计算机信息系统安全的大敌。该制度中应该对防止病毒的硬软件做出具体规定，对于防病毒软件一般要求两种以上，并应定期进行病毒检查和清除。对病毒的来源应严格加以封锁，不允许外来磁盘接入，不运行来源不明的软件，更不允许编制病毒程序。

9.2.6 计算机信息系统的安全教育

对计算机信息系统的攻击绝大多数都是人为的。一种情况是法制观念不强，对计算机信息系统故意破坏的犯罪行为；另一种情况是安全意识不够、安全技术水平低，在工作中麻痹大意，造成了安全事故。因此，加强安全教育是保护计算机信息系统安全的一个基础工作。

任务 9.3 计算机病毒

计算机病毒是软件技术高度发展的一个负面产物，它给计算机信息系统的安全造成了严重的威胁，反病毒已经成为信息产业中一个重要的分支。计算机病毒不但没有随着反病毒软件队伍的不断壮大而退出历史舞台，相反在这个日益信息化、网络化的时代里，它的危害愈演愈烈。本任务将对计算机病毒的有关知识加以介绍。

9.3.1 计算机病毒的定义及其特点

1984 年 5 月 Cohen 博士在世界上第一次给出了计算机病毒的定义：计算机病毒是一段程序，它通过修改其他程序把自我复制嵌入而实现对其他程序的感染。计算机病毒虽然对人体无害，但它具有生物病毒类似的特征。

(1) 传染性。计算机病毒具有自我复制的能力，能将自己嵌入别的程序中实现其传染的目的。是否有传染性是判断是否为病毒的基本标志。

(2) 隐蔽性。计算机病毒是嵌在正常程序中，没有发作时，一切正常，使之不被发觉。

(3) 破坏性。计算机病毒是为了破坏数据或硬软件资源，凡是软件技术能触及的资源均可能遭到破坏。

(4) 潜伏性。计算机病毒并不是一传染给别的程序后就立即发作，而是等待着一定条件的发生，在此期间它们不断感染新的对象，一旦满足条件时的破坏范围更大。

9.3.2 计算机病毒的传播途径和危害

计算机病毒可以通过硬盘、光盘及网络等多种途径传播。当计算机因使用带病毒的 U 盘而遭到感染后，又会感染以后被使用的 U 盘，如此循环往复使传播的范围越来越大。通过计算机网络传播病毒已经成为主流方式，这种方式传播的速度极快，且范围特广。人们在 Internet 中进行邮件收发、下载程序、文件传输等操作时，均可被感染病毒。Internet 上的病毒大多是 Windows 时代宏病毒的延续，它们往往利用强大的宏语言读取 E-mail 软件的地址簿，并将自己作为附件发送到地址簿的那些 E-mail 地址，从而实现病毒的网上传播。这种传播方式极快，感染的用户成几何级数增加，其危害是以前任何一种病毒无法比拟的。

计算机病毒的种类繁多，危害极大，对计算机信息系统的危害主要有以下四个方面。

(1) 破坏系统和数据。病毒通过感染并破坏计算机硬盘的引导扇区、分区表，或用错误数据改写主板上可擦写型 BIOS 芯片，造成整个系统瘫痪、数据丢失，甚至主板损坏。

(2) 耗费资源。病毒通过感染可执行程序，大量耗费 CPU、内存及硬盘资源，造成计算机运行效率大幅度降低，表现出计算机处理速度变慢的现象。

(3) 破坏功能。计算机病毒可能造成不能正常列出文件清单、封锁打印功能等。

(4) 删改文件。对用户的程序及其他各类文件进行删除或更改，破坏用户资料。

9.3.3 计算机病毒的防治

搞好计算机病毒的防治是减少其危害的有力措施，防治的办法一是从管理入手；二是采取一些技术手段，如定期利用杀毒软件检查和清除病毒或安装防病毒卡等。

1. 管理措施

具体管理措施如下。

(1) 不要随意使用外来软盘，使用时必须务必先用杀毒软件扫描，确信无毒后方可使用。

(2) 不要使用来源不明的程序，尤其是游戏程序，这些程序中很可能有病毒。

(3) 不要到网上随意下载程序或资料，对来源不明的邮件不要随意打开。

(4) 不要使用盗版光盘上的软件，甚至不将盗版光盘放入光驱内，因为自启动程序便可能使病毒传染到你的计算机上。

(5) 对重要的数据和程序应做独立备份，以防万一。

(6) 对特定日期发作的病毒应做提示公告。

2. 技术措施

(1) 杀毒软件。杀毒软件分为单机版和网络版，单机版只能检查和消除单台机器上的病毒，价格较便宜；网络版可以检查和消除整个网络中各台计算机上的病毒，价格较为昂贵。值得提醒的是，任何一个杀毒软件都不可能检查出所有病毒，当然更不能清除所有的病毒，因为软件公司不可能收集到所有的病毒，且新的病毒在不断产生。

新的杀毒软件大多具有实时监控、检查及杀毒三个功能。监控功能只要在操作系统中安装即可，检查和杀毒功能的使用也很简单。

(2) 防病毒卡。防病毒卡是用硬件的方式保护计算机免遭病毒的感染。防病毒卡有以下特点。

① 广泛性。防病毒卡是以病毒机理入手进行有效的检测和防范，因此可以检测出具有共性的一类病毒，包括未曾发现的病毒。

② 双向性。防病毒卡既能防止外来病毒的侵入，又能抑制已有的病毒向外扩散。

③ 自保护性。任何杀毒软件都不能保证自身不被病毒感染，而防病毒卡是采用特殊的硬件保护，使自身免遭病毒感染。

任务 9.4 网络安全技术

随着网络应用的普及,黑客发起的网络攻击也越来越多,攻击的方式和手段也在不断更新。研究黑客入侵过程是为了做好网络安全的防范工作。

9.4.1 黑客入侵攻击的一般过程

黑客入侵攻击的一般过程如下所述。

(1) 确定攻击的目标。

(2) 收集被攻击对象的有关信息。黑客在获取了目标机及其所在的网络的类型后,还需进一步获取有关信息,如目标机的 IP 地址、操作系统类型和版本、系统管理人员的邮件地址等。根据这些信息进行分析,可得到被攻击方系统中可能存在的漏洞。

(3) 利用适当的工具进行扫描。收集或编写适当的工具,并在对操作系统分析的基础上对工具进行评估,判断有哪些漏洞和区域没有覆盖到。然后在尽可能短的时间内对目标进行扫描。完成扫描后,可以对所获数据进行分析,发现安全漏洞,如 FTP 漏洞、NFS 输出到未授权程序中、不受限制的服务器访问、不受限制的调制解调器、Sendmail 的漏洞以及 NIS 口令文件访问等。

(4) 建立模拟环境,进行模拟攻击。根据之前所获得的信息,建立模拟环境,然后对模拟目标机进行一系列攻击,测试对方可能的反应。通过检查被攻击方的日志,可以了解攻击过程中留下的"痕迹"。这样攻击者就可以知道需要删除哪些文件来毁灭其入侵证据了。

(5) 实施攻击。根据已知的漏洞实施攻击。通过猜测程序可对截获的用户账号和口令进行破译;利用破译程序可对截获的系统密码文件进行破译;利用网络和系统本身的薄弱环节与安全漏洞可实施电子引诱(如安装木马)等。黑客们或修改网页进行恶作剧,或破坏系统程序,或施放病毒使系统陷入瘫痪,或窃取政治、军事、商业秘密,或进行电子邮件骚扰,或转移资金账户、窃取金钱等。

(6) 清除痕迹。

9.4.2 网络安全所涉及的技术

1. 网络扫描

扫描器对于攻击者来说是必不可少的工具,但它也是网络管理员在网络安全维护中的重要工具。扫描器的定义比较广泛,不限于一般的端口扫描,也不限于针对漏洞的扫描,它也可以是某种服务、某个协议。端口扫描只是扫描系统中最基本的形态和模块。扫描器的主要功能列举如下。

(1) 检测主机是否在线。

(2) 扫描目标系统开放的端口,有的还可以测试端口的服务信息。

(3) 获取目标操作系统的敏感信息。

(4) 破解系统口令。

(5) 扫描其他系统敏感信息,如 CGIScanner、AspScanner,从各个主要端口取得服务信息的 Scanner、数据库 Scanner 以及木马 Scanner 等。

一个优秀的扫描器能检测整个系统各个部分的安全性,能获取各种敏感的信息,并能试图通过攻击以观察系统反应等。扫描的种类和方法不尽相同,有的扫描方式甚至相当怪异且很难被发觉,但却相当有效。常用的扫描工具有 X-scan、Nmap 等。

2. 网络监听

网络监听是黑客在局域网中常用的一种技术。它在网络中监听别人的数据包,监听的目的就是分析数据包,从而获得一些敏感信息,如账号和密码等。其实网络监听也是网络管理员经常使用的一个工具,主要用来监视网络的流量、状态、数据等信息,比如,Wireshark 就是许多系统管理员手中的必备工具。另外,分析数据包对于防范黑客,如扫描过程、攻击过程也非常重要,从而制定相应防火墙规则来应对。因此网络监听工具和网络扫描工具一样,是把双刃剑,要正确地对待它。

网卡收到传输来的数据时,网卡先接收数据头的目的 MAC 地址。通常情况下,像收信一样,只有收信人才去打开信件,同样网卡只接收和自己地址有关的信息包,即只有目的 MAC 地址与本地 MAC 地址相同的数据包或者是广播包(多播等),网卡才接收。否则,这些数据包就直接被网卡抛弃。

网卡还可以工作在另一种模式中,即“混杂”(Promiscuous)模式。此时网卡进行包过滤不同于普通模式,混杂模式不理会数据包头内容,让所有经过的数据包都传递给操作系统去处理,那么它就可以捕获网络上所有经过它的数据帧了。如果一台机器的网卡被配置成这样的方式,它(包括其软件)就是一个嗅探器。常用的嗅探工具有 Wireshark 等。

3. 木马

木马(其名称来自希腊神话的特洛伊木马,以下简称木马),英文叫作 Trojan Horse。它是一种基于远程控制的黑客工具(病毒程序)。作为网管要格外重视木马的预防与处理。常见的木马一般是客户端/服务器端(C/S)模式。客户端/服务器端之间采用 TCP/UDP 的通信方式,攻击者控制的是相应的客户端程序。服务器端程序是木马程序,木马程序被植入了毫不知情用户的计算机中,以“里应外合”的工作方式,服务程序通过打开特定的端口并进行监听(Listen),这些端口好像“后门”一样,所以,也有人把木马叫作后门工具。攻击者所掌握的客户端程序向该端口发出请求(Connect Request),木马便和它连接起来了,攻击者就可以使用控制器进入计算机,通过客户端程序命令达到控制服务器端的目的。

这类木马的一般工作模式如图 9-1 所示。

自木马程序诞生至今已经出现了多种类型。现在大多数的木马都不是单一功能的木马,它们往往是很多种功能的集成品,木马有网络游戏类木马、网银类木马、即时通信类木马、网页单击类木马、下载类木马、代理类木马等多种形式。

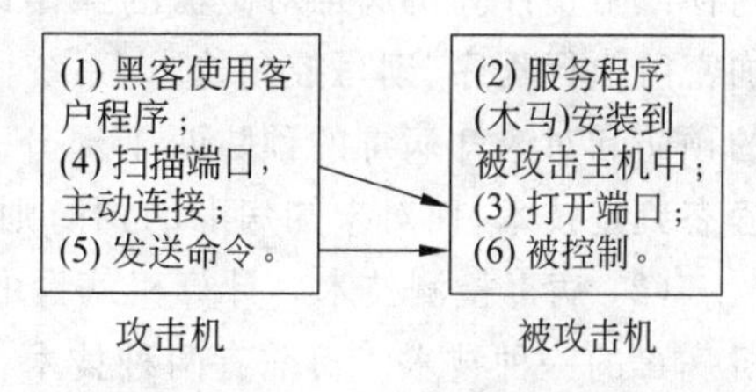

图 9-1 木马工作原理

4. 拒绝服务攻击

拒绝服务(Denial of Service,DoS)攻击广义上可以指任何导致网络设备(服务器、防火墙、交换机、路由器等)不能正常提供服务的攻击,现在一般指的是针对服务器的 DoS 攻击。这种攻击会造成网络的堵塞,导致用户不能正常使用他所需要的服务。

从网络攻击的各种方法和所产生的破坏情况看,DoS 是一种很简单但又很有效的进攻方式。尤其是对ISP、电信部门、DNS服务器、Web服务器、防火墙等来说，DoS攻击的影响都非常大。

DoS攻击的目的就是拒绝服务访问、破坏组织的正常运行，最终它会使部分Internet连接和网络系统失效。有些人认为DoS攻击是没用的，因为它们不会直接导致系统渗透。但是黑客使用DoS攻击有以下几个目的。

(1) 使服务器崩溃并让其他人也无法访问。

(2) 黑客为了冒充某台服务器，就对它进行DoS攻击，使其瘫痪。

(3) 黑客为了启动安装的木马，要求系统重启，DoS攻击可以用于强制服务器重启。

DoS的攻击方式有很多种，根据其攻击手法和目的不同，有两种形式。一种是以消耗目标主机的可用资源为目的，使目标服务器忙于应付大量非法的、无用的连接请求，占用了服务器所有的资源，造成服务器对正常的请求无法再做出及时响应，从而形成事实上的服务中断，这也是最常见的拒绝服务攻击形式。这种攻击主要利用的是网络协议或者是系统的一些特点和漏洞进行攻击。针对这些漏洞的攻击，目前在网络中都有大量的现成工具可以使用。另一种拒绝服务攻击是以消耗服务器链路的有效带宽为目的，攻击者通过发送大量无用的数据包，将整条链路的带宽全部占用，从而使合法用户请求无法通过链路到达服务器。具体的攻击方式很多，例如发送垃圾邮件，向匿名FTP上传垃圾文件，把服务器的硬盘塞满；合理利用策略锁定账户，一般服务器都有关于账户锁定的安全策略，某个账户连续3次登录失败，那么这个账号将被锁定。破坏者用这个账号错误登录，使得这个账号被锁定，使合法的用户不能登录系统。

5. 防病毒技术

由于网络环境下的计算机病毒是网络系统的最大攻击者，具有强大的传染性和破坏性，因此，网络防病毒技术已成为网络安全防御技术的又一重要研究课题。网络防毒技术可以直观地分为病毒预防技术、病毒检测技术及病毒清除技术。

(1) 病毒预防技术。计算机病毒的预防技术就是通过一定的技术手段防止计算机病毒传染和对系统破坏。实际上这是一种动态判定技术，即一种行为规则判定技术。也就是说，计算机病毒的预防是采用对病毒的规则进行分类处理，而后在程序运作中凡有类似的规则出现则认定是计算机病毒。具体来说，计算机病毒的预防是通过阻止计算机病毒进入系统内存或阻止计算机病毒对磁盘的操作，尤其是写操作。预防病毒技术包括磁盘引导区保护、加密可执行程序、读写控制技术、系统监控技术等。计算机病毒的预防应用包括对已知病毒的预防和对未知病毒的预防两个部分。目前，对已知病毒的预防可以采用特征判定技术或静态判定技术，而对未知病毒的预防则是一种行为规则的判定技术，即动态判定技术。

(2) 病毒检测技术。计算机病毒的检测技术是指通过一定的技术手段判定出特定计算机病毒的一种技术。目前有两种技术：一种是根据计算机病毒的关键字、特征程序段内容、病毒特征及传染方式、文件长度的变化，在特征分类的基础上建立的病毒检测技术。另一种是不针对具体病毒程序的自身校验技术，即对某个文件或数据段进行检验和计算并保存其结果，以后定期或不定期地以保存的结果对该文件或数据段进行检验，若出现差异，即表示该文件或数据段完整性已遭到破坏，感染上了病毒，从而检测到病毒的存在。

(3) 病毒清除技术。计算机病毒的清除技术是计算机病毒检测技术发展的必然结果，是计算机病毒传染程序的一种逆过程。目前，清除病毒大多是在某种病毒出现后，通过对其进行分析、研究而研制出来的具有相应解毒功能的软件。这类软件技术的发展往往是被动的，具有滞后性。由于计算机软件所要求的精确性，杀毒软件有其局限性，对有些变种病毒的清除无能为力。常见的防病毒软件有卡巴斯基、诺顿、McAfee、360安全卫士等。

6. 防火墙技术

保护网络安全的主要手段之一是构筑防火墙(Firewall)。防火墙是一种网络安全防护系统，是由硬件和软件构成的用来在网络之间执行控制策略的系统。在设计防火墙时，人们认为防火墙保护的内部网络是“可信赖的网络”(Trusted Network)，而外部网络是“不可信赖的网络”(Untrusted Network)。设置防火墙的目的是保护内部网络资源不被外部非授权用户使用，防止内部受到外部非法用户的攻击。防火墙安装的位置一定是在内部网与外部网之间。

防火墙的主要功能如下。

(1) 检查所有从外部网进入内部网的数据包。

(2) 检查所有从内部网流出到外部网的数据包。

(3) 执行安全策略，限制所有不符合安全策略要求的分组通过。

(4) 具有防攻击能力，保证自身的安全性。

这种技术通过防火墙事先设置好的安全策略对进出内部网和外部网的数据流量进行分析、监测、管理和控制，从而保护内部网的资源和信息。防火墙可以分为3类：包过滤型防火墙、应用代理服务器防火墙和状态检测防火墙。

9.4.3 木马检测

在正常使用计算机时，发现计算机发生了明显的变化，如硬盘在不停地读/写、鼠标失控、键盘无效、一些窗口在未经过自己允许的情况下被关闭、新的窗口被莫名其妙地打开等。这一切不正常的现象，都可能是木马客户端在远程控制计算机，可以通过下面的方法检测。

1. 查看端口

木马启动后，自然会打开端口。可以通过检查端口的情况，查看有无木马。但是这种方法无法查出驱动程序/动态链接类型木马。

(1) netstat命令。netstat是Windows自带的网络命令，在DOS窗口或命令行下运行，可以使用户了解到自己的主机与Internet相连接的情况。它可以显示当前正在活动的网络连接的详细信息。

(2) 专用工具。通过专用工具，如Fport、Tcpview等都可以检查端口的情况，以及相关的进程、相关的DLL文件的情况。

2. 检查账户

恶意攻击者非常喜欢使用克隆账号的方法来控制计算机。他们采用的方法就是激活一个系统中的默认账户，但这个账户是不经常用的，然后使用工具把这个账户提升到管理员权限，从表面上看来这个账户还是和原来一样，但是这个克隆的账户却是系统中最大的安全隐患。恶意攻击者可以通过这个账户任意地控制计算机。为了避免这种情况，可以用简单的方法对账户进行检测。

首先，在命令行下输入netuser，查看计算机上有些什么用户。其次，再使用“netuser用户名"查看这个用户属于什么权限,一般除了 Administrator 是 administrators 组的以外,其他都不是。如果发现一个系统内置的用户是属于 administrators 组的,那有可能是计算机被入侵了。

3. 检查注册表

木马可以通过注册表启动,可以通过检查注册表发现木马在注册表里留下的痕迹。常见的位置有:

HKEY-LOCAL-MACHINE\Software\Microsoft\Windows\CurrentVersion 下所有以 run 开头的键值;

HKEY-CURRENT-USER\Software\Microsoft\Windows\CurrentVersion 下所有以 run 开头的键值;

HKEY-USERSVDefault\Software\Microsoft\Windows\CurrentVersion 下所有以 run 开头的键值。

4. 检查配置文件

根据木马在配置文件中的设置来发现木马。用户平时使用的是图形化界面的操作系统,对于那些已经不太重要的配置文件大多数是不闻不问,这正好给木马提供了一个藏身之处。而且利用配置文件的特殊作用,木马很容易就能在用户的计算机中运行、发作,从而偷窥或者监视用户。比如,黑客会在 Autoexec. bat 和 Config. sys 中加载木马程序,因此不能掉以轻心。

9.4.4 木马的防御与清除

木马一般都是通过 E-mail 和文件下载传播的。因此要提高防范意识,不要打开陌生人信中的附件。最好到正规网站下载软件,这些网站的软件更新快,且大部分都经过测试,可以放心使用。假如需要下载一些非正规网站上的软件,注意不要在在线状态下安装软件,一旦软件中含有木马程序,就有可能导致系统信息的泄露。

一旦发现了木马,最简单的方法就是使用杀毒软件。现在国内的杀毒软件都推出了清除某些特洛伊木马的功能,如 360 安全卫士、金山毒霸、瑞星等,可以不定期地在脱机的情况下进行检查和清除。另外,有的杀毒软件还提供网络实时监控功能,这一功能可以在黑客从远端执行用户机器上的文件时,提供报警或让执行失败,使黑客向用户机器上载可执行文件后无法正确执行。

任务 9.5 计算机软件的知识产权及保护

世界知识产权组织的大量专家花了近 10 年的时间于 1971 年就保护计算机软件的知识产权在《伯尔尼公约》中达成了等同于文学作品的保护协定。在之后的 20 多年时间里,世界上主要使用计算机的国家都接受了以版权来保护计算机软件的选择。我国政府于 1991 年颁布了《计算机软件保护条例》,从而使计算机软件知识产权的保护走上了法制的轨道。

9.5.1 计算机软件保护条例概述

整个《计算机软件保护条例》分为总则、计算机软件著作权、计算机软件的登记管理、法律责任和附则五章。

在“总则”中明确了制定本条例的目的是保护计算机软件著作权人的权益，调整计算机软件在开发、传播和使用中发生的利益关系，鼓励计算机软件的开发与流通，促进计算机应用事业的发展，同时对有关术语做出了明确的定义，规定了对计算机软件保护的范围。

在“计算机软件著作权”一章中，规定了计算机软件版权的归属人、软件保护的期限以及著作权人享有的各项权利。特别规定了因课堂教学、科学研究、国家机关执行公务等非商业性目的可进行少量复制，可不经软件著作权人或合法受让者的同意，并不支付其报酬。

在“计算机软件的登记管理”一章中，规定了软件包著作权人申请登记应提交的文档和材料，软件登记机关发送的登记证明文件是软件著作权有效的证明。向国外转让软件权利时必须报国务院有关主管部门批准并向软件登记管理机构备案。

在“法律责任”一章中，对侵犯软件著作权人合法权利的行为给出了具体的处罚措施，行政处罚由国家软件著作权行政管理部门执行，情节严重的移交司法机关追究刑事责任。对于软件著作权的各种纠纷，可向国家软件著作仲裁机构申请仲裁，也可直接向人民法院起诉。

“附则”一章说明了本条例的解释权属国务院主管软件登记管理和软件著作权的行政管理部门，并公布了本条例的施行日期为1991年10月1日。

9.5.2 计算机软件知识产权侵权案例分析

1. Stac诉微软案

1993年1月，美国的Stac公司向法院起诉，控告微软公司的操作系统MS-DOS侵害了它的数据压缩专利权。

Stac公司拥有数据压缩技术方面的几项专利，这种技术能够使计算机磁盘的存储容量增大将近一倍。利用这种技术，Stac公司开发并销售自己的产品*Stacker*。微软公司曾经向Stac公司要求得到把*Stacker*引入MS-DOS的许可，但由于许可费用方面存在分歧，双方最终未能达成协议。1993年1月，微软公司推出MS-DOS 6.0，其中有与*Stacker*数据压缩技术相同的磁盘压缩程序Double Space。

*Stacker*的销售量立即下跌，Stac公司向法院提出诉讼。

微软则反诉Stac公司存在对微软公司的欺诈行为，在*Stacker*原开发中盗用了有关Pro-Load(预装入)技术的商业秘密。

洛杉矶联邦地方法院于1994年2月做出判决，认定微软公司已经侵害Stac公司拥有的上述专利，应向Stac公司赔偿1.2亿美元，并停止MS-DOS侵权版本的销售。Stac公司侵害了微软公司的商业秘密，应向微软公司赔偿1360万美元。

2. 微软诉中国亚都集团案

1999年4月下旬，美国微软公司以中国北京亚都科技集团侵犯计算机软件著作权为由，在北京市第一中级人民法院提起诉讼。在诉状中称，MS-DOS、MS-Windows 95、MS-Office 95、MS-Office 97等软件是原告开发并享有著作权的计算机软件产品。1998年11月，原告授权代理人中联知识产权调查中心在被告的办公场所发现被告未经原告许可，通过盗版光盘擅自复制并使用上述软件产品。在公证人员的监督下，海淀区工商局执法人员对被告的计算机进行了清查，发现被告共计非法复制了MS-DOS软件4套，MS-Windows 95软件

12 套,MS-Office 95 软件 8 套,MS-Office 97 软件 2 套。

原告认为被告的行为严重侵犯了原告的软件著作权,构成非法复制,同时被告的行为也为其减少支出 10 多万元人民币,直接给原告造成 80 多万元人民币的市场损失。因此,向法院提出了要求被告赔偿 150 万元人民币的诉讼请求。

被告声称,该集团确有部分计算机安装了非正式版软件,但是经过财务检查,并未发现有购买盗版软件的支出,所以这些软件绝非公司购买和业务使用。此外,亚都的产品设计软件、财务管理软件和部分办公软件是完全合法的正版产品,其中包括 Windows 95 和 Windows NT。所谓公司 PC 装载的盗版软件,纯属部分员工的个人行为。亚都否认微软的授权代理人中联知识产权调查中心去过其办公场所,更不可能发现其盗版软件。他们清查的是另一具有独立法人资格的亚都科技有限公司。

1999 年 12 月 17 日,北京市第一中级人民法院审理认为,美国微软公司提供的证据不足,驳回了微软的诉讼请求。

3. 上海心族计算机有限公司诉 G 某个人案

该案是因职工跳槽而引发的一起计算机软件侵权案,对人们的正当择业有积极指导意义。原告诉称:G 某曾任原告 POS 部经理,后任副总经理,主管软件开发,1996 年 7 月辞职。G 某在原告工作期间先后参与主持开发了“心族商厦 POS&MIS 系统”和“心族配送中心系统”。

G 某于 1996 年 8 月 8 日,在其离开原告后拟承包的某公司处,以该公司的名义向一商厦客户人员展示了原告的“心族配送中心系统”软件,意在吸引原告的客户与其成交。当时所展示的“心族配送中心系统”软件,是 G 某唆使原告掌握该软件的员工从原告处擅自取出的。G 某的行为破坏了原告与其客户成交的机会,侵犯了原告的软件著作权和商业秘密。

被告辩称:他在进公司前就已经拥有 POS 项目技术,并在进公司时提交了三份材料(即系统功能流程图——数据流图、系统数据结构图、系统功能菜单图)。因此,他是“心族商厦 POS&MIS 系统”软件著作权的共有人之一,他的行为不构成侵权。

法院认为,计算机软件的著作权属于软件开发者。

“心族商厦 POS&MIS 系统”软件是由原告针对明确的开发目标,投入资金、提供设备、实际组织包括被告在内的 10 余名开发人员分工合作完成的,并以原告的名义向外承担责任,故原告系软件的实际开发者和著作权人。被告在原告处任职期间,按照原告的分工,负责该软件的需求分析和系统设计工作,并按月从原告中领取工资和奖金等劳动报酬。因此,虽然被告在软件开发中起了重要的作用,但仍属于执行原告的指定任务,是一种职务行为,不享有该软件的著作权。

1997 年 6 月 26 日,上海第一中级人民法院对本案判决:被告停止对原告著作权的侵害,以书面形式向原告赔礼道歉,赔偿原告经济损失 1 万元,并负责本案全部诉讼费用。

课后练习

一、填空题

1. (　　)是指秘密信息在产生、传输、使用和存储的过程中不被泄露或破坏。

2. 一个完整的信息安全技术系统结构由(　　)、(　　)、(　　)、网络安全技术以及应用安全技术组成。

3. 对称加密算法又称(　　),或单密钥算法,其采用了对称密码编码技术,其特点是文件加密和文件解密都使用相同的密钥。

4. (　　)是 PKI 的核心元素,(　　)是 PKI 的核心执行者。

5. (　　)是实现交易安全的核心技术之一,它的实现基础就是加密技术,能够实现电子文档的辨认和验证。

6. NTFS 权限的两大要素是(　　)和(　　)。

7. (　　)是对计算机系统或其他网络设备进行与安全相关的检测,找出安全隐患和可被黑客利用的漏洞。

8. (　　)是一组计算机指令或者程序代码,能自我复制,通常嵌入在计算机程序中,能够破坏计算机功能或者毁坏数据,影响计算机的使用。

9. 数据库系统分为(　　)和数据库管理系统。

10. (　　)就是一扇进入计算机系统的门。

二、选择题

1. 下面是关于计算机病毒的两种论断,经判断:①计算机病毒也是一种程序,它在某些条件上激活,起干扰破坏作用,并能传染到其他程序;②计算机病毒只会破坏磁盘上的数据。(　　)

A. 只有①正确　　B. 只有②正确　　C. ①和②都正确　　D. ①和②都不正确

2. 通常所说的"计算机病毒"是指(　　)。

A. 感染　　B. 生物病毒感染
C. 被损坏的程序　　D. 特制的具有破坏性的程序

3. 对于已感染了病毒的 U 盘,最彻底的清除病毒的方法是(　　)。

A. 用酒精将 U 盘消毒　　B. 放在高压锅里煮
C. 将感染病毒的程序删除　　D. 对 U 盘进行格式化

4. 计算机病毒造成的危害是(　　)。

A. 使磁盘发霉　　B. 破坏计算机系统
C. 使计算机内存芯片损坏　　D. 使计算机系统突然关闭

5. 计算机病毒的危害性表现在(　　)。

A. 能造成计算机器件永久性失效
B. 影响程序的执行,破坏用户数据与程序
C. 不影响计算机的运行速度
D. 不影响计算机的运算结果,不必采取措施

6. 信息安全是信息网络的硬件、软件及系统中的(　　)受到保护,不因偶然或恶意的原因而受到破坏、更改或泄露。

A. 用户　　B. 管理制度　　C. 数据　　D. 设备

7. 为了预防计算机病毒,应采取的正确措施是(　　)。

A. 每天都对计算机硬盘和软件进行格式化
B. 不用盗版软件和来历不明的软盘
C. 不同任何人交流

D. 不玩任何计算机游戏

8. DoS攻击破坏了(　　)。

A. 可用性　　B. 保密性　　C. 完整性　　D. 真实性

9. (　　)不是数据恢复软件。

A. Final Data　　B. Recover MyFiles

C. Easy Recovery　　D. Office Password Remove

10. Windows Server 2008 操作系统的安全日志设置方法是(　　)。

A. 事件查看器　　B. 服务管理器　　C. 本地安全策略　　D. 网络适配器

11. 数据备份常用的方式主要有完全备份、增量备份和(　　)。

A. 逻辑备份　　B. 按需备份　　C. 差分备份　　D. 物理备份

12. 数字签名技术是公开密钥算法的一个典型的应用,在发送端,它是采用(　　)对要发送的信息进行数字签名。

A. 发送者的公钥　B. 发送者的私钥　C. 接收者的公钥　D. 接收者的私钥

13. 数字签名技术,在接收端,采用(　　)进行签名验证。

A. 发送者的公钥　B. 发送者的私钥　C. 接收者的公钥　D. 接收者的私钥

14. (　　)不是防火墙的功能。

A. 过滤进出网络的数据包　　B. 保护存储数据安全

C. 封堵某些禁止的访问行为　　D. 记录通过防火墙的信息内容和活动

15. Windows NT 和 Windows Server 2008 操作系统能设置为在几次无效登录后锁定账号,这可以防止(　　)。

A. 木马　　B. 暴力攻击　　C. IP 欺骗　　D. 缓存溢出攻击

16. 在以下认证方式中,最常用的认证方式是(　　)。

A. 基于账户名/口令认证　　B. 基于摘要算法认证

C. 基于 PKI 认证　　D. 基于数据库认证

三、简答题

1. 什么是计算机病毒?它有哪些特点?

2. 计算机病毒主要有哪些类型?

3. 如何防治计算机病毒?

参考文献

[1] 张友生，王勇. 网络规划设计师考试全程指导[M]. 2版. 北京：清华大学出版社，2014.

[2] 特南鲍姆，韦瑟罗尔. 计算机网络[M]. 5版. 严伟，潘爱民，译. 北京：清华大学出版社，2012.

[3] 李昌，李兴. 数据通信与IP网络技术[M]. 北京：人民邮电出版社，2016.

[4] 李书满，杜卫国. Windows Server 2008服务器搭建与管理[M]. 北京：清华大学出版社，2010.